FIRE

소방경보 시스템

백창선 지음

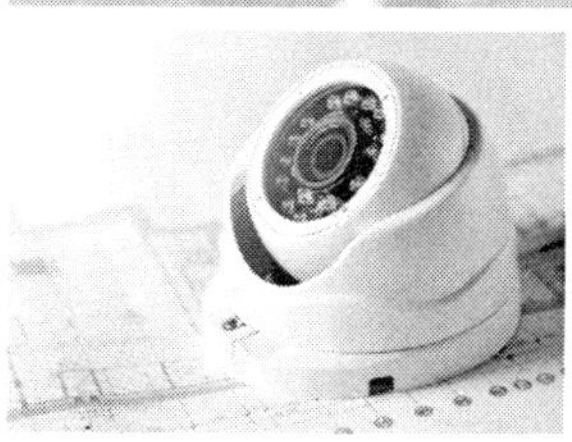
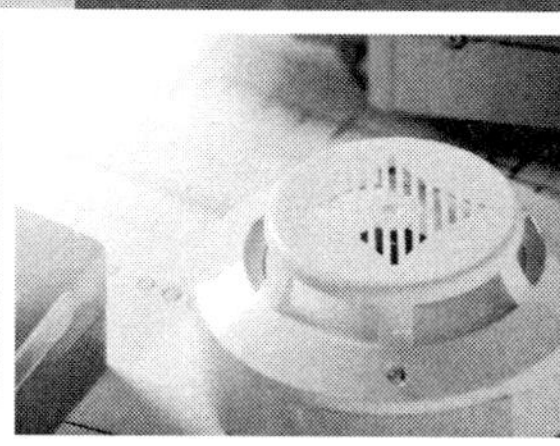

도서출판 동화기술

머리말

근래 건축물의 고층화, 대형화 및 실내장식물의 고급화 추세는 화재가 발생하는 요인을 증가시킬 뿐만 아니라 화재 시 인명 및 재산상의 손실확대와 소화활동의 어려움도 확대시키고 있는 실정이다. 그러므로 화재를 조기에 발견하여 화재확대를 최소한으로 저지하는 것은 매우 중요한 일이다. 이에 따라 관계법령에서는 건축물의 구조, 규모, 수용인원, 용도 등에 따라 소방시설의 설치를 의무화하고 있다. 이 시설 중 화재를 미연에 방지하고 만일의 경우에 피해를 최소한으로 제한하는 것을 주안점으로 도입되고 있는 것이 소방경보시스템(경보설비)이다.

소방경보시스템은 감지기, 발신기, 중계기, 수신기, 음향장치 등으로 구성되어 있다. 각각의 역할을 살펴보면 감지기는 화재로부터 생성되는 열, 연기 또는 불꽃을 자동적으로 감지하고 전선을 통하여 직접 또는 중계기를 거쳐 수신기에 신호를 전달하면 수신기는 화재발생장소를 표시함과 동시에 음향장치 또는 방송설비와 소화설비에 작동신호를 보내어 피난 및 소화활동을 유도한다. 발신기는 화재를 발견한 사람이 수동조작에 의해 신호를 수신기에 전달하는 역할을 하게 된다.

소방경보시스템은 화재 시 발생하는 열, 연기 또는 불꽃의 초기현상을 감지기에 의한 자동감지신호나 화재를 발견한 사람이 발신기를 눌러 발신한 수동신호를 수신기에서 수신하여, 화재발생 및 화재장소를 화재표시등 및 지구등에 의하여 표시하고 동시에 주경종 및 지구경종을 명동함으로서 소방대상물의 관계자와 화재가 발생한 지역의 거주민 또는 출입자에게 피난유도 및 소화활동을 유효하게 하는 설비이다. 경보시스템은 그 목적에 따라 여러 가지 요소로 구성될 수 있으나 기본적인 요소는 화재를 초기단계에 자동적으로 감지하여 화재신호를 발생시키는 감지기, 화재를 발견한 사람의 수동조작에 의하여 화재신호를 발신하는 발신기, 감지기나 발신기로부터 발신되는 신호를 변환 또는 증폭하여 수신기에 중계해주는 중계기, 감지기나 발신기 또는 중계기로부터 발하여지는 신호를 수신하여 화재발생 및 화재장소를 표시하거나 피난 및 소화활동 등의 필요한 신호를 전해주는 수신기, 화재의 발생을 경보해주는 음향장치(경종) 등으로 되어 있는 시스템이다.

차 례

Chapter

1

소방시설

소방시설이란?

소방시설은 화재를 탐지(감지)하여 이를 통보함으로서 피해가 우려되는 사람들을 보호하거나 대피시키고, 화재 초기단계에서 즉시 사람으로 하여금 소화활동을 할 수 있도록 하며, 자동설비 또는 수동조작에 의한 화재진압은 물론 피난을 가능하게 하여 화재로 인한 인명과 재산의 피해를 최소화하기 위한 기계·기구 및 시스템이라고 정의할 수 있으며, 소방시설은 소방관계 법령을 기준으로 다음과 같이 분류된다.

(1) 소화설비

소화설비는 물 그 밖의 소화약제를 사용하여 소화하는 기계·기구 또는 설비로서, 소화기구(소화기, 간이소화용구, 자동확산소화기)·자동소화장치·옥내소화전설비·스프링클러설비등(스프링클러설비, 간이스프링클러설비, 화재조기진압용 스프링클러설비)·물분무등소화설비(물분무소화설비, 미분무소화설비, 포소화설비, 이산화탄소소화설비, 할론소화설비, 할로겐화합물 및 불활성소화설비, 분말소화설비, 강화액소화설비)·옥외소화전설비로 분류한다.

(2) 경보설비

경보설비는 화재발생 사실을 통보하는 기계·기구 또는 설비를 말하며, 단독경보형 감지기·비상경보설비(비상벨설비, 자동식 사이렌설비)·시각경보기·자동화재탐지설비·비상방송설비·자동화재속보설비·통합감시시설·누전경보기 및 가스누설경보기로 분류한다.

(3) 피난구조설비

피난구조설비는 화재발생 시 피난하기 위하여 사용하는 기구 또는 설비를 말하며, 피난기구[피난사다리, 구조대, 완강기, 그 밖에 법 제9조제1항에 따라 소방청장이 정하여 고시하는 화재안전기준(이하 "화재안전기준"이라 한다)으로 정하는 것]·인명구조기구[방열복, 방화복(안전헬멧, 보호장갑 및 안전화를 포함한다), 공기호흡기, 인공소생기]·유도등(피난유도선, 피난구유도등, 통로유도등, 객석유도등, 유도표지)·비상조명등 및 휴대용비상조명등으로 분류한다.

(4) 소화용수설비

소화용수설비는 화재진압에 필요한 소화용수를 공급하거나 저장하는 설비를 말하며, 상수도소화용수설비 · 소화수조 · 저수조 그 밖의 소화용수설비로 분류한다.

(5) 소화활동설비

소화활동설비는 화재를 진압하거나 인명구조활동에 사용되는 설비를 말하며, 제연설비, 연결송수관설비, 연결살수설비, 비상콘센트설비, 무선통신보조설비, 연소방지설비로 분류한다.

(6) 초고층소화설비

초고층건축물에 설치되는 소화설비로서 약 20층 단위로 각종 설비가 설치되고 있는 설비를 말한다. "초고층건축물"이란 층수가 50층 이상 또는 높이가 200 m 이상인 건축물을 말한다(건축법 제84조에 따른 높이 및 층수를 말한다).

(7) 도로터널 소화설비

도로터널에 설치하는 소방시설등은 수동식 소화기, 옥내소화전설비, 물분무소화설비, 비상경보설비, 자동화재탐지설비, 비상조명등설비, 제연설비, 연결송수관설비, 무선통신보조설비, 비상콘센트설비를 설치하는 것을 말한다.

1.1 소화설비

1.1.1 소화기

초기의 화재를 소화하는 목적으로 사용하는 기구이다.

- 물, 기타 소화약제를 압력에 의하여 방사함으로서 소화를 하는 기구이다.

☞ 소화기, 자동확산소화기, 간이소화용구

◎ **화재별 적응 소화기의 분류**

화재의 종류	화재의 색상	적응 소화기
일반화재(A급)	백 색	포말, ABC분말, 물, 강화액, 산알칼리
유류화재(B급)	황 색	포말, BC분말, ABC분말, 강화액, CO_2, 할로겐화합물
전기화재(C급)	청 색	ABC분말, BC분말, 강화액, CO_2, 할로겐화합물
금속화재(D급)	무 색	분말, CO_2, 할로겐화합물, 간이소화용구
가스화재(E급)	황 색	분말, CO_2, 할로겐화합물
주방화재(K급)	-	ABC분말, BC분말, 강화액 등

1. 소화기

물, 기타 소화약제를 압력에 의하여 방사함으로서 소화를 행하는 기구로 사람이 조작하는 기구이다.

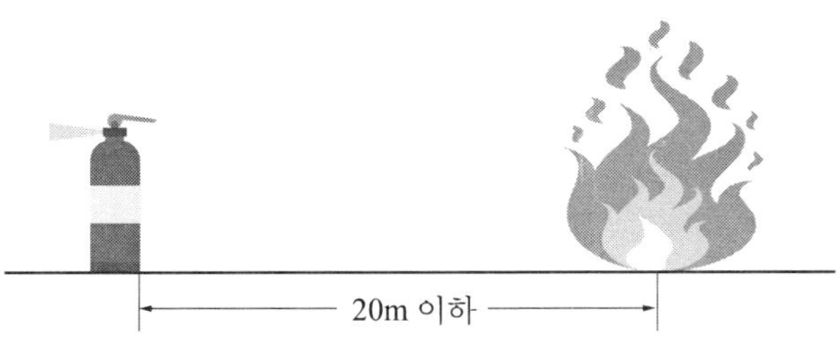

(1) 일반적 분류

① 충전된 소화약제를 방출하는 방식에 따라 축압식과 가압식
② 소화약제의 중량과 소화능력에 따라 대형과 소형
③ 소화기의 형태(보관방식)에 따라 휴대식, 차륜식, 멜빵식
④ 소화약제의 종류(성분)에 따라 분말, 할론, 이산화탄소, 강화액

(2) 소화기의 종류

① 소화약제 방출방식에 따른 종류

㈀ 축압식 소화기 : 용기 안에 소화약제와 방사압력원이 동시에 존재
㈁ 가압식 소화기 : 소화약제와 방사압력원(가압용 가스용기) 별도로 설치

② 소화약제의 중량 및 소화능력에 따른 종류

㈀ 대형소화기 : 소화약제의 중량과 소화능력단위를 모두 만족

- 대형소화기의 소화약제 종류별 중량
  물(80 L 이상), 강화액(60 L 이상), 할로겐(30 kg 이상), 이산화탄소(50 kg 이상), 분말(20 kg 이상), 포(20 L 이상)
- 대형소화기의 소화능력단위
  A급 10단위 이상, B급 20단위 이상

㈁ 소형소화기 : 대형소화기 외의 모든 소화기

2. 소화약제의 성분에 따른 소화기의 종류

물소화기, 산·알칼리소화기, 강화액소화기, 이산화탄소소화기, 할로겐화합물소화기, 포소화기 및 분말소화기 등으로 구분

(1) 분말소화기

분말소화기 소화약제는 중탄산나트륨, 중탄산칼륨 또는 제1인산암모늄 등을 주성분으로 충전

(2) 이산화탄소소화기

이산화탄소는 장기간 동안 변질, 용기의 부식 등이 없으며, 소방대상물에 오염이 없다. 다만, 인체에 영향을 주므로 좁은 공간 등에서 사용 시 주의

(3) 할론소화기

할론1011, 할론2402, 할론1211 및 할론1301 등과 같은 소화약제를 사용하는 소화기로서 우리나라에서는 할론1211 및 할론1301 소화약제를 주로 사용

(4) 할로겐화합물소화기

할론대체물질은 기존 할론보다 오존파괴능력이 작지만 약간은 파괴능력이 있는 물질이거나 소화성능이 떨어지는 물질들로 HBFC-22bl, FC-3-1-10, HCFC-123, HCFC-124, HFC-23, HFC-227ea, HFC-236fa, novec-1230 등을 소화약제로 사용하는 소화기

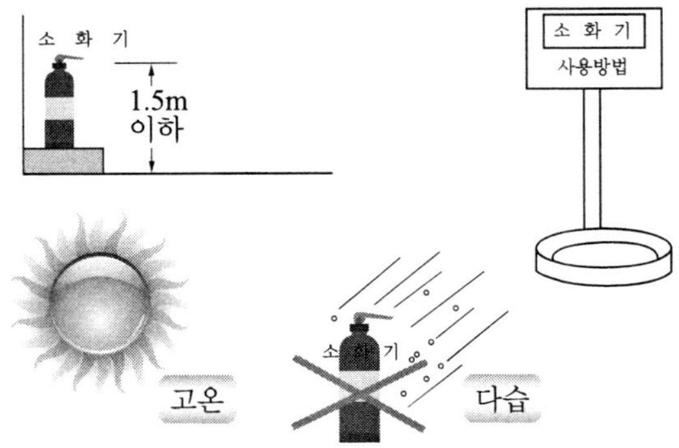

1.1.2 자동소화장치

1. 주거용 주방자동소화장치

주거용 주방자동소화장치는 가연성 가스의 누출이나 화재발생 시 경보를 발하고 가연성 가스의 누출을 자동으로 차단하며 화재발생 시 자동으로 소화약제를 방사하여 소화하는 것으로 주로 아파트 주방에 설치된다.

(1) 구성 및 기능

주거용 주방자동소화장치는 소화약제저장용기, 수신부, 탐지부, 가스누설차단장치 및 방사노즐 등으로 구성되어 있으며 가스누설을 감지하였을 때에는 자동으로 경보 및 가스를 차단하여 가스폭발 등을 예방하는 기능과 화재발생 시에 경보, 가스차단 및 화재를 진압하는 성능이 있다.

① 수신부 : 가스레인지로부터 측면으로 0.5～1 m
② 차단부 : 코크밸브 이전의 배관에 설치
③ 탐지부 : LNG(천장에서), LPG(바닥에서) 0.3 m 이내에 설치
④ 연결프레임
⑤ 소화기

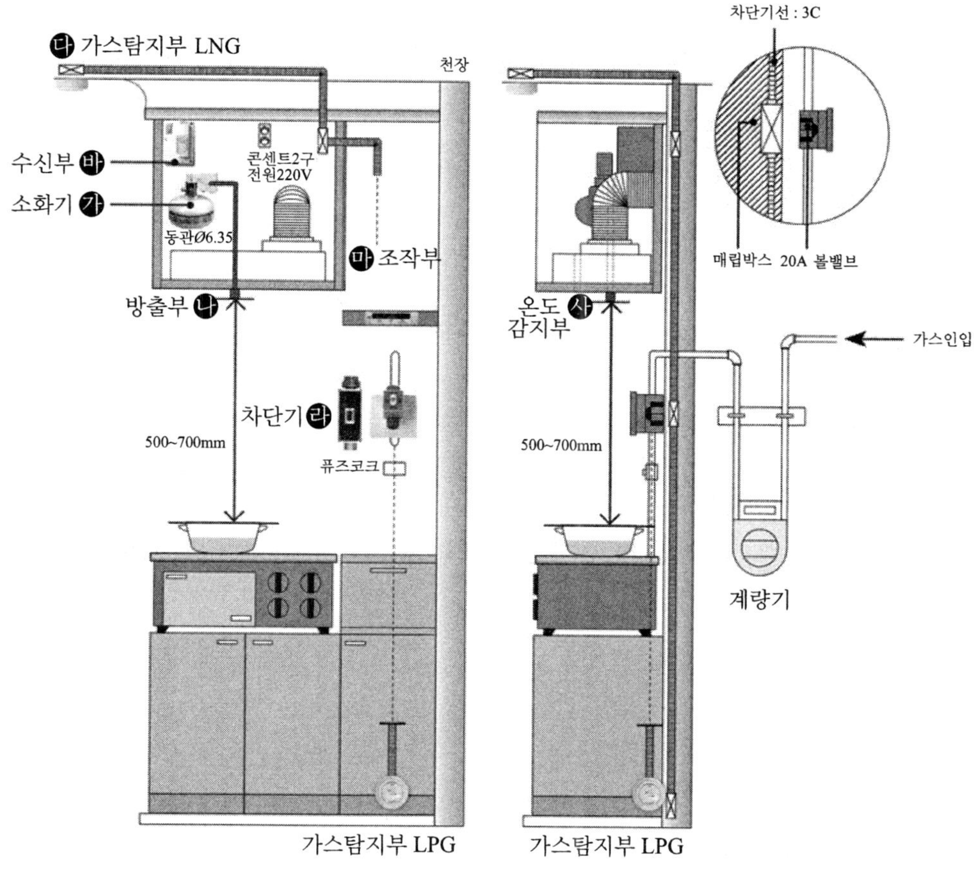
다 가스탐지부 LNG
천장
수신부 바
소화기 가
콘센트2구
전원220V
동관Ø6.35
마 조작부
방출부 나
차단기 라
500~700mm
퓨즈코크
가스탐지부 LPG
차단기선 : 3C
매립박스 20A 볼밸브
온도 사
감지부
가스인입
500~700mm
계량기
가스탐지부 LPG

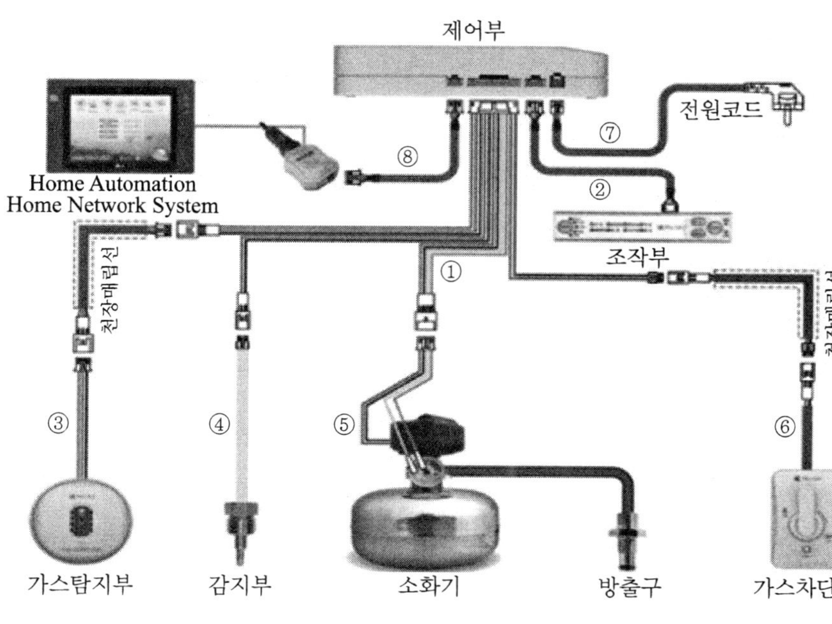
제어부
Home Automation
Home Network System
⑧
⑦
전원코드
②
조작부
①
천장매립선
천장매립선
③
④
⑤
⑥
가스탐지부
감지부
소화기
방출구
가스차단기

(2) 주거용 주방자동소화장치의 분류 및 약제 종류

① 방출방식에 따른 분류
(ㄱ) 축압형 : 가압원을 본체용기에 소화약제와 함께 저장
(ㄴ) 가압형 : 가압원을 본체용기 내에 별도의 용기에 저장
② 소화약제 종류 : 분말, 강화액 등

(3) 점검 및 정비

점검요령은 지시압력계의 바늘이 정상위치(녹색범위)에 있는지 확인하고 분사노즐이 렌지의 중심부에 위치하는지 확인하며 월 1회 정도 가스탐지부에 가스를 주입하여 경보음과 동시에 가스차단기가 작동하는지 확인하시오. 기타 점검요령은 소화기와 같은 요령에 의하며 특히 설치, 정비 및 A/S에 관한 사항은 소화기 명판에 표시된 제조업체와 상의하는 것이 좋다.

2. 상업용 주방자동소화장치

상업용 주방자동소화장치는 후드, 덕트 및 레인지, 튀김기 등에서 발생하는 온도 상승을 고감도 센서로 안전하고 친환경적인 강화액(중성) 소화약제를 자동적으로 방출, 완벽히 소화하는 안정성과 신뢰성이 있는 소화장치이다.

(1) 구성

감지부, 탐지부, 수신부, 작동장치, 가스차단장치 등

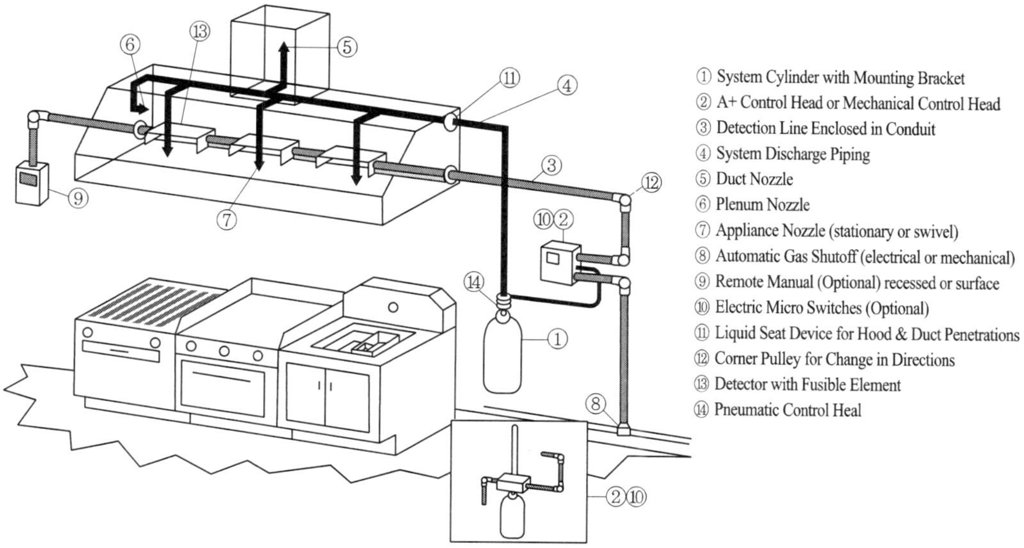
① System Cylinder with Mounting Bracket
② A+ Control Head or Mechanical Control Head
③ Detection Line Enclosed in Conduit
④ System Discharge Piping
⑤ Duct Nozzle
⑥ Plenum Nozzle
⑦ Appliance Nozzle (stationary or swivel)
⑧ Automatic Gas Shutoff (electrical or mechanical)
⑨ Remote Manual (Optional) recessed or surface
⑩ Electric Micro Switches (Optional)
⑪ Liquid Seat Device for Hood & Duct Penetrations
⑫ Corner Pulley for Change in Directions
⑬ Detector with Fusible Element
⑭ Pneumatic Control Heal

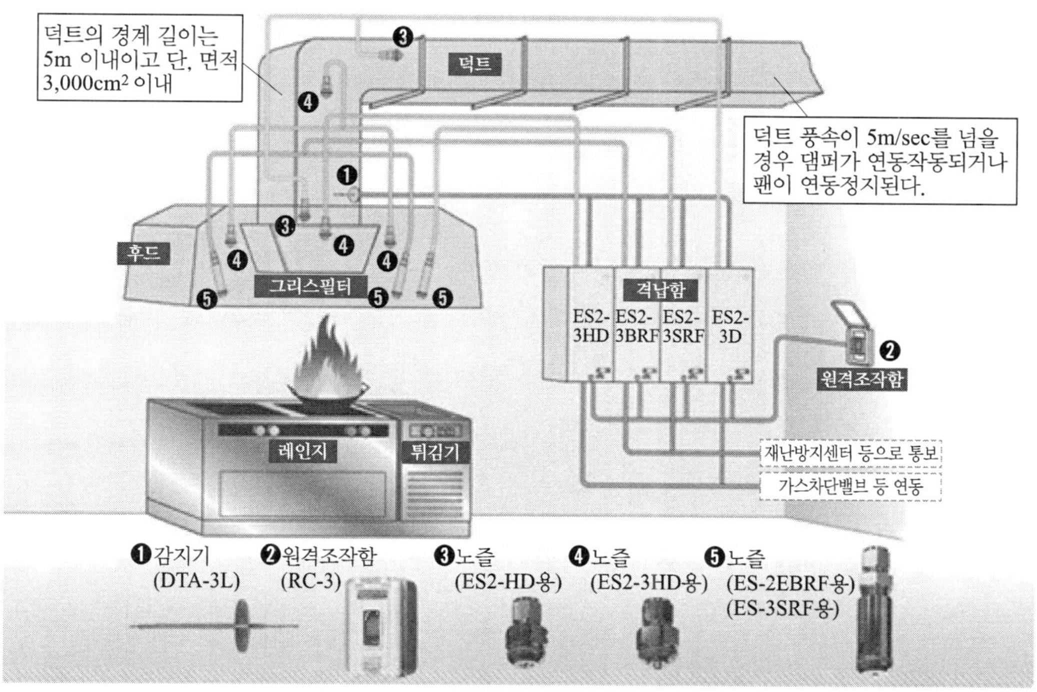
덕트의 경계 길이는 5m 이내이고 단, 면적 3,000cm2 이내
덕트
덕트 풍속이 5m/sec를 넘을 경우 댐퍼가 연동작동되거나 팬이 연동정지된다.
후드
그리스필터
격납함
ES2-3HD
ES2-3BRF
ES2-3SRF
ES2-3D
원격조작함
재난방지센터 등으로 통보
가스차단밸브 등 연동
레인지
튀김기
❶감지기 (DTA-3L)
❷원격조작함 (RC-3)
❸노즐 (ES2-HD용)
❹노즐 (ES2-3HD용)
❺노즐 (ES-2EBRF용) (ES-3SRF용)

3. 캐비넷형 자동소화장치

열, 연기 또는 불꽃 등을 감지하여 소화약제를 방사하여 소화하는 캐비넷형태의 소화장치를 말한다.

(1) 구성

캐비넷형 자동소화장치는 화재에 의하여 생기는 열 또는 연기 등을 감지하여 경보를 발하고 자동적으로 소화약제를 방사하여 소화를 행하는 고정된 소화장치를 말한다. 캐비넷형 자동소화장치는 감지부, 방출구, 방출유도관, 소화약제저장용기, 수신부, 작동장치 등으로 구성되어 있다.

(2) 용도 및 소화약제

사람이 항상 거주하고 있는지의 여부에 따라 일반용(집, 사무실, 작업실, 집회실, 오락실 등에 쓰임)과 창고용(창고 등 폐쇄된 장소에 쓰임)이 있고 국내에서 생산되는 캐비넷형 자동소화장치는 1병, 또는 2병의 용기에 소화약제를 저장하고 있으며, 소화약제의 종류로는 이산화탄소, 할론1301, HFC-124, HFC-125, HFC-227ea novec 1230 등이 있다.

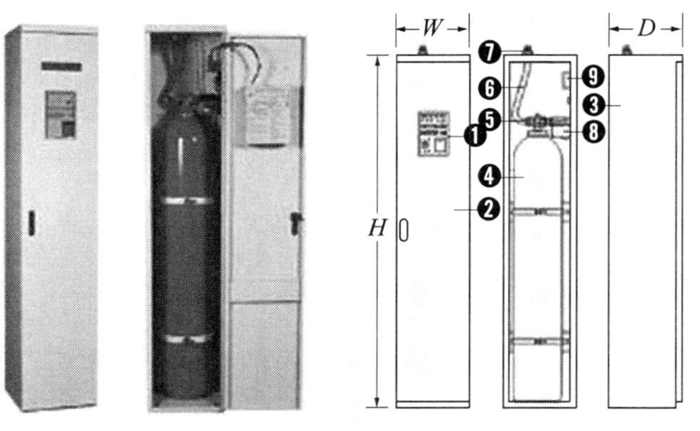

1. 컨트롤부	2. 도어	3. 외함	4. 저장용기	5. 용기밸브
6. 플렉시블 튜브	7. 방출헤드	8. 작동장치(솔레노이드밸브)	9. 단자대	10. 니들밸브

4. 가스식 자동소화장치

열, 연기 또는 불꽃 등을 감지하여 가스 소화약제를 방사하여 소화하는 소화장치를 말한다.

5. 분말식 자동소화장치

열, 연기 또는 불꽃 등을 감지하여 분말 소화약제를 방사하여 소화하는 소화장치를 말한다.

6. 고체에어로졸식 자동소화장치

열, 연기 또는 불꽃 등을 감지하여 고체에어로졸 소화약제가 기체로 변화하여 방사되면서 소화하는 소화장치를 말한다.

(1) 구성

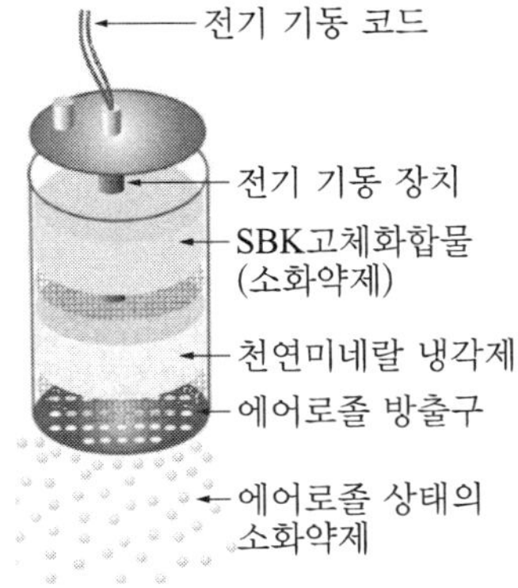

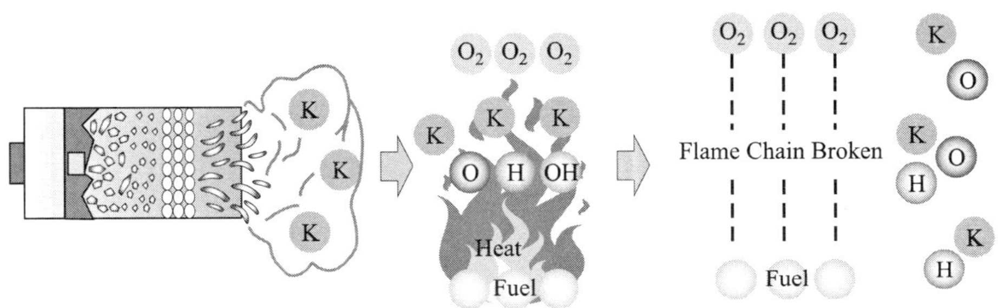

1.1.3 소화약제

1. 액체계통 소화약제

(1) 물 소화약제
(2) 산, 알칼리 소화약제
(3) 강화액 소화약제
(4) 화학포 소화약제 : 화학포 소화약제는 외통제(A제)와 내통제(B제)
(5) 기계포 소화약제 : 포수용액을 가압방출할 때 특수노즐을 사용하여 공기로 발포시키는 방식

2. 고체계통 소화약제(분말 소화약제)

(1) BC급 : 중탄산나트륨(탄산수소나트륨)을 주성분

(2) ABC급 : 인산암모늄 등 염류를 주성분, 담홍색 또는 황색

3. 가스계통 소화약제

이산화탄소, 할론, 할로겐화합물 및 불활성기체

1.1.4 간이소화용구

1. 투척용 소화용구
2. 자동확산소화기
3. 에어졸식 소화용구 : 소화능력단위 수치가 1단위 미만

1.1.5 방수기구

1. 관창

소화전에 사용하는 노즐(직사 및 방사)과 소방차등에서 사용하는 관창으로 구분하고 있으나 우리나라에서는 전자와 후자를 모두 관창이라고 한다.

2. 방수총

고압의 대량 방수방식에 의한 먼 거리에서의 소화를 하기 위한 소방용품이다.

3. 소방호스

(1) 고무내장이 없는 호스 : 아마호스, 마호스
(2) 고무내장호스 : 합성수지자켓호스, 합섬·천연교직자켓호스, 천연섬유자켓호스 등
(3) 표면 가공한 고무내장호스 : 도장호스(표면 가공이 얇은 호스), 피복호스(가공층이 두꺼운 호스)
(4) 이중자켓 고무내장호스(자켓이 이중으로 되어 있는 호스)
(5) 젖는 호스(송수 시에 물이 조금 배어 나오는 고무내장호스)

4. 소방용 흡수관

펌프가 양수할 때 저수조 등으로부터 소요수량을 흡입하는 도관이며 펌프차 적재용으로서 내경 76.2 mm(호칭 75 mm), 길이 8～12 m, 길이 4 m의 고무 소방용 흡수관이 가장 많이 사용된다.

1.1.6 옥내소화전설비

옥내소화전설비는 건축물내의 화재 시 해당 소방대상물의 관계자·자위소방대원 또는 상시인이 이를 사용하여 화재 발화 초기에 신속하게 진압(소화)할 수 있도록 건물 내에 설치되는 소화설비로서 수원, 가압송수장치, 배관, 옥내소화전함으로 구성되어 있다.

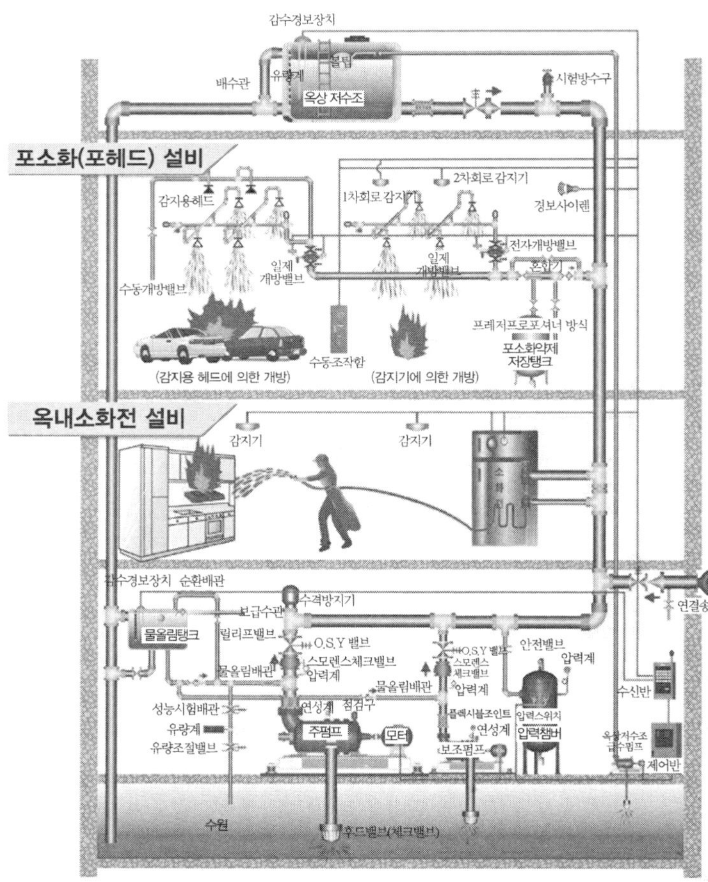

포 소화 / 옥내소화전 설비

1.1.7 스프링클러설비

소방용 설비의 하나이며, 화재발생 시 초기 진화를 주된 목적으로 하는 시설이다. 일부 시설을 제외하고 자동으로 작동한다. 설비비용은 가장 높지만 현재 건물의 화재 시 안전 도모에는 좋은 시설이라고 할 수 있다. 화재로 막대한 경제적 손실을 입을 우려가 있는 대형 창고, 공장, 고층 건물, 관련된 사태가 우려되는 곳에서 사용된다.

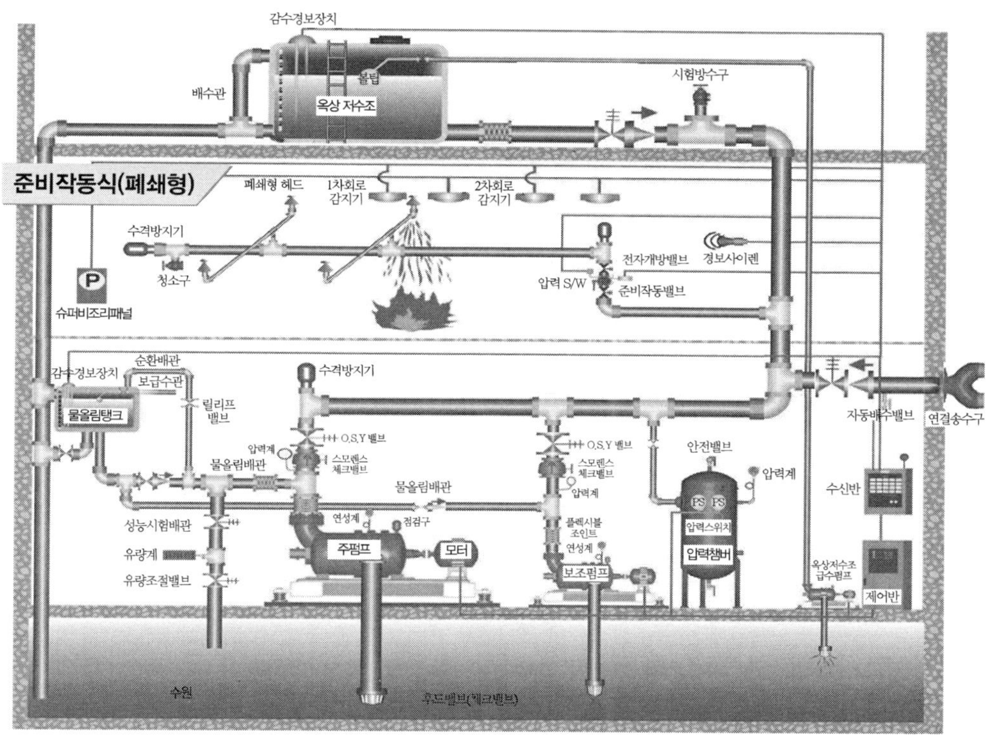

1. 스프링클러헤드

(1) 스프링클러헤드의 종류

(2) 스프링클러헤드의 표시온도 및 최고주위온도 구분

① 작동온도 = 표시온도 ± 3% 이내

② 부착장소의 최고주위온도

부착장소의 최고주위온도(℃)	사용되는 스프링클러헤드의 표시온도(℃)
39 미만	79 미만
39 이상 64 미만	79 이상 121 미만
64 이상 106 미만	121 이상 162 미만
106 이상	162 이상

(3) 스프링클러헤드의 분류

① 설치장소 및 사용목적(FM, UL 분류기준)에 의한 분류

㈀ 스프링클러헤드(Standard Sprinkler Head)

상향, 하향, 측벽형으로 설치되며 살수형태는 아래쪽으로 우산 모양이 되게 설계된 스프링클러헤드이다.

㈁ 확장형 스프링클러헤드(EC : Extended Coverage Sprinkler Head)

표준 공간보다 넓은 곳에 사용하기 위한 것으로서 감열체의 반응시간이 표준 공간에 사용되는 표준형 스프링클러헤드보다 같거나 짧고, 규정된 최소 방출유량이 장애물이 없는 천장의 규정된 적용면적에 걸쳐 살수되는 스프링클러헤드 이다.

㈂ 주거용 스프링클러헤드
주거지역에 설치할 목적으로 제작한 스프링클러헤드이다.

㈃ 조기화재진압형 스프링클러헤드(ESFR)
일정한 규모(13.7 m 이하)의 랙크식 창고에서 화재가 발생할 경우 초기 진압에 적절하도록 조기반응형 감열체(RTI : 50 이하)를 사용하고 대유량의 물을 살수하여 화재를 소화할 수 있도록 만든 스프링클러헤드이다.

㈄ 개방형 스프링클러헤드(Open Sprinkler Head)
감열체를 갖고 있지 않고 방수구(오리피스)가 개방되어 있는 헤드

② 살수형태에 의한 분류

㈀ 구형 스프링클러헤드(Old Style Sprinkler Head)
상향 또는 하향으로 천장에 설치되는 스프링클러헤드로서 방수량이 상향으로 40%, 하향으로 60%가 방수되도록 제조되어 있다.

㈁ 하향형 스프링클러헤드(Pendent Sprinkler Head)
방수구(오리피스) 하부에 디플렉터가 위치하고, 방출된 물이 아래로 살수되도록 설치된다.

㈂ 상향형 스프링클러헤드(Upright Sprinkler Head)
방수구(오리피스) 위에 디플렉터가 위치하고 물이 오리피스를 통해 위로 살수되도록 설치된다.

㈃ 측벽형 스프링클러헤드(Sidewall Sprinkler Head)
벽이나 천장 가까이에 설치되는 스프링클러헤드로서 벽 안쪽 및 1/4원 모양으로 살수되는 스프링클러헤드이다.

2. 자동경보장치

스프링클러헤드 개방에 따른 배관내의 유수와 압력변동에 의해 벨·버저·사이렌·경종 등의 음향경보를 발하여 화재발생을 알리고, 동시에 작동표시한다.

3. 유수검지장치

스프링클러헤드로부터 방수에 의한 유수검지신호를 발신하는 장치로서 소화 개시를 알려주는 주요기기이다.

4. 일제개방밸브

개방형 스프링클러설비에서 일제개방밸브의 개방에 의해 스프링클러헤드 전체 또는 임의로 구획한 부분의 스프링클러헤드 전체에서 동시에 방수한다.

5. 패들형 검지장치

유수검지장치와 스프링클러헤드 사이(2차측)에 설치되어 스프링클러헤드가 작동되거나 누수 등이 발생할 때에는 2차측 유수현상을 검지하여 화재발생을 알리는 기능과 제어반에 신호를 전달하여 펌프를 기동하는 역할을 한다.

6. 압력챔버(기동용 수압개폐장치)

소화설비의 배관내의 압력변동을 검지하여 자동적으로 펌프를 가동 또는 정지시키는 수압개폐장치이다.

1.1.8 물분무소화설비

물분무소화설비의 장치 및 구성은 개방형 스프링클러설비와 같으나, 사용되는 헤드가 개방형 스프링클러 대신 물분무헤드인 점에 차이점이 있다. 이 설비는 화재 시 물분무헤드에서 미립자의 물을 무상으로 방사하여 소화하는 설비로서 냉각작용, 질식작용, 희석작용을 한다. 주로 가연성 액체, 전기설비 등의 화재에 유효하며 소화 및 연소방지의 목적으로 사용되는 설비도 있다.

1.1.9 포소화설비

포소화설비는 수원, 가압송수장치, 소화약제혼합장치, 포헤드(포방출구장치), 포소화약제 및 저장탱크, 배관, 화재감지장치, 유수검지장치, 일제개방밸브, 화재수신반, 제어반 등으로 구성되어 있다.

1. 포소화설비 계통도의 설명

포원액을 포원액 탱크에 저장하고, 포원액을 혼합장치에서 적정농도의 포수용액으로 하여 포노즐, 포헤드, 또는 포발생기 등으로 방수한다. 또한 화재감지용 스프링클러헤드의 작동 또는 수동기동장치에 의하여 개방되면 유수검지장치, 일제개방밸브가 작동되어 포헤드에서 포수용액을 분무상태로 만들어 방사한다. 이때 포수용액은 포헤드의 작동에 의해 주변공기를 흡입하여 대량의 포가 형성되어 소화한다.

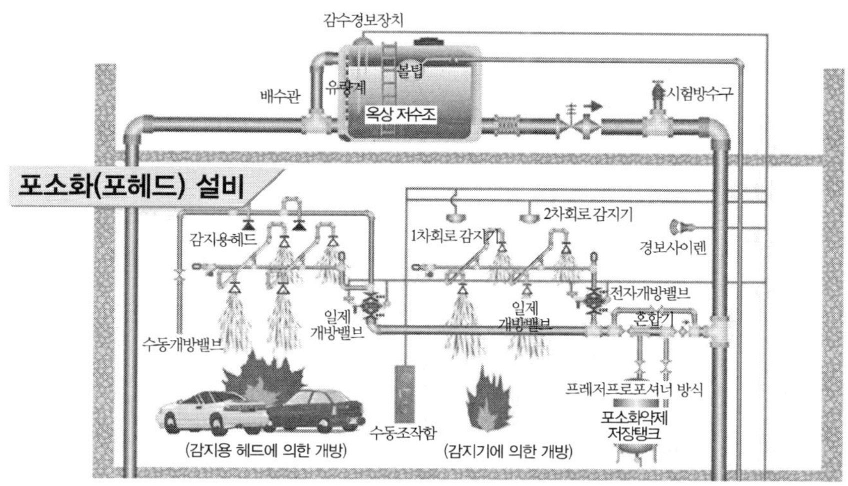

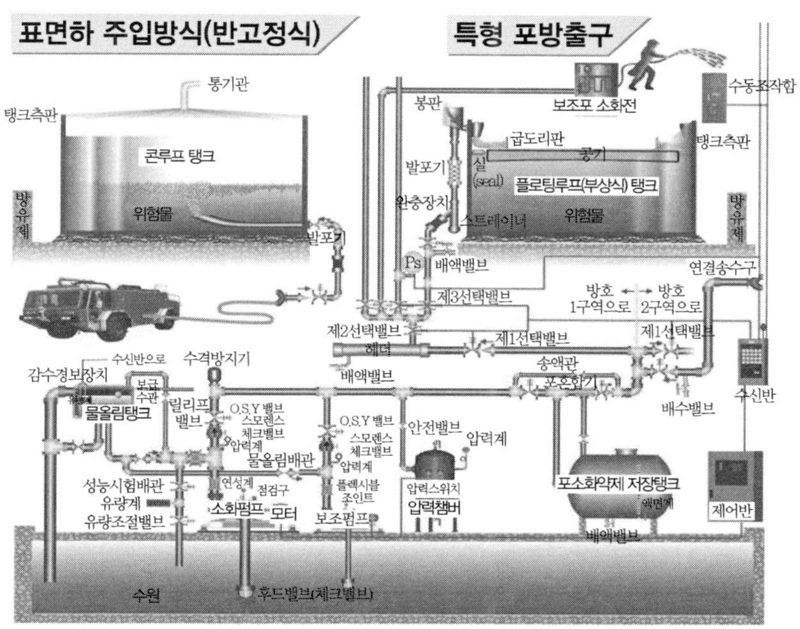

2. 포소화약제의 종류

기계포(또는 공기포)로 호칭되는 단백포소화약제, 합성계면활성제계포소화약제로 크게 나누어져 있으며, 합성계면활성제계포소화약제는 수성막포소화약제와 합성계면활성제포소화약제로 분리한다.

1.1.10 이산화탄소소화설비

무색·무취의 이산화탄소(CO_2) 성상을 소화약제로 이용해서 소화대상물을 한계산소농도 이하로 하여 질식소화 시키는 설비이다.

1. 가연성 액체 및 가연성 가스
2. 변압기, 스위치, 회로차단기, 회전기기, 발전기 등의 전기설비
3. 가솔린 등의 액체연료를 사용하는 엔진
4. 종이, 목재, 섬유류 등의 일반가연물
5. 고체 위험물 등

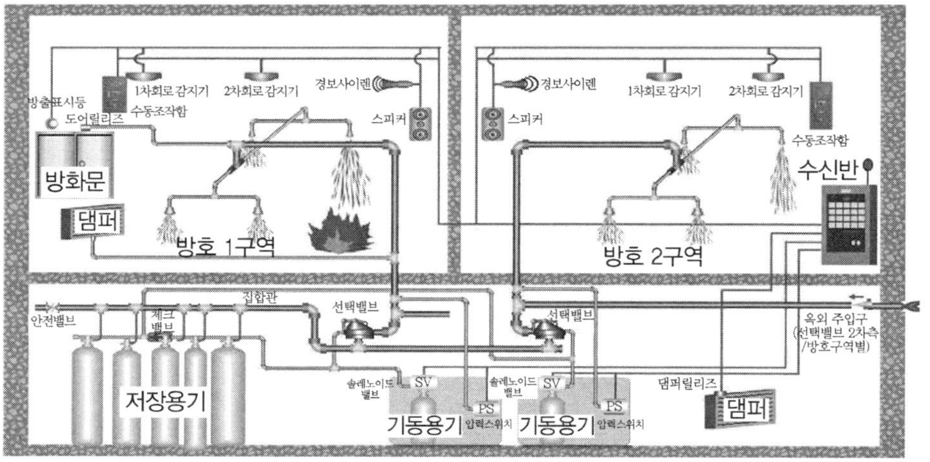

1.1.11 할로겐화합물 및 불활성기체 소화설비 또는 할론소화설비

1. 고가의 소화약제로서 항공기, 컴퓨터실, 전기실 등에 주로 많이 사용
2. 최초로 항공기 탑재용 소화설비로서 개발된 것이며, 단위용적당의 소화력이 크고 또한 액체연료가 화재에 대하여 소화시간이 짧으며, 내식성이 크고 내금속부식성, 안전성, 휘발성 등이 크며 방사 후에 오염과 소화 흔적이 전혀 없다.

1.2 경보설비

1.2.1 자동화재탐지설비

1. 자동화재탐지설비의 개요

자동화재탐지설비는 화재 시 발생하는 열, 연기 또는 불꽃을 이용하여 화재의 초기현상을 조기에 감지하여 소방대상물의 관계자에 통보하여 주는 설비로서 감지기, 발신기, 중계기, 수신기, 음향장치(경종) 등으로 구성되어 있다.

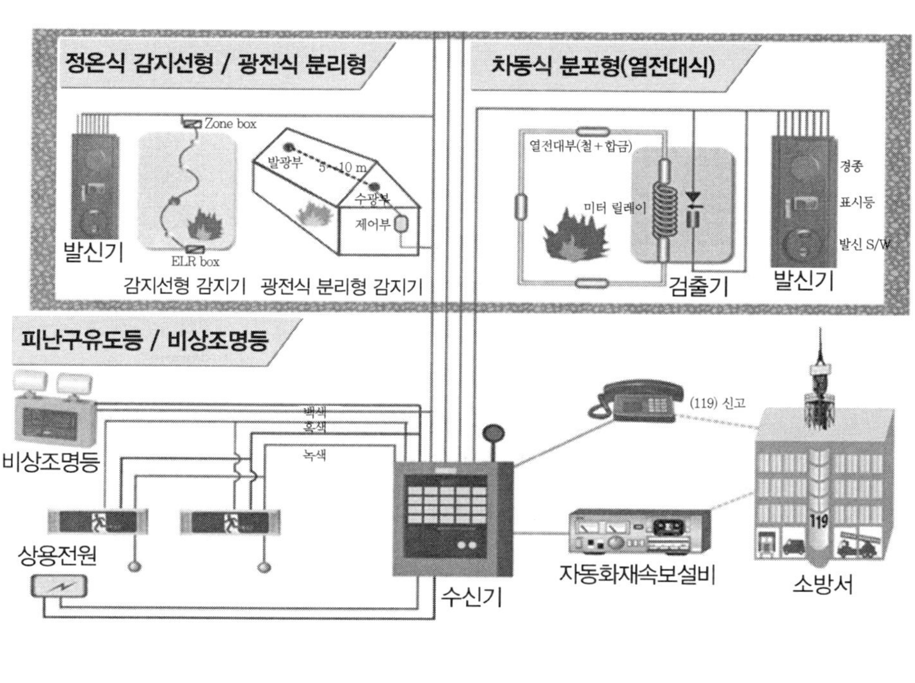

2. 자동화재탐지설비에 사용되는 소방기기의 종류

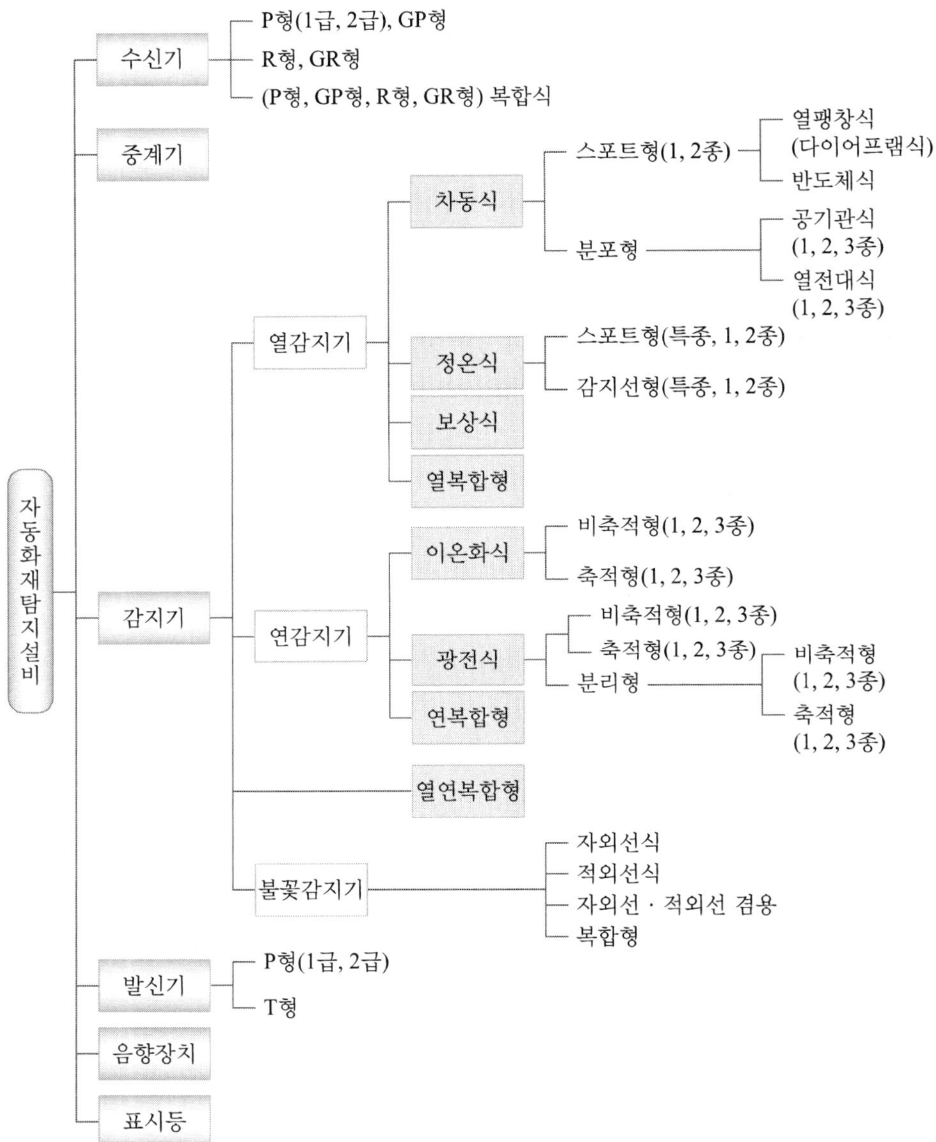

(1) 수신기

P형 1급, P형 2급, R형, M형, GP형, GR형, 복합형, 간이형으로 구분

(2) 중계기

중계기는 감지기나 발신기에서 발신하는 화재신호나 가스누설경보기의 탐지부에서 발하는 가스누설신호를 수신하여 수신기에 중계하는 역할을 한다.

(3) 감지기

① 열감지기

(ㄱ) 차동식스포트형 감지기

일국소의 주위온도가 일정한 온도상승률 이상이 되었을 경우 작동하는 것으로 공기팽창식과 반도체식이 있다.

(ㄴ) 차동식분포형 감지기(공기관식)

누적된 주위온도가 일정한 온도상승률 이상이 되었을 경우 작동하는 감지기로서 감지부(공기관)와 검출부로 구성되어 있다.

(ㄷ) 정온식스포트형 감지기

일국소지역의 주위온도가 일정한 온도 이상이 되었을 경우에 작동하는 감지기로서 바이메탈 이용한 것과 반도체를 이용한 것이 있다.

(ㄹ) 정온식감지선형 감지기

2개의 선을 전기적으로 절연하고 일정온도에 녹는 물질로 감싼 것으로 외관은 전선상태로 되어 있으며, 열을 받게 되면 절연물이 녹아 2개의 선이 접촉(비재용형)한다.

② 연기감지기

(ㄱ) 광전식 감지기

감지기 주위의 공기가 일정한 농도의 연기를 포함하게 되면 연기에 의하여 광전소자의 수광량이 변화하여 작동하는 감지기로서 수광부와 발광부가 일체로 되어 있는 것과 분리되어 있는 것(분리형)이 있다.

(ㄴ) 이온화식 감지기

감지기 주위의 공기가 일정한 농도의 연기를 포함하게 되면 연기에 의하여 이온전류가 변화되어 작동하는 감지기이다.

③ 불꽃감지기

불꽃감지기는 화재 시의 불꽃에서 방사되는 불꽃의 변화가 일정량 이상이 되었을 때 화재신호를 발신하는 것으로서 자외선식, 적외선식, 자외선·적외선겸용, 복합형으로 구분한다.

(ㄱ) 적외선 불꽃감지기(Infrared Flame Detector : IR)
일반적으로 2.5～2.8 μm , 4.2～4.5 μm 파장을 검출

(ㄴ) 자외선 불꽃감지기(Ultraviolet Flame Detector : UV)
일반적으로 0.18～0.26 μm 파장을 검출

(4) 발신기

P형은 수신기와 전화연락이 가능한 1급과 불가능한 2급으로 구분한다.

(5) 경종

수신기 부근이나 내부에 설치되는 주경종과 소방대상물의 복도나 계단 등에 설치되는 지구경종이다.

1.2.2 가스누설경보기

가스가 누설되는 것을 탐지하여 경보하여 주는 장치로서 구조에 따라 단독형(가정용)과 분리형(영업용, 공업용)으로 구분한다.

1.2.3 누전경보기

전기에 기인하는 누전을 탐지하여 경보해 주는 장치로서 영상변류기(검출부)와 수신기(증폭부, 계전기부)로 구성되어 있으며, 모든 장소에 설치 가능한 1급과 경계전로의 정격전류가 60 A 이하의 장소에 설치하는 2급으로 구분한다.

1.3 피난구조설비

1.3.1 유도등

유도등은 화재발생 시 관계자 및 이용자가 안전한 장소로 피난할 수 있도록 피난구 및

피난경로를 밝혀주는 “등(燈)”으로서 정상상태에서는 상용전원(AC전원)에 의하여 켜지고 상용전원이 정전되는 경우에는 내부에 설치된 예비전원(배터리)으로 자동전환되어 램프가 켜지는 장치로서 예비전원은 충전회로에 의해 상시 충전되고 있다.

1. 유도등은 피난구, 통로, 객석 유도등으로 구분
2. 통로유도등은 거실통로, 복도통로, 계단통로 유도등으로 구분

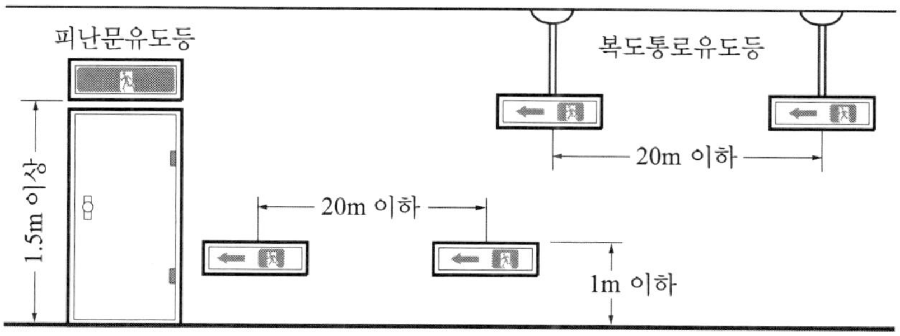

1.3.2 비상조명등

비상조명등은 화재발생 등의 비상 시 또는 정전 시에 안전하고 원활한 피난활동을 할 수 있도록 하기 위하여 평상시에는 상용전원으로 예비전원을 충전하고 있다가 정전 시에 예비전원으로 자동전환 되어 램프가 점등되도록 설계되어 있으며 또한 예비전원을 감시하는 회로가 내장되어 예비전원의 상태를 항시 감시할 수 있다. 비상조명등의 광원은 형광등식과 백열전구식이 있으며 또한 점등방법에 따라 예비전원으로만 점등시킬 수 있는 전용형과 상용전원으로도 점등시킬 수 있는 겸용형이 있다.

1.3.3 금속제 피난사다리

피난사다리는 화재 시 긴급대피에 사용하는 금속제 사다리를 말하며, 소방대상물에 고정·반고정하여 사용하거나 이동하여 벽 등에 기대어 세우는 방식으로 사용되는 피난기구이다.

1. 고정식 피난사다리, 올림식 피난사다리, 내림식 피난사다리로 구별할 수 있으며 구조에 따라서는 수납식, 접는식, 신축식 등으로 구분한다.
2. 수납식 : 횡봉을 종봉 내에 수납해 두었다가 사용할 때 횡봉을 꺼내어 사용하는 고정식 사다리이다.
3. 접는식 : 사다리의 하부가 접는 구조로 되어 있는 고정식 사다리이다.
4. 신축식 : 사다리의 하부가 신축할 수 있는 구조로 되어 있는 고정식 사다리이다.

1.3.4 구조대

구조대는 포지 등을 사용하여 자루형태로 만든 것으로서 화재 시 사용자가 그 내부에 들어가서 타고 내려옴으로서 대피할 수 있는 것을 말하며, 피난계단이 화재와 연기 때문에 사용할 수 없을 때 직접 지상으로의 피난이 가능하도록 한다. 주로 피난이 늦어진 사람들의 구출을 목적으로 한 피난기구이다.

1. 경사강하식 구조대

소방대상물에 비스듬하게 고정시키거나 설치하여 사용자가 미끄럼식으로 타고 내려옴으로서 대피할 수 있는 구조대를 말한다.

2. 수직강하식 구조대

소방대상물(옥내·옥외) 또는 소방자동차 등에 수직으로 설치하여 사용하며, 사용자의 강하속도를 포지본체 내부에 설치된 스프링, 스판고무 등으로 긴박하여 완화시키거나 강하방향을 연속적으로 바꾸어 감속시켜줌으로서 피난할 수 있는 구조대를 말한다.

1.3.5 완강기

피난기구는 어떤 조건하에서도 사람의 손을 빌리지 않고 간단한 조작으로 안전하게 피난할 수 있는 것이어야만 한다. 그 목적을 위해 고안된 것이 완강기이다. 현재는 그 특성을 살려 소방대가 고층에서 구조하기 위한 구조기구로서도 사용할 수 있게 되었다.

1. 완강기

지지대에 걸어서 사용자의 몸무게에 의하여 자동적으로 내려올 수 있는 기구 중 사용자가 교대하여 연속적으로 사용할 수 있는 것을 말한다.

2. 간이완강기

지지대 또는 단단한 물체에 걸어서 사용자의 몸무게에 의하여 자동적으로 내려올 수 있는 기구 중 사용자가 교대하여 연속적으로 사용할 수 없는 일회용의 것을 말한다.

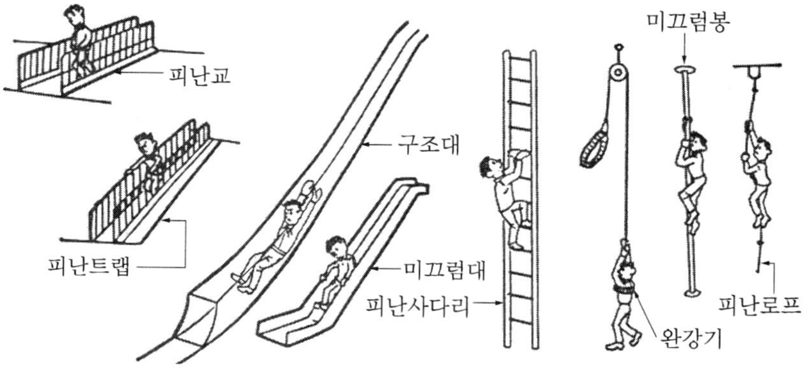

1.3.6 공기호흡기

소화활동 시 화재로 인하여 발생하는 각종 유독가스 환경 하에서 일정시간동안 인명구조활동 등에 사용할 수 있도록 제조된 압축공기식 개인호흡장비로서 면체, 고압공기용기, 공급밸브, 배기밸브, 감압밸브, 등지개, 압력지시계, 경보장치, 급기호스 등으로 구성된 것을 말한다. 공기호흡기의 최고충전압력은 150 kg/cm^2 이상으로 충전하여 분당 40 L씩 호흡 시 용기별로 30분, 40분, 50분 이상 사용할 수 있는 용량이어야 한다.

1. 음압형 공기호흡기

흡기 시에 열리고 흡기가 정지 했을 때 및 배기할 때에 닫히는 디맨드밸브를 갖춘 공기호흡기이다.

2. 양압형 공기호흡기

면체내의 압력이 외기압보다 항상 일정한 압력만큼 높은 것으로서 면체내의 압력이 일정압력 이하가 되면 작동되는 압력디맨드밸브를 갖춘 공기호흡기이다.

1.4 소화용수설비

소화용수설비는 넓은 대지를 갖는 대규모 건축물이나 대형 고층건물에 설치하여 화재시 소방대가 소화용수로 사용할 수 있게 만든 설비이다. 또한 소화용수설비는 화재진압을 위해 출동한 소방차에 소화수가 부족할 경우를 대비하여 일정 규모이상의 건물에 설치해야 하는 소화활동설비로서 화재안전기준에 적합하게 수원을 확보하여야 한다.

1.4.1 상수도 소화용수설비

1. "호칭지름"이란 일반적으로 표기하는 배관의 직경을 말한다.
2. "수평투영면"이란 건축물을 수평으로 투영하였을 경우의 면을 말한다.
3. 상수도 소화용수설비는 「수도법」에 따른 기준 외에 다음의 기준에 따라 설치하여야 한다.
   (1) 호칭지름 75 mm 이상의 수도배관에 호칭지름 100 mm 이상의 소화전을 접속할 것
   (2) (1)에 따른 소화전은 소방자동차 등의 진입이 쉬운 도로변 또는 공지에 설치할 것
   (3) (1)에 따른 소화전은 특정소방대상물의 수평투영면의 각 부분으로부터 140 m 이하가 되도록 설치할 것

1.4.2 소화수조 및 저수조

1. 소화수조, 저수조의 채수구 또는 흡수관 투입구는 소방차가 2 m 이내의 지점까지 접근할 수 있는 위치에 설치하여야 한다.

2. 소화수조 또는 저수조의 저수량은 특정소방대상물의 연면적을 다음 표에 따른 기준면적으로 나누어 얻은 수(소수점이하의 수는 1로 본다)에 20 m^3를 곱한 양 이상이 되도록 하여야 한다.

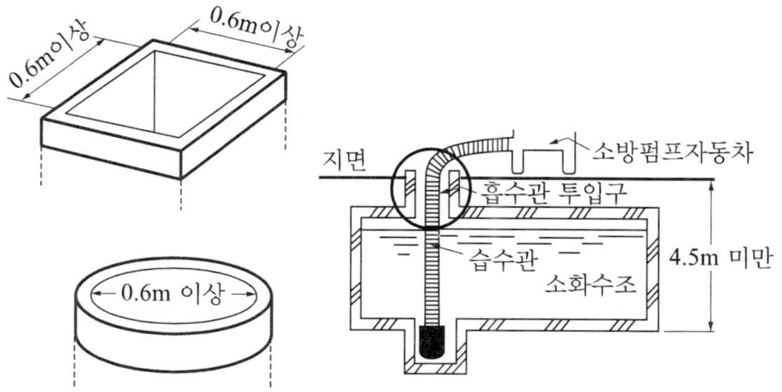

소화수조의 흡수관 투입구

1.5 소화활동설비

소화활동설비는 화재진압활동상 필요한 보조설비를 말하며, 제연설비 · 연결송수관설비 · 연결살수설비 · 비상콘센트설비 · 무선통신보조설비로 분류한다.

1.5.1 제연설비

화재 시에 발생하는 연기로 인한 피해에는 시각장해, 유독가스와 열기가스에 의한 생리적 영향 등이 있다. 즉 연기 속에서는 피난경로가 보이지 않고 유독가스로 인해 신체의 부자유, 열기가스를 호흡함으로 인한 호흡기의 손상이 온다. 제연설비의 목적은 옥외로 연기를 배출하거나 피난계단등 방호구역 내에 연기의 침투를 막음으로서 피해를 감소시키고 거주자의 안전한 피난을 확보하며 소방대의 소화활동을 용이하게 한다.

1.5.2 연결살수설비

연결살수설비는 소방활동상 필요한 시설로서 송수구, 살수헤드 및 이들을 연결하는 배관 등으로 구성되고 가압송수장치가 필요 없는 설비이다. 화재 시 송수구에 연결되는 소방펌프자동차(송수능력은 소방펌프의 형식승인 및 검정기술에서 정하는 B-1급 이상의 펌프로 한다)에서의 송수에 의하여 배관을 지나 해당 설비의 송수구역에 부착된 살수헤드에서 일정범위의 유량을 살수함에 따라 소방대의 유효한 소방작업 및 활동을 행할 수 있도록 설치된 연결살수설비이다.

1.5.3 연결송수관설비

연결송수관설비는 일반적으로는 연소가 확대된 화재에 대해 소방대의 도착에 따라 소방활동을 용이하게 하기 위하여 설치하는 것이다. 연결송수관설비는 소방대상물의 외벽등에 설치되는 것으로서 쌍구형송수구와 배관 및 소방대상물의 소정의 위치에 설치된 방수구로 구성된다. 특히 송수구는 소방펌프자동차의 접근이 용이한 장소에 설치하여야 하며, 방수구는 그 층의 모든 부분에서 방수구까지의 수평거리가 50 m 반경의 원으로 포함할 수 있는 위치(아케이드 또는 도로용으로 공유되어 있는 부분은 25 m)에 설치하여야 한다. 또한 일반소방대상물에 설치한 방수구는 계단실, 비상용 엘리베이터 승강로비, 기타 이와 유사한 장소에서 소방대가 유효하게 소방활동을 할 수 있는 위치에 설치한다.

1.5.4 비상콘센트설비

고층건축물은 구조상의 특수성 때문에 창문이 거의 닫혀 있는 상태로 되어 있는 경우가 많아 일단 불이 나면 연기가 건축물 내에 가득 차게 되므로 내부에 있는 사람의 피난이나 초기 소화활동에 많은 위험성이 잠재해 있다. 또한 고층부분에서는 소방펌프사다리자동차도 기능을 발휘할 수 없기 때문에 소방대의 소방활동도 저해 받는 상태이다. 따라서 고층건축물에는 당연히 다른 일반 건축물에 비해서 보다 많은 방재설비가 설치되어 있다.

1.5.5 무선통신보조설비

지하가 터널, 광도내와 같은 장소에서 무선통신기기를 사용해서 지상과 교신을 할 경우 전파가 건축물의 벽면 등에 막히기 때문에 통화가 대단히 곤란하다. 이와 같은 장소에 미리 「안테나」를 설치하여 지상과의 연락을 용이하게 하도록 하는 설비이다.

1.5.6 연소방지설비

연소방지설비는 창고지역, 기타 연소위험이 있는 장소에 접하는 경우 외부에서 개구부, 창 등을 통하여 화재가 확산하지 않도록 하는데 목적이 있다. 또한 아파트나 건축물 또는 인접상가지역에서의 화재발생 시 개구부 등을 방호하기 위한 것과 전력, 통신용의 전선이나 가스, 냉난방용 배관 또는 이와 동등한 것을 집합적으로 수용하기 위해 설치되는 공작물 등의 화재 및 연소 등을 미연에 예방하기 위하여 설치하는 설비로서 스프링클러설비와 유사하며 구성은 송수구, 배관, 헤드 등으로 구성되어 있다.

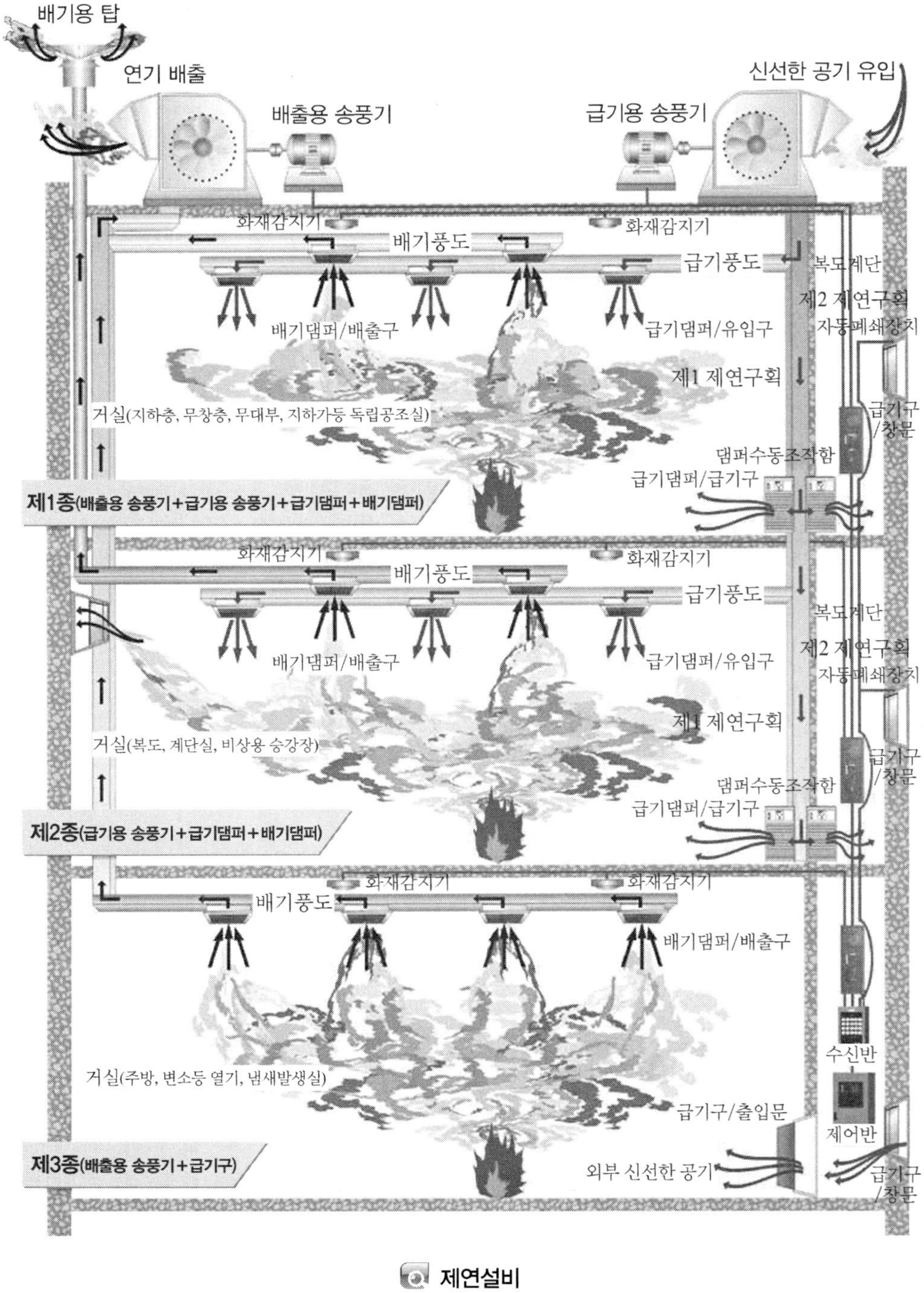
배기용 탑
연기 배출
배출용 송풍기
급기용 송풍기
신선한 공기 유입
화재감지기
배기풍도
급기풍도
복도계단
제2 제연구획
자동폐쇄장치
배기댐퍼/배출구
급기댐퍼/유입구
제1 제연구획
거실(지하층, 무창층, 무대부, 지하가등 독립공조실)
급기구/창문
댐퍼수동조작함
급기댐퍼/급기구
제1종(배출용 송풍기+급기용 송풍기+급기댐퍼+배기댐퍼)
거실(복도, 계단실, 비상용 승강장)
제2종(급기용 송풍기+급기댐퍼+배기댐퍼)
수신반
제어반
거실(주방, 변소등 열기, 냄새발생실)
급기구/출입문
외부 신선한 공기
제3종(배출용 송풍기+급기구)

제연설비

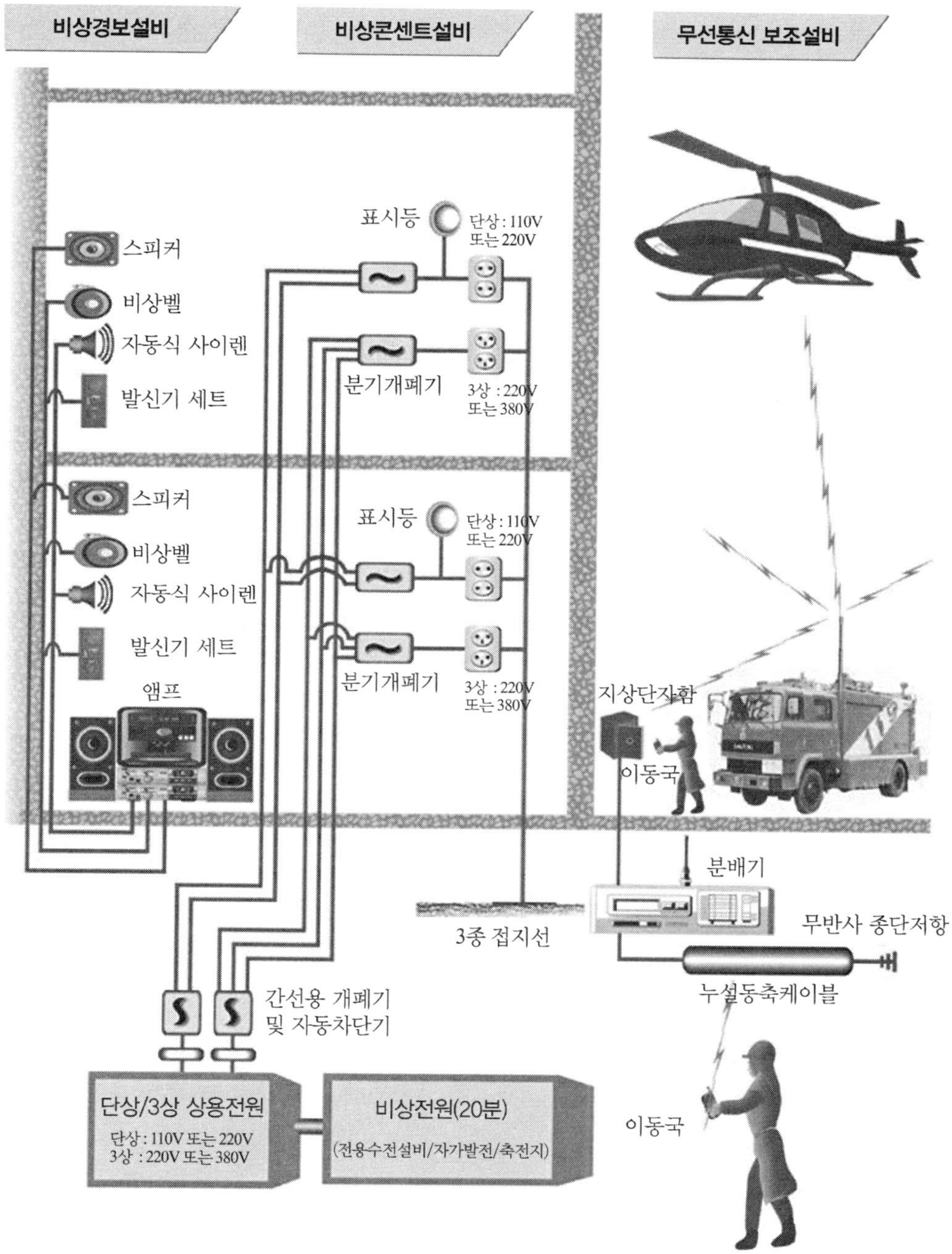

비상경보 / 비상콘센트 / 무선통신 보조설비

Chapter

2

소방경보시스템

화재를 초기에 감지하여 상주인원 및 불특정 다수인에게 경보하고 또한 자동 소화설비를 연동하게 하며 제연설비의 기동, 방화셔터 및 방화문의 폐쇄 등의 신호를 발생시키는 자동화재탐지설비에 대한 경계구역, 신호를 발생시키는 감지기, 감지기에서 발생된 신호를 전송하는 배선 및 중계기, 그리고 신호를 수신하여 필요한 기능을 제어하는 수신기, 상주인원과 불특정 다수인에게 상황을 통보하는 음향 및 시각경보장치, 전원 등의 작동을 원활하게 하는 시스템이다.

경보설비에는 자동화재탐지설비, 시각경보기, 누전경보기, 자동화재속보설비, 비상방송설비, 비상경보설비, 단독경보형감지기, 가스누설경보기, 통합감시시설이 있다. 경보설비는 화재발생을 통보하는 설비라고 정의되고 있지만 가스누설경보기와 누전경보기는 화재가 아닌 가스누설이나 누전을 경보하는 설비이다.

자동화재탐지설비, 시각경보기, 비상경보설비, 단독경보형감지기, 비상방송설비는 화재의 발생을 건물 내의 사람들에게 통보하는 기능을 목적으로 하고 있다.

자동화재탐지설비는 자동 및 수동으로 작동하나, 비상경보설비는 수동으로만 작동하는 것이다. 전원 및 감지부가 내장되어 단독으로 감지하고 경보를 발하는 단독경보형감지기가 있다. 그리고 비상방송설비는 음향장치의 역할만을 하는 설비로서 독립된 기능을 하기 위해서는 자동화재탐지설비와 연동이 되어야 한다는 것이다.

자동화재속보설비는 건물 내에 있는 사람들에게 통보하는 것이 아니라 소방서에 통보하는 설비로서 화재감지 기능을 가지고 있는 것도 있으나 이를 가지고 있지 않는 것은 자동화재탐지설비와 연동되어야 한다는 것이다.

가스누설경보기는 가스가 새는 것을 탐지하여 관계자나 이용자에게 경보하여 주는 역할을 하며, 가스누설을 검지하여 중계기 또는 수신부에 가스누설의 신호를 발하는 탐지부와 탐지부에서 발하여진 가스누설신호를 수신하여 음향으로서 경보하여 주는 수신부로 구성되어 있으며 탐지부와 수신부가 일체형으로 되어져 있는 단독형과 탐지부(가정용)와 수신부가 분리되어 있는 분리형(영업용, 공업용)이 있다.

누전경보기는 가스가 새는 것을 탐지하여 관계자나 이용자에게 경보하여 주는 역할을 하며, 가스누설을 검지하여 중계기 또는 수신부에 가스누설의 신호를 발하는 탐지부와 탐지부에서 발하여진 가스누설신호를 수신하여 음향으로서 경보하여 주는 수신부로 구성되어 있으며 탐지부와 수신부가 일체형으로 되어져 있는 단독형과 탐지부(가정용)와 수신부가 분리되어 있는 분리형(영업용, 공업용)이 있다.

2.1 소방시스템의 개요

2.1.1 화재예방, 소방시설 설치·유지 및 안전관리에 관한 법률 제9조 제1항

1. 제9조 (특정소방대상물에 설치하는 소방시설의 유지·관리 등)

① 특정소방대상물의 관계인은 대통령령으로 정하는 바에 따라 특정소방대상물의 규모·용도·위험 특성·이용자 특성 및 수용 인원 등을 고려하여 갖추어야 하는 소방시설을 소방청장이 정하여 고시하는 화재안전기준에 따라 설치 또는 유지·관리하여야 한다.

2.1.2 화재예방, 소방시설 설치·유지 및 안전관리에 관한 법률 시행령 제15조 별표 4 수용인원, 별표 5 소방시설의 종류 중 경보설비의 소방시설 적용기준란의 규정은 다음과 같다.

1. 수용인원의 산정 방법 (제15조 관련)

1. 숙박시설이 있는 특정소방대상물
   가. 침대가 있는 숙박시설 : 해당 특정소방물의 종사자 수에 침대 수(2인용 침대는 2개로 산정한다)를 합한 수
   나. 침대가 없는 숙박시설 : 해당 특정소방대상물의 종사자 수에 숙박시설 바닥면적의 합계를 3 m^2로 나누어 얻은 수를 합한 수
2. 제1호 외의 특정소방대상물
   가. 강의실·교무실·상담실·실습실·휴게실 용도로 쓰이는 특정소방대상물 : 해당 용도로 사용하는 바닥면적의 합계를 1.9 m^2로 나누어 얻은 수
   나. 강당, 문화 및 집회시설, 운동시설, 종교시설 : 해당 용도로 사용하는 바닥면적의 합계를 4.6 m^2로 나누어 얻은 수(관람석이 있는 경우 고정식 의자를

설치한 부분은 그 부분의 의자 수로 하고, 긴 의자의 경우에는 의자의 정면 너비를 0.45 m로 나누어 얻은 수로 한다)

다. 그 밖의 특정소방대상물 : 해당 용도로 사용하는 바닥면적의 합계를 3 m^2로 나누어 얻은 수

2. 특정소방대상물의 관계인이 특정소방대상물의 규모·용도 및 수용인원 등을 고려하여 갖추어야 하는 소방시설의 종류 (제15조 관련)

2. 경보설비

가. 비상경보설비를 설치하여야 할 특정소방대상물(위험물 저장 및 처리 시설 중 가스시설 또는 지하구는 제외한다)은 다음의 어느 하나와 같다.

1) 연면적 400 m^2(지하가 중 터널 또는 사람이 거주하지 않거나 벽이 없는 축사는 제외한다) 이상이거나 지하층 또는 무창층의 바닥면적이 150 m^2(공연장의 경우 100 m^2) 이상인 것

2) 지하가 중 터널로서 길이가 500 m 이상인 것

3) 50명 이상의 근로자가 작업하는 옥내 작업장

나. 비상방송설비를 설치하여야 하는 특정소방대상물(위험물 저장 및 처리 시설 중 가스시설, 사람이 거주하지 않는 동물 및 식물 관련 시설, 지하가 중 터널, 축사 및 지하구는 제외한다)은 다음의 어느 하나와 같다.

1) 연면적 3천5백m^2 이상인 것

2) 지하층을 제외한 층수가 11층 이상인 것

3) 지하층의 층수가 3층 이상인 것

다. 누전경보기는 계약전류용량(같은 건축물에 계약 종류가 다른 전기가 공급되는 경우에는 그 중 최대계약전류용량을 말한다)이 100암페어를 초과하는 특정소방대상물(내화구조가 아닌 건축물로서 벽·바닥 또는 반자의 전부나 일부를 불연재료 또는 준불연재료가 아닌 재료에 철망을 넣어 만든 것만 해당한다)에 설치하여야 한다. 다만, 위험물 저장 및 처리 시설 중 가스시설, 지하가 중 터널 또는 지하구의 경우에는 그러하지 아니하다.

라. 자동화재탐지설비를 설치하여야 하는 특정소방대상물은 다음의 어느 하나와 같다.

1) 근린생활시설(목욕장은 제외한다), 의료시설(정신의료기관 또는 요양병원

은 제외한다), 숙박시설, 위락시설, 장례식장 및 복합건축물로서 연면적 600 m^2 이상인 것

2) 공동주택, 근린생활시설 중 목욕장, 문화 및 집회시설, 종교시설, 판매시설, 운수시설, 운동시설, 업무시설, 공장, 창고시설, 위험물 저장 및 처리시설, 항공기 및 자동차 관련 시설, 교정 및 군사시설 중 국방·군사시설, 방송통신시설, 발전시설, 관광 휴게시설, 지하가(터널은 제외한다)로서 연면적 1천m^2 이상인 것

3) 교육연구시설(교육시설 내에 있는 기숙사 및 합숙소를 포함한다), 수련시설(수련시설 내에 있는 기숙사 및 합숙소를 포함하며, 숙박시설이 있는 수련시설은 제외한다), 동물 및 식물 관련 시설(기둥과 지붕만으로 구성되어 외부와 기류가 통하는 장소는 제외한다), 분뇨 및 쓰레기 처리시설, 교정 및 군사시설(국방·군사시설은 제외한다) 또는 묘지 관련 시설로서 연면적 2천m^2 이상인 것

4) 지하구

5) 지하가 중 터널로서 길이가 1천m 이상인 것

6) 노유자 생활시설

7) 6)에 해당하지 않는 노유자시설로서 연면적 400 m^2 이상인 노유자시설 및 숙박시설이 있는 수련시설로서 수용인원 100명 이상인 것

8) 2)에 해당하지 않는 공장 및 창고시설로서 「소방기본법 시행령」 별표 2에서 정하는 수량의 500배 이상의 특수가연물을 저장·취급하는 것

9) 의료시설 중 정신의료기관 또는 요양병원으로서 다음의 어느 하나에 해당하는 시설

   가) 요양병원(정신병원과 의료재활시설은 제외한다)

   나) 정신의료기관 또는 의료재활시설로 사용되는 바닥면적의 합계가 300 m^2 이상인 시설

   다) 정신의료기관 또는 의료재활시설로 사용되는 바닥면적의 합계가 300 m^2 미만이고, 창살(철재·플라스틱 또는 목재 등으로 사람의 탈출 등을 막기 위하여 설치한 것을 말하며, 화재 시 자동으로 열리는 구조로 되어 있는 창살은 제외한다)이 설치된 시설

10) 판매시설 중 전통시장

마. 자동화재속보설비를 설치하여야 하는 특정소방대상물은 다음의 어느 하나와 같다.

1) 업무시설, 공장, 창고시설, 교정 및 군사시설 중 국방·군사시설, 발전시설(사람이 근무하지 않는 시간에는 무인경비시스템으로 관리하는 시설만 해당한다)로서 바닥면적이 1천5백m^2 이상인 층이 있는 것. 다만, 사람이 24시간 상시 근무하고 있는 경우에는 자동화재속보설비를 설치하지 않을 수 있다.
2) 노유자 생활시설
3) 2)에 해당하지 않는 노유자시설로서 바닥면적이 500 m^2 이상인 층이 있는 것. 다만, 사람이 24시간 상시 근무하고 있는 경우에는 자동화재속보설비를 설치하지 않을 수 있다.
4) 수련시설(숙박시설이 있는 건축물만 해당한다)로서 바닥면적이 500 m^2 이상인 층이 있는 것. 다만, 사람이 24시간 상시 근무하고 있는 경우에는 자동화재속보설비를 설치하지 않을 수 있다.
5) 「문화재보호법」 제23조에 따라 보물 또는 국보로 지정된 목조건축물. 다만, 사람이 24시간 상시 근무하고 있는 경우에는 자동화재속보설비를 설치하지 않을 수 있다.
6) 근린생활시설 중 의원, 치과의원 및 한의원으로서 입원실이 있는 시설
7) 의료시설 중 다음의 어느 하나에 해당하는 것
   가) 종합병원, 병원 치과병원, 한방병원 및 요양병원(정신병원과 의료재활시설은 제외한다)
   나) 정신병원과 의료재활시설로 사용되는 바닥면적의 합계가 500 m^2 이상인 층이 있는 것
8) 판매시설 중 전통시장
9) 1)부터 8)까지에 해당하지 않는 특정소방대상물 중 층수가 30층 이상인 것

바. 단독경보형 감지기를 설치하여야 하는 특정소방대상물은 다음의 어느 하나와 같다.
1) 연면적 1천m^2 미만의 아파트등
2) 연면적 1천m^2 미만의 기숙사
3) 교육연구시설 또는 수련시설 내에 있는 합숙소 또는 기숙사로서 연면적 2천m^2 미만인 것
4) 연면적 600 m^2 미만의 숙박시설
5) 라목 7)에 해당하지 않는 수련시설(숙박시설이 있는 것만 해당한다)

6) 연면적 400 m^2 미만의 유치원

사. 시각경보기를 설치하여야 하는 특정소방대상물은 라목에 따라 자동화재탐지설비를 설치하여야 하는 특정소방대상물 중 다음의 어느 하나에 해당하는 것과 같다.

1) 근린생활시설, 문화 및 집회시설, 종교시설, 판매시설, 운수시설, 운동시설, 위락시설, 창고시설 중 물류터미널

2) 의료시설, 노유자시설, 업무시설, 숙박시설, 발전시설 및 장례식장

3) 교육연구시설 중 도서관, 방송통신시설 중 방송국

4) 지하가 중 지하상가

아. 가스누설경보기를 설치하여야 하는 특정소방대상물(가스시설이 설치된 경우만 해당한다)은 다음의 어느 하나와 같다.

1) 판매시설, 운수시설, 노유자시설, 숙박시설, 창고시설 중 물류터미널

2) 문화 및 집회시설, 종교시설, 의료시설, 수련시설, 운동시설, 장례시설

자. 통합감시시설을 설치하여야 하는 특정소방대상물은 지하구로 한다.

3. 용어의 정의

1. “소방시설”이란 소화설비, 경보설비, 피난설비, 소화용수설비, 그 밖에 소화활동설비로서 대통령령으로 정하는 것을 말한다.
2. “소방시설등”이란 소방시설과 비상구(非常口), 그 밖에 소방 관련 시설로서 대통령령으로 정하는 것을 말한다.
3. “특정소방대상물”이란 소방시설을 설치하여야 하는 소방대상물로서 대통령령으로 정하는 것을 말한다.
4. “소방용품”이란 소방시설등을 구성하거나 소방용으로 사용되는 제품 또는 기기로서 대통령령으로 정하는 것을 말한다.
5. “무창층”(無窓層)이란 지상층 중 다음 각 목의 요건을 모두 갖춘 개구부(건축물에서 채광·환기·통풍 또는 출입 등을 위하여 만든 창·출입구, 그 밖에 이와 비슷한 것을 말한다)의 면적의 합계가 해당 층의 바닥면적(「건축법 시행령」 제119조 제1항 제3호에 따라 산정된 면적을 말한다. 이하 같다)의 30분의 1 이하가 되는 층을 말한다.

가. 크기는 지름 50 cm 이상의 원이 내접(內接)할 수 있는 크기일 것

나. 해당 층의 바닥면으로부터 개구부 밑부분까지의 높이가 1.2 m 이내일 것
다. 도로 또는 차량이 진입할 수 있는 빈터를 향할 것
라. 화재 시 건축물로부터 쉽게 피난할 수 있도록 창살이나 그 밖의 장애물이 설치되지 아니할 것
마. 내부 또는 외부에서 쉽게 부수거나 열 수 있을 것

6. "피난층"이란 곧바로 지상으로 갈 수 있는 출입구가 있는 층을 말한다.
7. "경계구역"이란 특정소방대상물 중 화재신호를 발신하고 그 신호를 수신 및 유효하게 제어할 수 있는 구역을 말한다. 또한, 화재가 발생한 구역을 타구역과 구별해서 식별할 수 있는 최소 단위의 구역을 말한다. 이는 소방대상물의 평면, 수직부별로 미리 소정의 범위를 정하여 구분하여 놓고 그 장소에서 화재 시 발생되는 열, 연기, 화염, 기타 가스 등에 의하여 감지기가 작동했을 때 화재발생 구역이 수신기에 표시등, 숫자, 문자나 기호로 표시되어 건물의 관계자가 화재의 발생위치를 쉽게 확인함으로서 조기에 피난유도 및 초기소화활동을 전개하여 인명피해나 물적 손해를 적게 하기 위한 것이다. 따라서 경계구역은 복잡하지 않고 경계 면적이 정해진 범위보다 크지 않게 설정하여야 한다.
8. "수신기"란 감지기나 발신기에서 발하는 화재신호를 직접 수신하거나 중계기를 통하여 수신하여 화재의 발생을 표시 및 경보하여 주는 장치를 말한다. 또한, 각 경계구역별로 배치된 감지기, 발신기, 중계기에 의해 보내어진 감지신호 또는 화재 신호를 수신하여 기록, 표시에 의해 화재가 발생한 구역(경계구역과 일치)을 판별하게 하고 관계자에게 경보를 발신하기 위해 설치된 장치이다. 수신기는 수신방식에 따라 P형, R형으로 구분되며, P형은 성능에 따라서 1급과 2급으로 나누어진다. 그리고 가스 누설신호를 받는 수신기를 G형 수신기라고 하며 이와 P형 수신기와 결합된 것은 GP형 수신기, R형과 결합된 수신기를 GR수신기라고 부른다. 또한 설치 방식에 따라 자립형(거치형)과 벽괘형(壁掛形)이 있다.
9. "중계기"란 감지기·발신기 또는 전기적접점 등의 작동에 따른 신호를 받아 이를 수신기의 제어반에 전송하는 장치를 말한다. 또한, 감지기 또는 발신기에서 보낸 화재신호, 감지기에서 보낸 화재정보신호 또는 감지기에서 가스누설신호를 받아서 그것을 수신기 또는 소화설비 제어반 등에 발신하는 것을 말한다.
10. "감지기"란 화재시 발생하는 열, 연기, 불꽃 또는 연소생성물을 자동적으로 감지하여 수신기에 발신하는 장치를 말한다. 또한, 화재 시에 발생하는 열, 불꽃 또는 연기로 인하여 화재발생을 자동적으로 감지하여 그 자체에 부착된 음향장치로 경보를 발하거나 신호를 수신기에 발신하는 것을 말한다. 즉 화재에 의해

발생하는 물리적·화학적 현상을 감지하여 정하여진 레벨에 따라 화재로 판단하고 있다. 초기의 감지기는 화재 시 발생되는 열을 감지하는 방식이 주를 이루고 있었는데 이후 조기화재발견을 위해 연기를 감지하는 방식이 등장하게 되고, 뒤를 이어 불꽃감지기가 개발되었다.

- 감지기는 감지대상, 감지방식 등에 따라 여러 가지로 분류할 수 있는데 크게 열감지기, 연기감지기 및 불꽃감지기로 구분할 수 있다.
- 열감지기는 다시 감지방식에 따라 차동식(差動式), 정온식(定溫式), 보상식(補償式)로 나눌 수 있으며, 감지범위에 따라 스포트형(Spot)과 분포형(分布型)으로, 감지소자에 따라 공기챔버식, 바이메탈식, 반도체식, 공기관식(空氣管式), 열전대식(熱電對式), 열반도체식(熱半導體式) 등으로 나눌 수 있다.
- 연기감지기는 감지방식에 따라 이온화식(Ion化式)과 광전식(光電式)으로 나눌 수 있으며, 광전식감지기는 감지범위에 따라 스포트형(Spot), 분리형(分離型), 공기흡입형으로, 작동방식에 따라 산란광식(散亂光式)과 감광식(減光式)으로 구분할 수 있다.
- 불꽃감지기는 감지방식에 따라 적외선식(赤外線式 : Infrared) 자외선식(紫外線式 : Ultraviolet)으로 나눌 수 있으며, 설치장소에 따라 옥내형과 옥외형으로 구분할 수 있다.

11. "발신기"란 화재발생 신호를 수신기에 수동으로 발신하는 장치를 말한다. 또한, 발신기는 수동조작에 의하여 화재신호를 발신하는 것으로 P형, M형, T형이 있으며, 설치장소에 따라 옥내형과 옥외형으로 구분된다. 현재 국내에 생산되는 것은 P형 발신기이며 P형 발신기는 화재를 발견한 사람이 합성수지로 되어 있는 보호판을 파괴하고 누름스위치를 눌러서 수신기에 화재 신호를 보내는 것으로 수신기와 전화연락이 가능한 1급과 불가능한 2급으로 구분된다.
12. "시각경보장치"란 자동화재탐지설비에서 발하는 화재신호를 시각경보기에 전달하여 청각장애인에게 점멸형태의 시각경보를 하는 것을 말한다. 또한, 점멸방식의 섬광으로 화재경보를 알려주는 장치로서 청각장애인이 접근 가능한 장소 및 주변 소음으로 경종 등으로 화재경보가 불가능한 장소에 설치하여 화재 시 소방대상물의 관계자 및 거주자에게 안전한 장소로 피난을 통보하는 장치이다.
13. "거실"이란 거주·집무·작업·집회·오락 그 밖에 이와 유사한 목적을 위하여 사용하는 방을 말한다.

2.2 경보시스템의 구성

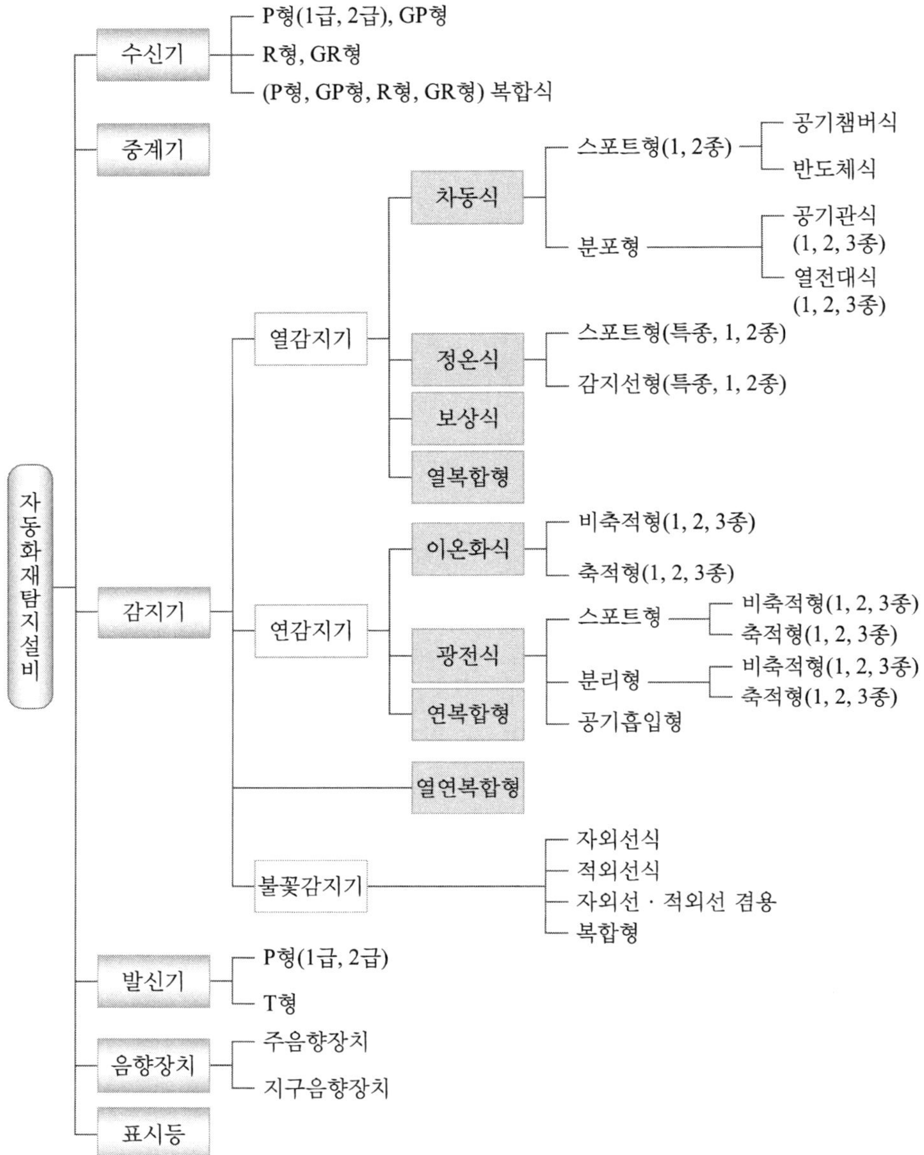

경보시스템의 기본 구성

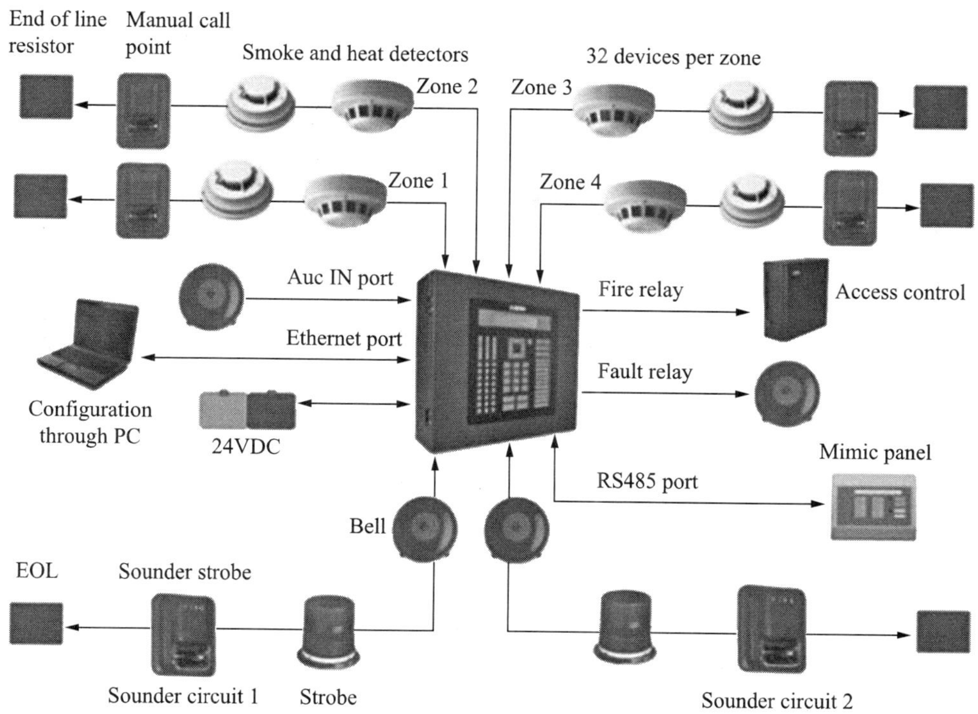

경보시스템의 계통도

2.3 자동화재탐지설비 및 시각경보장치

2.3.1 경계구역

제4조(경계구역) ① 자동화재탐지설비의 경계구역은 다음 각 호의 기준에 따라 설정하여야 한다. 다만, 감지기의 형식승인 시 감지거리, 감지면적 등에 대한 성능을 별도로 인정받은 경우에는 그 성능인정범위를 경계구역으로 할 수 있다.

1. 경계구역을 설정할 경우에는 헛간이나 욕실 등 감지기의 설치가 면제되는 장소도 경계구역의 면적에 포함시켜야 한다. 그러나 그림과 같이 계단이나 엘리베이터권상기실을 별도의 경계구역으로 산정하여 감지기를 설치한 부분은 평면 경계구역의 면적에서 제외할 수 있다.

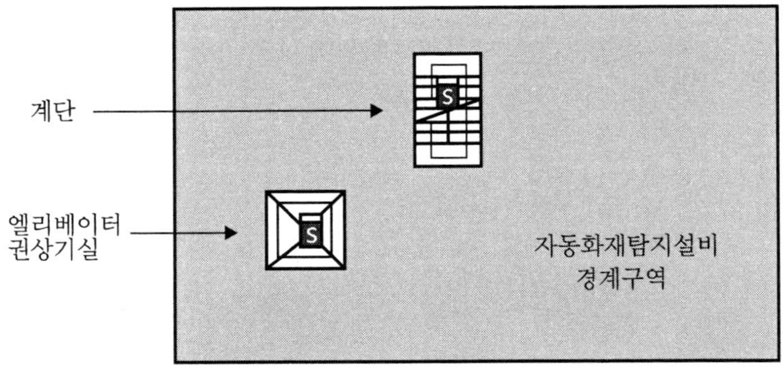

수직회로의 경우 별도구역 적용 예

2. 경계구역의 면적은 벽의 중심선을 기준으로 산정하여야 하므로 그림과 같이 가로 30 m, 세로 20 m이고, 벽의 두께가 30 cm인 경우에는 건축물의 외벽을 기준으로 면적을 산정하는 경우에는 경계구역의 면적이 30.6 m × 20.6 m = 630.36 m^2이 되지만 내부 공간을 기준으로 면적을 산정하면 30 m × 20 m = 600 m^2가 된다. 따라서 그림과 같은 실의 경계면적은 벽의 두께가 0.3 m이므로 벽의 중심선을 기준으로 면적을 산정하면 30.3 m × 20.3 m = 615.09 m^2가 되기 때문에 경계구역 설정 시 이 점을 주의하여야 한다.

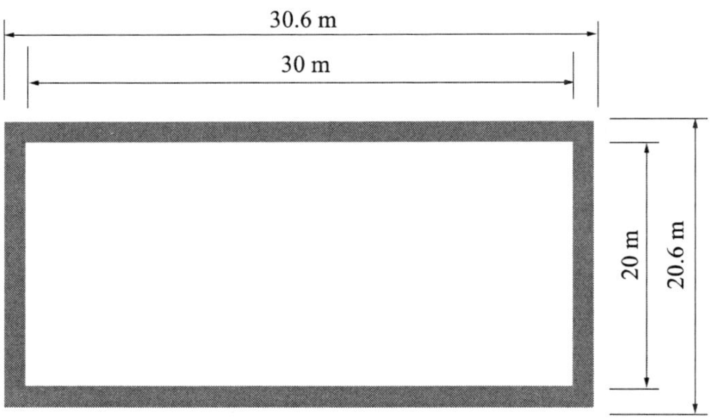

경계구역 면적 적용 예

3. 창고, 공장등과 같이 벽으로 구획된 부분이 없는 부분을 제외하고는 복도, 통로 및 방화구획 등을 경계로 하여 설정하는 것이 좋다. 그림의 왼쪽과 같이 실의 구획선을 따라 경계구역을 설정하는 경우에는 어떤 실에서 화재가 발생하였는지를 확인하기가 용이하지만 오른쪽 그림과 같이 실의 중앙을 관통하는 경우에는 하나의 실에 2개의 경계구역이 존재하므로 화재가 발생한 경계구역을 확인하기가 곤란하다.

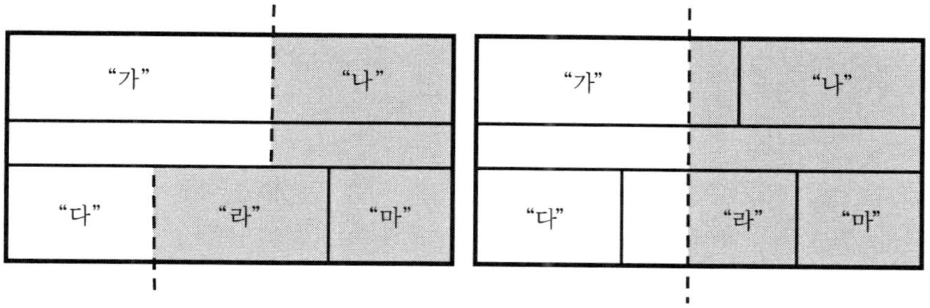

경계구역 설정 예

4. 아날로그식 감지기는 수신기에서 감지기별로 경계구역별로 화재신호를 수신할 수 있게 되어 있으나 이 경우 이를 경계구역으로 적용할 경우는 발신기 설치 및 경보의 적용 등에 문제가 발생하게 된다. 따라서 아날로그감지기의 경우는 이를 경계구역이 아닌 감시구역으로 적용하여야 한다. 따라서 칸막이 변경 등으로 인하여 아날로그 주소형 감지기의 숫자가 변경되는 경우에 이를 경계구역의 변경으로 인한 시공신고 대상으로 삼을 필요는 없다.
5. 광전식분리형 감지기, 광전식공기흡입형 감지기, 정온식감지선형 감지기 및 불꽃감지기 등 특수감지기는 형식승인서에 명시된 감지기의 사양에 따라 경계구역을 설정할 수 있으므로 감시거리나 감지면적을 확인한 후 경계구역을 구분한다.

1. 하나의 경계구역이 2개 이상의 건축물에 미치지 아니하도록 할 것

1. 다음 그림과 같이 건물 "가"의 1층과 건물 "나"의 1층 부분에 대한 면적의 합계가 하나의 경계구역의 설정범위에 해당된다 하더라도 각각의 건축물은 별개의 경계구역으로 구분해야만 방화관리자가 수신기의 지구화재창을 보고 어떤 건물에서 화재가 발생하였는가를 손쉽게 확인할 수 있다.

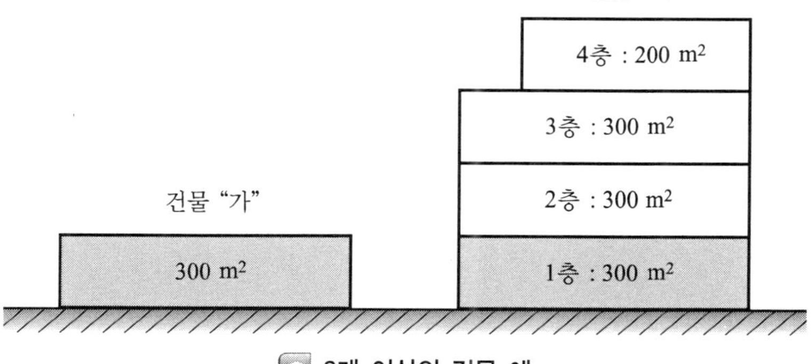

2개 이상의 건물 예

2. 하나의 경계구역이 2개 이상의 층에 미치지 아니하도록 할 것. 다만, 500 m^2 이하의 범위 안에서는 2개의 층을 하나의 경계구역으로 할 수 있다.

1. 그림과 같은 건물의 경계구역 설정 시에는 층별로 경계구역을 설정하면 4개로 구분해야 하지만 1층과 2층, 3층과 4층의 합계면적이 각각 500 m^2 이하이므로 2개 층을 하나의 경계구역으로 설정하면 이건물의 경계구역은 2개로 적용할 수 있게 된다.
2. 이와 같은 경우에는 2개 층에 설치된 화재감지기를 하나의 회로로 구성하여 수신기에서 감시할 수 는 있으나 화재가 발생한 층을 수신기에서는 확인할 수가 없으며, 발신기는 2개 층마다 설치할 수가 없으며 반드시 층별로 설치하여야 한다. 따라서 2개 층을 동일 경계구역으로 설정하는 경우는 발신기가 설치되지 않는 최상부 옥탑부분에 감지기를 바로 아래층에 설치된 발신기에 연결하여 동일회로로 구성하는 경우에 한하여 적용하는 것이 바람직하다. (그림에서 ①보다는 ②의 경우에 이를 적용하는 것이 바람직하다.)

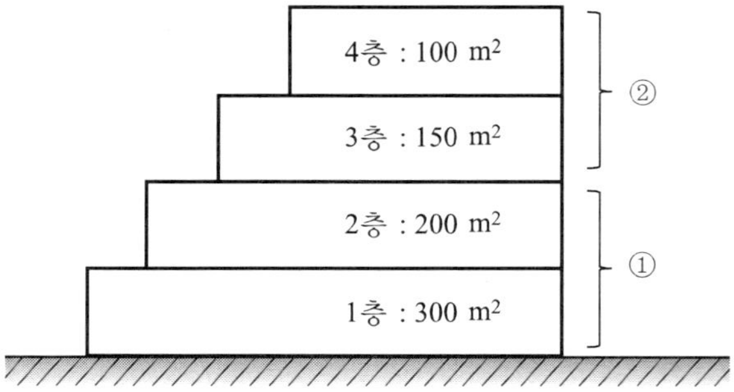

2개의 층의 적용 예

3. 일본의 경우에는 그림과 같이 층이 아닌 천장과 지붕사이의 오두막형 공간도 화재감지기를 설치하고 있으며, 이경우의 경계구역은 아래층과 합하여 600 m^2 이하일 경우에 이를 하나의 경계구역으로 산정할 수 있도록 하고 있다. 이 경우 오두막형 공간 내부에 설치된 화재감지기의 작동상태 점검과 보수유지 등을 위하여 점검구를 설치하여야 한다.

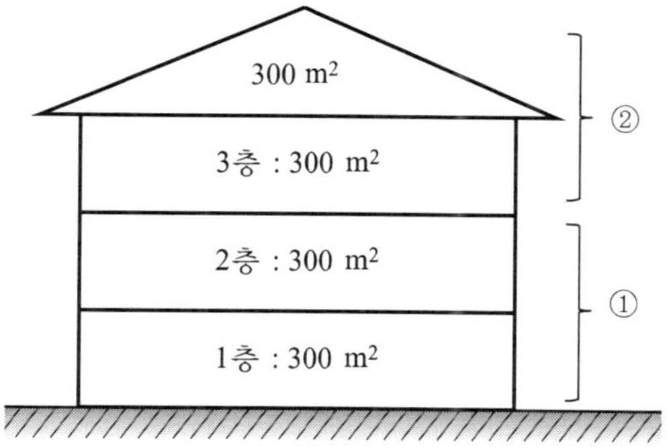

천장 상부의 적용 예

> 3. 하나의 경계구역의 면적은 600 m² 이하로 하고 한 변의 길이는 50 m 이하로 할 것. 다만, 해당 특정소방대상물의 주된 출입구에서 그 내부 전체가 보이는 것에 있어서는 한 변의 길이가 50 m의 범위 내에서 1,000 m² 이하로 할 수 있다.

1. 하나의 층의 경계구역은 600 m²를 기준으로 산정하되 한 변의 길이가 50 m를 초과하면 안 되므로 그림의 왼쪽그림과 같은 경우에는 층별로 4개의 경계구역으로 산정할 수 있으나. 오른쪽 그림과 같이 한 층의 바닥면적이 600 m² 이하인 경우라 하더라도 한 변의 길이가 50 m를 초과하면 층별로 2개씩 총 8개의 경계구역으로 설정해야 한다.

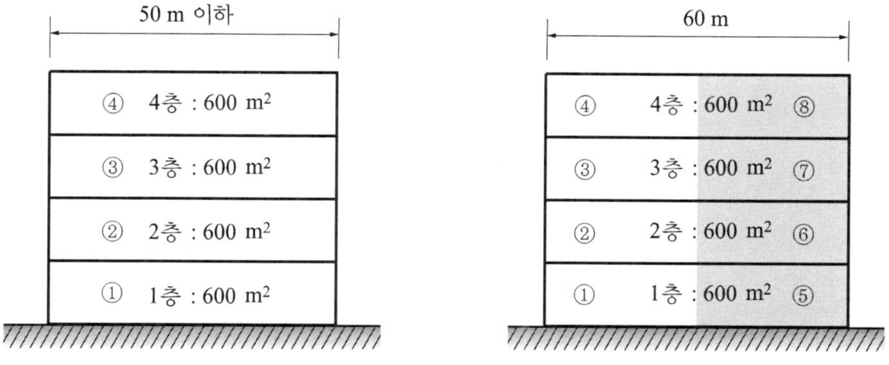

한 변의 적용 예

※ 한 변의 길이 기준

- 원형 및 타원형은 지름 또는 장축을 한 변으로 보고,
- 삼각형의 경우는 제일 긴 변을 한 변으로 보며,
- 다각형의 경우는 제일 긴 대각선을 한 변으로 본다.

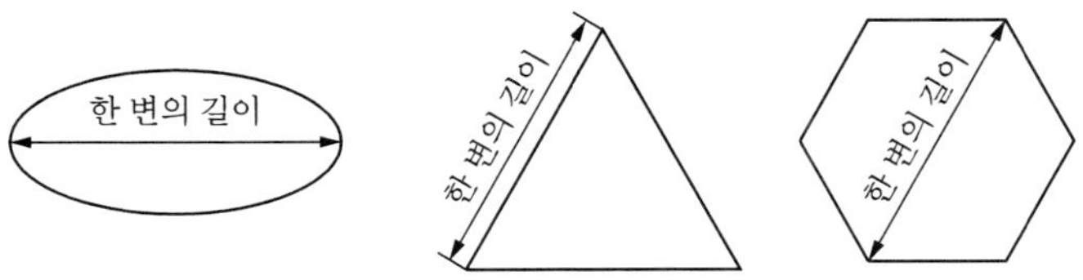

2. 극장, 강당, 체육관 등과 같이 주 출입구에서 내부전체가 보이는 경우에는 1,000 m^2를 하나의 경계구역으로 할 수 있으나 공장, 창고, 칸막이가 없는 사무실의 용도로 사용되는 건물은 최초 준공 당시에는 내부전체가 보일 수 있지만 준공 후에는 기계, 상품 등을 쌓아놓거나 칸막이공사 등으로 인하여 내부 전체가 보이지 않을 우려가 있으므로 경계구역을 600 m^2 이하로 적용해야 한다. 1,000 m^2로 적용할 경우는 경계구역 면적을 600 m^2에서 1,000 m^2로 완화한 것이며 한 변의 길이 50 m까지 이를 완화한 것은 아니므로 반드시 한 변의 길이는 준수하여야 한다.
3. 여러 개의 경계구역으로 분할해야 하는 창고 등과 같이 넓은 소방대상물에 대하여 경계구역을 설정할 경우에는 다음 그림의 왼쪽 그림과 같이 경계구역을 분할하게 되면 실제 화재시나 보수 점검 시에 감지기의 작동지점을 찾기가 어렵게 되므로 오른쪽 그림과 같이 정방형의 형태로 경계구역을 설정하는 것이 좋다.

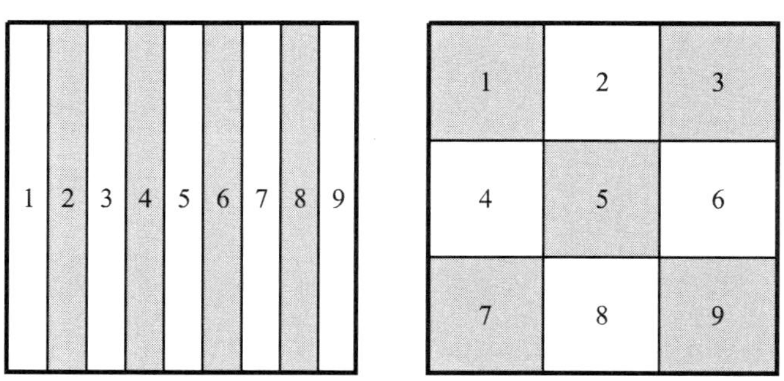

넓은 장소의 경계구역 분할 예

4. 발코니가 있는 공동주택의 경계구역 설정 시에는 외기와 접하는 발코니인 경우에는 이를 경계구역의 면적에 산입하지 않아도 무방하지만, 발코니를 침실, 거실, 창고 등

으로 사용하기 위하여 이를 확장 또는 개조하는 경우에는 경계구역의 면적에 산입하여 소방시설을 설치해야 하므로 거실부분과 발코니 부분을 합하여 경계구역을 설정해야 한다.

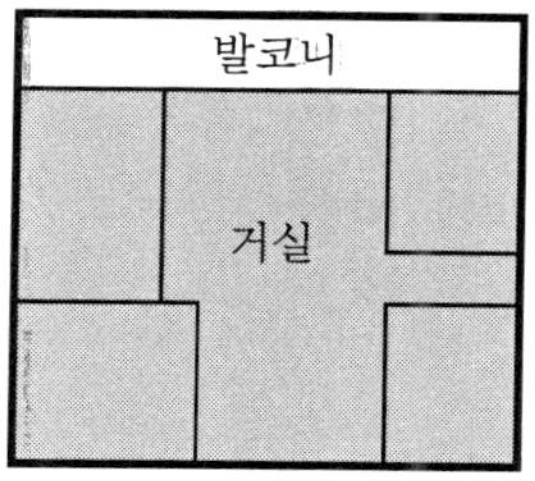

발코니의 경우 예

4. 지하구 또는 터널에 있어서 하나의 경계구역의 길이는 700 m 이하로 할 것

1. 지하구 또는 터널에는 불꽃감지기, 정온식감지선형 감지기, 분포형 감지기, 복합형 감지기, 광전식분리형 감지기, 아날로그방식의 감지기, 다신호방식의 감지기 및 축적방식의 감지기 중에서 지하구 또는 터널내부의 환경조건 등을 면밀히 검토하여 먼지·습기 등의 영향을 받지 아니하는 감지기를 선정하여 설치한다.
2. 지하구는 길이가 길고 면적이 좁은 특성에 따라 한 변의 길이를 50 m로 제한하지 않고 그림과 같이 경계구역을 700 m 설정할 수 있다. 그러나 발화지점을 용이하게 확인하기 위하여 경계구역을 보다 세밀하게 구분할 필요가 있는 경우에는 스포트형은 감지기 개별로 회로를 구성하거나 몇 개의 감지기를 조합하여 경계구역을 설정하고, 분포형이나 감지선형 등은 감지기의 특성에 따라 10 m, 50 m, 100 m 등 임의의 경계구역을 일정간격으로 설정하여 화재를 감시할 수 있다.

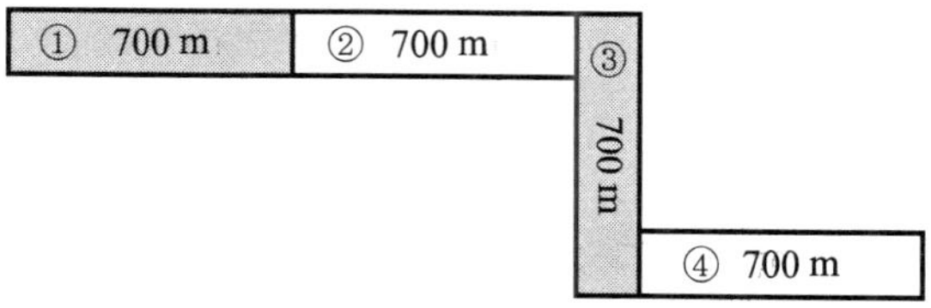

지하구의 적용 예

3. 「도로터널의 화재안전기준(NFSC 603)」 제7조에는 하나의 경계구역의 길이를 100 m 이하로 하고 감지기는 차동식분포형 감지기, 아날로그식 정온식감지선형 감지기를 사용하도록 정하고 있으므로 이에 따라 설치하여야 한다.

② 계단(직통계단외의 것에 있어서는 떨어져 있는 상하계단의 상호간의 수평거리가 5 m 이하로서 서로 간에 구획되지 아니한 것에 한한다. 이하 같다)·경사로(에스컬레이터경사로 포함)·엘리베이터 승강로(권상기실이 있는 경우에는 권상기실)·린넨슈트·파이프 피트 및 덕트 기타 이와 유사한 부분에 대하여는 별도로 경계구역을 설정하되, 하나의 경계구역은 높이 45 m 이하(계단 및 경사로에 한한다)로 하고, 지하층의 계단 및 경사로(지하층의 층수가 1일 경우는 제외한다)는 별도로 하나의 경계구역으로 하여야 한다.

1. 용어
   가. 경사로(Lamp)란 상하층 사이를 이동하는 통로로서 계단이 아닌 경사진 통로를 말한다.
   나. 권상기(券上機)실이란 위로 감아올리는 기계가 있는 실이란 의미로 승강기 기계실을 뜻한다. 그러나 층수가 높지 않은 건물에서는 유압식 엘리베이터를 이용하는 경우에는 엘리베이터 기계실이 바닥면에 있으므로 승강기 기계실이 반드시 최상부에 있는 것만은 아니다.
   다. 린넨슈트(Linen chute)란 호텔이나 병원 등에서 투숙객이나 환자의 세탁물 등을 지하 세탁실로 직접 투하하기 위한 세탁물 전용 덕트를 말한다.
2. 승강로(Elevator shaft)의 경우
   연기감지기 설치 시 오동작 발생이 빈번한 장소이며 오동작의 경우 감지기의 교체 등 유지관리도 어려운 면이 있어 승강기 기계실에만 설치할 수 있도록 한 것이다.
   가. 엘리베이터 권상기실에 화재감지기를 설치할 경우에는 권상기실 상부와 엘리베이터 기계실사이에 개구부가 있을 경우에는 엘리베이터의 승강로나 권상기실 상부에는 화재감지기를 설치하지 않고 최상부 기계실의 천장면에 연기감지기를 설치한다.
   나. 유압식 엘리베이터인 경우에는 권상기실 상부에 개구부가 없으므로 권상기실 최상부 중앙에 감지기를 설치한다.
   다. 엘리베이터 권상기실에 설치하는 화재감지기는 엘리베이터별로 구획이 되어 있는 경우에는 구획된 곳마다 감지기를 설치하고 각각의 감지기를 경계구역으로 설정하여야 한다.
3. 계단, 경사로에 설치하는 감지기는 지상층에는 그림에서 보는 바와 같이 건물의 계단에는 수직거리 15 m마다 감지기를 설치하고 높이 45 m 이내마다 경계구역으로 구분하여 3개로 나눌 수 있다. 또한 지하층의 층수가 2층 이상인 경우에는 지상층과 구분하여 별도의 경계구역으로 하되 지하층의 높이가 15 m가 넘을 경우에는 화재감

지기를 추가로 설치한다. 또한 설치한 감지기 중 몇 층에 설치된 계단감지기가 작동하였는지를 수신기에서 확인할 수 없기 때문에 지구경종을 발화층 및 직상층에 우선경보를 할 수 없으므로 수신기에 설치된 주경종만을 울려 방화관리자에게 경보하게 된다.

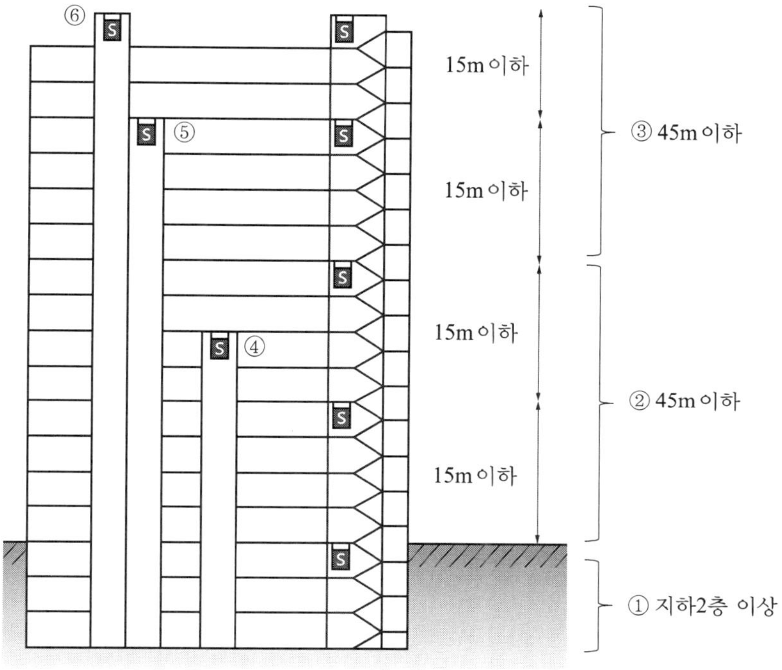

수직회로의 경계구역 예

③ 외기에 면하여 상시 개방된 부분이 있는 차고·주차장·창고 등에 있어서는 외기에 면하는 각 부분으로부터 5 m 미만의 범위 안에 있는 부분은 경계구역의 면적에 산입하지 아니한다.

1. 외기에 면하는 부분으로부터 5 m 범위는 그림과 같이 경계구역에서 제외하되 감지기의 기종을 선정할 경우에는 외부의 기후변화나 바람 등의 영향에 의하여 비화재보가 발생하지 않도록 화재감지기의 기종선정에 유의하여야 한다.

외기에 면하는 경우 예

※ **바닥면적 산정기준** (건축법 시행령 제119조)

건축물의 각 층 또는 그 일부로서 벽, 기둥, 그 밖에 이와 비슷한 구획의 중심선으로 둘러싸인 부분의 수평투영면적

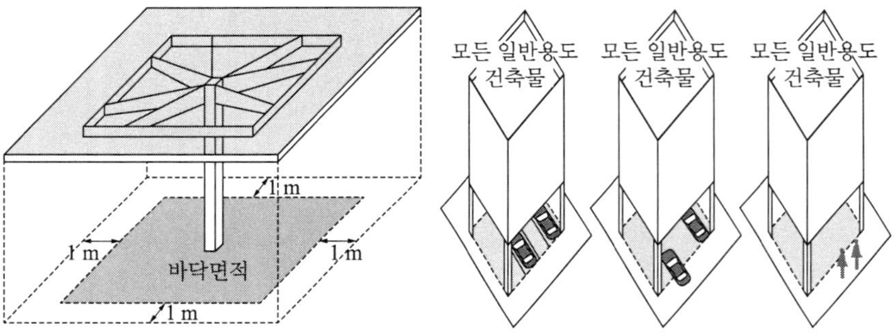

캐노피 면적 산정　　　　면적 제외 차장, 차량통행, 일반통행

④ 스프링클러설비·물분무등소화설비 또는 제연설비의 화재감지장치로서 화재감지기를 설치한 경우의 경계구역은 해당 소화설비의 방사구역 또는 제연구역과 동일하게 설정할 수 있다.

1. 스프링클러설비의 방호구역은 최대 3,000 m^2까지 설정할 수 있기 때문에 자동화재탐지설비의 경계구역 600 m^2를 적용하면 그림에서 보는 바와 같이 5개로 구분해야 하지만 소화설비의 방호구역과 동일하게 설정할 수 있기 때문에 이와 같은 경우에는 1개의 경계구역으로 설정하여도 무방하다.
2. 그러나 방호구역이 너무 넓어지게 되면 하나의 경계구역에 설치해야 하는 감지기의 수량이 많아지기 때문에 이점을 유의하여 경계구역을 분할해야 한다. 수신기나 중계기의 기종에 따라 감지기의 전류를 제한하고 있으므로 많은 감지기를 한 회로에 접

속하면 정상적인 화재신호를 수신하기가 어려워지므로 경계구역을 여러 개로 세분하여 회로당 연결되는 감지기수량을 적절히 조정해야 한다.

3. 예를 들어 준비작동식 스프링클러설비가 설치된 창고의 방호면적이 3,000 m^2이고 천장높이가 4.3 m인 건물에 차동식스포트형 감지기 제2종을 설치하는 경우에는 3,000 m^2/35 m^2 = 86개를 하나의 회로로 구성하여야 하는데, 교차회로 배선방식을 적용하는 경우에는 천장 면에 설치되는 감지기의 총수량은 172개가 되기 때문에 감지기 동작 시 작동지점을 확인하기가 어렵다.

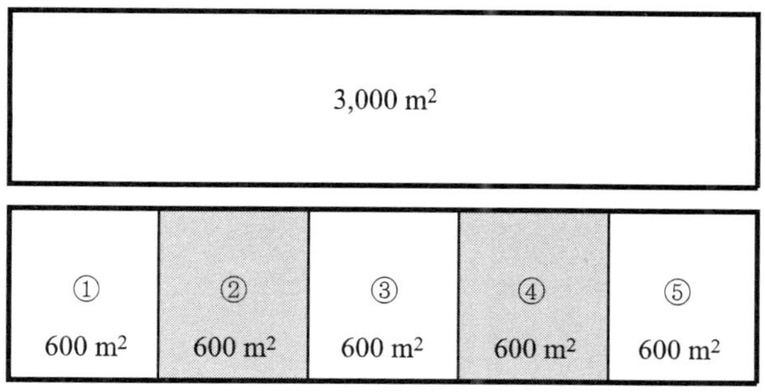

스프링클러설비의 방호구역 예

2.3.2 수신기

1. 수신기 설치기준

수신기는 자동화재탐지설비 또는 가스누설경보설비를 구성하는 기기의 하나로서 감지기와 발신기로부터 화재신호 혹은 가스누설경보기로부터 가스누설신호 또는 설비작동신호를 직접 또는 중계기를 통하여 수신해서, 화재발생이나 가스누설발생 또는 소화설비 등의 작동을 방화대상물의 관계자에게 통보하는 것으로서 자동화재탐지설비의 중추(中樞)적인 역할을 담당하고 있다. 수신기는 화재신호의 종류 및 기능 등에 따라 여러 가지로 구분할 수 있는데, 신호전송 방식에 따라 P형(型)과 R형(型)으로, 가스누설신호 표시 유무에 따라 GP형(型), GR형(型)으로, 기능에 따라 다신호식, 축적식 및 아날로그식으로 구분할 수 있다. P형 및 GP형은 회로수 등에 따라 1급 및 2급으로 구분할 수 있다.

※ P형 : Proprietary type, R형 : Record type
GP형 : Gas-Proprietary type, GR형 : Gas-Record type

제5조(수신기) ① 자동화재탐지설비의 수신기는 다음 각 호의 기준에 적합한 것으로 설치하여야 한다.

1. 해당 특정소방대상물의 경계구역을 각각 표시할 수 있는 회선수 이상의 수신기를 설치할 것
2. 4층 이상의 특정소방대상물에는 발신기와 전화통화가 가능한 수신기를 설치할 것

1. 경계구역은 수신기의 회선수와 일치하여야 하므로 그림에서 보는 바와 같이 경계구역 수가 5개인 소방대상물에는 5회로용 수신기를 설치하고, 경계구역 수가 9개인 경우에는 P형1급 10회로 수신기를 설치하여 9회로를 사용하면 1회로는 예비회로가 된다.

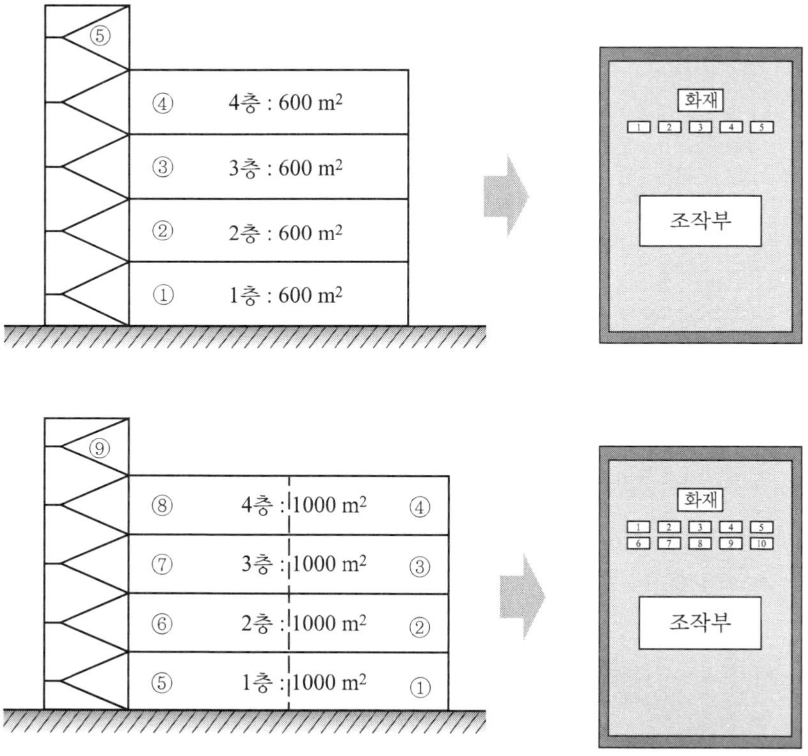

경계구역과 수신기 적용 예

2. P형2급 수신기의 회로수용능력은 5회로를 초과할 수 없기 때문에 대부분 경계구역 수가 5개를 초과하게 되는 4층 이상인 소방대상물에는 P형2급 수신기를 설치할 수 없게 된다. 따라서 P형1급 수신기를 설치해야 하고 P형1급 수신기에는 기본적으로

발신기와 전화통화가 가능한 기능이 내장되어 있다.

> 3. 해당 특정소방대상물에 가스누설탐지설비가 설치된 경우에는 가스누설탐지설비로부터 가스누설신호를 수신하여 가스누설경보를 할 수 있는 수신기를 설치할 것(가스누설탐지설비의 수신부를 별도로 설치한 경우에는 제외한다)

1. 가스누설탐지설비는 가스누설탐지부와 가스누설경보부를 분리설치 하거나 일체형으로 구성된 가스누설경보기를 설치한다. 따라서 이와 같이 가스누설탐지설비가 설치된 건물에는 수신기가 설치된 장소에서 가스누설 경보기능을 수행할 수 있도록 하기 위하여 그림과 같이 가스의 누설상황을 표시하고 경보음을 발할 수 있는 GP형 또는 GR형 수신기를 설치하거나 별도의 가스누설탐지신호를 수신할 수 있는 수신부를 설치하여야 한다.

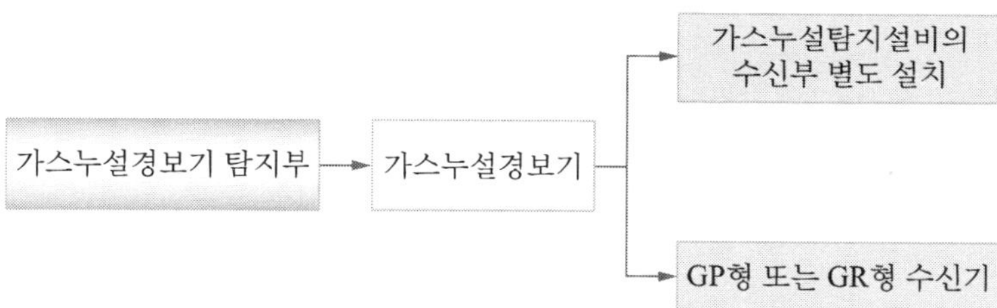

가스누설 수신기 예

> ② 자동화재탐지설비의 수신기는 특정소방대상물 또는 그 부분이 지하층·무창층 등으로서 환기가 잘되지 아니하거나 실내면적이 40 m^2 미만인 장소, 감지기의 부착면과 실내바닥과의 거리가 2.3 m 이하인 장소로서 일시적으로 발생한 열·연기 또는 먼지 등으로 인하여 감지기가 화재신호를 발신할 우려가 있는 때에는 축적기능 등이 있는 것(축적형 감지기가 설치된 장소에는 감지기회로의 감시전류를 단속적으로 차단시켜 화재를 판단하는 방식외의 것을 말한다)으로 설치하여야 한다. 다만, 제7조제1항 단서에 따라 감지기를 설치한 경우에는 그러하지 아니하다.

1. 그림과 같이 면적이 협소하거나 반자높이가 낮은 장소는 비화재보의 발생 우려가 높기 때문에 감지기로부터 화재신호가 수신기에 입력되는 순간 감지기회로의 전원을 차단하고 일정시간이 경과한 후 회로전원을 투입하여 감지기가 화재신호를 지속적으로 유지하고 있는 경우에 한하여 경보를 발할 수 있는 축적형 수신기를 설치해야 한다.

2. 그러나 발신기로부터 화재신호를 수신한 경우에는 축적기능이 자동적으로 해제되어야 하며, 축적형 감지기를 수신기에 연결하는 경우에는 감지기회로의 감시전류를 단속적으로 차단시켜 화재를 판단하는 방식을 사용하게 되면 2중으로 축적이 걸리게 되어 화재감지기가 정상적으로 작동하지 못하는 경우가 발생될 수 있으므로 이점을 유의해야 한다.

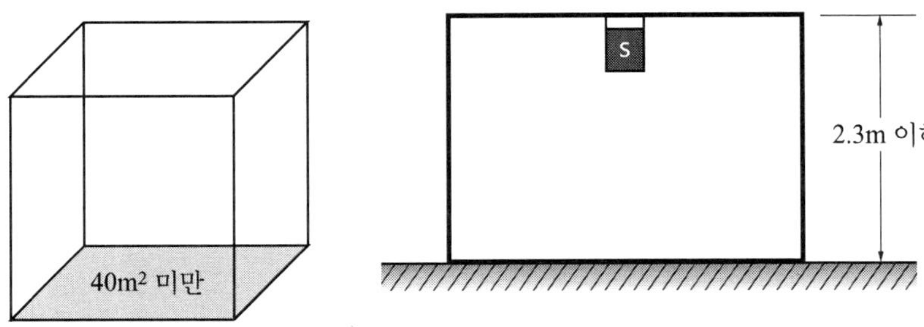

축적기능의 적용 예

> ③ 수신기는 다음 각 호의 기준에 따라 설치하여야 한다.
> 1. 수위실 등 상시 사람이 근무하는 장소에 설치할 것. 다만, 사람이 상시 근무하는 장소가 없는 경우에는 관계인이 쉽게 접근할 수 있고 관리가 용이한 장소에 설치할 수 있다.

1. 수신기는 상시 감시자가 상주하는 장소에 설치해야 하지만 부득이하게 야간에 감시자가 상주하지 않는 경우가 있는데 이때에는 야간에 사람이 근무하는 숙직실 등에 부수신기 등을 설치하여 화재발생 상황을 확인할 수 있도록 해야 한다.
2. 수신기는 자동화재탐지설비만을 수용하는 자탐전용수신기와 소화설비, 제연설비 등을 동시에 감시제어 할 수 있는 복합형 수신기로 구분할 수 있다. 일정규모 이상의 소방대상물에는 자동화재탐지설비 이외에도 각종 소방설비가 설치되는데 옥내소화전이나 스프링클러설비가 설치되는 경우에는 각 설비의 감시제어반의 기능을 복합적으로 수행하기 위하여 복합형 수신기를 설치하는 경우가 대부분이다. 이때에는 상기의 ③항의 기준 외에 옥내소화전설비 및 스프링클러설비의 감시제어반의 설치조건을 갖춘 다음의 장소에 수신기를 설치해야 한다.
   가. 화재 및 침수 등의 재해로 인한 피해를 받을 우려가 없는 곳에 설치한다.
   나. 공장, 발전소 등에서 설비를 집중 제어·운전할 목적으로 설치하는 중앙제어실내에 감시제어반을 설치하는 경우를 제외하고는 전용실 안에 수신기를 설치하거나 전용실 안에 설치할 수 없는 부득이한 경우에는 다른 부분과 방화구획을 해야

한다. 또한 전용실의 벽에 기계실 또는 전기실 등의 감시를 위하여 창문을 설치하는 경우에는 두께 7 mm 이상의 망입유리(두께 16.3 mm 이상의 접합유리 또는 두께 28 mm 이상의 복층유리를 포함한다)로 된 4 m^2 미만의 붙박이창으로 설치한다.

다. 수신기는 피난층 또는 지하 1층에 설치해야 하지만 지상 2층이나 지하 1층 외의 지하층에 설치하기 위하여는 다음의 조건을 갖추어야 한다.

1) 건축법시행령 제35조의 규정에 따라 특별피난계단이 설치되고 그 계단(부속실을 포함한다) 출입구로부터 보행거리 5 m 이내에 전용실의 출입구가 있는 경우

2) 아파트의 관리동(관리동이 없는 경우에는 경비실)에 설치하는 경우

라. 복합형 수신기가 설치되는 장소에는 비상조명등 및 급·배기설비를 설치해야 하며, 무선통신보조설비가 설치된 특정소방대상물에는 「무선통신보조설비의 화재안전기준(NFSC 505)」 제6조의 규정에 따른 무선기기 접속단자를 설치한다.

마. 전용실의 바닥면적은 감시제어반의 설치에 필요한 면적 외에 화재 시 소방대원이 수신기의 조작에 필요한 최소면적 이상을 확보해야 한다.

> 2. 수신기가 설치된 장소에는 경계구역 일람도를 비치할 것. 다만, 모든 수신기와 연결되어 각 수신기의 상황을 감시하고 제어할 수 있는 수신기(이하 "주수신기"라 한다)를 설치하는 경우에는 주수신기를 제외한 기타 수신기는 그러하지 아니하다.

1. 경계구역 일람도는 화재가 발생하여 수신기에 지구화재표시등이 점등되었을 때 수신기 창구에 간단하게 기록된 번호 또는 실명만으로는 화재가 발생한 경계구역을 확인하기가 곤란하므로 그림과 같이 수신기의 지구화재표시창의 명칭과 동일한 건축평면 또는 단면상에 경계구역이 표시된 일람도를 비치해야 한다.
2. 그러나 지도식 표시판이 장착된 수신반이나 컴퓨터의 모니터 화면상에 건축도면을 표기하여 화재발생지점을 명확하게 표시할 수 있는 경우에는 이들 장치의 표시판이 경계구역일람도로 간주할 수 있다.

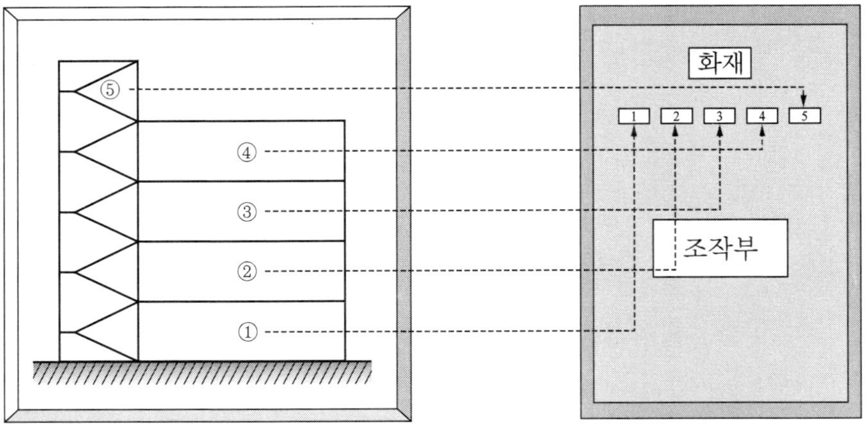

수신기의 경계구역 일람도 예

※ 지도식 표시판(그래픽 패널 등)이 장착된 수신반이나 컴퓨터의 모니터 화면상에 건축 도면을 표기하여 화재발생지점을 명확하게 표시할 수 있는 경우에는 이들 장치의 표시판이 경계구역 일람도로 간주한다.

그래픽 패널

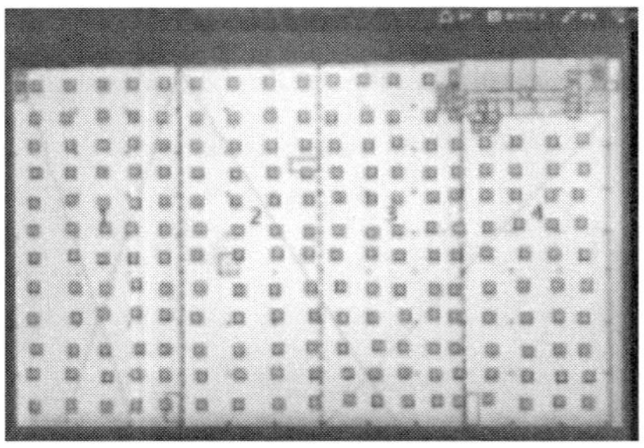

컴퓨터 모니터 화면(CRT)

3. 수신기의 음향기구는 그 음량 및 음색이 다른 기기의 소음 등과 명확히 구별될 수 있는 것으로 할 것

1. 주음향장치 및 지구음향장치는 감지기 또는 발신기가 작동한 경우 경보를 발하는 것으로 주음향장치는 수신기 근처 또는 수신기 내부에, 지구음향장치는 복도에 설치되는데 주로 경종이 사용된다. 이러한 음향기구의 음 또는 음색이 화재경보용과 업무용이 동일하거나 구분이 되지 않는 경우 화재발생을 알리는 경보가 자칫 타 설비 것으로 오인될 소지가 있어 명확히 구별되게 설치하여야 한다.

4. 수신기는 감지기·중계기 또는 발신기가 작동하는 경계구역을 표시할 수 있는 것으로 할 것

1. 수신기는 화재가 발생한 경계구역의 위치를 표시하는 표시등은 적색으로 표시되어야 한다. 다만, 화재등이 설치된 수신기의 표시등은 적색 외의 색으로도 표시할 수 있다.

5. 화재·가스·전기등에 대한 종합방재반을 설치한 경우에는 당해 조작반에 수신기의 작동과 연동하여 감지기·중계기 또는 발신기가 작동하는 경계구역을 표시할 수 있는 것으로 할 것.
6. 하나의 경계구역은 하나의 표시등 또는 하나의 문자로 표시되도록 할 것.
7. 수신기의 조작스위치는 바닥으로부터의 높이가 0.8 m 이상 1.5 m 이하인 장소에 설치할 것.

1. 수신기의 조작스위치는 방화관리자가 운전에 편리하도록 그림과 같이 0.8 m 이상 1.5 m 사이에 위치하도록 한다. 또한 수신기 전면에는 1 m 이상 여유를 두어 전면 문짝의 개방 시 장애가 되지 않도록 해야 하며, 뒷문이 부착된 자립형 수신기의 경우에는 뒷벽에 붙이지 말고 충분한 공간을 두어 보수유지가 용이하도록 해야 한다.
2. 일본의 경우에는 의자에 앉아 조작할 수 있도록 제작된 탁상형 수신기를 설치하는 경우에는 0.6 m 이상 1.5 m 사이에 조작스위치를 설치하여도 무방한 것으로 되어 있다.

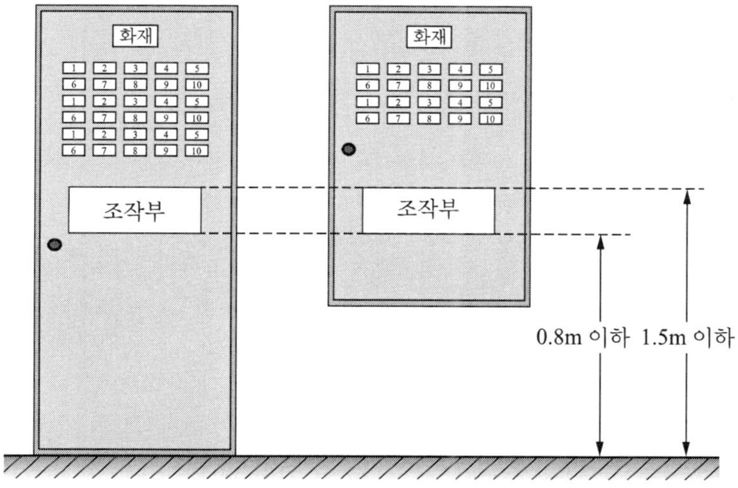

수신기의 조작스위치 높이 예

8. 하나의 소방대상물에 2 이상의 수신기를 설치하는 경우에는 수신기를 상호간 연동하여 화재발생 상황을 각 수신기마다 확인할 수 있도록 할 것

1. 그림과 같이 하나의 건물에 2 이상의 수신기를 설치하는 경우는 주상복합형 아파트는 상가와 아파트의 재산권이 분리되어 있거나 유지관리의 주체가 다른 경우에 발생하게 되는데 이때에는 아파트용 수신기와 상가용 수신기 중 어느 수신기에서도 모든 화재발생상황을 확인할 수 있도록 해야 한다.
2. 아파트용 수신기와 상가용 수신기를 동일한 감시실 안에 각각 설치하여 한 장소에서 아파트와 상가의 화재발생상황을 확인 할 수 있는 경우에는 각 수신기에 상호감시기능을 부여할 필요가 없다.
3. 일본의 경우에는 어느 수신기에서나 지구음향장치를 작동시키는 기능과 각 수신기간 상호 전화 통화를 할 수 있는 기능을 내장하도록 정하고 있는 반면 국내에서는 각 수신기에서도 지구음향장치와 시각경보장치를 동작시킬 수 있도록 정하고 있다.

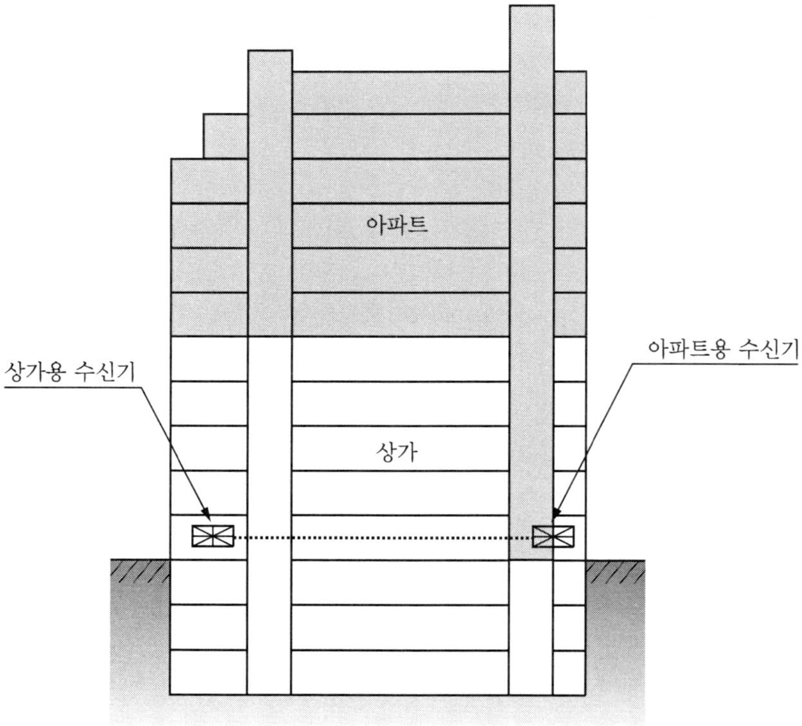

2대의 수신기 적용 예

2. 수신기 종류

(1) P형 수신기

감지기 또는 발신기에서 발신한 화재신호는 직접 또는 중계기를 거쳐서 공통의 신호로 수신하고 표시의 방법은 지구별로 되도록 되어 있다. P형의 의미는 Proprietary의 소유 중심이고, 점유, 독점 등의 의미로 P를 사용한다. P형1급 수신기가 화재신호를 수신했을 때는 적색의 화재등과 화재발생한 경계구역을 각각 자동적으로 표시하고 동시에 주음향장치, 지구음향장치를 자동적으로 명동하여야 한다. 화재신호는 두 개 회선에서 동시에 수신할 때에도 확실히 화재표시가 되어야 하며 수신개시로부터 화재표시까지의 소요시간은 5초 이내이어야 한다. 스위치 조작 시 자동적으로 정위치로 복구하지 않는 것은 스위치가 정상위치가 아닐 때에는 스위치 주의등이 점등한다.

또한 화재표시는 수동으로 복구하지 않은 한 유지되는 기능이 있어야 하며, 작동을 용이하게 확인할 수 있는 화재표시 시험장치와, 감지기 신호회로의 도통을 회로마다 용이하게 확인할 수 있는 도통시험장치, 주전원의 차단 등 비상시를 대비한 예비전원 자동전환장치, 회로전압을 감시할 수 있는 전압계등이 갖추어져 있어야 한다.

P형2급 수신기의 구조·기능은 P형1급 수신기와 거의 같지만 접속할 수 있는 회선의 수는 5회선 이하로 한정하며 전화연락장치는 설치하지 않을 수 있다.

> ※ **공통신호** : 신호가 동일하여 감지기와 발신기를 구분할 수 없는 것을 말한다.
> ※ **경계구역** : 자동화재탐지설비 1회선이 유효하게 화재발생을 탐지할 수 있는 구역을 말하며, 일반형 감지기는 1회선에 여러 개의 감지기를 연결하여 하나의 경계구역을 표시하며, 주소형 감지기는 고유 주소를 가지고 있어 감지기마다 1개의 경계구역으로 설정할 수 있다.

① P형 수신기의 종류

P형 수신기는 회로수와 신호수신방식 및 기능에 따라 다음과 같이 구분할 수 있다.

㈀ 회선수에 의한 분류

P형1급 수신기는 회로수에 제한이 없고, P형2급 수신기는 5회선 이하로 한정된다. 또한 1급에는 P형1급 발신기가 접속되고, 2급에는 P형2급 발신기가 접속된다.

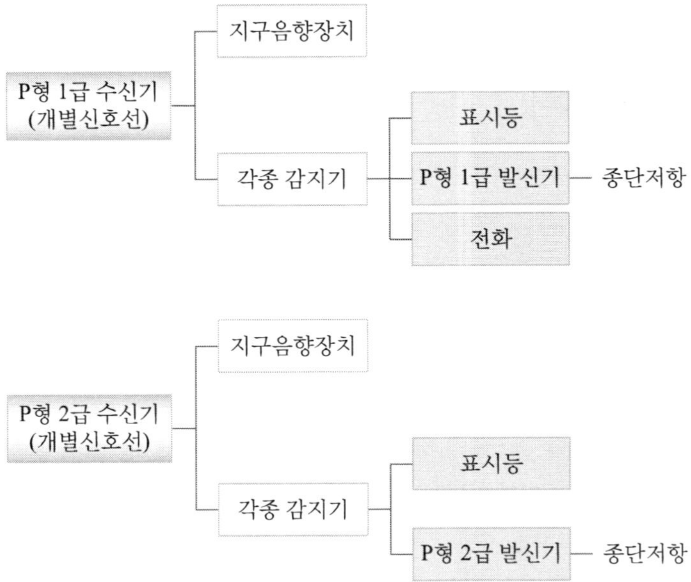

P형 수신기 접속기기

(ㄴ) 수신방식에 의한 분류

- 축적식(蓄積式)

  감지기로부터 화재신호를 수신하고 신호가 일정시간(최대 60초) 계속된 경우에 화재발생을 알리는 방식의 것으로 감지기의 화재신호의 확실성을 판단하여 오(誤)경보를 방지하기 위한 목적으로 사용된다고 할 수 있다. 그러나, 발신기로부터 화재신호를 수신하는 경우에 는 축적기능을 해제하고 즉시 화재발생을 알려야 한다.

- 비축적식(非蓄積式)

  감지기로부터 화재신호를 수신하고 동시에 화재표시를 하는 방식을 말한다.

② 표시방식에 의한 분류

(ㄱ) 창구식

경계구역을 창구로 표시하는 방식을 말한다.

(ㄴ) 지도판식

대상건물을 평면도상으로 표시하여 경계구역을 표시하는 방식을 말한다.

③ 부가기능(機能)

(ㄱ) 자동시험

감지기 선로의 종단 저항까지 단선유무를 자동적으로 시험하고 그 결과를 표시·기록하는 기능이 있다.

㈁ 작동위치표시

정온식감지선형 감지기가 작동된 경우 작동개소의 위치를 거리로 표시하는 기능이 있다.

④ P형 수신기의 기능 및 구조

P형 수신기에 요구되는 기능 및 구조는 「수신기의 형식승인 및 검정기술기준」에 의해 규정되어 있고, 그 주된 사항은 다음과 같다.

㈀ 화재표시

- 화재신호를 수신하는 경우 적색의 화재표시등에 의하여 화재의 발생을 자동적으로 표시함과 동시에, 지구표시장치에 의하여 화재가 발생한 당해 경계구역을 자동적으로 표시하고 주음향장치 및 지구음향장치가 울리도록 되어야 한다.
  - 적색의 표시등
    화재발생을 표시하는 것이기 때문에 수신기 전방 3 m 떨어진 곳에서 확인할 수 있어야 한다.
  - 주음향장치
    수신기가 설치된 근방에서 화재발생을 음향으로 알리는데 음의 크기는 수신기 전방 1 m의 위치에서 90 dB 이상이어야 한다.
  - 지구표시장치
    화재가 발생된 지역을 경계구역으로 구분해서 표시하여야 한다.
  - 지구음향장치
    건물의 복도 등에 설치된 경종을 울려 화재가 발생된 것을 알리는데 음의 크기는 수신기 전방 1 m의 위치에서 90 dB 이상이어야 한다.
- 2개의 경계구역으로부터 동시에 화재신호를 수신하는 경우에도 화재표시를 할 수 있어야 한다.
- 화재표시 작동시험 및 외부배선의 도통상태를 시험하는 중 다른 회선으로부터 화재신호를 수신하는 경우 화재표시가 될 수 있어야 한다.

> ※ 화재표시는 수동으로 복귀시키지 아니하는 한 그 화재의 표시를 계속 유지하는 것이어야 한다.

(ㄴ) 시험장치

- 경계구역별로 화재표시 시험을 할 수 있는 장치를 설치하여야 한다.
- 외부배선(수신기로부터 감지기까지)의 단선(斷線) 및 회로저항 등을 측정할 수 있는 장치를 설치하여야 한다.
- 예비전원(정전이 되는 경우 화재표시를 하기 위한 사용되는 축전지를 말함)의 이상유무를 확인할 수 있는 장치를 설치하여야 한다.

(ㄷ) 전원용량

- 주전원의 용량은 5개 경계구역의 화재표시를 할 수 있어야 하며, 지구음향장치를 울릴 수 있는 용량 이상이어야 한다.
- 예비전원의 용량은 감시상태를 60분간 계속한 후 2개 경계구역의 화재표시를 할 수 있어야 하며, 접속가능한 회선수에 2를 곱하여 얻은 수의 지구음향장치가 울릴 수 있는 용량 이상이어야 한다.

(ㄹ) 조작부

- 주전원 및 예비전원의 감시장치(監視裝置)를 수신기 전면에 설치하여야 한다.
- 시험장치는 수신기 앞면에서 쉽게 시험할 수 있어야 한다.
- 자동적으로 정위치에 복귀하지 아니하는 스위치를 설치하는 경우에는 음신호장치 또는 점멸(点滅)하는 주의등(注意燈)을 설치하여야 한다.

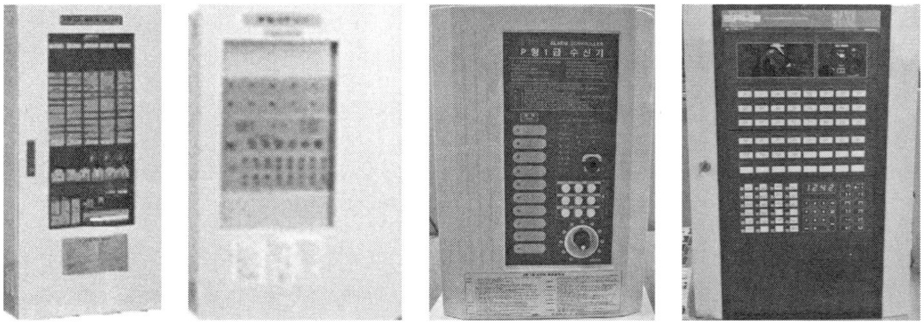

P형 수신기 외형

(2) R형 수신기

감지기 또는 발신기로부터 발생한 신호를 직접 또는 중계기를 통해서 회선마다 고유의 신호로 변환하여 수신하고 화재발생지구를 표시하는 것이다. R형은 Record(기록), Repeater(중계기)의미로 첫문자인 R을 사용한다.

R형 수신기는 감지기나 발신기로부터 발하여진 신호를 중계기를 통하여 각 회선마

다의 고유신호로 수신하는 방식으로서, 사용하는 신호방식은 주로 시분할 방식을 이용한 다중통신방식을 이용하고 있기 때문에 P형에 비하여 많은 선로를 절약을 할 수 있는 이점이 있다. 또한 건물의 증축이나 개축에 따라 경계구역이 증가될 경우에 중계기와 중계기회로수의 증설 등에 의하여 간편하게 회로를 추가할 수 있는 이점이 있어 근래의 대형건물에는 선로가 많이 필요하고 회로의 추가가 어려운 점을 감안하여 P형 수신기보다 R형 수신기를 선호하는 방향으로 바뀌어져 가고 있다.

> ※ **고유신호** : 신호를 부호화(符號化)하는 방법으로 감지기와 발신기를 구분할 수 있는 신호를 말한다.

① R형 수신기의 종류

R형 수신기는 신호수신방식과 기능에 따라 다음과 같이 구분할 수 있다.

㈀ 수신방식에 의한 분류

- 축적식(蓄積式)

  감지기로부터 화재신호를 수신하고 신호가 일정시간(최대 60초)계속된 경우에 화재발생을 알리는 방식의 것으로 감지기의 화재신호의 확실성을 판단하여 오(吳)경보를 방지하기 위한 목적으로 사용된다고 할 수 있다. 그러나, 발신기로부터 화재신호를 수신하는 경우에 는 축적기능을 해제하고 즉시 화재발생을 알려야 한다.

- 다신호식

  1개의 경계구역내에 복수로 설치된 감지기중 2번째의 감지기로부터 화재신호를 수신하는 경우에 화재발생을 알리는 방식의 것을 말한다. 단, 다신호식 경계구역에 아날로그식 기능 또는 축적식 기능을 함께 사용할 수 없다.

> ㉮ 첫 번째 화재신호를 수신하면 주음향장치 또는 부음향장치의 작동과 지구표시장치(地區表示裝置)에 의한 경계구역을 각각 자동적으로 표시한다.
> ㉯ 동일경계구역의 감지기로부터 두 번째 화재신호를 수신하는 경우 ㉮의 상태를 계속함과 동시에 화재등(火災燈) 및 지구음향장치가 자동적으로 작동되어야 한다.

- 아날로그식

  아날로그식(주위의 온도 또는 연기량의 변화에 따라 각각 다른 전류치 또는 전압치 등의 출력을 발하는 방식)의 감지기로부터 화재정보신호(火災情報信

號)를 수신하는데, 그 신호가 이미 화재로 설정된 온도 또는 연기농도에 도달하는 경우 화재발생을 알린다.

※ **화재정보신호** : 화재에 의해 발생된 열 또는 연기의 정도(程度)나타내는 신호

■ 일반 수신기

감지기나 발신기의 화재신호를 발신 개시부터 화재신호를 수신 완료하기까지 5초 이내에 지구경종 동작 및 화재표시를 나타내는 가장 일반적인 수신기

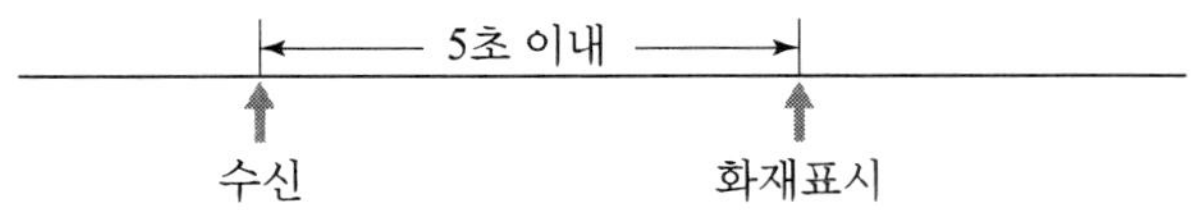

■ 축적형 수신기

최초의 화재신호를 수신한 후 바로 발신하지 않고 축적시간(5초 초과 60초 이내) 이후에도 화재신호가 계속 입력될 경우에 지구경종 동작 및 화재표시등이 작동되는 수신기

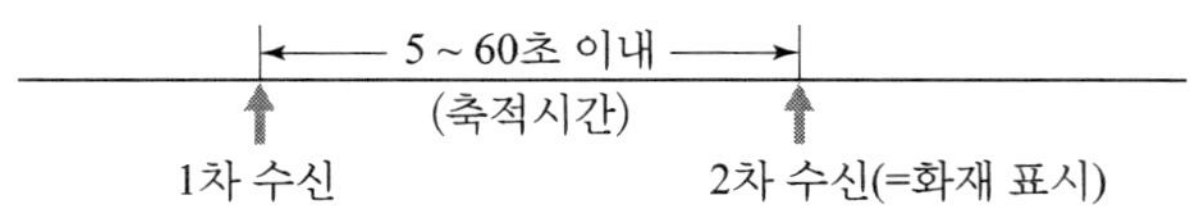

■ 다신호식 수신기

다신호식 수신기는 최초 화재신호에는 주경종 및 지구표시장치만 작동시켜 수신기가 설치되어 있는 장소의 근무자에게만 알리고 같은 경계구역의 감지기로부터 두 번째 화재신호를 수신할 때 화재표시등 및 지구음향장치가 자동적으로 동작하는 수신기

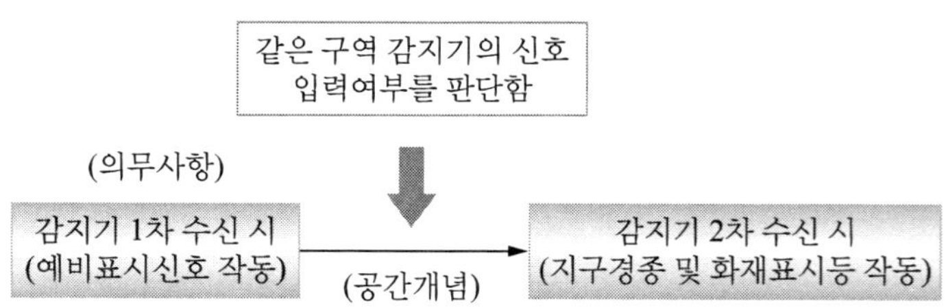

예비신호, 화재신호, 설비연동을 실행

■ 아날로그 수신기

- 아날로그 수신기는 아날로그 감지기로부터 단순한 ON/OFF 신호를 수신하는 것이 아니라 온도 또는 연기의 농도를 지속적으로 수신하고 입력신호량에 따라 단계별로 출력
- 그 신호가 주의표시를 할 정도에 도달하면 주의등 및 주경종으로 이상의 발생을 알리고, 화재표시를 할 정도의 신호를 수신하면 화재표시등 및 지구경종을 작동

■ 복합형 수신기

일반 수신기의 주기능인 경보설비 기능 이외에 수신기의 입력신호와 연동하여 소화설비나 제연설비 등 관련된 설비를 제어할 수 있는 기능이 있는 것

■ 인텔리전트 수신기

- 일반수신기+Network 기능이 있는 수신기
- 다중전송에 의한 Addressing방식을 사용한 수신기
- 각각의 중계기, 감지기 등을 호출하여 데이터의 송수신을 반복

㈏ 표시방식에 의한 분류

- 디지탈액정 표시방식

  감지기가 동작된 경계구역을 숫자로 표시하는 방식을 말한다.

- CRT 표시방식

  모니터상에 대상건물을 평면도가 표시되어 경계구역에 감지기 동작을 표시하는 방식을 말한다.

㈐ 기본기능(機能)

- 자동시험

  감지기 기능의 이상(異常) 및 음향장치 등의 배선(配線) 이상 등을 검출하여 그 결과를 표시·기록하는 기능

- 작동위치표시

  감지기가 작동된 경우 작동개소의 위치를 표시·기록하는 기능

R형 수신기 외형

㈃ 신호시간

• 공통신호와 고유신호

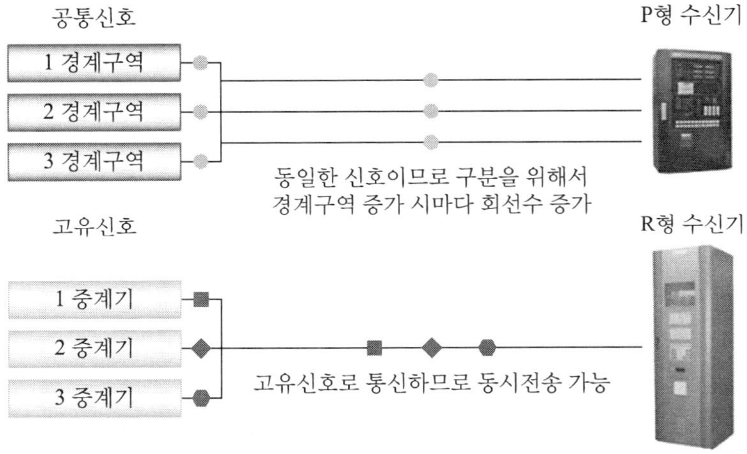

㈄ 수신기의 회로도

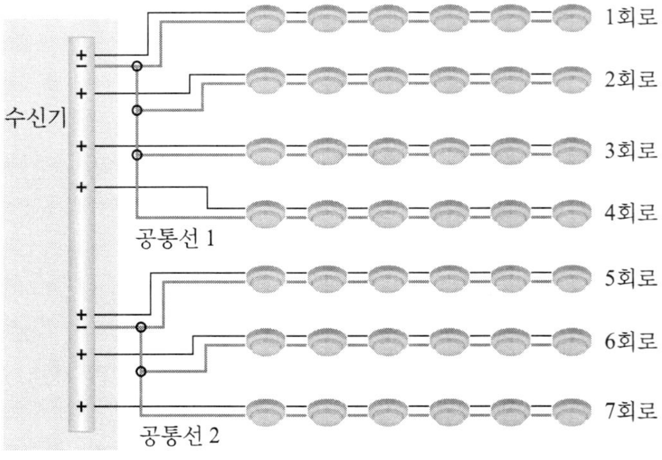

- P형의 기본 간선 수 : 7선

○	○	○	○	○	○	○
회로선	회로공통선	경종선	표시등선	경종표시등 공통선	응답선 (발신기)	전화선

  - 회로 수에 따라 변동(3선)
  - 경종선은 직상발화 우선 경보 시 증가
    5층(지하층 제외) 이상이고, 연면적 3,000 m^2을 초과하는 건축물
  - ○ : 회로와 무관하며, 변동이 없음(기본 4선)
- 자동화재탐지설비의 구간별 단자전압
  - 수신기 입력전압 : 교류 220 V
  - 수신기 출력전압 : 직류
- 5회로 단자대의 실제 예시

1	2	3	4	5	6	7	8	9	10	11	12	13	14	15
○	○	○	○	○	○	○	○	○	○	○	○	○	○	○
AC 220V		접지	회로선 1	회로선 2	회로선 3	회로선 4	회로선 5	회로공통선	주경종	지구경종	표시등선	경종표시등 공통선	응답선 (발신기)	전화선

  - 1, 2번 단자 : 수신기 전원입력 단자(교류 220 V)
  - 3번 단자 : 접지단자(수신기 누전 시 보호 목적)
- 직류전압(DCV) 및 교류전압(ACV) 측정방법(사양에 따라 차이가 있음)

- 레인지스위치를 “OFF”에서 “DC” 또는 “AC”로 설정
- 각각의 측정 단자에 흑색 리드봉과 적색 리드봉을 접속
- 측정값이 액정에 표시

② R형 수신기의 기능 및 구조

R형 수신기에 요구되는 기능 및 구조는 P형 수신기와 유사하므로 시스템상의 비교를 통해 P형과 R형 차이를 알아보면 다음과 같다.

비교항목	P형 시스템	R형 시스템
신호전달방식	개별신호선방식	다중통신방식
신호의 종류	전회선 공통	회선마다 교유
중계기	필요치 않음	필요함
표시방식	지구창방식	디지털(액정)방식
도통시험	감지기 말단까지 시험	중계기까지 감시(말단까지 가능한 R형도 있음)
적용 소방대상물	법적 제한은 없으나 100회로 이하의 소규모 건물	대형 복합건축물, 대규모 아파트 단지, 초고층 빌딩 등 모든 건축물
화재표시 방법	램프에 의한 창구 점등식	LCD에 디지털 문자, 숫자로 표시하며 CRT표시장치 및 프린트 기록이 가능
신뢰성	수신기와 감지기간 선로상태를 도통시험을 통하여 수동으로 주기적으로 체크하여야 함	수신기와 중계기, 감지기의 선로단선, 단락, 접지 등을 항상 감시 검출하여 자동으로 고장표시를 하고 이를 처리할 수 있어 안정적으로 시스템 운영이 가능
확장성	건축물의 증축, 개축, 대수선 등에 의한 회로 증설시 단말기에서 수신기까지 배선을 추가설치하고 수신기를 교체하기 때문에 작업이 어려움이 있음	회선 증설시 중계기의 예비회로를 사용하거나 별도의 중계기를 추가 설치하여 기설치된 중계기에서 신호선 만 분기하면 되므로 건축물을 손상시키지 않고 회로의 증설을 할 수 있어 작업이 편리함
유지관리	▪ 실선배선으로 간선의 배선수가 많고 자동고장검출기능이 없어 수동으로 선로체크를 하므로 유지 관리에 어려움이 있음 ▪ 고장발생 시 개별선로연결에 의한 방식이므로 수리가 편리하다.	▪ 통신배선으로 연결되어 배선수가 적고 자동고장검출기능이 있어 유지관리가 편리함 ▪ 프로그램에 의한 작동방식으로 고장발생 시 제조사에 의해서만 수리가 가능하다.
경제성	수신기 자체 가격은 저렴하나 공사비용이 상대적으로 증가하므로 특히 규모가 큰 건축물에서는 배선 등의 비용이 소요됨	장비비용은 고가이나 배선비용 경제적이므로 일정규모 이상의 건축물에서는 경제적임

(3) GP형 수신기 및 GR형 수신기

가스누설이 발생할 때 가스누설경보기가 가스누설을 탐지하여 가스누설신호를 직접 또는 중계기를 통하여 수신기가 수신하고 가스누설의 발생을 방화대상물의 관계자에게 알리는 것으로 Gas의 첫 문자 G를 사용하며 이러한 G형 수신기에 P형 또는 R형 수신기의 성능을 함께 갖는 수신기를 말한다.

2.3.3 중계기

중계기는 감지기 또는 발신기에서 발신하는 화재신호 또는 화재정보신호, 그리고 가스누설경보기의 탐지부 또는 가스누설경보기에서 송신하는 가스누설신호를 수신한 다음 수신기가 화재신호 또는 화재정보신호나 가스누설신호를 수신 받을 수 있도록 신호를 중계하는 역할을 하는 것으로서 신호를 변조하거나 증폭하는 장치를 말한다.

1. 설치기준

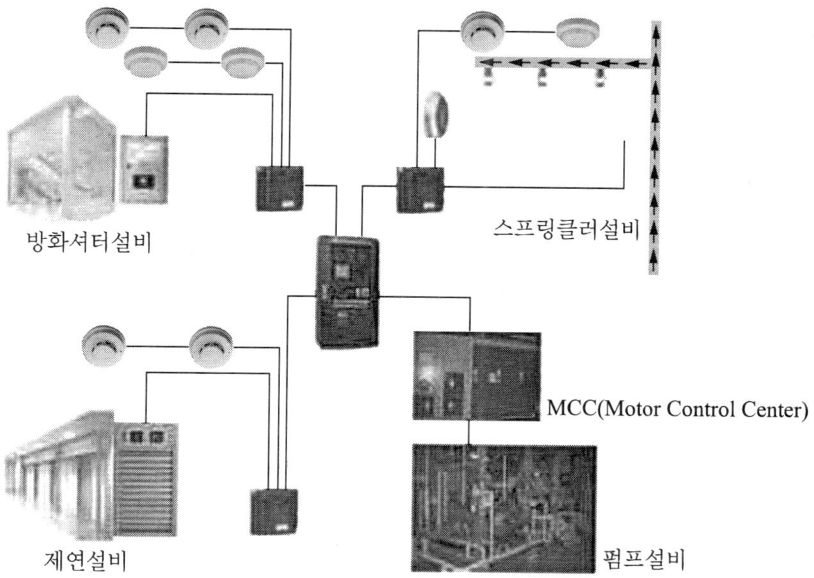

제6조(중계기) 자동화재탐지설비의 중계기는 다음 각 호의 기준에 따라 설치하여야 한다.
1. 수신기에서 직접 감지기회로의 도통시험을 행하지 아니하는 것에 있어서는 수신기와 감지기 사이에 설치할 것
2. 조작 및 점검에 편리하고 화재 및 침수 등의 재해로 인한 피해를 받을 우려가 없는 장소에 설치할 것
3. 수신기에 따라 감시되지 아니하는 배선을 통하여 전력을 공급받는 것에 있어서는 전원입력 측의 배선에 과전류차단기를 설치하고 해당 전원의 정전이 즉시 수신기에 표시되는 것으로 하며, 상용전원 및 예비전원의 시험을 할 수 있도록 할 것

1. 제1호 관련

   중계기는 수신기와 감지기 사이에 외부배선의 도통시험은 물론 선로의 이상 유무를 감시하여 수신기로 신호를 전송할 수 있다. 그러므로 수신기에서 직접 도통시험을 할 수 없는 경우에는 중계기를 설치하여 도통시험을 할 수 있다.

2. 제2호 관련

   중계기는 상시 점검, 조작 및 보수가 쉽고 화재 및 침수등의 재해로 인한 피해를 받을 우려가 없는 장소(수신기 설치장소 또는 중계기 설치 전용함 등)에 설치하여야 한다.

3. 제3호 관련

   중계기는 수신기, 가스누설경보기의 탐지부, 가스누설경보기의 수신부, 자동소화설비의 제어반 또는 다른 중계기로부터 전력을 공급받지 아니하는 방식의 것이 사용되고 있는데 다음에 적합하여야 한다.

   가. 전원입력측의 양쪽선 및 외부부하에 직접 전력을 공급하는 회로에는 퓨즈 또는 브레이커 등을 설치하여 주전원의 정지, 퓨즈의 끊어짐, 브레이커의 차단 등에 대한 신호를 보낼 수 있어야 한다.

   나. 주전원이 정지한 경우에는 자동적으로 예비전원으로 전환되고, 주전원이 정상상태로 복귀한 경우에는 예비전원으로부터 주전원으로 전환되는 장치가 설치되어야 한다. 예비전원은 내부에 설치하는데 별도의 전용함에 설치하는 경우에는 외부에 설치도 가능하다.

   다. 주전원이 정지하는 경우 또는 보호장치가 작동하는 경우에 그 신호는 각 중계기에서 공통인 것으로 하며, 수신기에서 일괄 표시할 수 있는 것으로 한다. 이 경우 중계기에는 당해 신호를 수신기에 송출하는 것이 식별될 수 있는 표시장치를

갖고 있어야 한다.

라. 예비전원의 양부시험을 할 수 있는 장치가 있어야 한다. 이 경우 양부시험은 정류기의 직류측에 자동복귀형 스위치를 설치하고 그 스위치의 조작에 의하여 예비전원으로 전환한 다음 예비전원의 최대소비전류에 상당하는 부하를 예비전원에 가하는 경우에 그 단자전압을 측정할 수 있어야 한다.

2. 중계기의 종류

중계기는 공급원방식, 수신방식, 용도 및 기능에 따라 다음과 같이 구분할 수 있다.

(1) 공급 전원방식에 의한 분류

① **전력을 공급받지 않는 방식(분산형)** : 중계기 자체에 전원을 갖고 있어 수신기 또는 다른 중계기로부터 전력을 공급받지 않는 방식.

(ㄱ) 외부전원(AC 220 V)을 이용 중계기에 전원을 공급하는 방식

(ㄴ) 전원장치를 내장(정류기 및 축전지)하여 전원공급계통 사고 시에도 정상적으로 동작을 수행할 수 있다. 보통 전기 피트실 등에 대용량회로(30～40회로)를 수용하며 하나의 중계기는 1～3개 층을 담당

② **전력을 공급받는 방식(집합형)** : 중계기 자체에 전원을 갖고 있지 않아 수신기 또는 다른 중계기로부터 전력을 공급받는 방식.

(ㄱ) 전원장치를 내장을 내장하지 않고 수신기의 전원(DC 24 V)을 이용하며 발신기함 등에 내장하여 설치한다. 회로는 소용량(5회로 미만)으로 local 기기별로 설치

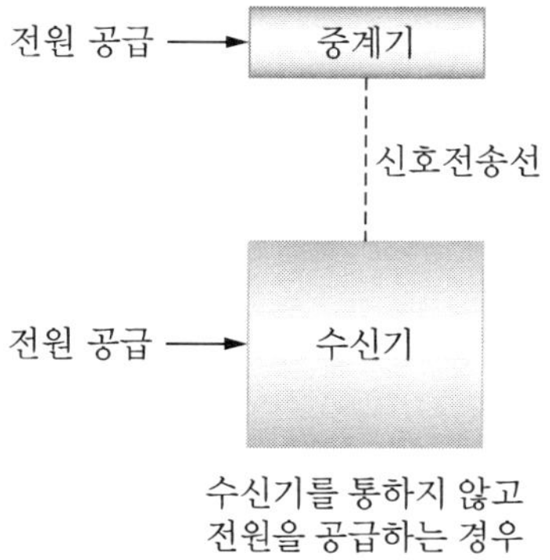

(a) 집합형

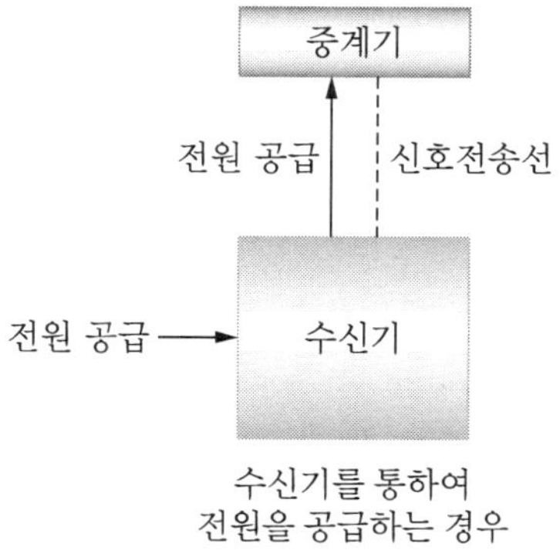

(b) 분산형

(2) 용도에 의한 분류

① **입력용** : 감지기의 화재신호를 수신기로 전달하는 기능의 것
② **출력용** : 수신기의 제어신호를 소화설비 및 제연설비 등에 전달하는 기능 것
③ **입출력 겸용** : 입력용과 출력용 두 가지 기능을 보두 가지고 있는 것

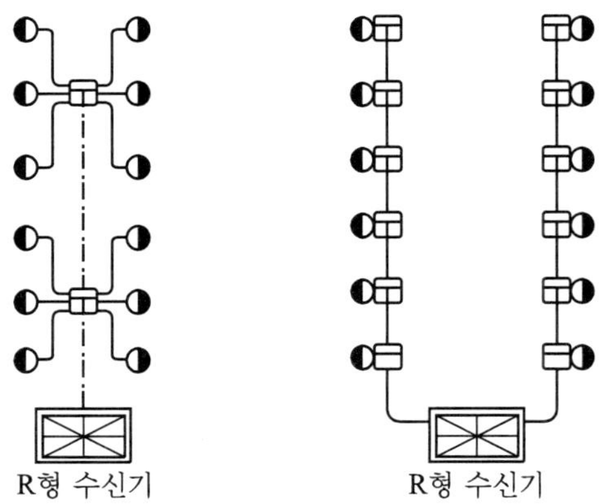

(a) 집합형 (b) 분산형

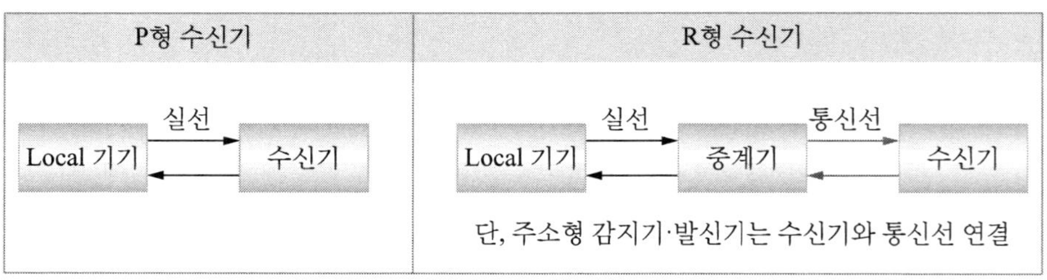

(3) 사용 용도 관련

① 전원장치의 내장 유무 및 사용회로에 따라 집합형과 분산형으로 구분
② 근래 기술의 발달과 시스템의 첨단화로 R형 중계기를 많이 사용
③ 여기에 각 종 감지기를 비롯하여 발신기, 경종, door release, alarm valve, 프리액션 밸브(preaction valve), damper, 저수위감시, 할로겐화합물소화설비
④ 그리고 방재설비에 관한 시설물 일체를 접속시킴

(4) 중계기 단자 기능

중계기 단자	단자의 기능
통신단자	중계기와 수신기간 통신할 수 있도록 통신선로를 결선하는 단자
전원단자	중계기에 전원을 투입할 수 있도록 전원선로를 결선하는 단자
입력단자	감지기 및 설비확인 등을 결선하는 단자
통신램프	중계기와 수신기간 통신을 하고 있음을 확인할 수 있는 램프
어드레스 스위치	중계기의 고유 주소를 등록하는 스위치
출력단자	경종 및 사이렌 등 출력설비를 결선하는 단자

3. 중계기의 기능 및 구조

중계기에 요구되는 기능 및 구조는 「중계기의 형식승인 및 검정기술기준」에 의해 규정되어 있고, 그 주된 사항은 다음과 같다.

(1) 신호전달

① 수신개시(受信開始)로부터 발신개시(發信開始)까지의 소요시간은 5초 이내이어야 한다.

② 전원입력측의 양쪽선 및 외부부하에 직접 전력을 공급하는 회로에는 퓨즈 또는 브레이커 등을 설치하여 주전원의 정지, 퓨즈의 끊어짐, 브레이커의 차단 등에 대한 신호를 수신기로 보낼 수 있어야 한다.

③ 지구음향장치를 울리게 하는 것은 수신기에서 조작하지 아니하는 한 울림을 계속할 수 있어야 한다.

(2) 시험장치

① 주전원이 정지한 경우에는 자동적으로 예비전원으로 전환되고, 주전원이 정상상태로 복귀한 경우에는 예비전원으로부터 주전원으로 전환되는 장치가 설치되어야 한다.

② 예비전원의 양부시험을 할 수 있는 장치가 있어야 한다.

③ 내부에 주전원의 양극을 동시에 개폐할 수 있는 전원스위치를 설치하여야 한다.

(3) 예비전원 용량

예비전원의 용량은 감시상태를 60분간 계속한 후 자동화재탐지설비용은 최대소비전류로 10분간 계속 흘릴 수 있는 용량, 가스누설경보기용은 가스누설경보기의 기준에 규정된 용량, GP형, GP형복합식, GR형, GR형복합식의 수신기에 사용되는 중계기는 각각 그 용량을 합한 용량이어야 한다.

(4) 조작부

① 주전원 및 예비전원의 감시장치(監視裝置)를 수신기 전면에 설치하여야 한다.
② 시험장치는 수신기 앞면에서 쉽게 시험할 수 있어야 한다.
③ 자동적으로 정위치에 복귀하지 아니하는 스위치를 설치하는 경우에는 음신호장치 또는 점멸(点滅)하는 주의등(注意燈)을 설치하여야 한다.

> ※ 화재신호에 영향을 미칠 염려가 있는 조작부는 설치하지 아니하여야 한다.

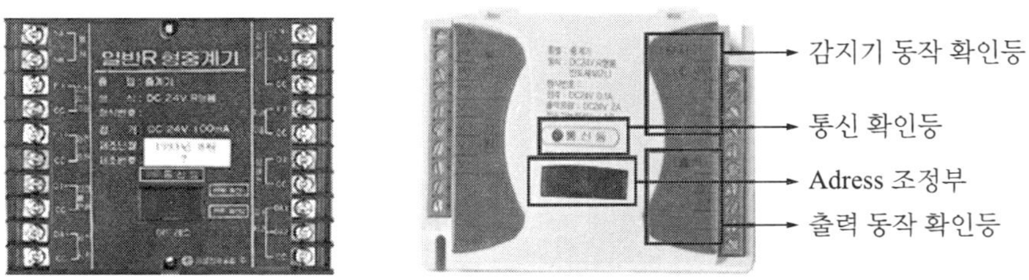

전력을 공급받는 방식

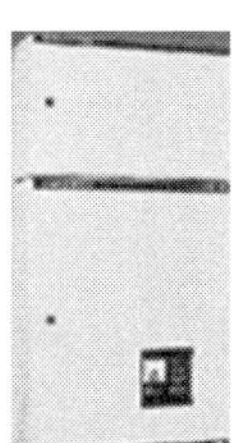

전력을 공급받지 않는 방식

중계기 외형

2.3.4 감지기(感知器)

화재 시에 발생하는 열, 불꽃 또는 연소생성물(이하 "연기"라 한다)로 인하여 화재발생을 자동적으로 감지하여 그 자체에 부착된 음향장치로 경보를 발하거나 화재신호를 수신기에 발신하는 것을 말한다. 즉 화재에 의해 발생하는 물리적·화학적 현상을 감지하여 정하여진 레벨에 따라 화재로 판단하고 있다. 초기의 감지기는 화재 시 발생되는 열을 감지하는 방식이 주를 이루고 있었는데 이후 조기화재발견을 위해 연기를 감지하는 방식이 등장하게 되고, 뒤를 이어 불꽃감지기가 개발되었다.

감지기는 감지대상, 감지방식 등에 따라 여러 가지로 분류할 수 있는데 크게 열(熱)감지기, 연기(煙)감지기 및 불꽃(炎)감지기로 구분할 수 있다. 열감지기는 다시 기능에 따라 차동식(差動式), 정온식(定溫式), 보상식(補償式)로 나눌 수 있으며, 감지방식에 따라 스포트형(Spot)과 분포형(分布型)으로, 감지소자에 따라 공기관식(空氣管式), 열전대식(熱電對式), 열반도체식(熱半導體式)으로 나눌 수 있다. 연기감지기는 감지방식에 따라 이온화식(Ion化式)과 광전식(光電式)으로 나눌 수 있으며, 광전식 감지기는 기능에 따라 스포트형(Spot), 분리형(分離型), 공기흡입형으로, 작동방식에 따라 산란광식(散亂光式)과 감광식(減光式)으로 구분할 수 있다. 불꽃감지기는 감지방식에 따라 적외선식(赤外線式, IR : Infrared), 자외선식(紫外線式, UV : Ultraviolet)으로 나눌 수 있으며, 설치장소에 따라 옥내형과 옥외형으로 구분할 수 있다.

1. 감지기 분류

(1) 열감지기

① 기능 : 차동식(差動式), 정온식(定溫式), 보상식(補償式)
② 감지방식 : 스포트형(Spot)과 분포형(分布型)
③ 감지소자 : 공기관식(空氣管式), 열전대식(熱電對式), 열반도체식(熱半導體式)

(2) 연기감지기

① 감지방식 : 이온화식(Ion化式), 광전식(光電式)
② 광전식 감지기의 기능 : 스포트형(Spot), 분리형(分離型), 공기흡입형
③ 작동방식 : 산란광식(散亂光式), 감광식(減光式)

(3) 불꽃감지기

① 감지방식 : 적외선식(赤外線式, IR : Infrared), 자외선식(紫外線式 UV : Ultraviolet)
② 설치장소 : 옥내형과 옥외형

2. 감지기 작동원리

감지기는 화재 시 발생되는 물리·화학적 변화량을 검출하는 감지기능, 화재인지 아닌지를 판단하는 판단기능, 화재신호를 수신기로 송출하는 발신기능

(1) 감지기능

화재 시에는 열, 연기, 불꽃(화염)의 물리·화학적 변화가 생기며, 감지기는 물리·화학적 변화 중에서 하나 또는 두 개를 감지함

(2) 판단기능

① 감지기는 화재로 인한 물리·화학적 변화량이 일정량 이상 일정시간 이상 지속되면 이것을 화재라고 판단
② 감도는 특종, 1종, 2종, 3종으로 구분되며 특종으로 갈수록 작은 변화량에 반응
③ 아날로그식 감지기는 감지기 주변의 물리·화학적 변화량만을 수신기에 전달하고 화재의 판단은 수신기

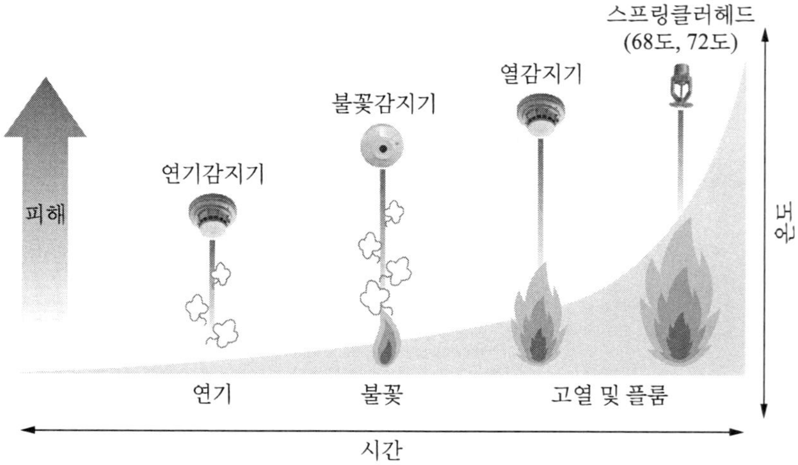

감지기의 상태 감시기능

(3) 발신기능

① 감지기가 수신기에 보내는 신호방식에는 접점신호방식과 통신신호방식

② 수신기로부터 감지기에 연결된 전선에 접점을 구성하여 전류가 흐르면 화재, 전류가 흐르지 않으면 화재가 아닌 것을 신호로 보냄

③ 통신신호방식은 감지기와 수신기에 통신장치를 내장하여 통신신호를 주고받는 방식

3. 감지기의 스위치가 자동으로 닫히는 원리

화재 시 발생되는 열에 의한 공기의 팽창력을 이용하는 것과 화재 시 발생하는 물리·화학적인 변화를 전류의 흐름으로 바꾸어 회로를 닫히게 하는 것

(1) 공기의 팽창력을 이용하는 방법

① 차동식 스포트형 감지기로 공기의 팽창을 이용한 것으로 구성

② 평상시에는 접점이 떨어져 있으나 화재가 발생하여 온도가 올라가면 공기실의 공기가 팽창하여 다이어프램을 밀어 올려 접점이 닫히도록 함

(2) 전류의 흐름으로 변환하여 이용하는 방법

화재 시 발생되는 열, 연기, 불꽃의 양을 전기의 흐름으로 변환시켜 전자기력을 이용해 접점이 닫히게 하는 방법

① 열전대식 열감지기는 열을 전기로 바꾸어 주는 열전대라는 물질을 이용해 화재 시 발생하는 열을 전기로 전환하여 계전기가 작동

② 열반도체식 열감지기는 특정온도나 온도상승률이 되면 부도체에서 도체로 변환하는 열반도체를 이용해 열을 전기량으로 변환

③ 광전식 연기감지기는 연기로 인한 빛의 차단에 의해 광전소자에서 생성되는 전기의 변화량으로 계전기가 작동

④ 불꽃감지기는 화재 시 발생하는 특정파장이 감지기내로 들어가 광전소자에 생성되는 전기량에 의해 계전기가 작동

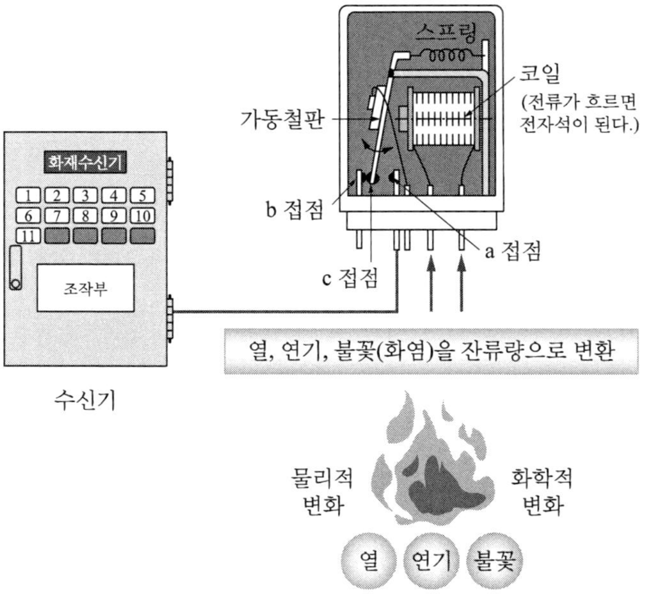

4. 특수감지기 종류

(1) 축적형 감지기

① 비화재보를 방지하기 위해 감지기에 지연회로 또는 축적회로를 설치하여 일정이상의 온도, 연기가 계속될 때 수신기에 화재신호를 발하는 장치

② 감지기 주위의 온도, 연기가 작동상태에 이르면 곧바로 동작하지 않고 공칭축적시간 동안 기다렸다가 수신기에 화재신호를 발하는 장치

㈀ 축적시간 : 감지 후 화재신호를 발할 때까지의 시간(5~60초 이내)

㈁ 축적시간은 중계기, 수신기 축적시간의 유무에 따라 조절 필요

㈂ 공칭축적시간 : 10초 이상 60초 이내에서 10초 간격으로 표시

(2) 다신호식 감지기

① 감지원리는 동일하나 성능, 종별, 공칭작동온도, 공칭축적시간이 다른 감지소자의 조합

② 다신호식 감지기로부터 신호를 받기 위해 다신호 수신기 사용

③ 넓은 의미로는 복합형 감지기도 다신호식 감지기의 일종(복합형 OR회로)

④ 비화재보 방지가 주목적

(ㄱ) 종별이 다른 것 조합 : 정온식 Spot형 특종 + 정온식 Spot형 1종
(ㄴ) 공칭작동온도 조합 : 정온식 Spot형 특종(60℃) + 정온식 Spot형 특종(70℃)
(ㄷ) 공칭축적시간 조합 : 이온화식 Spot형(축적형) + 이온화식 Spot형(비축적형)

(3) 아날로그식 감지기

① 주위의 온도 또는 연기의 양의 변화에 따라 각각 다른 전류치 또는 전압치 등의 출력을 발하는 감지기
② 일반감지기가 화재상태와 비화재상태의 디지털 신호를 전송하지만, 아날로그식 감지기는 연속적으로 변화하는 물리량을 전송
③ 시시각각으로 검출된 온도 또는 연기의 농도에 대한 정보만을 수신기에 송출하고 화재여부의 판단은 수신기에서 함

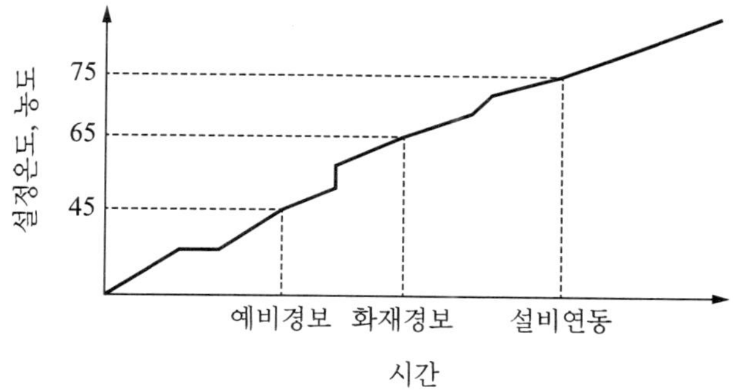

5. 감지기와 수신기의 신호처리

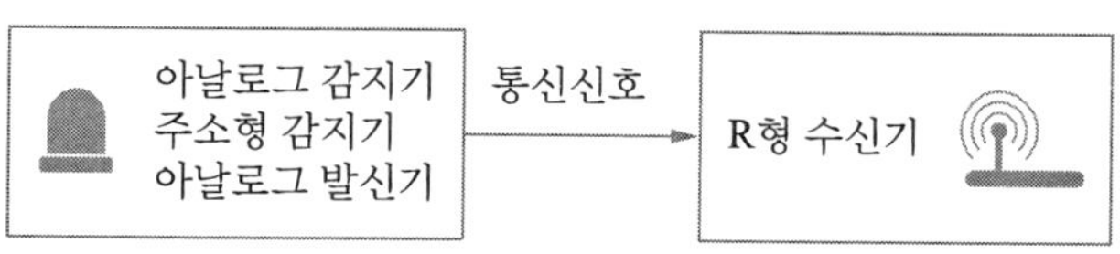

아날로그 감지기와 R형 수신기의 연결

일반형 감지기와 R형 수신기의 연결

6. 설치기준

(1) 적응성 감지기

> **제7조(감지기)** ① 자동화재탐지설비의 감지기는 부착높이에 따라 다음 표에 따른 감지기를 설치하여야 한다. 다만, 지하층·무창층 등으로서 환기가 잘되지 아니하거나 실내면적이 40 m^2 미만인 장소, 감지기의 부착면과 실내바닥과의 거리가 2.3 m 이하인 곳으로서 일시적으로 발생한 열·연기 또는 먼지 등으로 인하여 화재신호를 발신할 우려가 있는 장소(제5조제2항 본문의 규정에 따른 수신기를 설치한 장소를 제외한다)에는 다음 각 호에서 정한 감지기 중 적응성 있는 감지기를 설치하여야 한다.
>
> 1. 불꽃감지기
> 2. 정온식감지선형 감지기
> 3. 분포형 감지기
> 4. 복합형 감지기
> 5. 광전식분리형 감지기
> 6. 아날로그방식의 감지기
> 7. 다신호방식의 감지기
> 8. 축적방식의 감지기

1. 바닥면적이 협소하거나 천장높이가 낮은 지역에 있어서는 일시적인 환경변화에도 화재감지기가 민감하게 반응할 수 있으므로 비화재보 발생의 우려가 높아진다. 따라서 이와 같은 지역에는 비화재보의 발생률이 낮은 특수한 감지기를 설치하여 신뢰성 있는 화재정보를 수신할 수 있도록 하고 있다.
2. 8가지의 감지기는 신뢰성이 높아 오동작의 우려가 있는 장소에는 적응성 있는 감지기로 사용할 수 있도록 한 것이다.
   가. 불꽃감지기(Radiant Energy Sensing Fire Detector)
   연소 시 발생된 불꽃의 복사에너지를 감지하는 화재감지기로 감지하고자 하는 파장대에 따라 다음과 같이 분류한다.
      1) 자외선식 감지기 : 불꽃에서 방사되는 자외선의 변화가 일정량이상 되었을 때 작동하는 것으로서 일국소의 자외선에 의하여 수광소자의 수광량 변화에 의해 작동하는 것을 말한다.
      2) 적외선식 감지기 : 불꽃에서 방사되는 적외선의 변화가 일정량이상 되었을 때 작동하는 것으로서 일국소의 적외선에 의하여 수광소자의 수광량 변화에 의해

작동하는 것을 말한다.

3) 자외선·적외선 겸용감지기 : 불꽃에서 방사되는 불꽃의 변화가 일정량이상 되었을 때 작동하는 것으로서 자외선 또는 적외선에 의한 수광소자의 수광량 변화에 의하여 1개의 화재신호를 발신하는 것을 말한다.

4) 복합식 : 자외선과 적외선감지기의 성능을 둘 다 가진 것으로서 두 가지 성능의 감지기능이 함께 작동될 때 화재신호를 발신하거나 또는 두 개의 화재신호를 각각 발신하는 것을 말한다.

나. 정온식감지선형 감지기

일국소의 주위온도가 일정한 온도 이상이 되는 경우에 작동하는 것으로서 외관이 전선으로 되어 있는 것을 말한다.

다. 분포형 감지기

분포형 감지기는 차동식분포형과 정온식분포형의 2가지가 있다. 차동식분포형에는 공기관식, 열전대식, 열반도체식이 있으며 정온식분포형에는 감지선형 감지기가 있다. 그러나 위에서 정온식감지선형 감지기를 제시했으므로 분포형 감지기는 차동식분포형을 의미한다.

라. 광전식분리형 감지기

송광부(送光部)와 수광부(受光部)로 구성되어 있으며 송광부에서 수광부로 빛을 보내어 광축을 형성하며 그 광축상에 연기가 유입되면 수광부의 수광량의 감소가 전기적인 변화를 일으켜 신호증폭회로 및 Switching회로에 의해 화재발생신호를 발생시킨다. 분리형 연기감지기는 주요 구조부인 송광부와 수광부가 분리하여 설치되어 연기에 의해 수광부의 광량의 감소를 측정하여 화재신호를 발신하기 때문에 일반적으로 화재가 발생하는 초기단계에서 천장 부분에 엷게 확산되는 연기는 분리형은 일정한 공간에 확산된 연기를 전체적으로 감지할 수 있으므로 스포트형 감지기가 감지 가능한 연기가 존재하는 경우에는 그 공간부분(일정거리의 공간)에는 이미 상당량의 연기가 있기 때문에 스포트형 연기감지기가 화재신호를 발생하기 전 화재를 조기에 감지할 수 있는 감지기이다.

마. 아날로그방식의 감지기

감지대상의 연속적인 변화량을 감지Sensor가 Data화하여 수신기로 전송하며 입력된 감지대상의 정도에 따라 사용자가 설정한 동작을 하도록 만들어진 감지기로 주위의 온도 또는 연기량의 변화에 따라 각각 다른 전류치 또는 전압치 등의 출력을 발하는 감지기이다. 아날로그식 감지기는 환경변화에 따라 감지기의 감지정도를 변화시켜 최적의 조기화재 감지시스템을 유지할 수 있는 장점이 있으며 감지기 작동 시 감지기의 설치위치를 송신할 수 있는 통신기능을 부가시킨 장치에 의해 수신기로 작동된 감지기의 고유번호를 전송하는 기능을 부여할 수 있다.

바. 다신호식방식의 감지기

1개의 감지기내에 서로 다른 종별 또는 감도 등의 기능을 갖춘 것으로서 일정시간 간격을 두고 각각 다른 2개 이상의 화재신호를 발하는 감지기를 말한다.

사. 축적방식의 감지기

축적방식의 감지기란 연기감지기로서 일정농도 이상의 연기가 일정시간(공칭축적시간) 연속하는 것을 전기적으로 검출하므로서 작동하는 감지기(다만, 단순히 작동시간만을 지연시키는 것은 제외한다)를 말한다.

7. 감지기의 부착높이

부착높이	감지기의 종류
4 m 미만	차동식(스포트형, 분포형) 보상식스포트형 정온식(스포트형, 감지선형) 이온화식 또는 광전식(스포트형, 분리형, 공기흡입형) 열복합형 연기복합형 열연기복합형 불꽃감지기
4 m 이상 8 m 미만	차동식(스포트형, 분포형) 보상식스포트형 정온식(스포트형, 감지선형) 특종 또는 1종 이온화식 1종 또는 2종 광전식(스포트형, 분리형, 공기흡입형) 1종 또는 2종 열복합형 연기복합형 열연기복합형 불꽃감지기
8 m 이상 15 m 미만	차동식분포형 이온화식 1종 또는 2종 광전식(스포트형, 분리형, 공기흡입형) 1종 또는 2종 연기복합형 불꽃감지기
15 m 이상 20 m 미만	이온화식 1종 광전식(스포트형, 분리형, 공기흡입형) 1종 연기복합형 불꽃감지기
20 m 이상	불꽃감지기 광전식(분리형, 공기흡입형) 중 아날로그방식

비고)
1. 감지기별 부착높이 등에 대하여 별도로 형식승인 받은 경우에는 그 성능 인정범위 내에서 사용할 수 있다.
2. 부착높이 20 m 이상에 설치되는 광전식 중 아날로그방식의 감지기는 공칭감지농도 하한값이 감광률 5%/m 미만인 것으로 한다.

1. 화재감지기는 부착높이에 따라 사용할 수 있는 감지기가 정해져 있으므로 경계구역 내의 환경조건 등을 면밀히 검토하여 감지기의 종류를 선정한다.
2. 부착높이가 4 m 이하로 낮은 지역에 있어서는 열, 연기, 불꽃 등 모든 감지기를 모두 사용할 수 있으나, 높은 천장인 경우에는 감지기까지 열이 전달되는데 어려움이 있으므로 연기식 또는 불꽃감지기를 설치해야 한다. 동일한 형태의 감지기라 하더라도 1종, 2종 등 종별에 따라 부착높이가 달라질 수 있으므로 이점을 유의하여 감지기의 기종을 선정해야 할 것이다.
3. 천장의 구조가 평면형인 경우에는 설치높이를 산정하는데 문제가 없으나 둥근지붕, 톱날지붕 등 천장높이가 서로 상이한 형상의 천장인 경우에는 화재감지기의 설치높이를 산정하는데 어려움이 있다. 따라서 감지기의 부착높이를 산정하는 경우에는 그림에서 보는 바와 같이 천장의 형태에 따라 가장 높은 부분과 낮은 부분에 대한 평균값을 설정하여 감지기를 설치하여야 한다.

감지기 부착면의 평균높이 $h = \dfrac{H+H'}{2}$

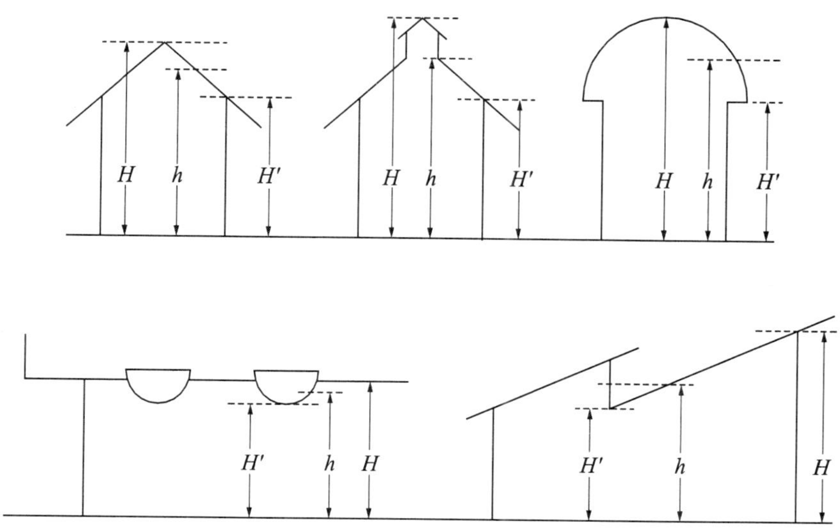

천장높이가 다른 경우 부착높이 예

8. 연기감지기의 설치

> ② 다음 각 호의 장소에는 연기감지기를 설치하여야 한다. 다만, 교차회로방식에 따른 감지기가 설치된 장소 또는 제1항 단서 규정에 따른 감지기가 설치된 장소에는 그러하지 아니하다.
> 1. 계단·경사로 및 에스컬레이터 경사로

1. 수직부로의 연기, 열 기류 이동은 대단히 빠르다. 그러므로 계단 및 경사로의 길이가 15 m 미만인 경우에는 연기감지기 설치를 제외할 수 있는 근거를 마련하였으나 계단. 경사로에는 연기감지기를 설치하는 것이 조기화재 탐지면에서 큰 도움이 된다. 또한 이런 장소에 연기감지기를 대신 스포트형 열감지기를 설치할 경우 이는 8 m 미만의 장소에 설치하도록 제한하고 있어 15 m 미만의 계단에는 적응성 있는 감지기가 될 수 없으며 연기의 유통로인 계단은 조기에 화재를 감지하기 위하여 연기감지기에 한하여야 한다. 이 때문에 일본의 경우는 계단의 경우 무조건 연기감지기를 설치하도록 하고 있다.

> 2. 복도(30 m 미만인 것을 제외한다.)

1. 복도 길이가 30 m 이상인 경우는 매우 긴 통로로서 화재 시 연기의 유통로 역할을 하는 공간이다. 30 m 미만인 복도에 연기감지기를 설치하지 않으면 차동식 감지기를 설치하여야 되는데 초기에 열 발생이 용이하게 되는 장소가 아니어서 무용지물이 된다. 일본의 경우 그림에서처럼 10 m 이하인 경우 복도의 연기감지기 설치를 제외할 수 있으며 계단이 있는 경우는 연기의 이동로가 되어 계단에는 연기감지기를 설치하도록 하고 있다. 그러나 국내의 경우 30 m 미만인 경우 제외할 수 있으나 이는 조기감지를 위하여 복도에는 연기감지기를 설치하는 것이 합리적이다.

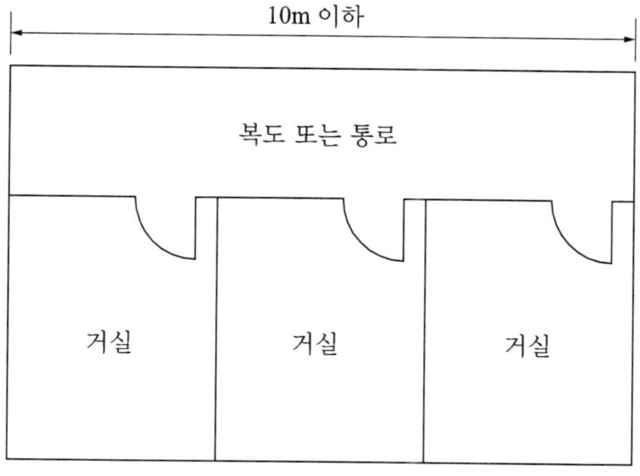

복도 연기감지기 제외하는 경우 – 일본 기준 예

3. 엘리베이터 승강로(권상기실이 있는 경우에는 권상기실)·린넨슈트·파이프 피트 및 덕트 기타 이와 유사한 장소

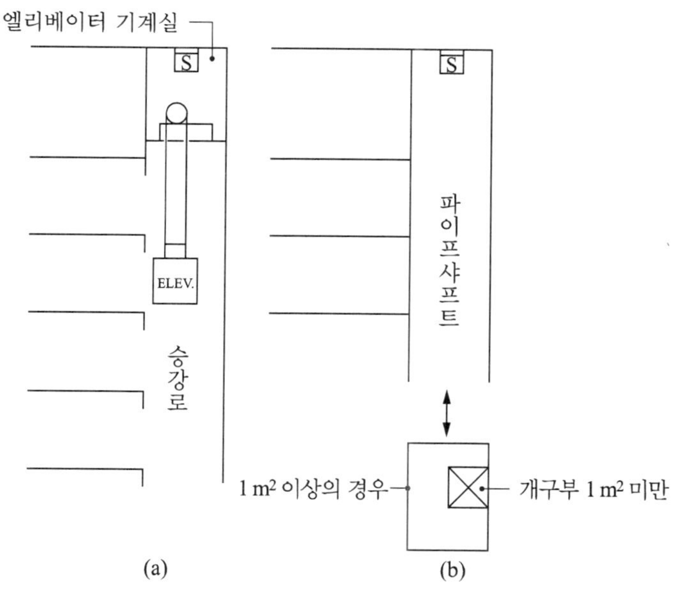

엘리베이터 기계실의 연기감지기 설치 예

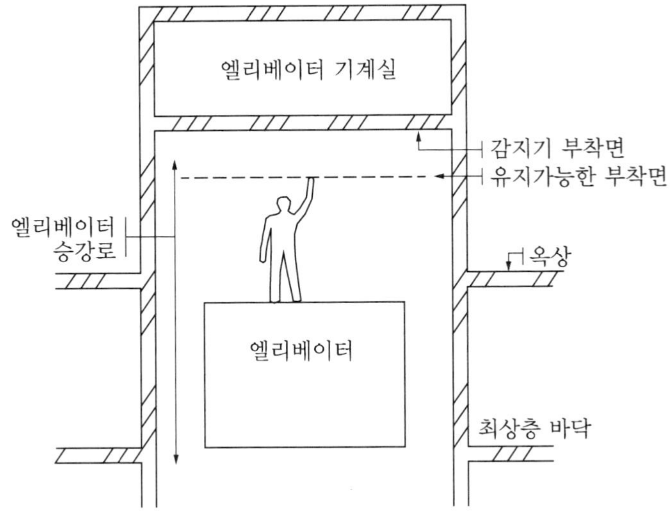

막혀 있는 엘리베이터 기계실의 연기감지기 설치 예

> 4. 천장 또는 반자의 높이가 15 m 이상 20 m 미만의 장소
> 5. 다음 각 목의 어느 하나에 해당하는 특정소방대상물의 취침·숙박·입원 등 이와 유사한 용도로 사용되는 거실
>   가. 공동주택·오피스텔·숙박시설·노유자시설·수련시설
>   나. 교육연구시설 중 합숙소
>   다. 의료시설, 근린생활시설 중 입원실이 있는 의원·조산원
>   라. 교정 및 군사시설
>   마. 근린생활시설 중 고시원

9. 열감지기의 설치

> ③ 감지기는 다음 각 호의 기준에 따라 설치하여야 한다. 다만, 교차회로방식에 사용되는 감지기, 급속한 연소 확대가 우려되는 장소에 사용되는 감지기 및 축적기능이 있는 수신기에 연결하여 사용하는 감지기는 축적기능이 없는 것으로 설치하여야 한다.

1. 교차회로방식의 경우에는 2개 이상의 감지기가 동작하였을 때 설비가 동작되므로 이미 비화재보에 대한 방지기능이 갖추어져 있는 것으로 보아 축적기능을 부여하지 말

아야 한다.

2. 감지기와 연동으로 소화설비가 작동되어야 하는 지역이나 급속한 화재확대가 예상되는 지역에 축적기능을 적용하게 되면 화재발생 시 수신기에서 화재신호를 뒤늦게 수신하게 되므로 소화설비가 동작하거나 경보장치를 구동시키는데 시간이 많이 소요되기 때문에 초기진화와 조기경보에 어려움이 발생하게 된다.

> 1. 감지기(차동식분포형의 것을 제외한다)는 실내로의 공기유입구로부터 1.5 m 이상 떨어진 위치에 설치할 것

1. 화재감지기가 급기구 근처에 위치해 있는 경우에는 화재 시 발생되는 열 또는 연기가 감지기로 접근하는 것을 방해하게 되어 실제 화재발생 시에 감지가 늦어지게 된다. 따라서 그림과 같이 감지기를 급기구로부터 1.5 m 이상 이격시켜 이러한 문제점을 사전에 방지하도록 해야 한다.

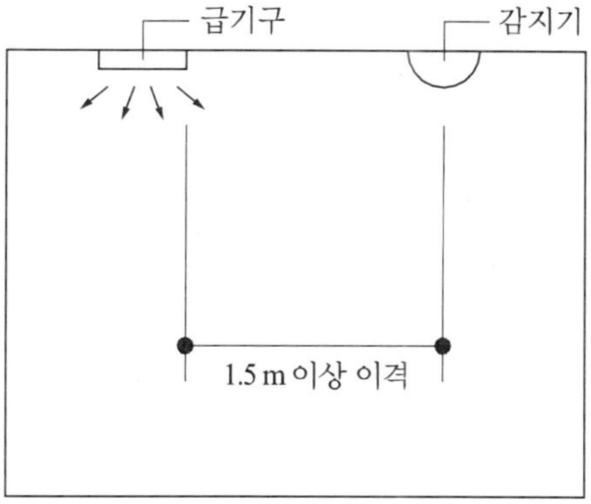

급기구가 있을 때 감지기의 설치 예

> 2. 감지기는 천장 또는 반자의 옥내에 면하는 부분에 설치할 것

1. 천장의 형태는 감지기 간격에 큰 영향을 주기 때문에 필요감지기 수에 영향을 준다. NFPA 72에서 천장 형태에 따른 감지기 위치에 대한 기준을 마련하고 있다. 평천장은 수평이거나 100 mm/m 미만의 구배인 경우를 말한다. 경사천장은 100 mm/m 이상의 구배인 경우를 말한다. 천장 표면의 형태에 따라 다음과 같은 것이 있다.

   가. 빔(beam)구조

   이 천장은 솔리드(solid)구조나 구조체가 아닌 솔리드가 천장면 하부로 100 mm 이상 돌출하고 중심 간의 거리가 0.9 m 이상인 형태의 천장이다.

나. 거더(girder)

이 천장은 거더가 빔이나 장선을 받치고 빔이나 장선과 90° 각으로 배치한 천장이다. 거더가 천장에서 100 mm 미만일 때에는 감지기 위치는 기준에서 변하지 않는다.

다. 솔리드 장선(solid joist)구조

이 천장은 솔리드 구조 또는 구조체가 아닌 솔리드 부재가 천장 아래로 100 mm 이상 하부로 돌출하고 그 중심간의 거리가 0.9 m 이하인 천장이다.

라. 평(smooth)천장

이 천장은 천장면 아래로 100 mm 이상 돌출한 고체의 장선, 빔 또는 덕트가 없는 것이다. (주: 터진 트러스(open truss)구조는 상현재가 천장에서 100 mm 이상 아래로 돌출하지 않으면 화재기류를 막지 않는 것으로 본다.)

2. 감지기는 천장이나 반자에 직접 부착하여야 한다. 그림에서 보는 바와 같이 천장면에 돌출된 보에 감지기를 부착하거나 반자에 부착된 기구물 등에 감지기를 부착하면 화재발생 시에 천장면을 타고 흐르는 열 또는 연기를 감지하기가 어렵게 된다.
3. 천장에 설치되는 반자의 구조가 열 또는 연기가 쉽게 유통될 수 있는 그물망 형태인 경우에는 감지기를 그물망 내부에 천장면에 설치하여야 한다.

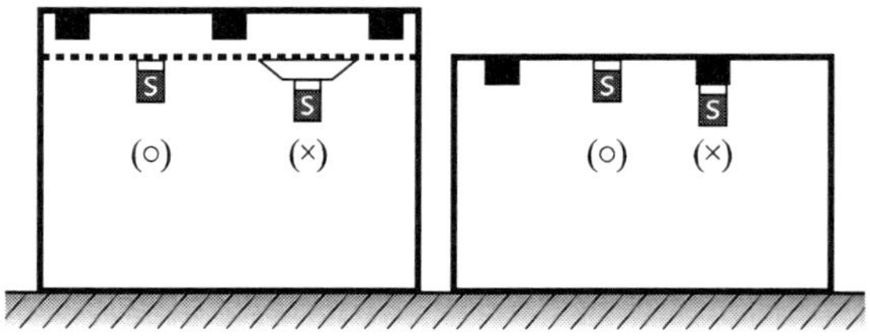

보가 있는 경우 예

일본에서는 열감지기는 천장면으로부터 0.3 m, 연기감지기는 0.6 m 이내에 감지기를 설치하도록 정하고 있으나 우리나라에는 이에 대하여 정하고 있지 않고 있으므로 감지기의 설치 시에는 평면으로 간주하여 수량을 산출하되 천장면의 구조에 따라 가장 높은 부분에 감지기를 설치하는 것이 좋다. 일본의 경우는 보의 길이가 30 cm 이내는 동일 감지구역으로 인정하나 30 cm를 초과할 경우는 별도의 감지구역으로 적용하도록 하여 다음 그림과 같이 적용하고 있다.

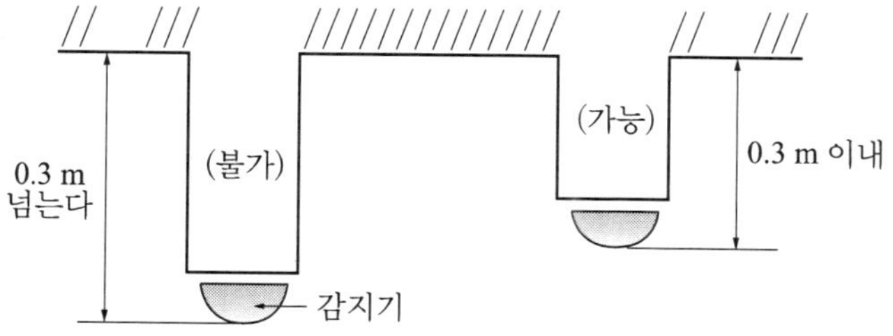

감지구역 적용 – 일본의 경우 예

4. 반자와 천장 사이가 높은 경우에도 화재감지기를 설치해야 하는 규정은 없으나 천장 속에 준비작동식 스프링클러설비를 설치할 경우에는 화재감지기를 설치해야 한다. 이 경우에는 감지기의 유지보수 및 점검을 위한 점검구를 필히 설치해야 한다.

3. 보상식스포트형 감지기는 정온점이 감지기 주위의 평상시 최고온도보다 20℃ 이상 높은 것으로 설치할 것
4. 정온식 감지기는 주방·보일러실 등으로서 다량의 화기를 취급하는 장소에 설치하되, 공칭작동온도가 최고주위온도보다 20℃ 이상 높은 것으로 설치할 것
5. 차동식스포트형·보상식스포트형 및 정온식스포트형 감지기는 그 부착높이 및 소방대상물에 따라 다음 표에 따른 바닥면적마다 1개 이상을 설치할 것

(단위 : m^2)

부착높이 및 소방대상물의 구분		차동식 스포트형 1종	차동식 스포트형 2종	보상식 스포트형 1종	보상식 스포트형 2종	정온식 스포트형 특종	정온식 스포트형 1종	정온식 스포트형 2종
4 m 미만	주요구조부를 내화구조로 한 소방대상물 또는 그 부분	90	70	90	70	70	60	20
	기타 구조의 소방대상물 또는 그 부분	50	40	50	40	40	30	15
4 m 이상 8 m 미만	주요구조부를 내화구조로 한 소방대상물 또는 그 부분	45	35	45	35	35	30	
	기타 구조의 소방대상물 또는 그 부분	30	25	30	25	25	15	

1. 열식 감지기는 정해진 온도에 동작하는 차동식과 급격한 온도변화 발생 시에 동작되는 정온식 감지기가 있으며, 차동식의 기능과 정온식의 기능을 모두 보유하고 있는 보상식으로 구분할 수 있다.
2. 주방에 정온식 감지기를 설치하는 경우에는 평상시의 최고주위온도가 50℃까지 올라갈 경우에는 이보다 20℃가 높은 70℃에 작동하는 정온식 감지기를 설치한다.

3. 열식스포트형 감지기는 다음의 감지 면적 표를 참조하여 감지기의 종별 및 설치높이에 따라 설치한다.

> 6. 스포트형 감지기는 45° 이상 경사되지 아니하도록 부착할 것

1. 스포트형 감지기를 경사진 천장면을 따라 부착하면 수직으로 상승하는 열 또는 연기가 감지기 내부로 유입되어 체류하지 못하고 감지기 내부를 통과하여 지나가게 된다.
2. 그러므로 감지기 지지대를 부착하여 바닥면과 수직으로 부착하거나 또는 경사지게 부착할 경우는 최소 45° 이내로 하여 열 또는 연기가 감지기 내부에서 일정시간동안 머무를 수 있도록 해야만 신속한 화재감지가 가능해진다.

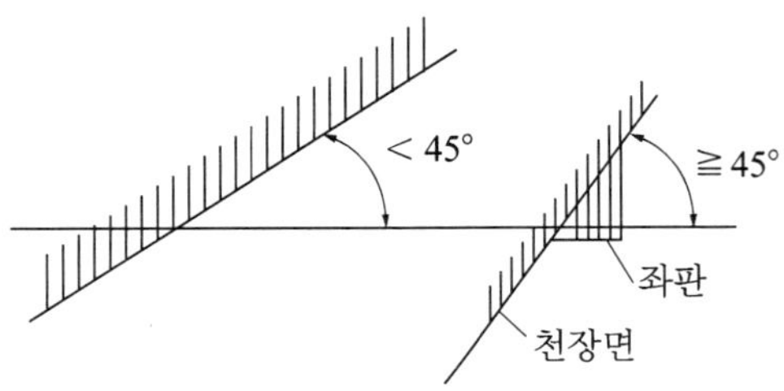

감지기 부착 시 경사도 예

10. 차동식분포형 감지기의 설치

(1) 공기관식 차동식분포형 감지기

> 7. 공기관식 차동식분포형 감지기는 다음의 기준에 따를 것
> 가. 공기관의 노출부분은 감지구역마다 20 m 이상이 되도록 할 것

1. 공기관식 차동식분포형 감지기는 공기관 내부에 체류하고 있는 공기가 급격한 온도 변화에 의하여 팽창되는 공기의 압력에 의하여 작동되는 것이다. 따라서 공기관의 길이를 20 m 이하로 짧게 하면 공기관 내부에 체류하고 있는 공기량이 비례적으로 적어지게 되어 화재 시 온도가 상승한다 하더라도 공기관 내부의 팽창압력이 검출부 내부에 설치된 다이어프램을 밀어 올릴 정도가 되지 않기 때문에 차동식분포형 감지기가 작동할 수 없게 된다.

2. 좁은 감지구역 내에 공기관을 설치하는 경우에는 최소길이를 20 m 이상으로 하기 위하여 그림과 같이 공기관을 2회 이상 돌리거나 코일감기 방법을 이용하여 공기관의 길이를 최대한 길게 하는 것이 좋다.

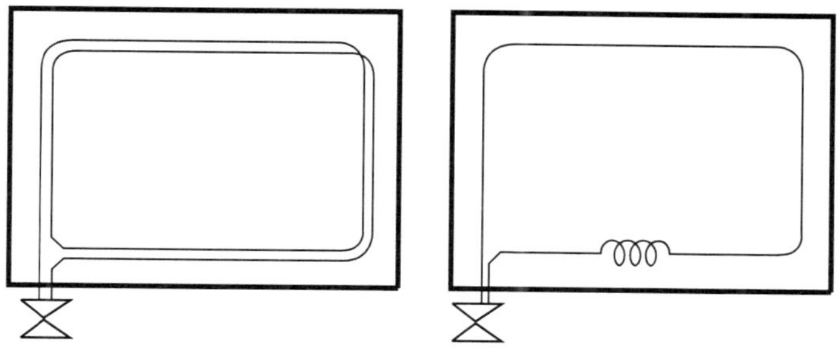

공기관의 2중 감기 및 코일감기 예

나. 공기관과 감지구역의 각 변과의 수평거리는 1.5 m 이하가 되도록 하고, 공기관 상호간의 거리는 6 m(주요 구조부를 내화구조로 한 특정소방대상물 또는 그 부분에 있어서는 9 m) 이하가 되도록 할 것

1. 공기관은 벽면에서 너무 멀리 떨어지지 않도록 1.5 m 이하의 거리를 두고 공기관간의 간격은 내화구조 또는 비내화구조에 따라 그림과 같이 일정거리 이내로 해야 한다.

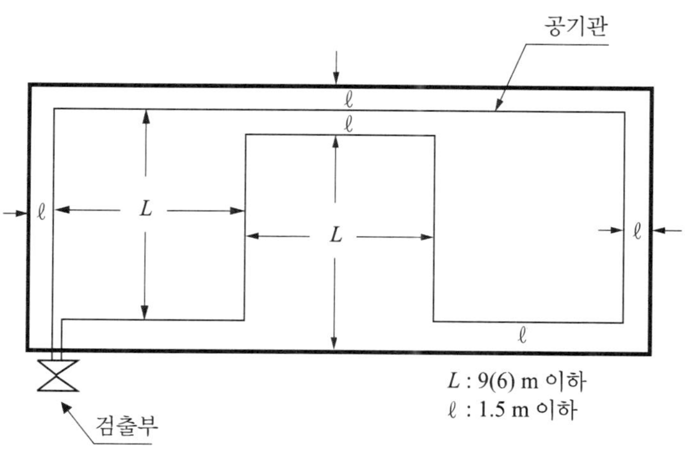

공기관식 감지기의 설치 예

다. 공기관은 도중에서 분기하지 아니하도록 할 것

1. 공기관은 검출부에서 출발하여 다시 검출부로 되돌아오는 방식으로 연결해야 한다. 그림과 같이 중간에서 공기관을 분기하면 공기관에 누설부분이 발생하거나 막힘 등 이상이 발생할 때 이를 확인할 수 없으며 감지기의 감도에도 문제가 발생할 수 있다.

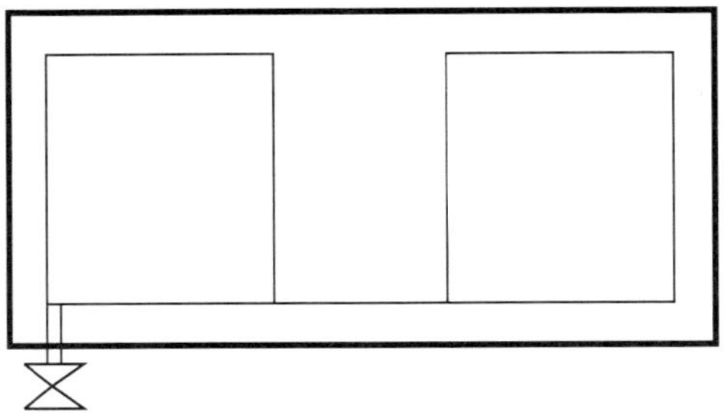

공기관의 잘못된 분기방식 예

2. 공기관을 접속해야 하는 경우에는 그림에서 보는 바와 같이 공기관보다 구경이 약간 큰 동제 슬리브를 끼우고 슬리브와 공기관사이의 공간에는 납땜 등을 이용하여 완전하게 밀폐시켜야 한다. 납땜이 완료되면 비닐튜브 등을 이용하여 연결부분을 감싼 후 방식도료 등을 이용하여 도장하면 시간이 오래 경과하여도 연결부분에서 공기가 누설되지 않게 된다.

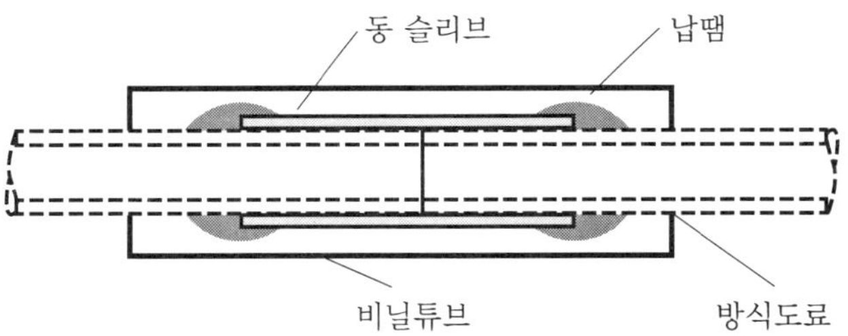

공기관의 접속방법 예

라. 하나의 검출부분에 접속하는 공기관의 길이는 100 m 이하로 할 것

1. 하나의 검출부에 연결되는 공기관의 길이를 너무 길게 하면 감지구역이 너무 넓어져 실제 화재발생 시 경계구역 내에 분포되어 있는 공기관이 전체적으로 약간의 온도가 상승하여도 공기가 팽창하여 접점이 구성되므로 오동작을 방지하기 위하여 길이를 제한하고 있다.
2. 따라서 넓은 지역에 공기관식 차동식분포형 감지기를 설치하는 경우에는 그림에서 보는 바와 같이 검출기를 추가하여 공기관의 길이가 100 m 이내가 되도록 경계구역을 분할하여 설치한다.

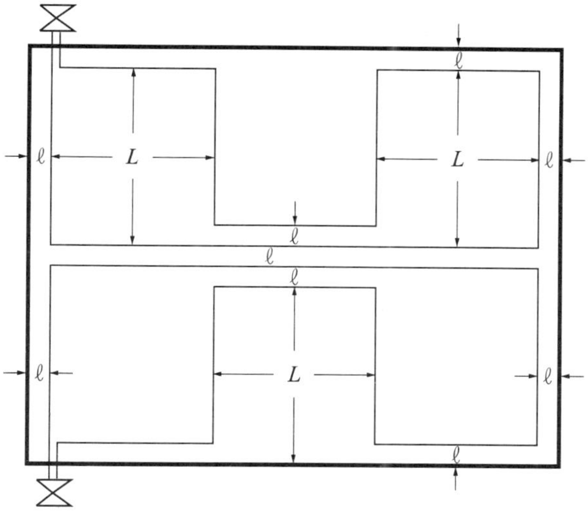

공기관식 분포형 감지기의 2개 이상 설치방법 예

3. 다음 그림의 왼쪽 그림과 같이 공기관의 간격이 너무 넓게 하거나 간격이 골고루 분포되어 있지 않은 경우에는 화재발생 시 공기관 내부에 체류하고 있는 공기의 온도가 상승하는데 지장을 초래하게 되므로 감도특성에 적합한 공기의 팽창률을 기대하기가 어려우므로 오른쪽 그림과 같이 일정간격을 유지하여 공기관을 설치해야 한다.

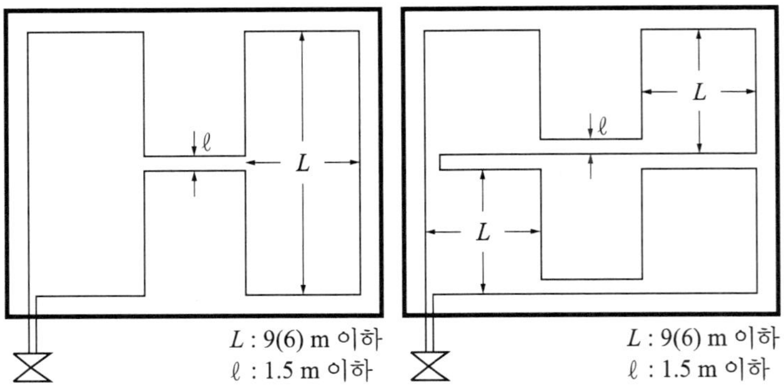

불량한 방식과 양호한 시공방식 예

마. 검출부는 5° 이상 경사되지 아니하도록 부착할 것

1. 검출부가 그림의 오른쪽 그림과 같이 기울어지면 감지기 내부의 다이어프램의 팽창 감도에 영향을 줄 수 있으므로 항상 바닥면과 수직을 이루도록 설치해야 한다.

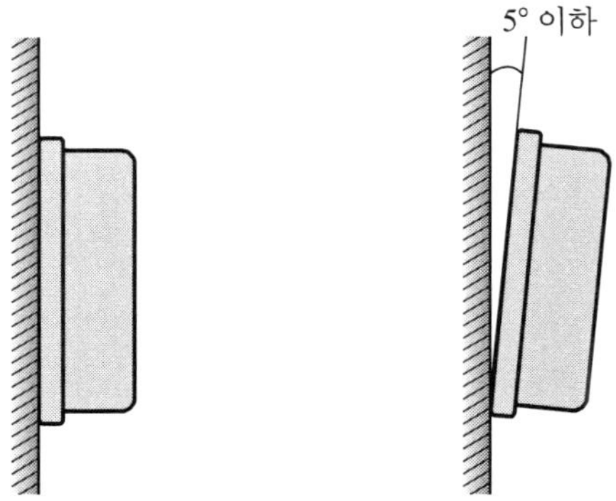

검출부의 경사도 예

바. 검출부는 바닥으로부터 0.8 m 이상 1.5 m 이하의 위치에 설치할 것

1. 검출부는 유지보수나 정기점검이 편리하도록 그림과 같이 0.8 m 이상 1.5 m 이하에 위치하여야 한다.

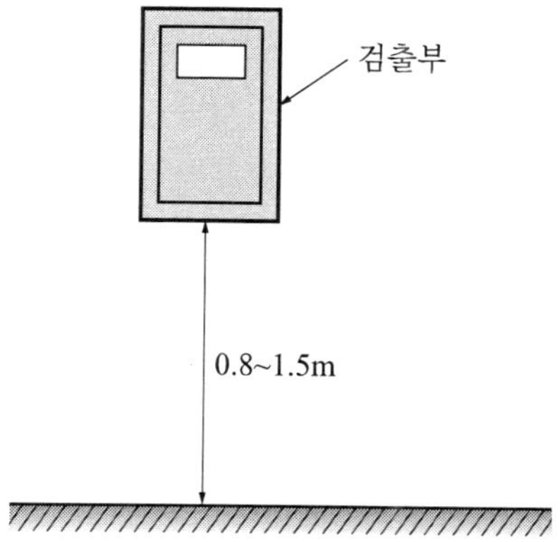

검출부의 높이 예

(2) 열전대식 차동식분포형 감지기

8. 열전대식 차동식분포형 감지기는 다음의 기준에 따를 것
   가. 열전대부는 감지구역의 바닥면적 18 m^2(주요구조부가 내화구조로 된 특정소방대상물에 있어서는 22 m^2)마다 1개 이상으로 할 것. 다만, 바닥면적이 72 m^2(주요구조부가 내화구조로 된 특정소방대상물에 있어서는 88 m^2) 이하인 특정소방대상물에 있어서는 4개 이상으로 하여야 한다.

1. 열전대식 감지기를 설치하는 경우에는 그림과 같이 열전대부의 극성을 확인하여 극성이 바뀌지 않도록 직렬로 접속하여야 하며 천장면 등에 부착하는 경우에는 열전대로부터 5 cm 이내에 지지금구를 부착하고 35 cm 이내마다 지지금구를 설치한다.

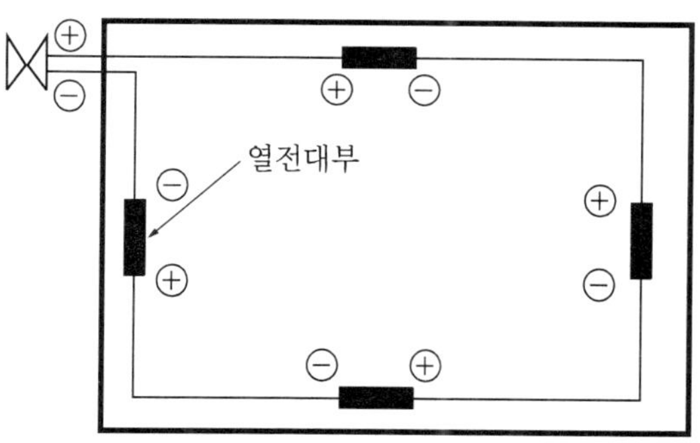

열전대식 감지기의 설치 예

나. 하나의 검출부에 접속하는 열전대부는 20개 이하로 할 것. 다만, 각각의 열전대부에 대한 작동여부를 검출부에서 표시할 수 있는 것(주소형)은 형식승인 받은 성능인정범위내의 수량으로 설치할 수 있다.

(3) 열반도체식 차동식분포형 감지기

9. 열반도체식 차동식분포형 감지기는 다음의 기준에 따를 것

가. 감지부는 그 부착높이 및 특정소방대상물에 따라 다음 표에 따른 바닥면적마다 1개 이상으로 할 것. 다만, 바닥면적이 다음 표에 따른 면적의 2배 이하인 경우에는 2개(부착높이가 8 m 미만이고, 바닥면적이 다음 표에 따른 면적 이하인 경우에는 1개) 이상으로 하여야 한다.

(단위 : m^2)

부착높이 및 소방대상물의 구분		감지기의 종류	
		1종	2종
8 m 미만	주요구조부가 내화구조로 된 소방대상물 또는 그 구분	65	36
	기타 구조의 소방대상물 또는 그 부분	40	23
8 m 이상 15 m 미만	주요구조부가 내화구조로 된 소방대상물 또는 그 부분	50	36
	기타 구조의 소방대상물 또는 그 부분	30	23

나. 하나의 검출기에 접속하는 감지부는 2개 이상 15개 이하가 되도록 할 것. 다만, 각각의 감지부에 대한 작동여부를 검출기에서 표시할 수 있는 것(주소형)은 형식승인 받은 성능인정범위내의 수량으로 설치할 수 있다.

11. 연기감지기의 설치

10. 연기감지기는 다음의 기준에 따라 설치할 것

가. 감지기의 부착높이에 따라 다음 표에 따른 바닥면적마다 1개 이상으로 할 것

(단위 : m^2)

부착높이	감지기의 종류	
	1종 및 2종	3종
4 m 미만	150	50
4 m 이상 20 m 미만	75	

나. 감지기는 복도 및 통로에 있어서는 보행거리 30 m(3종에 있어서는 20 m)마다, 계단 및 경사로에 있어서는 수직거리 15 m(3종에 있어서는 10 m)마다 1개 이상으로 할 것

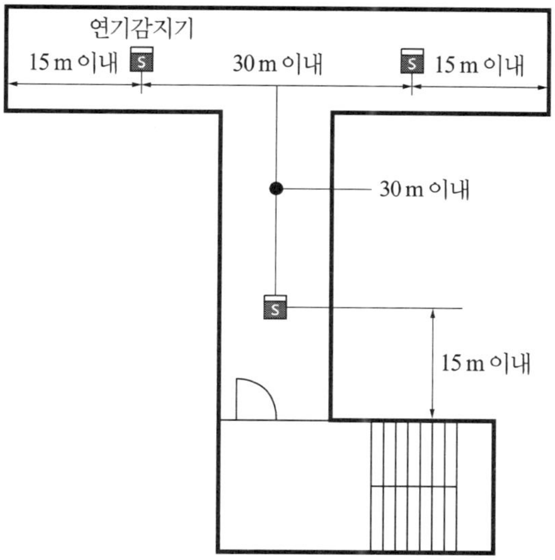

복도의 연기감지기 설치 예

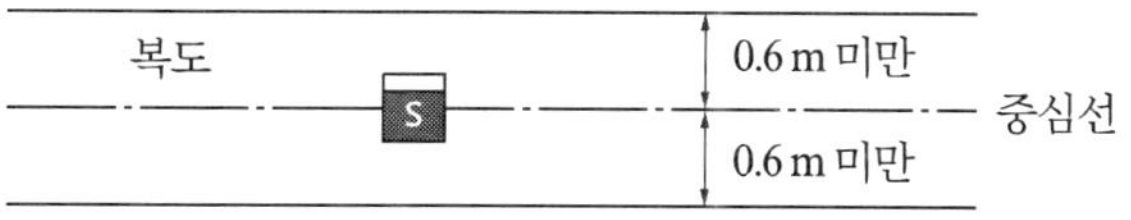

좁은 복도의 연기감지기 설치 예

원래 연기감지기는 벽 또는 보로부터 0.6 m 이격하여 설치(10호 마목)하여야 하나 그림과 같이 폭이 1.2 m 미만의 좁은 복도의 경우, 복도의 폭 중심 천장면에 설치한다.

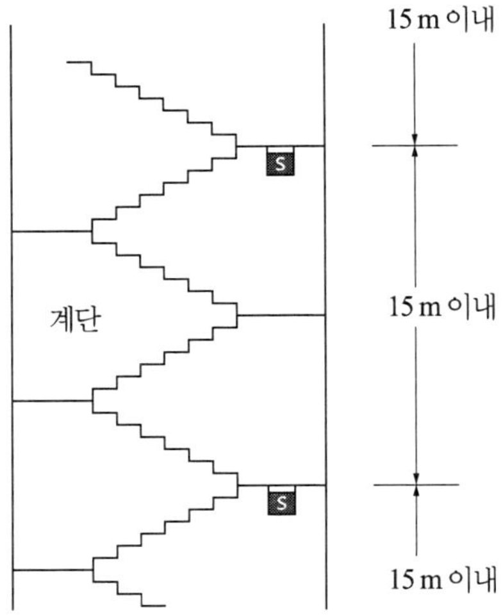

: 불필요(단, 계단에는 필요)

계단의 연기감지기 설치 예

계단의 연기감지기는 정상부에 연기가 모이므로 꼭대기 부분을 시작점으로 하여 아래로 수직거리 15 m마다 1개씩 설치한다. 현행 기준은 지하 2층인 경우 지상층과 지하층 경계구역을 구분하고 있으므로 감지기 설치 간격과 회로구분은 혼동하지 않고 설치되어야 한다.

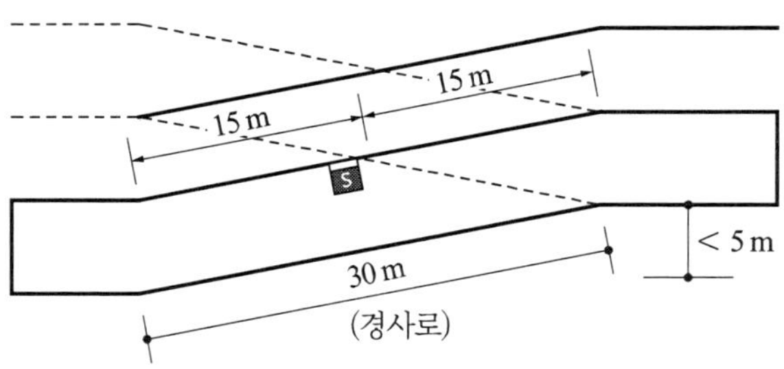

경사로에는 보행거리 30 m마다 1개 이상 설치
(제3종 감지기는 20 m)

경사로의 연기감지기 설치 예

다. 천장 또는 반자가 낮은 실내 또는 좁은 실내에 있어서는 출입구의 가까운 부분에 설치할 것

1. 경계구역이 작은 경우에는 화재 시에 발생하는 연소생성물이 출입구 쪽으로 이동할 것을 고려하여 그림과 같이 화재감지기를 출입구 근처에 설치하는 것이 좋다.

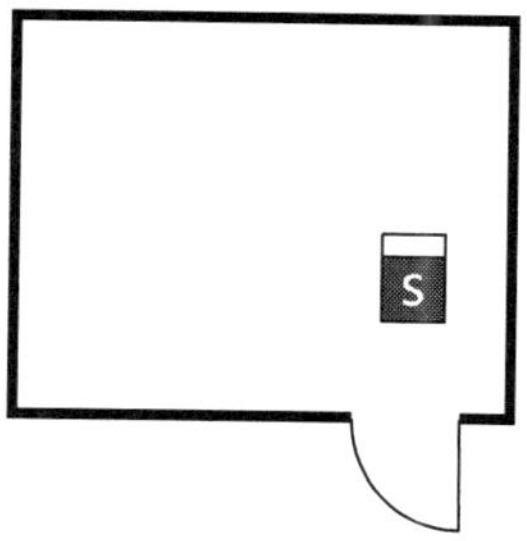

좁은 거실의 경우 예

라. 천장 또는 반자 부근에 배기구가 있는 경우에는 그 부근에 설치할 것

1. 급기구는 화재로 인한 열, 연기 등이 감지기로 유입되는 것을 방해하지만 배기구는 이와 반대로 주변의 공기를 흡입하게 되므로 그림과 같이 이 근처에 감지기를 설치하면 실내에 발생된 연소생성물을 감지하기가 용이하다.

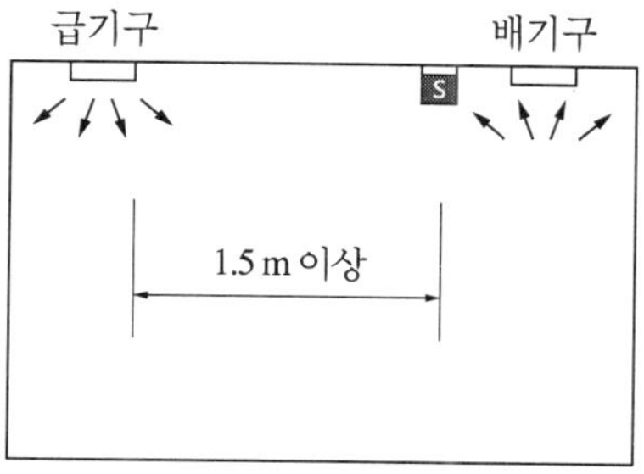

급배기설비에서 연기감지기 위치 예

마. 감지기는 벽 또는 보로부터 0.6 m 이상 떨어진 곳에 설치할 것

1. 벽면 또는 보에 너무 근접하여 화재감지기를 설치한 경우에는 열 또는 연기가 상승하면서 그림에서 보는 바와 같이 감지할 수 없는 부분이 발생한다.

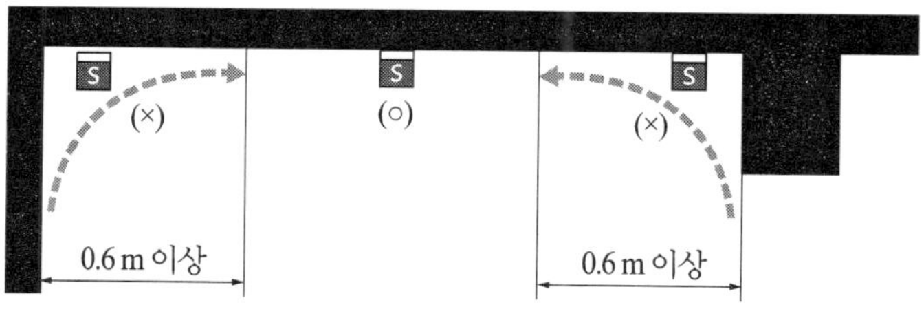

벽과의 간격 예

12. 복합형 감지기의 설치

> 11. 열복합형 감지기의 설치에 관하여는 제3호 내지 제9호의 규정을, 연기복합형 감지기의 설치에 관하여는 제10호의 규정을, 열연기복합형 감지기의 설치에 관하여는 제5호 및 제10호 나목 또는 마목을 준용하여 설치할 것

1. 비화재를 극소화하기 위하여 설치하는 복합형 감지기의 종류에는 열복합형 감지기, 열연기복합형 감지기, 연기복합형 감지기가 있는데 그 중 거실의 경우는 열복합형 감지기, 열연기복합형 감지기의 감지면적은 스포트형 열감지기에 준하여 설치하고 계단이나 복도의 경우는 연기복합형 감지기는 스포트형 연기감지기의 감지면적을 적용하도록 국내는 규정하고 있다. 그러나 열연기복합형 감지기의 경우 연기가 열보다 감지가 빠른 관계로 거실의 경우는 보완이 필요한 실정으로 일본의 경우는 다음과 같다.
2. 일본의 경우에는 자동화재탐지설비의 비화재보를 최소화하기 위하여 아래의 표에서 보는 바와 같이 복도, 통로 및 지하층, 무창층, 11층 이상의 부분에 열연기복합형 감지기를 사용할 수 있도록 정하고 있으며, 이 경우에 감지기의 설치높이는 연기감지기를 따르되 감지면적은 연기감지기와 열감지기 중 감지면적이 큰 쪽을 선택하여 적용할 수 있도록 하여 열연기복합형 감지기의 사용을 장려하고 있다.

설치장소	감지기의 종류
계단, 경사로 및 엘리베이터 승강로, 린넨슈트, 파이프덕트 등 이와 유사한 것	연기감지기
복도 및 통로	연기감지기 열연기복합형 감지기
천장높이 8 m 이상 20 m 미만	연기감지기 불꽃감지기
천장높이 20 m 이상	불꽃감지기
지하층, 무창층 및 11층 이상의 부분	연기감지기 열연기복합형 감지기 불꽃감지기

13. 정온식감지선형 감지기의 설치

> 12. 정온식감지선형 감지기는 다음의 기준에 따라 설치할 것
> 가. 보조선이나 고정금구를 사용하여 감지선이 늘어지지 않도록 설치할 것

1. 정온식감지선형 감지기는 전선형태로 구성되어 있으므로 이를 설치하기 위하여는 고정금구를 이용하거나 보조선을 이용하여 설치하게 되는데, 감지선의 길이가 긴 경우에는 주로 내 부식성이 있는 스테인리스 재질의 보조선을 천장에 빨래줄 형태로 매단 후에 그림과 같이 케이블타이 등을 이용하여 감지선을 견고하게 고정시킨다.

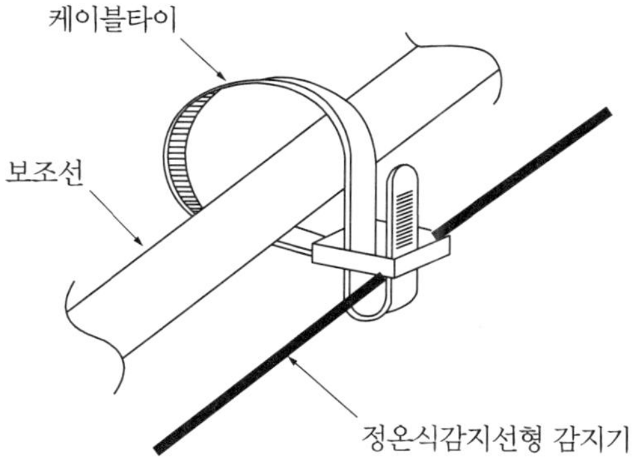

감지선형 감지기의 설치 예

> 나. 단자부와 마감 고정금구와의 설치간격은 10 cm 이내로 설치할 것
> 다. 감지선형 감지기의 굴곡반경은 5 cm 이상으로 할 것

1. 감지선을 구부려야 하는 경우에는 직각으로 꺾지 말고 그림과 같이 5 cm 이상의 곡률반경을 두어 감지선 내부의 용융물질 등이 손상되지 않도록 하여야 한다.

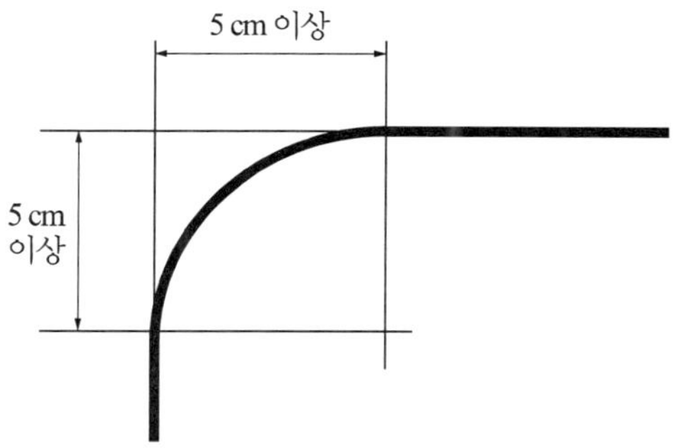

곡률반경의 의미 예

> 라. 감지기와 감지구역의 각 부분과의 수평거리가 내화구조의 경우 1종 4.5 m 이하, 2종 3 m 이하로 할 것. 기타 구조의 경우 1종 3 m 이하, 2종 1 m 이하로 할 것

1. 지하구와 같이 좁고 긴 통로형태의 소방대상물에 감지선을 포설해야 하는 경우에는 내화구조인 경우에는 그림과 같이 설치하고 비내화구조인 경우에는 그림과 같이 감지선을 설치한다. 이 경우에는 감지기의 종별에 따라 감지범위가 달라 2종을 사용하는 경우에는 괄호안의 숫자를 적용해야 한다.

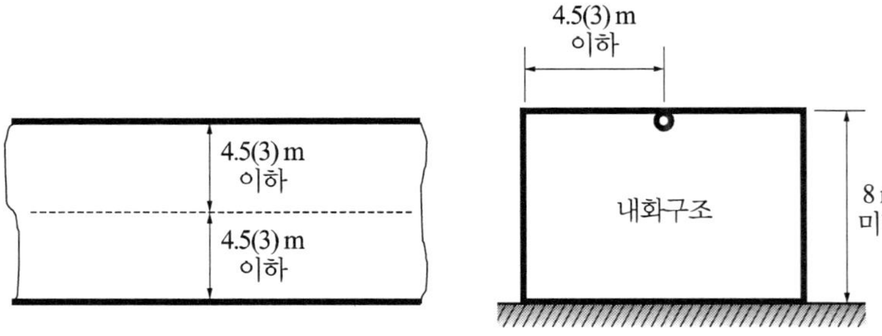

감지선 포설 (내화구조) : (예) 지하구

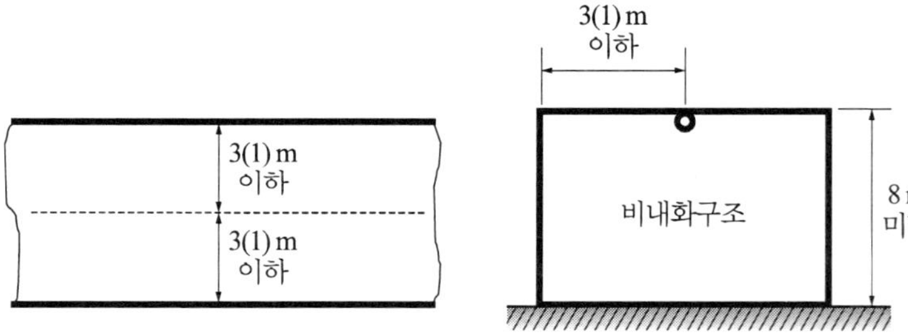

감지선의 포설 (비내화구조) : (예) 지하구

2. 지하구가 아닌 넓은 공간에 감지선형 감지기를 설치해야 하는 경우에는 그림과 같이 모든 감지구역이 감지선의 범위에 속할 수 있도록 설치한다. 이 그림에서의 R은 내화 또는 비내화구조, 1종 또는 2종에 따른 감지선형 감지기가 감지할 수 있는 거리를 나타낸다.

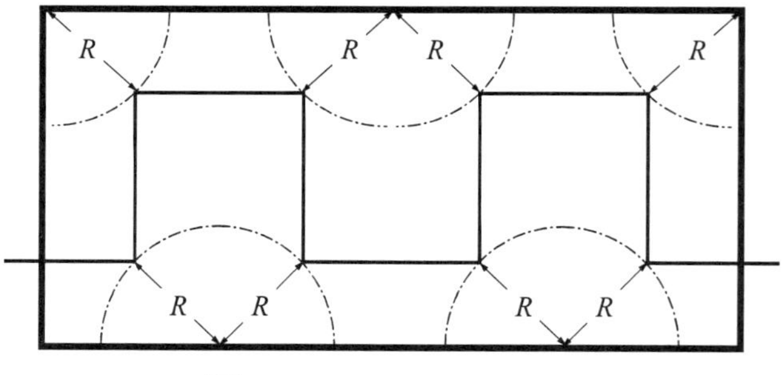

감지선의 포설 : (예) 거실

마. 케이블트레이에 감지기를 설치하는 경우에는 케이블트레이 받침대에 마감금구를 사용하여 설치할 것

1. 케이블트레이에는 트레이 내에 포설된 전선에서 화재가 발생할 경우를 대비하여 감지선형 감지기를 설치하는 것이므로 정온식감지선형 감지기를 그림과 같이 케이블과 근접하도록 지그재그형태로 설치하여야 케이블의 온도가 상승하였을 때 쉽게 감지선이 용융되어 화재 초기에 감지가 가능하다.

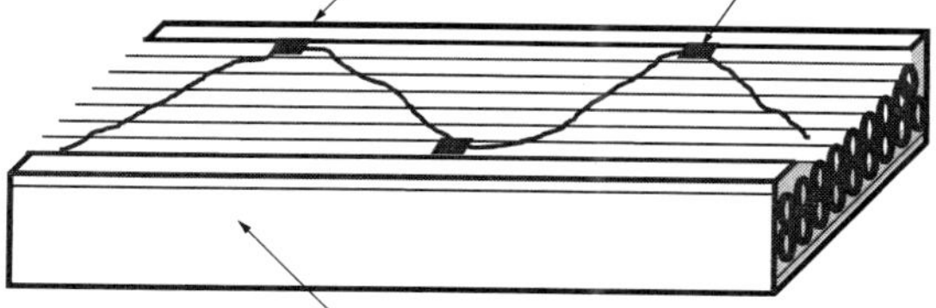

감지선의 포설 : 케이블트레이 예

바. 지하구나 창고의 천장 등에 지지물이 적당하지 않는 장소에서는 보조선을 설치하고 그 보조선에 설치할 것

사. 분전반 내부에 설치하는 경우 접착제를 이용하여 돌기를 바닥에 고정시키고 그 곳에 감지기를 설치할 것

아. 그 밖의 설치방법은 형식승인 내용에 따르며 형식승인 사항이 아닌 것은 제조사의 시방(示方)에 따라 설치할 것

14. 불꽃감지기의 설치

13. 불꽃감지기는 다음의 기준에 따라 설치할 것

가. 공칭감시거리 및 공칭시야각은 형식승인 내용에 따를 것

나. 감지기는 공칭감시거리와 공칭시야각을 기준으로 감시구역이 모두 포용될 수 있도록 설치할 것

1. 불꽃감지기 종류는 적외선과 자외선 또는 이들 두 가지 기능이 혼합되어져 있는 감지기로 분류된다. 불꽃감지기는 화재로부터 발생 가능한 전자복사파 에너지가 불꽃감지기에 도달하여야 작동하게 된다. 가시거리 범위 내에서는 불꽃의 직사방열이 이를 증명한다. 적외선 불꽃감지기는 열 방출의 직사 복사선이 차단된다 하더라도 금속표면에서 반사되어 감지하는 성능을 유지할 수 있다. 그러나 자외선 불꽃감지기는 자외선 특성상 반사되지 아니하거나 또는 좀처럼 반사되지 아니하기 때문에 상기와 같이 차단되는 경우에는 효과가 없다. 직사형 열적외선은 항상 우회형 열적외선보다 몇 배 더 강하다는 것을 알아야 한다. 따라서 불꽃감지기는 항상 감시지역 전체가 가시범위에 포함되도록 설치되어야 한다. 그리하여 불꽃감지기는 실내의 높은 모퉁이 위치에 설치하는 것이 오히려 더 좋다.
2. 불꽃감지기는 옥내형, 옥외형 및 도로형이 있으므로 방호대상물의 용도에 적합한 감지기를 선택하여 설치하여야 한다. 불꽃감지기의 감지포용범위는 아래 그림에서 보는 바와 같이 원추형의 형태를 구성하고 있으며, 시야각이 넓은 감지기는 그만큼 감지면적이 넓어지고 감지거리가 길수록 높은 천장에 사용할 수 있게 된다.

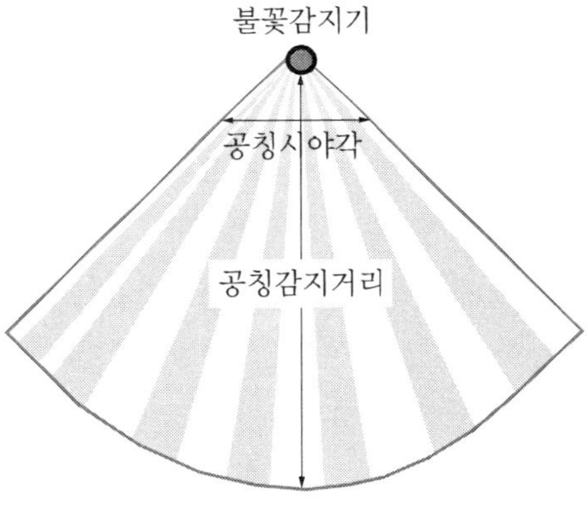

공칭시야각과 공칭감시거리 예

> 다. 감지기는 화재감지를 유효하게 감지할 수 있는 모서리 또는 벽 등에 설치할 것

1. 불꽃감지기는 경계구역을 구성하는 대상에 따라 감지대상면적, 천장의 구조 및 소방대상물의 배치에 따라 벽면 또는 천장면에 감지기를 설치한다. 불꽃감지기는 설치장소 및 높이에 따라 감지영역에 많은 차이가 발생하므로 방호대상지역의 설치여건과 면적 등을 고려하여 불꽃감지기가 가지고 있는 사양에 따라 설치한다.

라. 감지기를 천장에 설치하는 경우에는 감지기는 바닥을 향하여 설치할 것

1. 열 또는 연기는 기류에 따라 이동되므로 장애물과 관계없이 동작되지만 불꽃감지기는 감지기의 위치에서 소방대상물을 볼 수 없는 지역에서 화재가 발생하는 경우에는 감지가 늦어지거나 감지를 할 수 없는 경우도 발생할 수 있다. 따라서 일본에서는 1.2 m를 초과하는 장애물이 있는 경우에는 불꽃감지기를 재배치하여 경계구역 전체를 감지할 수 있도록 정하고 있다.
2. 설치 방법(일본의 경우)
   가. 천장 또는 벽 상부에 설치하여야 한다.
   나. 벽에 의해서 구획된 구역별로 당해 구역의 바닥면에서 높이 1.2 m까지의 공간 각 부분에서 당해 감지기까지의 거리가 공칭감시거리 범위 내에 있도록 하여야 한다.
   다. 감지기는 장해물이 있더라도 화재발생을 감지할 수 있도록 설치하여야 한다.

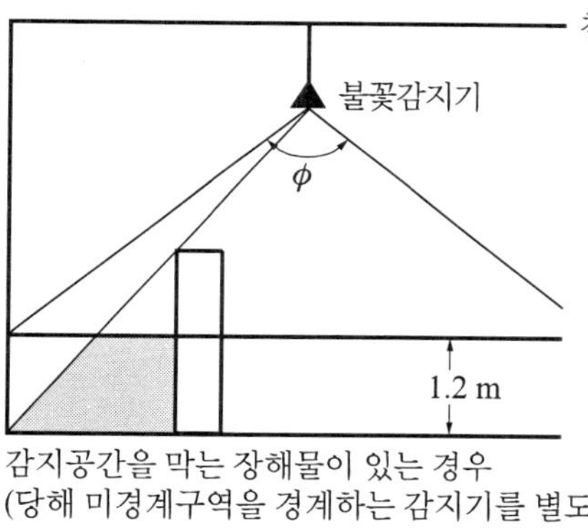

감시공간 넘어 장애물이 있을 경우(일본) 예

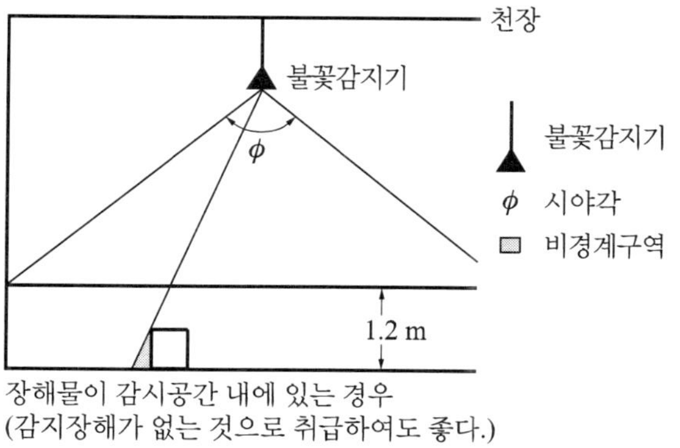

감시공간 내 장애물이 있는 경우(일본) 예

> 마. 수분이 많이 발생할 우려가 있는 장소에는 방수형으로 설치할 것
> 바. 그 밖의 설치기준은 형식승인 내용에 따르며 형식승인 사항이 아닌 것은 제조사의 시방에 따라 설치할 것

15. 아날로그식, 다신호식 감지기의 설치

> 14. 아날로그방식의 감지기는 공칭감지온도범위 및 공칭감지농도범위에 적합한 장소에, 다신호방식의 감지기는 화재신호를 발신하는 감도에 적합한 장소에 설치할 것. 다만, 이 기준에서 정하지 않는 설치방법에 대하여는 형식승인 사항이나 제조사의 시방에 따라 설치할 수 있다.

1. 아날로그방식의 감지기는 감지방식에 따라 열, 연기 또는 열연복합식이 있으며 일반적으로 감지기별로 주소가 있으므로 P형 수신기에는 접속할 수 없고 R형 또는 GR형 수신기에 연결해야 한다. 아날로그식 감지기로부터 송출되는 온도 또는 연기농도는 감지기가 설치된 각 실의 환경조건에 따라 수신기에서 단계별로 경보방식을 설정하게 되는데 이때에는 공칭감지온도범위 및 공칭감지농도범위 내에서 적합하게 설정토록 한다.
2. 다신호방식의 감지기는 하나의 감지기에서 2개 이상의 신호가 수신기로 송출할 수 있도록 제작된 감지기이므로 이와 같은 기능을 수행할 수 있는 수신기를 설치하여야 한다.

16. 광전식분리형 감지기의 설치

> 15. 광전식분리형 감지기는 다음의 기준에 따라 설치할 것
> 가. 감지기의 수광면은 햇빛을 직접 받지 않도록 설치할 것
> 나. 광축(송광면과 수광면의 중심을 연결한 선)은 나란한 벽으로부터 0.6 m 이상 이격하여 설치할 것
> 다. 감지기의 송광부와 수광부는 설치된 뒷벽으로부터 1 m 이내 위치에 설치할 것

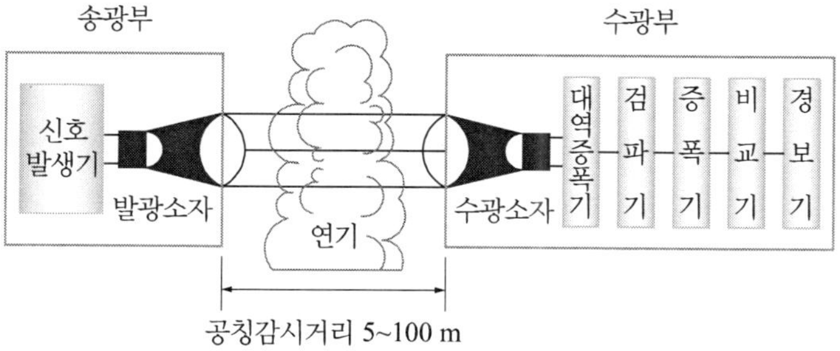

분리형 연기감지기의 개념 예

1. 광전식분리형 감지기는 주위의 공기가 일정 농도 이상의 연기가 찾을 때 작동하는 것으로 광범위하게 연기가 누적되어감에 따라 광전소자의 수광량의 변화에 따라 작동하게 된다. 발광소자와 수광소자가 거리를 두고 떨어져 있는 것과 발광소자와 수광소자가 함께 있고 반대편 위치에 특수 거울을 이용하여 광이 수광소자로 되돌아와 작동하는 것이 있다. 감지기의 수광면을 직사광이 있는 장소에 설치하면 화재로 인한 연기가 발생하여도 감지기가 정상적인 상태로 착각하는 현상이 나타나 화재를 유효하게 감지하지 못한다. 그러므로 수광부는 햇볕이 직접 비쳐지는 곳을 피하여 설치하여야 한다. 광전식분리형 감지기는 송광부와 수광부가 서로 분리되어 마주보게 설치한 후 송광부와 수광부 사이에 연기가 체류하였을 때 작동하는 것과 송광부와 수광부를 일체형으로 설치하고 마주보는 반대편에는 거울형태의 반사판을 설치하여 송광부에서 송출한 적외선이 반사판에 맞아 되돌아오는 것을 이용하는 두 가지 방식이 주로 사용되고 있다.
2. 송광부와 수광부 사이에 방출되는 적외선 방출빔은 벽면에서 일정부분 이격시켜야 준공 후에 벽면에 부착되는 기구물로 인하여 광축이 장애를 받지 않게 된다.
3. 광전식분리형 감지기의 송광부와 수광부를 뒷벽으로부터 너무 멀리 이격시키면 송광부와 수광부 뒷부분에 대한 연기를 감지할 수가 없으므로 최대한 뒷벽에 가깝게 설치해야 한다.

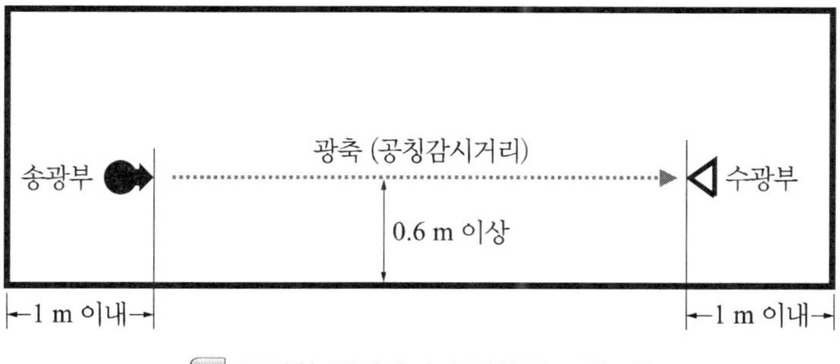

분리형 연기감지기 광축의 조건 예

라. 광축의 높이는 천장 등(천장의 실내에 면한 부분 또는 상층의 바닥 하부면을 말한다) 높이의 80% 이상일 것

1. 광전식분리형 감지기의 광축이 너무 아래로 내려오게 되면 중간에 장비나 물건 등을 쌓아놓을 경우에 장애가 발생하게 된다. 그러므로 최대한 천장면에 가깝게 설치하는 것이 좋으나 콘크리트보 또는 철골지지물 등으로 인하여 천장면에 가깝게 설치할 수 없는 경우에는 그림과 같이 전체 천장높이의 80% 이상의 범위에 광축을 위치시킬 수 있다.

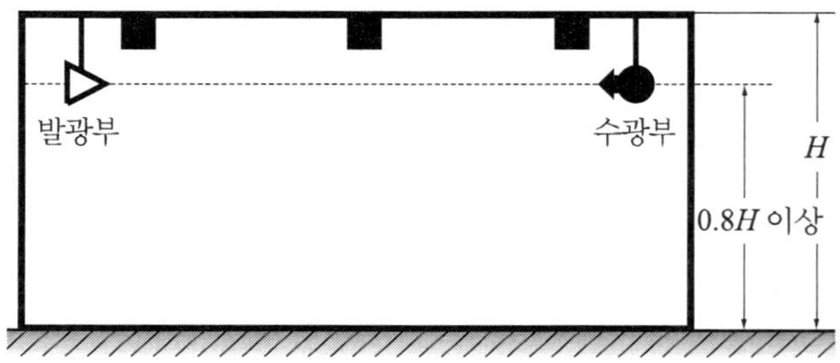

광축의 높이 예

마. 감지기의 광축의 길이는 공칭감시거리 범위 이내일 것

1. 분리형 감지기는 송광부와 수광부간의 공칭감시거리에 감지폭을 곱하면 감지기 한 개가 감지할 수 있는 단위감지면적을 산출할 수 있다. 예를 들어 바닥면적이 1,500 m^2, 가로가 100 m, 세로가 15 m이고 천장높이가 15 m인 소방대상물에 분리형 감지기를 설치할 경우에는 그림과 같이 공칭감시거리가 100 m, 감지폭이 15 m인 분리형 감지기 한 개만 설치하면 된다.

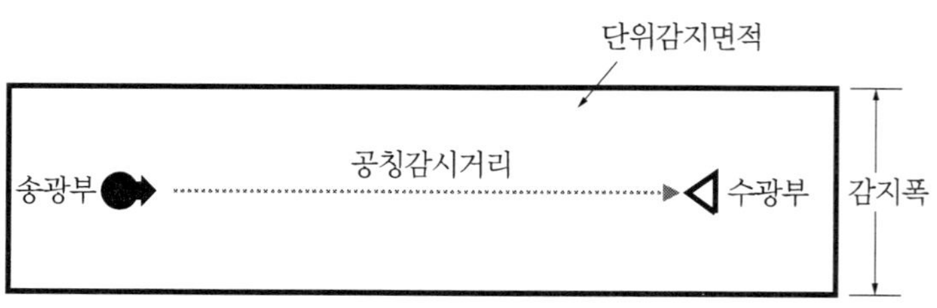

공칭감시거리 예

바. 그 밖의 설치기준은 형식승인 내용에 따르며 형식승인 사항이 아닌 것은 제조사의 시방에 따라 설치할 것

17. 특수장소에 대한 감지기의 설치

④ 제3항의 규정에 불구하고 다음 각 호의 장소에는 각각 광전식분리형 감지기 또는 불꽃감지기를 설치하거나 광전식공기흡입형 감지기를 설치할 수 있다.

1. 화학공장·격납고·제련소등 : 광전식분리형 감지기 또는 불꽃감지기. 이 경우 각 감지기의 공칭감시거리 및 공칭시야각등 감지기의 성능을 고려하여야 한다.
2. 전산실 또는 반도체 공장등 : 광전식공기흡입형 감지기. 이 경우 설치장소·감지면적 및 공기흡입관의 이격거리등은 형식승인 내용에 따르며 형식승인 사항이 아닌 것은 제조사의 시방에 따라 설치하여야 한다.

⑥ 지하구에 설치하는 감지기는 제1항 각 호의 감지기로서 먼지·습기 등의 영향을 받지 아니하고 발화지점을 확인할 수 있는 감지기를 설치하여야 한다.

1. 화학공장, 격납고, 제련소, 전산실 또는 반도체 공장과 같은 특수한 지역에는 기계장비의 설치, 공기조화의 방식이나 천장의 구조 등이 일반지역과는 서로 상이하므로 방폭형, 방수형, 옥외형 등 특수한 환경을 고려하여 제작한 감지기를 설치한다.
   공기흡입형 연기감지기란 각 실(저장실, 냉각시설, 격납고 등) 감시를 위해 적용되고, 감시 대상물로서는 제어판넬, IT 및 전화·통신 시설, 라디오 방송장비 등을 들 수 있다. 각 실에서 화재가 발생하면 열적인 조건(예: 열부력, 열팽창 등) 때문에 상승기류를 타는 연기는 감지공간에 걸쳐 설치된 감지흡입구에 의해 흡인되어 감지파이프를 따라 경유하여 연기감지센서 제어반에까지 도달된다.
   이 시스템의 감지흡입구 모두에서 연기평균농도가 경보한계치를 초과하자마자 당해 공기흡입형 감지기는 화재경보를 발령하게 된다.
   경보 발령값이 하나의 감지흡입구에서의 고농도 연기밀도에 의하든지 여러 감지흡입구에서의 다소 높은 연기농도 값에 의하든지 화재경보는 발령하게 된다.
2. 공기흡입형 연기감지기의 감도 계산식은 다음과 같다.

$$SASD = (SDP/NDP) \times NDPS$$

- SASD : 요구하는 공기흡입형 연기감지기 Sensor의 감도
- SDP : 화재보호 개념으로 요구되는 것으로서 감지흡입 지점에서의 감도

- NDP : 설치된 감지흡입 배관 중에서 선택된 감지흡입점의 개수
- NDPS : 업계에서 널리 인정된 연기 확산·유동상태에서의 감지흡입점 개수

3. 화재가 가능한 초기에 감지될 수 있다면, 공기흡입형 감지시스템은 하나의 감지흡입구에서라도 연기농도가 감지되자마자 화재경보를 발하여야 한다. 그러한 시스템을 가능하게 하려면 고감도의 감지기능을 갖추어야 한다. 실내의 감시에 있어서는 하나의 연기흡입점 이상에서 연기가 흡입될 만큼 연기확산이 벌써 이루어진다 하여도 화재경보는 종종 일어난다.

   연기가 두 점 또는 세 점까지 도달된다면 두 배 또는 세 배의 연기량이 공기흡입형 연기감지시스템에 의해 감지되는 것이며, 우리는 이것을 연기누적 또는 누적효과라 부른다. 더 큰 연기확산이 벌써 발생했을 때에 또한 화재경보가 이루어진다면 공기흡입형 연기감지시스템의 감도는 더 낮게라도 선정될 수 있다.

   가. 예: (공조)공기 재순환하는 홀

   공기흡입형 연기감지 시스템은 중급 크기의 화재를 감지하기 위하여 (공조)재순환 홀에 설치한다.

   - 그 감지기의 반응 거동은 포인트-타입의 연기감지기(흡입점에서의 화재감도 : 3%/m)와 유사하다.
   - 10개의 흡입점을 갖고 있는 공기흡입 배관망이 800 m^2의 감시면적을 담당하고 있다.
   - 그리고 3개의 흡입점에서 천장부 연기가 도달되었을 때 화재경보는 발령되어야 한다.

   상기 공식을 적용함으로서 우리가 요구하는 공기흡입형 연기감지 시스템의 감도는 $(3/10) \times 3 = 0.9\%/m$으로 계산된다.

   나. 실의 감시

   보통의 실 화재감시에 있어서, 흡입 배관망 시스템과 흡입점들은 각각의 흡입점 1개가 담당하고 있는 면적이(스포트형의 연기감지기와 동등 성능이 되는 것으로서) 40~80 m^2의 범위가 되도록 설계된다. 이러한 흡입 배관망 시스템은 천장 아래에 설치된다. 임시의 바닥과 허공에 매달려있는 천장은 일정한 가연성 하중을 갖고 있기 때문에 연기 흡입점은 가장 높으면서 감지 가능한 위치에 설치하여야 한다.

   저장창고, 아트리움, 격납고와 같은 높고 넓은 대형공간에는 커다란 공기층 형성으로 인하여 발생된 화재연기의 빠른 희석이 관찰되어질 수 있다. 상기의 대형공간에 화재가 초기에 감지하려면, 그에 상응하는 감도가 있는 화재감지시스템이 선정되어야 한다. 게다가 높은 공간의 천장 아래에서는 태양 복사에너지가 강하

게 작용하거나 또는 화재로 인한 공기층 열기 상승으로 열층이 종종 발생한다. 그러한 열층은 부분적으로 또는 전체적으로 화재연기가 천장에 도달되는 것을 막을 수 있어 결국 이러한 장소에는 공기흡입형 연기감지시스템 설치를 검토하여야 한다. 높은 저장창고에서는 공기흡입관을 오히려 수직으로 설치하는 것이 좋다. 이렇게 함으로써 열 쿠션의 문제점이 대체로 해소될 수 있으며, 게다가 저장창고에서의 소형 화재가 공기흡입관의 알맞은 배열로 초기에 감지될 수 있다.

다. 강하게 오염된 환경에서의 적응성

신뢰성 있는 감지성능에 추가로 공기흡입형 연기감지 시스템은 환경적으로 오염된 공간에 또한 적응성이 있다. 비화재경보를 일으킬 수 있는 미세한 입자들은 광학적 연기감지시스템 에서는 충분히 오보발생이 가능하나, 이러한 경우 최악의 경우에는 더 이상 신뢰할 수 없을 정도로 화재시스템을 손상시킬 수 있다. 이러한 이유 때문에 오염된 환경에서는 연기흡입관에 필터들을 설치하여 먼지와 같은 입자들이 공기흡입형 연기감지시스템에 들어가기 전에 여과시킨다. 게다가, 매우 오염된 환경 속에서는 흡입관 속에 먼지나 침적물들을 주기적으로 깨끗이 청소하여야 한다. 이렇게 함으로서 신뢰할 수 있을 정도로 흡입된 공기가 이 시스템의 농도 측정부까지 안정적으로 전달될 수 있다.

라. 고속의 공기 순환 지역의 설치

공조장치 또는 공기 재순환 시스템은 고속의 공기 순환을 야기할 수 있다. 가끔 교대로 연기가 화재센서에 도달되기 이전에 신선한 공기와 혼합됨으로서 연기 희석작용을 일으킨다. 그러한 조건에서는 점차 증가하는 감도이거나 매우 고감도의 센서를 갖춘 공기흡입형 연기감지시스템을 사용하는 것이 합당하다. 또한, 공조장치에서의 배출 공기는 순수 대기 중으로 방출하고 추가로 그 일부 중 표본샘플을 공기흡입형 연기감지시스템에 공급하는 것이 합당하다. 배출공기가 Room 환기구를 통해 빠져 나가기 전에 곧바로 공기흡입형 연기감지시스템에 감시된다. 또한 습한 환경에서는 드레인 밸브가 있는 물 배출장치를 흡입관에 설치하여 사용한다.

마. 냉동창고의 설치

매우 건조한 공기 속에 고도로 연소성이 높은 고립되고 꾸러미 상태의 재료가 저장되어 있기 때문에, 냉동창고는 고등급의 화재 리스크로 분류 된다. 그러한 시설에서의 화재는 급속도로 확산되고 많은 피해를 입힌다. 따라서 화재가 확산되기 전 초기의 화재감지가 무엇보다 중요하다. 냉동창고에서는 고감도의 공기흡입형 연기감지시스템이 보통 사용된다. 공기흡입관에 서리가 형성되는 것을 방지하기 위하여 흡입관로 내부를 분출시키는 메커니즘을 구축하고 있다. 이러한 것은 서리형성의 경향이 높은 공기 순환 때문에 비교적 고습도의 공기가 분포하는 냉동창고 입구지역에서 특히 중요하다. 이 밖에 이 감지기의 모양과 특성을 활용하여 작은 구멍을 활용하여 사람 눈에 잘 안 띄게 설치가 가능하므로 특수용도인 형무소시설, 문화재시설, 교회, 박물관시설에도 사용되어지며 캐비닛 등 장치 내부 감시용으로 사용되어진다.

4. 터널에는 「도로터널의 화재안전기준(NFSC 603)」 제7조에서 정하고 있는 바에 따라 다음과 같은 종류의 감지기를 설치한다. 발화지점을 확인할 수 있는 감지기란 발화위치를 거리로 나타내는 감지기만 해당하는 것이 아니라 경계구역을 표시하는 감지기도 포함하는 광의의 개념이다.
   1) 차동식분포형 감지기
   2) 정온식감지선형 감지기(아날로그식에 한한다.)
   3) 중앙기술심의위원회의 심의를 거쳐 터널화재에 적응성이 있다고 인정된 감지기

18. 감지기 설치 제외 장소

⑤ 다음 각 호의 장소에는 감지기를 설치하지 아니한다.
1. 천장 또는 반자의 높이가 20 m 이상인 장소. 다만, 제1항 단서 각 호의 감지기로서 부착높이에 따라 적응성이 있는 장소는 제외한다.

1. 감지기는 화재발생 시 인명과 재산을 보호하기 위하여 설치하는 것이므로 모든 경계구역 내에는 최대한 적응성이 있는 감지기를 선정하여 설치해야 한다.
2. 따라서 천장높이가 20 m가 넘는 경우라도 불꽃감지기, 아날로그식 광전식분리형 감지기 및 공기흡입형 감지기를 설치할 수 있는 환경조건을 갖추고 있는 경우에는 감지기를 설치해야 한다.

2. 헛간 등 외부와 기류가 통하는 장소로서 감지기에 따라 화재발생을 유효하게 감지할 수 없는 장소
3. 부식성가스가 체류하고 있는 장소
4. 고온도 및 저온도로서 감지기의 기능이 정지되기 쉽거나 감지기의 유지관리가 어려운 장소
5. 목욕실·욕조나 샤워시설이 있는 화장실·기타 이와 유사한 장소

1. 목욕실·욕조나 샤워시설이 없는 공용화장실 등에는 흡연 등으로 인하여 불특정다수에 의한 화재의 위험성에 대비하기 위하여 감지기를 설치하여야 하나, 목욕실·욕조나 샤워시설이 있는 화장실에는 오동작의 우려를 고려하여 화재감지기를 설치를 제외한 것이다.
2. 물탱크실 내부에는 보수 점검을 위한 여유 공간을 마련하는 경우가 있는데 이와 같은 공간은 창고 등의 용도로 활용하여 가연물을 쌓아놓는 경우가 많이 있다. 따라서 화재의 위험성이 존재하는 물탱크실 내부에는 감지기를 설치하는 것이 좋다.

6. 파이프덕트 등 그 밖의 이와 비슷한 것으로서 2개 층마다 방화구획된 것이나 수평단면적이 5 m^2 이하인 것

1. 그림과 같이 2개 층마다 방화구획이 된 것. 수평단면적이 5 m^2 이하인 것에는 감지기를 설치하지 않아도 무방하다.

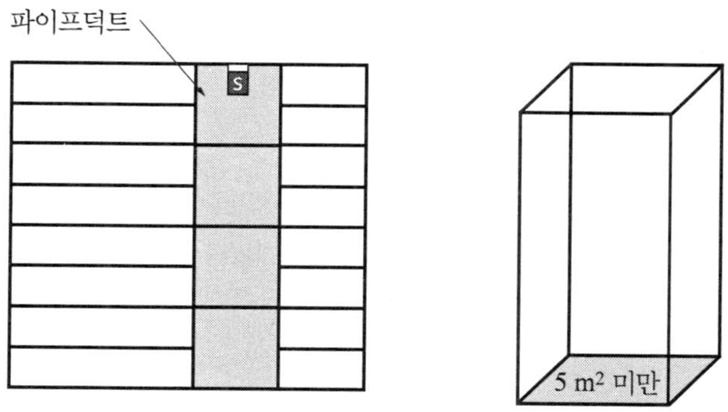

감지기 제외 장소 예

7. 먼지·가루 또는 수증기가 다량으로 체류하는 장소 또는 주방 등 평시에 연기가 발생하는 장소(연기감지기에 한한다)
8. <삭제>

1. 그림과 같이 실내의 용적이 작은 장소에는 감지기를 설치하지 않아도 된다.

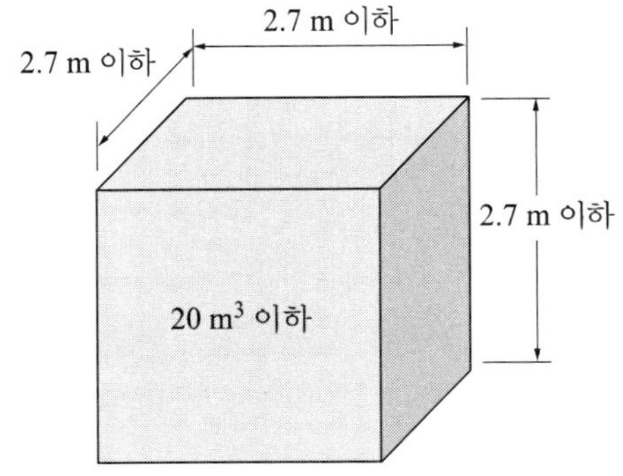

감지기 제외 공간 예

> 9. 프레스공장·주조공장 등 화재발생의 위험이 적은 장소로서 감지기의 유지관리가 어려운 장소

19. 비화재보 우려 장소에 대한 적응감지기

> ⑦ 제1항 단서에도 불구하고 일시적으로 발생한 열·연기 또는 먼지 등으로 인하여 화재신호를 발신할 우려가 있는 장소에는 별표 1 및 별표 2에 따라 그 장소에 적응성 있는 감지기를 설치할 수 있으며, 연기감지기를 설치할 수 없는 장소에는 별표 1을 적용하여 설치할 수 있다.

1. 제1항 단서 규정에 불구하고 일시적으로 발생한 열기·연기 또는 먼지 등으로 인하여 화재신호를 발신할 우려가 있는 장소에는 별표 1 및 별표 2에 따라 그 장소에 적응성 있는 감지기를 설치하되 연기감지기를 설치할 수 없는 장소에는 별표 1을 적용하여 설치하여야 한다. 제7조 1항에서 비화재보의 우려가 있는 경우에는 8가지의 감지기를 설치하되 그럼에도 불구하고 비화재보의 우려가 있는 경우 별표 1이나 별표 2의 장소에 대해서는 별표를 적용하라는 의미이다. 따라서 이는 반드시 "비화재보 우려가 있는 장소"라는 전제하에 환경장소 및 적응장소에 해당하는 용도에 국한하여 별표 1과 별표 2를 적용하여야 한다.
2. 또한 별표 1은 연기감지기를 설치할 수 없는 경우에 적응성 있는 감지기를 예시한 것이며, 별표 2는 연기감지기를 설치할 수 있는 경우 적응성 있는 감지기 및 장소를 예시한 것이다.

[별표 1] 연기감지기를 설치할 수 없는 경우(제7조제7항 관련)

설치장소		적응 열감지기									불꽃감지기	비 고
환경상태	적응장소	차동식스포트형		차동식분포형		보상식스포트형		정온식		열아날로그식		
		1종	2종	1종	2종	1종	2종	특종	1종			
먼지 또는 미분 등이 다량으로 체류하는 장소	쓰레기장, 하역장, 도장실, 섬유·목재·석재 등 가공 공장	○	○	○	○	○	○	○	○	○	○	1. 불꽃감지기에 따라 감시가 곤란한 장소는 적응성이 있는 열감지기를 설치할 것. 2. 차동식분포형 감지기를 설치하는 경우에는 검출부에 먼지, 미분 등이 침입하지 않도록 조치할 것. 3. 차동식스포트형 감지기 또는 보상식스포트형 감지기를 설치하는 경우에는 검출부에 먼지, 미분 등이 침입하지 않도록 조치할 것. 4. 정온식 감지기를 설치하는 경우에는 특종으로 설치할 것. 5. 섬유, 목재 가공공장 등 화재확대가 급속하게 진행될 우려가 있는 장소에 설치하는 경우 정온식 감지기는 특종으로 설치할 것, 공칭작동온도 75℃ 이하, 열아날로그식 스포트형 감지기는 화재표시설정은 80℃ 이하가 되도록 할 것.
수증기가 다량으로 머무는 장소	증기세정실, 탕비실, 소독실 등	×	×	×	○	×	○	○	○	○	○	1. 차동식분포형 감지기 또는 보상식스포트형 감지기는 급격한 온도변화가 없는 장소에 한하여 사용할 것. 2. 차동식분포형 감지기를 설치하는 경우에는 검출부에 수증기가 침입하지 않도록 치할 것. 3. 보상식스포트형 감지기, 정온식 감지기 또는 열아날로그식 감지기를 설치하는 경우에는 방수형으로 설치할 것. 4. 불꽃감지기를 설치할 경우 방수형으로 할 것

설치장소		적응 열감지기										
환경상태	적응장소	차동식스포트형 1종	차동식스포트형 2종	차동식분포형 1종	차동식분포형 2종	보상식스포트형 1종	보상식스포트형 2종	정온식 특종	정온식 1종	열아날로그식	불꽃감지기	비 고
부식성 가스가 발생할 우려가 있는 장소	도금공장, 축전지실, 오수처리장 등	×	×	○	○	○	○	○	○	○	○	1. 차동식분포형 감지기를 설치하는 경우에는 감지부가 피복되어 있고 검출부가 부식성 가스에 영향을 받지 않는 것 또는 검출부에 부식성 가스가 침입하지 않도록 조치할 것. 2. 보상식스포트형 감지기, 정온식 감지기 또는 열아날로그식스포트형 감지기를 설치하는 경우에는 부식성 가스의 성상에 반응하지 않는 내산형 또는 내알칼리형으로 설치할 것 3. 정온식 감지기를 설치하는 경우에는 특종으로 설치할 것
주방, 기타 평상시에 연기가 체류하는 장소	주방, 조리실, 용접작업장 등	×	×	×	×	×	×	○	○	○	○	1. 주방, 조리실 등 습도가 많은 장소에는 방수형 감지기를 설치할 것. 2. 불꽃감지기는 UV/IR형을 설치할 것
현저하게 고온으로 되는 장소	건조실, 살균실, 보일러실, 주조실, 영사실, 스튜디오	×	×	×	×	×	×	○	○	○	×	
배기가스가 다량으로 체류하는 장소	주차장, 차고, 화물취급소 차로, 자가발전실, 트럭 터미널, 엔진시험실	○	○	○	○	○	○	×	×	○	○	1. 불꽃감지기에 따라 감시가 곤란한 장소는 적응성이 있는 열감지기를 설치할 것. 2. 열아날로그식 스포트형 감지기는 화재표시 설정이 60℃ 이하가 바람직하다.
연기가 다량으로 유입할 우려가 있는 장소	음식물배급실, 주방전실, 주방내 식품저장실, 음식물운반용 엘리베이터, 주방주변의 복도 및 통로, 식당 등	○	○	○	○	○	○	○	○	○	×	1. 고체연료 등 가연물이 수납되어 있는 음식물배급실, 주방 전실에 설치하는 정온식 감지기는 특종으로 설치할 것 2. 주방주변의 복도 및 통로, 식당 등에는 정온식 감지

설치장소		적응 열감지기									불꽃감지기	비 고
환경상태	적응장소	차동식스포트형		차동식분포형		보상식스포트형		정온식		열아날로그식		
		1종	2종	1종	2종	1종	2종	특종	1종			
												기를 설치하지 말 것 3. 제1호 및 제2호의 장소에 열아날로그식 스포트형 감지기를 설치하는 경우에는 화재표시 설정을 60℃ 이하로 할 것.
물방울이 발생하는 장소	슬레이트 또는 철판으로 설치한 지붕 창고·공장, 패키지형 냉각기전용 수납실, 밀폐된 지하창고, 냉동실 주변 등	×	×	○	○	○	○	○	○	○	○	1. 보상식스포트형 감지기, 정온식 감지기 또는 열아날로그식 스포트형 감지기를 설치하는 경우에는 방수형으로 설치할 것. 2. 보상식스포트형 감지기는 급격한 온도변화가 없는 장소에 한하여 설치할 것. 3. 불꽃감지기를 설치하는 경우에는 방수형으로 설치할 것
불을 사용하는 설비로서 불꽃이 노출되는 장소	유리공장, 용선로가 있는 장소, 용접실, 주방, 작업장, 주방, 주조실 등	×	×	×	×	×	×	○	○	○	×	

(주) 1. "○"는 당해 설치장소에 적응하는 것을 표시, "×"는 당해 설치장소에 적응하지 않는 것을 표시
2. 차동식스포트형, 차동식분포형 및 보상식스포트형 1종은 감도가 예민하기 때문에 비화재보 발생은 2종에 비해 불리한 조건이라는 것을 유의할 것.
3. 차동식분포형 3종 및 정온식 2종은 소화설비와 연동하는 경우에 한해서 사용할 것.
4. 다신호식 감지기는 그 감지기가 가지고 있는 종별, 공칭작동온도별로 따르지 말고 상기 표에 따른 적응성이 있는 감지기로 할 것.

[별표 2] 연기감지기를 설치할 수 있는 경우

설치장소		적응 열감지기					적응 연기감지기						불꽃감지기	비고
환경상태	적응장소	차동식스포트형	차동식분포형	보상식스포트형	정온식	열아날로그식	이온화식스포트형	광전식스포트형	이온아날로그식스포트형	광전아날로그식스포트형	광전식분리형	광전아날로그식분리형		
1. 흡연에 의해 연기가 체류하며 환기가 되지 않는 장소	회의실, 응접실, 휴게실, 노래연습실, 오락실, 다방, 음식점, 대합실, 카바레 등의 객실, 집회장, 연회장 등	○	○	○				◎		◎	○	○		
2. 취침시설로 사용하는 장소	호텔 객실, 여관, 수면실 등						◎	◎	◎	◎	○	○		
3. 연기이외의 미분이 떠다니는 장소	복도, 통로 등						◎	◎	◎	◎	○	○	○	
4. 바람에 영향을 받기 쉬운 장소	로비, 교회, 관람장, 옥탑에 있는 기계실		○					◎		◎	○	○	○	
5. 연기가 멀리 이동해서 감지기에 도달하는 장소	계단, 경사로							○		○	○	○		※
6. 훈소화재의 우려가 있는 장소	전화기기실, 통신기기실, 전산실, 기계제어실							○		○	○	○		
7. 넓은 공간으로 천장이 높아 열 및 연기가 확산하는 장소	체육관, 항공기 격납고, 높은 천장의 창고·공장, 관람석 상부 등 감지기 부착 높이가 8 m 이상의 장소		○								○	○	○	

※ 광전식스포트형 감지기 또는 광전아날로그식 스포트형 감지기를 설치하는 경우에는 당해 감지기회로에 축적기능을 갖지 않는 것으로 할 것.

(주) 1. "○"는 당해 설치장소에 적응하는 것을 표시
2. "◎" 당해 설치장소에 연기감지기를 설치하는 경우에는 당해 감지회로에 축적기능을 갖는 것을 표시
3. 차동식스포트형, 차동식분포형, 보상식스포트형 및 연기식(당해 감지기회로에 축적 기능을 갖지 않는 것) 1종은 감도가 예민하기 때문에 비화재보 발생은 2종에 비해 불리한 조건이라는 것을 유의하여 따를 것.
4. 차동식분포형 3종 및 정온식 2종은 소화설비와 연동하는 경우에 한해서 사용할 것.
5. 광전식분리형 감지기는 평상시 연기가 발생하는 장소 또는 공간이 협소한 경우에는 적응성이 없음.
6. 넓은 공간으로 천장이 높아 열 및 연기가 확산하는 장소로서 차동식분포형 또는 광전식분리형 2종을 설치하는 경우에는 제조사의 사양에 따를 것.
7. 다신호식 감지기는 그 감지기가 가지고 있는 종별, 공칭작동온도별로 따르고 표에 따른 적응성이 있는 감지기로 할 것.
8. 축적형 감지기 또는 축적형 중계기 혹은 축적형 수신기를 설치하는 경우에는 제7조에 따를 것.

20. 감지기 구분

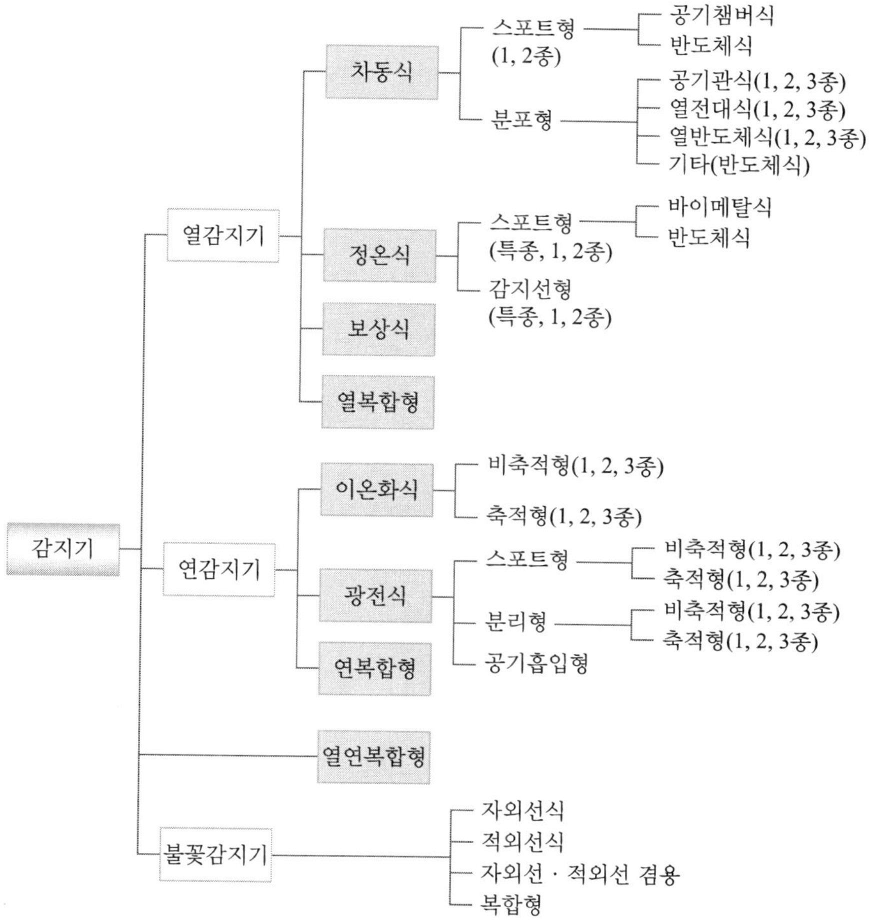

감지기 분류

(1) 열감지기

열 감지기는 화재에 의해서 발생하는 열을 이용해서 공기의 팽창, 금속의 열기전력, 금속의 팽창 등에 의해서 작동하도록 되어있는 것으로 차동식 감지기와 정온식 감지기가 있으며 차동식과 정온식 성능을 함께 갖는 보상식 감지기, 열복합 감지기가 있다.

① 차동식스포트형 감지기(공기팽창식)

(ㄱ) 구조

감지기가 부착된 국소지역의 온도상승 속도가 일정한 속도 이상으로 상승하는 경우 즉 주위온도가 일정한 온도상승률 이상이 되었을 경우 작동하는 것으로 열 효과에 의하여 작동하며 주요 구성부분은 공기실, 다이어프램, 리크, 접점, 작동표시장치, 부착용기판 등으로 구성되어 있다.

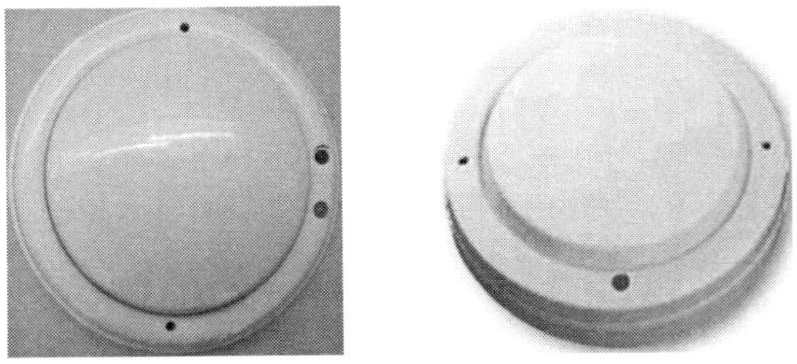

외형

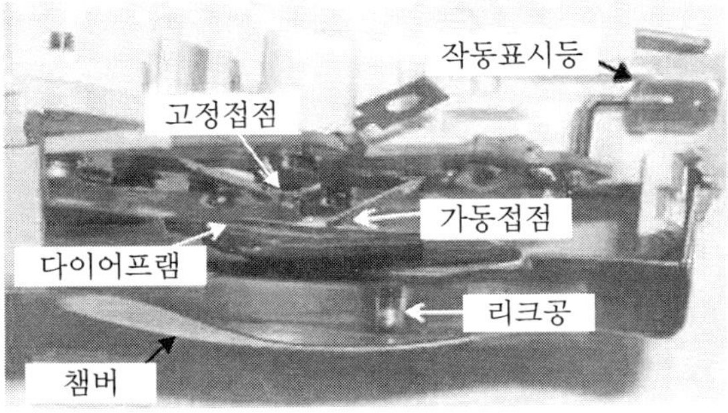

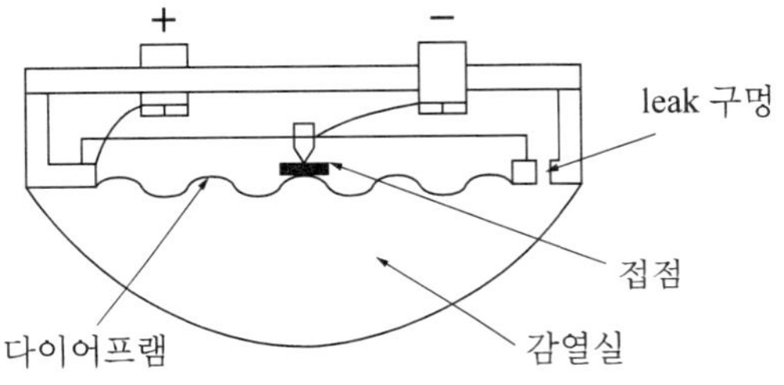

내부구조

차동식스포트형 감지기의 구조(공기챔버식)

(ㄴ) 작동원리

화재에 의하여 급격하게 온도가 상승하고 그 기류가 감지기에 접촉하면 감지기 공기실 내부의 공기가 팽창되어 얇은 동판으로 구성된 다이어프램을 밀어 올리게 되고 이로 인하여 가동부의 접점이 고정부의 접점에 접촉되어 폐회로를 구성하여 수신기에 화재신호를 보내는 것으로, 보통의 난방장치 등에 의한 완만한 온도상승에 대해서는 공기실 내부의 공기가 서서히 팽창하기 때문에 좁은 리크구멍을 통하여 팽창된 공기가 외부로 빠져나가게 되어 다이어프램을 밀어 올리지 못하여 감지기의 작동이 방지된다. 그러나 화재 시와 같이 실내온도가 급격히 상승하게 되면 공기실 내부의 팽창된 공기는 리크구멍이 협소하여 누출의 제한을 받게 되어 외부로 빠져나가지 못한 공기가 다이어프램을 밀어 접점을 접촉시켜 화재신호를 발신하게 된다.

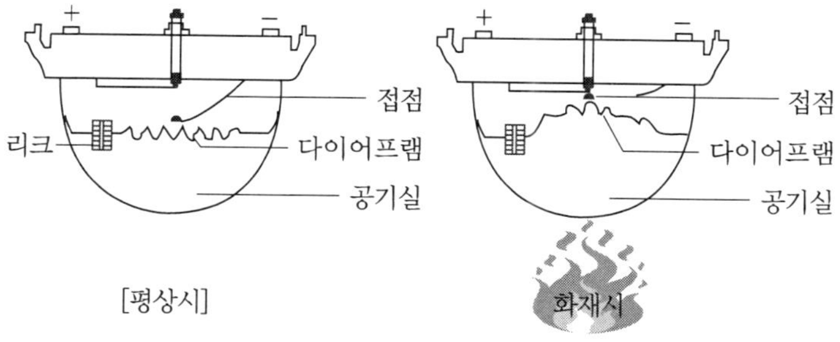

차동식스포트형 감지기의 구조 및 동작원리

② 차동식스포트형 감지기(열전대식)

(ㄱ) 두 가지 서로 다른 금속의 양단을 접합하고 한 쪽의 온도를 일정하게 유지하면서 다른 쪽 온도를 변화시키면 접점의 온도 차에 비례하는 열기전력 발생

(ㄴ) 급격히 온도가 상승하면 감열실 내의 온접점이 열을 받아서 발생한 열기 전력이 일정 값에 도달

(ㄷ) 고감도 릴레이가 접점을 붙여 화재신호를 수신기 전달

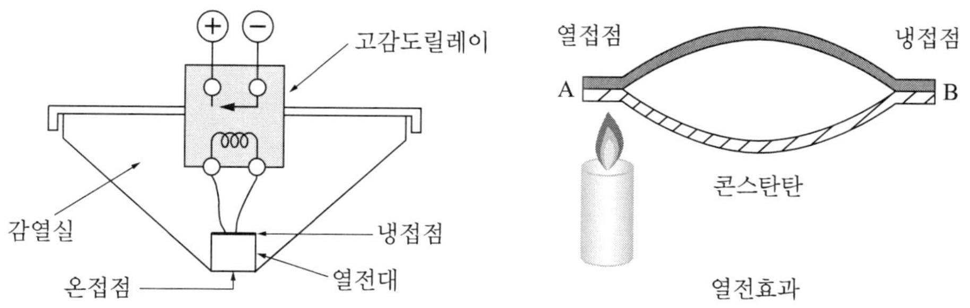

③ 차동식스포트형 감지기(반도체식)

(ㄱ) 구조

주위온도 변화를 감지하기 위해 감지기 내부 및 외부에 온도상승과 함께 저항치가 감소하는 부(負)의 온도계수를 갖는 NTC(Negative Temperature Coefficient) 서미스터와 내외부 저항치를 비교하는 IC(OP앰프), 스위칭 소자인 SCR 및 작동 표시장치, 부착용 기판 등으로 구성되어 있다.

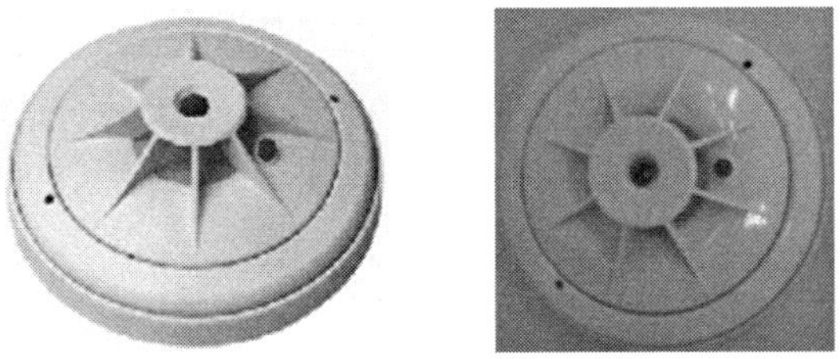

반도체식 차동식스포트형 감지기 외형

(ㄴ) 작동원리

화재에 의하여 급격하게 온도가 상승하고 그 기류가 감지기에 접촉하게 되면 외부에 노출되어 있는 서미스터는 내부에 위치한 서미스터보다 온도변화를 빨리 감지하게 되어 비교부 IC(OP앰프)의 출력전압을 발생시키게 되고 이는 스위칭 소자인 SCR을 트리거시킴으로서 작동표시장치인 LED가 점등되고 화재 신호를 발신하게 된다.

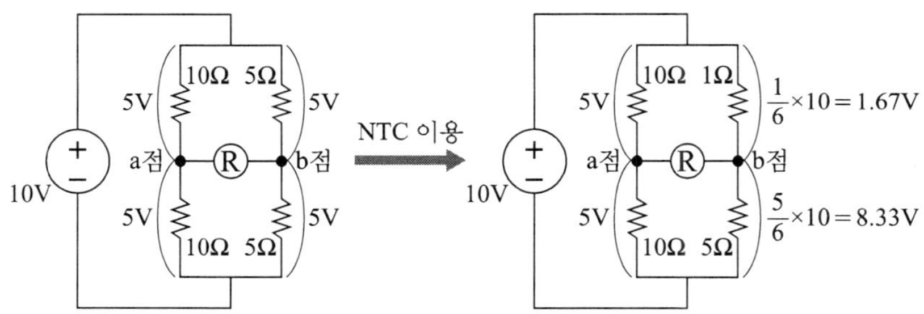

a점 : 0V, b점 : 0V
a-b사이 전류 흐르지 않음

a점 : 0V, b점 : 6.6V
b점에서 a점으로 전류 흐름

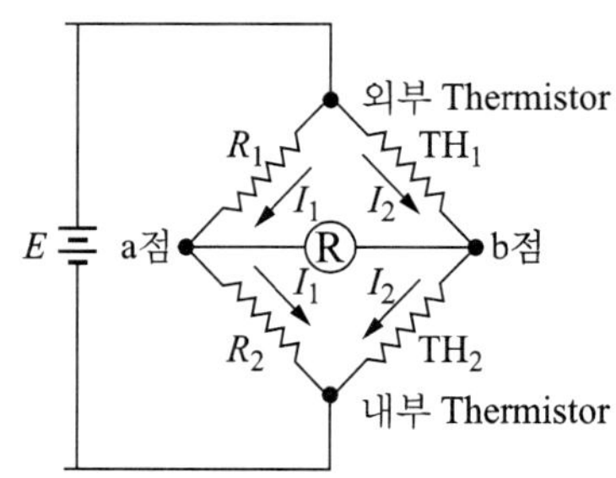

휘트스톤 브리지 회로

④ 차동식분포형 감지기(공기관식)

㈀ 구조

감지기가 설치된 실내에서 온도상승 속도가 일정한 속도 이상으로 상승하는 경우 즉 주위온도가 일정한 온도상승률 이상이 되었을 경우 작동하는 감지기이다. 주요 구성부분은 외경 2 mm, 내경 1.4 mm의 내부가 비어있는 공기관, 다이어프램, 리크, 검출부 등으로 구성되어 있다.

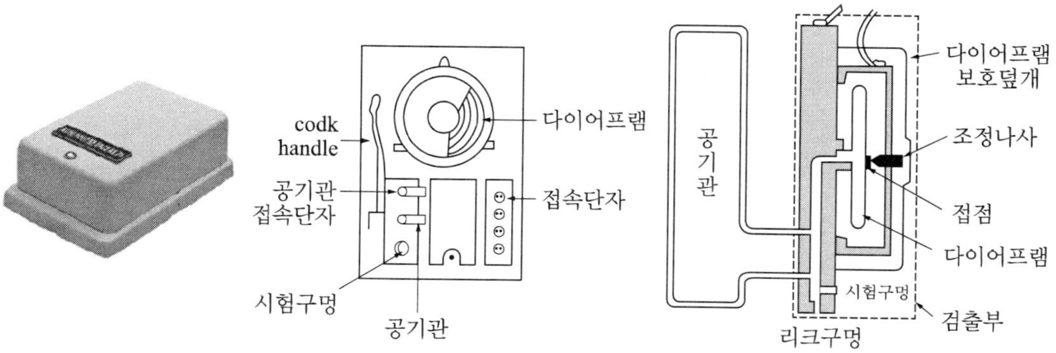

공기관식 차동식분포형 감지기 외형 및 내부구조

㈁ 작동원리

화재에 의하여 급격한 온도 상승 기류가 공기관에 접촉하면 공기관 내부의 공기를 팽창시켜 검출부에 있는 다이어프램을 밀어 올리게 되고 이로 인하여 가동부의 접점이 고정부의 접점에 접촉되어 폐회로를 구성함으로서 수신기에 화재신호를 보낸다. 완만한 온도상승의 경우는 리크구멍으로 공기가 외부로 빠지는 것은 차동식스포트형과 같은 원리이다.

⑤ 차동식분포형 감지기(열전대식)

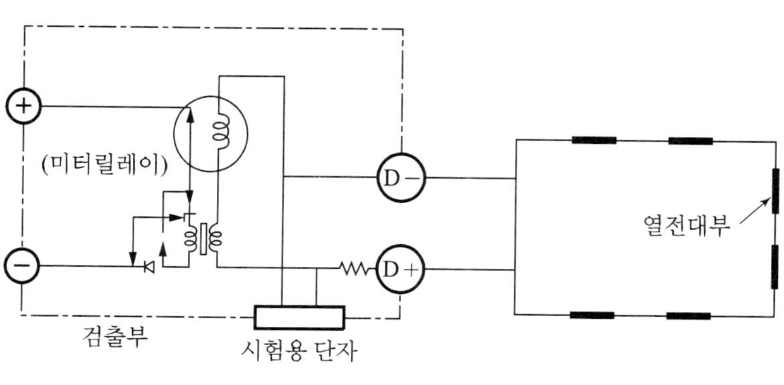

화재 시 화재열로 열전대부가 가열되면 제어벡 효과에 의해 열기전력이 발생하여 미터릴레이에 전류가 흘러 접점을 붙게 함으로써 수신기에 화재신호 보냄

⑥ 차동식분포형 감지기(열반도체식)

(ㄱ) 온도가 상승하면 전기저항이 작아지면서 열에너지를 전기에너지로 변환하는 열반도체의 특성을 이용하여 화재를 감지하는 방식

(ㄴ) 화재 시 발생되는 열에 의해 수열판이 가열되면 열반도체 소자(Bi-Sb-Te 화합물)에 열기전력이 발생하여 미터릴레이를 작동시켜 수신기에 신호를 보냄

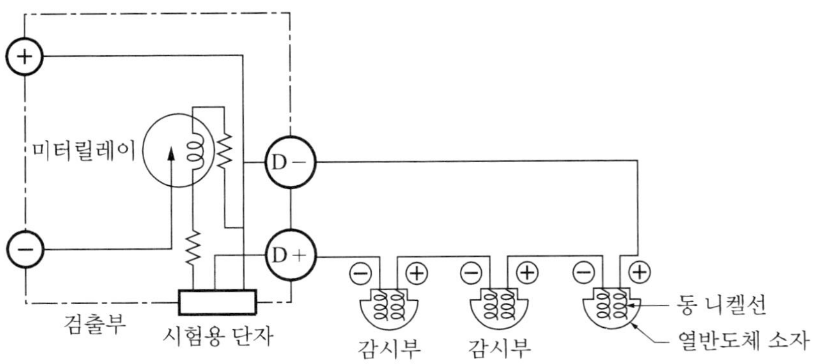

⑦ 정온식스포트형 감지기(바이메탈식)

(ㄱ) 구조

국소지역의 주위온도가 일정한 온도 이상이 되었을 경우에 작동하는 감지기로서 바이메탈의 반전을 이용한 것과 2종류의 금속의 열팽창률 차이를 이용한 것이 있다. 구성부분은 열을 집열하여 주기 위한 집열판, 집열에 의해 접점을 가동시키는 바이메탈, 폐회로를 구성하는 접점, 중판, 단자 및 작동표시장치 등이 있다.

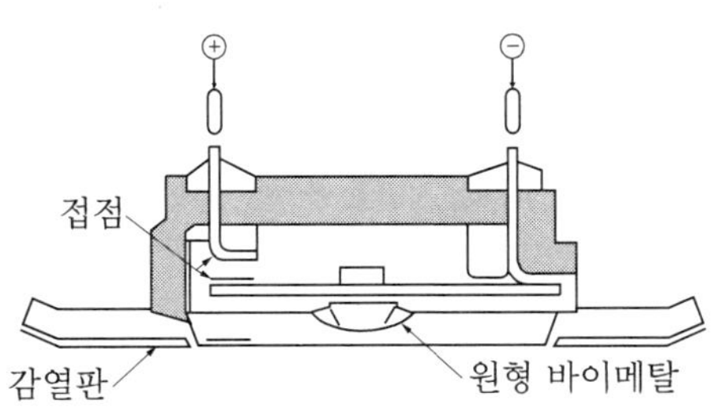

정온식스포트형 감지기의 구조

㈏ 작동원리

화재 시에 발생되는 열이 집열판에 집열되어 감지소자인 바이메탈에 전달되면 바이메탈이 휘어지거나 반전되어 가동접점을 이동시켜 고정접점에 접촉되므로 폐회로가 구성되어 화재신호를 발신하게 된다.

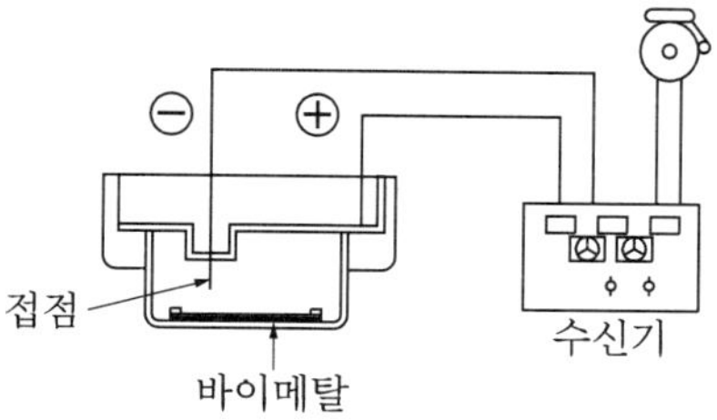

(a) 미작동 상태

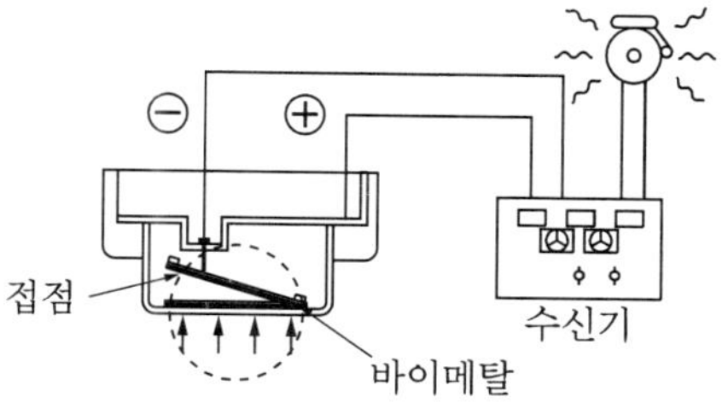

(b) 작동한 상태

⑧ 정온식스포트형 감지기(열반도체를 이용)

㈎ 구조

일정한 온도에서 저항값이 급격하게 작아지는 서미스터를 이용하여 특정한 온도에 이르게 되면 저항값이 작아져 회로에 많은 전류가 흘러 감지기에 내장된 릴레이가 작동하여 수신기에 신호를 보내는 방식이다.

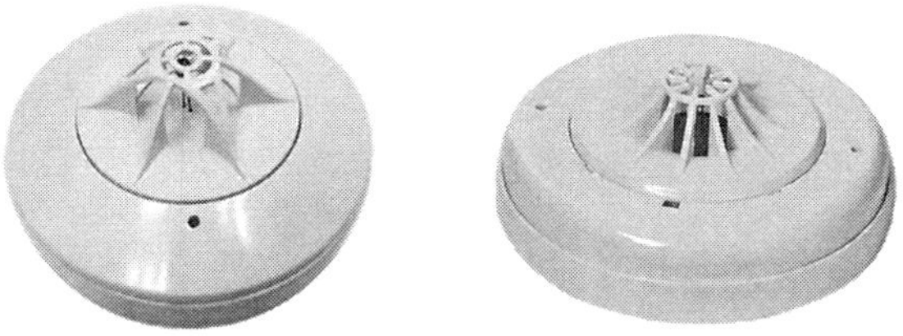

반도체식 정온식스포트형

㈏ 작동원리

화재에 의하여 급격한 온도 상승 기류가 감지기에 접촉하게 되면 외부에 노출되어 있는 서미스터가 온도변화를 감지하여 작동온도 이상이 되면 비교부 IC(OP앰프)의 출력전압을 발생시키게 되고 이는 스위칭 소자인 SCR을 트리거 시킴으로서 작동표시 장치인 LED가 점등되고 화재신호를 발신하게 된다.

⑨ 정온식스포트형 감지기(금속의 선팽창 계수 이용)

외부는 고팽창 금속을 내부는 저팽창 금속을 조합한 것으로 화재열에 의해 고팽창 금속이 팽창하면 내부의 접점이 닿게 되어 화재신호를 수신기에 발신

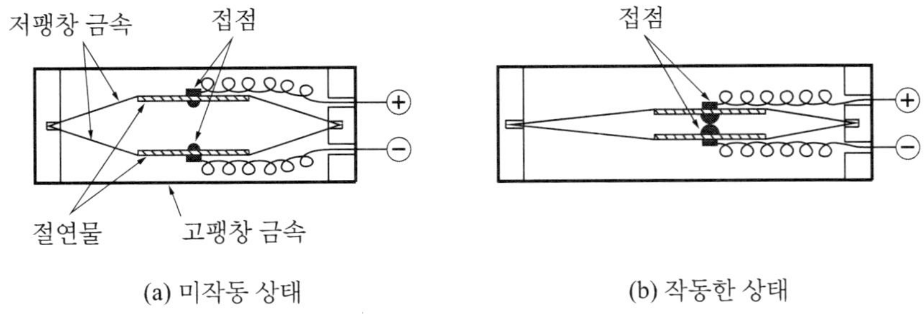

⑩ 정온식스포트형 감지기(액체(기체) 팽창 이용)

수열체가 가열되어 일정 온도 이상 되면 반전판 내의 액체가 팽창하여 접점이 붙어 수신기에 화재신호를 발신한다. 일반적인 액체로는 알코올을 사용

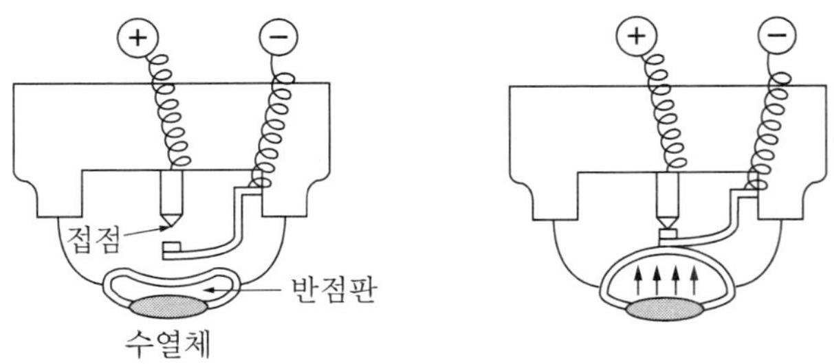

⑪ 정온식스포트형 감지기(가용절연물 이용)

일국소의 주위온도가 일정 온도 이상 되면 감열부의 가용절연물(thermo-plastic)이 녹아 2가닥의 전선이 접촉되어 화재신호를 발신 - 비재용형

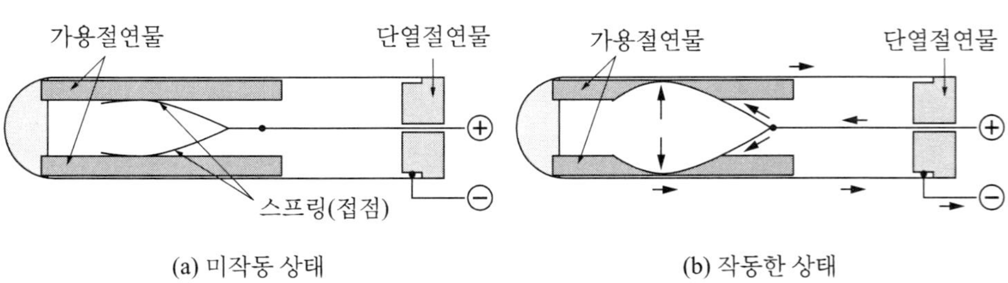

⑫ 정온식감지선형 감지기

(ㄱ) 구조

2개의 선을 전기적으로 절연하고 일정온도에 녹는 물질로 감싼 것으로 외관은 전선상태로 되어 있다. 이 감지선형은 일정한 열을 받게 되면 절연물이 녹아 2개의 선이 접촉한 뒤에는 원래의 상태로 복구되지 않아 재사용 할 수 없기 때문에 비재용형이라 한다.

(ㄴ) 작동원리

감지선에 열이 가해져 일정한 온도 이상이 되면 가용절연물이 녹아 2개의 선이 접속함으로서 수신기에 화재신호를 보내는 것이다.

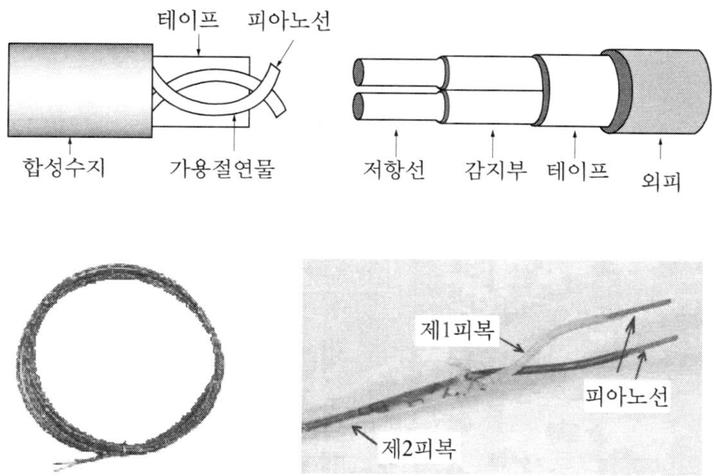

정온식감지선형 감지기 외형 및 구조

⑬ 정온식감지선형 감지기(광케이블)

(ㄱ) 정의

국소지역의 열 효과에 의하여 주위온도가 일정한 온도이상 되었을 경우 작동 - 재용형

(ㄴ) 구성

광케이블(외관 - SUS, 광섬유 - 내열수지피복, Cladding, Core), 컨트롤부(중계기)

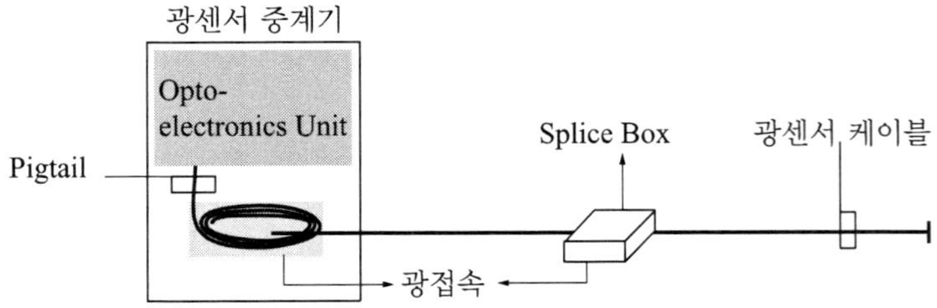

정온식감지선형 감지기(광케이블) 외형 및 구조

㈐ 작동원리

- 빛을 광섬유에 입사할 경우, 광섬유 내의 Glass 격자들(SiO_2)로 인해 빛의 산란, 흡수 등의 현상이 발생하며 산란광은 입사광과 동일한 파장의 Rayleigh 산란광, Brillouin 산란광과 Raman 산란광으로 분리
- Raman 산란광의 Stokes광과 Anti-Stokes광의 역 산란광 비율을 측정하여 매체의 절대 온도를 측정할 수 있으며, 광이 입사되고 난 후에 산란광이 되돌아오는 시간을 계산하여 반사된 지점 확인

㈑ 특징

- 2～4 km에 달하는 광섬유 감지루프로 광범위한 공간 온도 측정
- 화재 경계구역당(1채널당 100회로) 경보 온도 레벨 설정
- 광(빛)을 이용한 온도 감지 방식으로 전자파 등에 영향 없음
- PC에 연속적으로 변화되는 온도 값 표시
- 고장모드의 자동 분석
- 작동온도 : －40～350℃(연속운전), 500℃(192시간 사용)

⑭ 보상식 감지기

㈎ 정의

감지기 주위의 온도변화가 일정온도 상승률 이상으로 되는 경우 작동하는 차동식 성능과 온도 상승률이 매분 1℃ 이하의 극히 완만한 경우에도 일정 온도에 도달하면 작동하는 정온식 성능이 조합된 감지기를 말하며, 두 가지 기능

중 한 가지만 작동하여도 화재신호를 발신한다.

(ㄴ) 구성

서미스터, 저항치 비교 IC(OP앰프), 스위칭 소자 SCR 및 작동표시장치, 부착용 기판 등

(ㄷ) 작동원리

주위의 온도변화가 일정온도 상승률 이상으로 되는 경우 작동하는 차동식 성능과 온도 상승률이 완만한 경우에도 일정 온도에 도달하면 작동하는 정온식 성능 중 한 가지만 작동하여도 화재신호 발신한다.

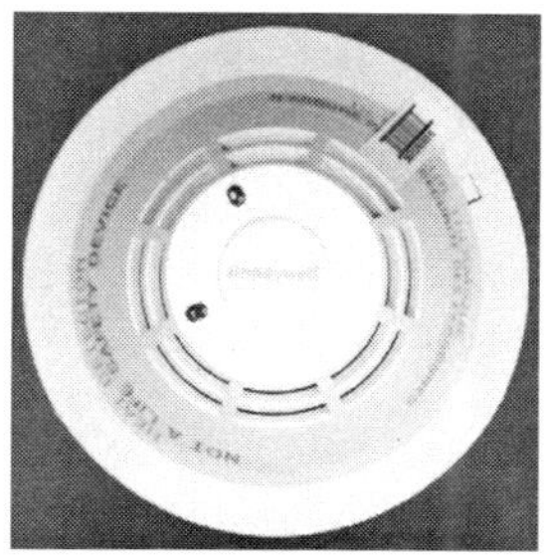

보상식 감지기 외형

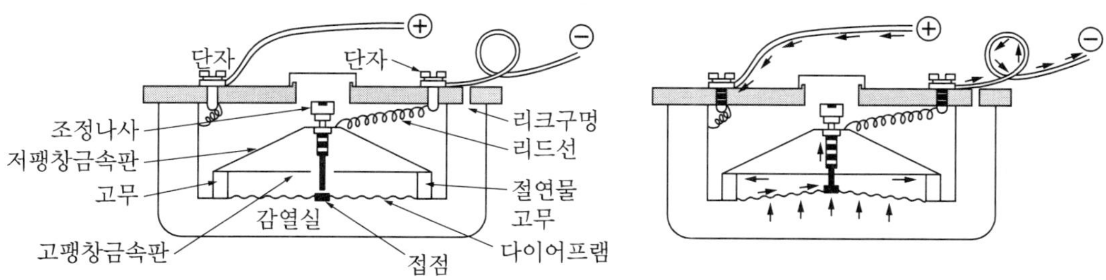

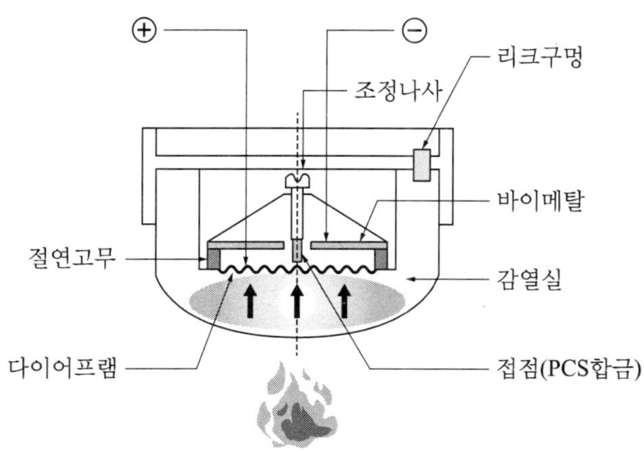

(2) 연기(煙氣)감지기

화재 시 발생되는 연기를 감지하는 방식으로 감지기 주위의 공기가 일정한 농도의 연기를 포함하게 되는 경우 작동하는 감지기로서 일국소의 연기에 의하여 이온전류(ion 電流)의 변화에 의해 화재 감지하는 이온화식 감지기와 수광소자에 입사하는 광량의 변화에 의해 화재를 감지하는 광전식 감지기가 있다. 광전식 감지기는 작동원리에 따라 산란광식과 감광식으로 구조에 따라 스포트형과 분리형이 있다.

① 광전식 감지기(스포트형)

㈀ 구조

감지기 주위의 공기가 일정한 농도의 연기를 포함하게 되면 연기에 의하여 광전소자의 수광량이 변화하여 작동하는 감지기로서 주요 구성부분은 외함, 주기적으로 빛을 발하는 발광부, 연기에 의하여 난 반사된 빛을 받는 수광부, 발광부의 빛이 수광부에 직접 전달되는 것을 막아주기 위한 차광판, 그리고 이온식과 유사한 신호증폭회로, 스위칭회로, 작동표시장치 등이 있다.

광전식 감지기 외형

광전식 감지기 내부 구조

(ㄴ) 작동원리

감지기 내부에 연기가 없을 때에는 발광소자에서 발생되는 빛이 수광소자에 전달되지 못하여 수광부의 작동이 이루어질 수 없다. 그러나 내부에 연기가 들어오면 발광소자에서 발하는 빛의 일부가 연기의 입자에 의하여 난 반사되어 수광부에 전달됨에 따라 수광부의 전기저항은 감소되어 전류의 흐름이 증가되는데 이때의 전류량은 연기의 농도에 비례하여 증가하게 되며 이 수광소자의 미약한 전류는 증폭회로에서 증폭되어 스위칭회로에 전달된다. 스위칭회로에서는 신호증폭회로에서 전달되는 전류의 양이 작동전류 이상으로 상승되면 폐회로를 구성하여 화재신호를 발신하게 된다.

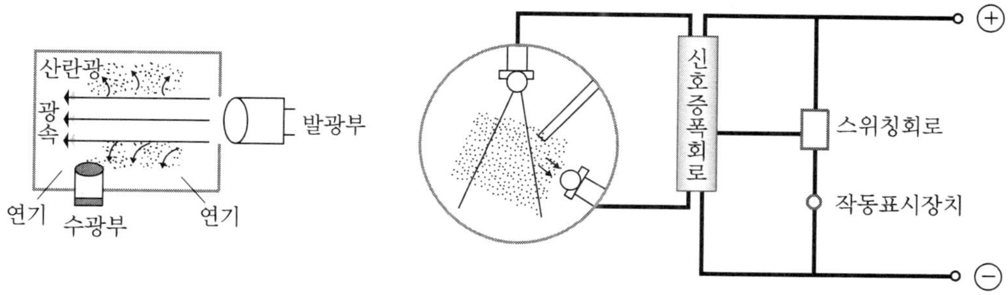

광전식 감지기의 작동원리

② 광전식 감지기(분리형)

(ㄱ) 구조

광전식 감지기는 발광부와 수광부를 분리하여 1세트로 구성되며, 광범위한 연기의 누적에 의한 수광부의 광량변화에 의해 작동하는 감지기로서 주요 구성부분은 발광부와 수광부로 구성되어 있으며 설치하는 방법은 발광부와 수광부를 5～100 m 범위를 거리를 두고 천장면 또는 천장면에 가까운 벽면에 서로 마주 보게끔 설치하는 것으로 발광부 및 수광부의 긴 광축(光軸)을 이용하여 감시하게 된다.

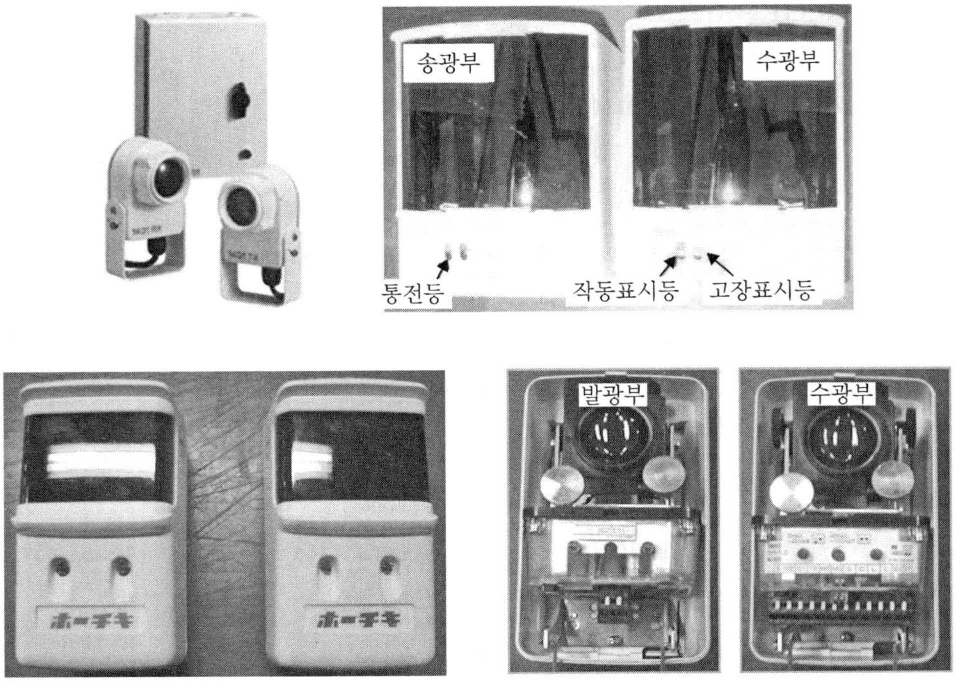

광전식분리형 감지기

(ㄴ) 작동원리

발광부와 수광부가 분리되어 설치되어 있고 항시 발광부에서 수광부로 빛을 조사하고 있으며, 공간으로 확산된 연기가 광로의 축을 방해하는 경우에는 수광부에서 수신되는 광량이 감소하기 때문에 이 광량의 변화를 검출하여 일정량이 초과되면 화재신호를 발신하게 된다.

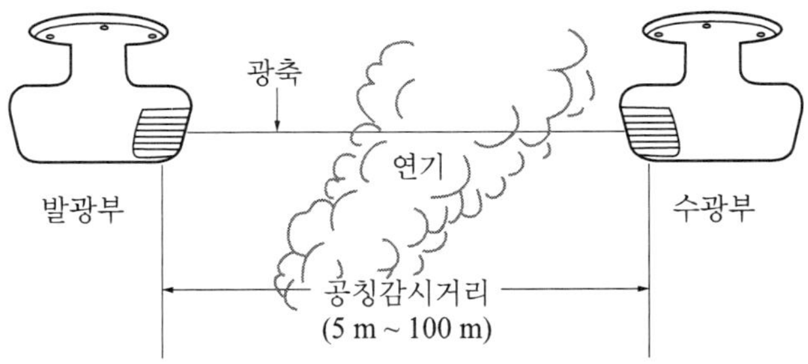

광전식 감지기의 작동원리

③ 광전식 감지기(공기흡입형)

고가의 재산 보호를 위해 화재 시 조기 경보를 해야 하는 곳에서 사용된다. 대개 이런 곳은 항온·항습기, 에어컨 등의 공기 조화 설비가 설치되어 있어 실내의 공기 흐름이 빠르므로 불이 나더라도 연기가 이러한 공기 조화 설비의 공기 흐름에 희석되어 버린다. 기존의 공기 샘플링 감지에는 Cloud Chamber형과 초미립자 검출 감지기(Submicrometer Particle Counting Detector)가 있다.

Cloud Chamber형 공기 샘플링 감지기는 연소 초기의 초미립자 연소생성물을 수증기의 응축에 의해 크기를 증대시켜 기존의 광전식 감지기로 화재를 감지한다. 초미립자 검출 감지기의 VESDA Xenon(Very Early Smoke Detecting Apparatus Xenon : 상품명)은 크세논 램프를 이용하는 산란 광식 화재 감지기이다. 새로운 공기 샘플링 감지기는 고감도 연기감지기(High Sensitive Smoke Detector)로서 공기를 샘플링 하는 방법은 기존과 동일하나 레이저를 이용하는 감지기다. 구성은 원심 팬을 가진 공기실, 레이저빔 감지실, 1개의 단일 양자 발생 다이오드센서 등 3가지 주요 핵심 부품으로 구성되어 있다. 방법은 단일 양자 발생 다이오드센서에서 연기가 레이저빔을 통과할 때 연기의 입자를 감지하여 판독 장치에 의해 출력하고, 기타 공기에 부유하는 오염 물질로부터 나오는 출력은 소멸시킨다. 장점은 레이저는 최소 10년의 내구 수명과 장기간 안정된 출력을 유지하고, 온도의 변화, 구성품의 연수 경과 또는 오염 물질의 축적으로 인한 레이저 강도의 변화는 전자적으로 보상된다. 그리고 구성품의 오동작 또는 공기 흐름의 변동이 있을시 고장 신호를 자동으로 수신반으로 송신한다. 또한, 기존의 연기감지기보다 1,000~2,000배 정도 감도가 우수하며, 화재가 아닌 과열 상태도 감지할 수 있다. VESDA Xenon 감지기는 필터가 없으며 분진과 같은 대형 입자에 의해 비화재보를 발생하나 고감도 연기감지기는 연기 입자에만 반응한다.

※ 참고

- 분진 : 미세한 독립 입자의 액체 또는 고체 알갱이를 말한다. 입자의 직경은 100 μm 이하이다.
- CO(일산화탄소) : 무색, 무취, 무미의 기체. 공기 중에 점화하면 청색의 화염을 내고 CO_2가 된다. 생성은 온도가 높을수록, 연소 시 압력이 증가할수록 많이 생성된다.
- HC(탄화수소) : 탄소와 수소를 갖는 유기물의 총칭. 광화학 반응을 일으켜 2차 오염에 관여한다.
- Cl_2(염소) : 의약품 제조, 활성탄 제조 시 생성되며, 25~50 ppm에서는 생명이 위험하다.

- NH_3(암모니아) : 2,000 ppm에서 호흡 곤란을 일으키며 5,000～10,000 ppm에서는 호흡곤란과 의식이 불명해진다.
- HCN(시안화수소) : 휘발성이 매우 높고, 물보다 가벼운 액체이며, 가스는 공기보다 가볍고 희미한 아몬드 냄새가 나며, 시안화칼륨보다 독성이 2배 이상이 강해 인체에 치명적인 상처를 입힐 수 있다.

(ㄱ) 구조

가연물이 열을 받는 화재성장의 초기단계(열분해 또는 예연소) 중에 발생되는 초미립자를 감지하여 작동하는 것으로서 공기표본샘플링 배관, 분석장치, 제어부, 전원공급장치로 구성되어 있다.

기존의 감지기의 감도는 대략 3.0%/피트인데 반해 공기흡입식 감지기는 0.12～0.003%/피트로서 기존감지기의 1,000배 정도의 극미량의 연기입자를 감지하는 능력을 갖고 있다.

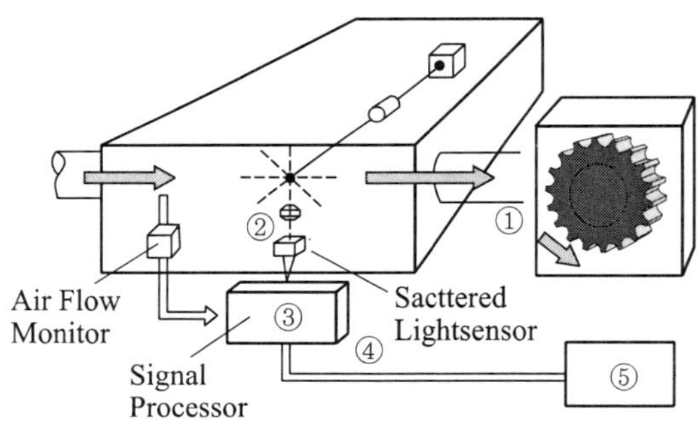

공기흡입식 연기감지시스템의 구조

흡입팬

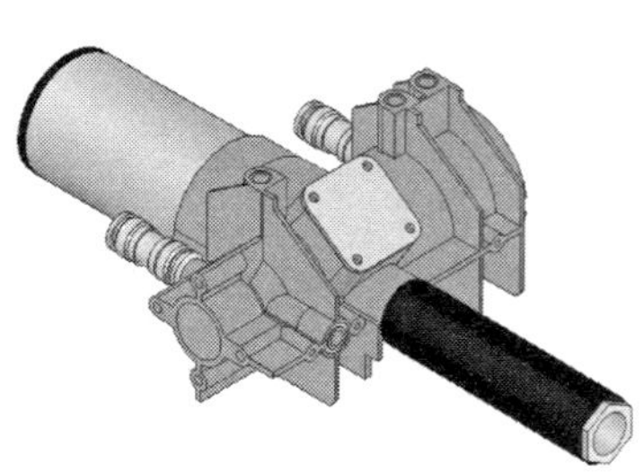

레이저감시실

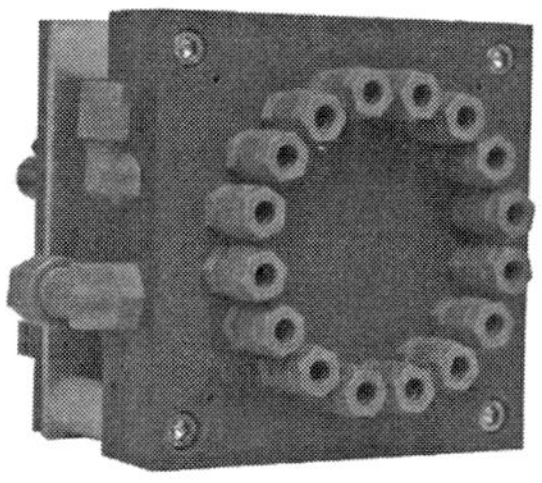

필터

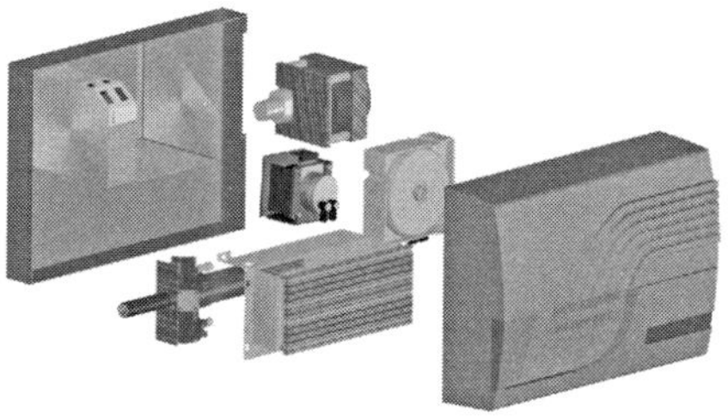

표시부 등

(ㄴ) 작동원리

분석장치 내의 원심 팬을 이용하여 공기흡입 배관망으로부터 주위 공기를 흡입하고 흡입된 공기는 레이저빔을 통과하게 되며 이때 광센서는 그 속에 포함된 연기입자를 감지해 내게 된다. 이 신호는 제어부로 전송되고 설정된 경보기 준치에 달하게 되면 화재신호를 발신하게 된다.

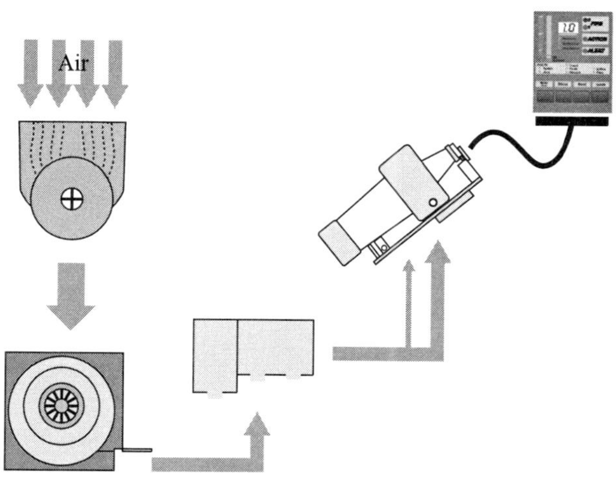

공기흡입형 감지기 작동원리

④ 이온화식 감지기

(ㄱ) 구조

감지기 주위의 공기가 일정한 농도의 연기를 포함하게 되면 연기에 의하여 이온전류가 변화되어 작동하는 감지기를 말하며 주요 구성부분은 내부의 부품을 보호하기 위한 외함, 연기를 감지하는 이온실, 이온실에서 발생된 미소한 전압 변화를 증폭시키는 신호증폭회로, 증폭된 신호를 받아 폐회로를 구성하여 화재신호를 발신하는 스위칭회로, 동작상태를 표시하는 작동표시장치 등이 있다.

이온화식 감지기 외형 및 내부 구조

㈁ 작동원리

이온실에 들어있는 미량의 방사선원(아메리슘)에 의해 α선이 조사되면 이온실 내부의 공기가 이온화되어 이온전류가 발생되며, 평상시에는 내부이온실과 외부이온실의 전압이 균형을 이루고 있으나 화재 시 연기가 외부이온실에 투입되면 이온전류 흐름이 연기에 의하여 저항을 받게 됨으로 내부이온실과의 균형을 잃게 된다. 외부이온실은 연기가 들어오면 이온이 연기에 포함되어 있는 미립자에 흡착되어 이동속도가 저하되고 아울러 α선도 이온화 작용이 방해를 받기 때문에 내부저항이 증가하며 이온전류가 감소된다. 그리고 내부저항이 증가하면 전압이 상승하므로 외부이온실의 전압이 내부이온실의 전압보다 높게 되어 양쪽 이온실은 전압균형을 잃게 된다. 이러한 변화에 의하여 신호증폭부의 FET가 작동하게 되며, FET의 출력은 TR 등에 의하여 증폭되고, 증폭된 신호는 스위칭회로에 있는 스위칭 다이오드의 게이트에 인가되어 폐회로를 구성함으로서 감지기가 작동 상태로 된다.

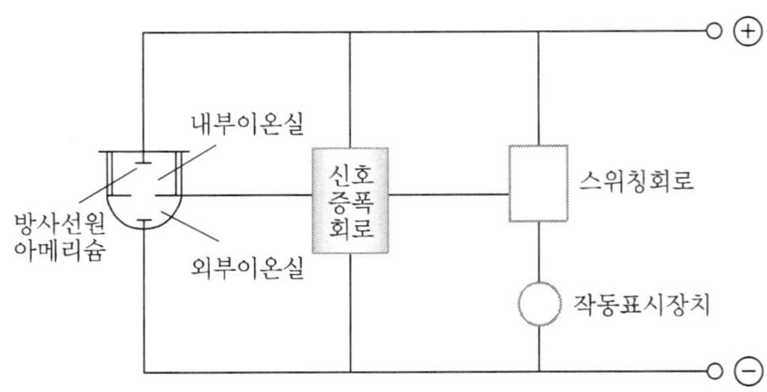

이온화식 감지기의 작동원리

(3) 불꽃감지기

불꽃에서 방사되는 적외선 또는 자외선의 변화가 일정량 이상이 되었을 경우와 일국소의 자외선, 외선수광소자가 받는 수광량의 변화로서 작동한다. 자외선감지기는 수광소자로 UV Tron이라는 외부 광전 효과를 이용한 방전관이 사용되며, 적외선 감지기는 이산화탄소 공명검지방식, 2파장검지방식, 정방사검지방식, Flicker(깜박임)검지방식 등을 이용한다. 광학 불꽃감지기 연소 불꽃에서 방출되는 적외선 스펙트럼과 가시광선, 자외선의 전자기 복사에 대해 반응한다.

- UV 불꽃감지기는 185～260 μm의 한계 자외선 대역에서 반응.
- IR 감지기는 4.35 μm에 집중된 적외선 방사의 협대역에서 반응.
  메탄, 가솔린, 오일, 그리스, 나무와 같은 탄화수소 연료가 낳은 화염은 탄화수소 생성물인 CO_2 방사 대역 때문에 4.35 μm대의 적외선 영역에서 최대에너지를 방출
- 2중 IR 불꽃감지기 불꽃을 감지하기 위해 2개의 IR 센닝엘리먼트를 결합한다. 그 중 하나는 초전기 IR 감지기와 서모파일 IR 감지기를 사용·결합함으로써 감지기는 변동 IR 방사와 상대 IR 감도 또는 화재 규모를 감지한다. (광학렌지상에 오일과 그리스가 묻어 있을지라도 제기능을 다하고 둘러싸인 영역의 화재에서 나는 짙은 연기 때문에 센싱은 방해되지 않는다.)
- UV/IR 감지기 UV 광전관에 초전기 IR 감지기를 결합함으로써 전광, 아크 용접, 뜨거운 물체, 반사된 햇빛 그리고 다른 방사원에 의해 야기될 수 있는 허위 경보를 제거할 수 있다. 특히 조악한 산업 환경에서 매우 정확하다. 반응 시간은 1～5초 이내이다.

※ UV/IR 결합과 IR 불꽃감지기는 수소, 암모니아, 황과 같은 무탄소 연료에서는 불꽃을 확실하게 감지하지 못한다. 왜냐하면 협대역 4.35 μm에서는 IR 방사가 충분히 이루어질 수 없기 때문이다. 불꽃감지기는 화재 시 발생하는 불꽃에서 방사되는 불꽃의 변화가 일정량 이상이 되었을 때 화재신호를 발신하는 것으로서 자외선식, 적외선식, 자외선·적외선겸용, 복합형으로 구분한다.

① 적외선불꽃감지기(Infrared Flame Detector : IR)

화재 시 불꽃에서 방사되는 적외선의 변화가 일정량 이상으로 되었을 경우 작동되며, 검출소자의 분광특성을 이용하여 화재 감지한다. 또한 화재 시 발생되는 불꽃에 포함되는 적외선 영역내의 파장성분과 방사량을 감지하는 방법에는 일반적으로 CO_2 공명방사방식, 2파장(3파장)감지방식, 정방사감지방식, 플리커감지방식 등이

있으며, 적외선 센서는 열형과 양자형으로 구분한다. 열형은 흑체방사에 기초를 두고 적외선 방사에너지 흡수에 따른 온도변화를 감지하도록 한 것과 양자형은 PbS, HgCdTd 등의 반도체를 사용하여 광전효과에 의한 도전율의 변화와 기전력을 검출하는 것이 있다.

㈀ 구조

수광소자(초전형 적외선 센서)와 스위칭회로 등으로 구성

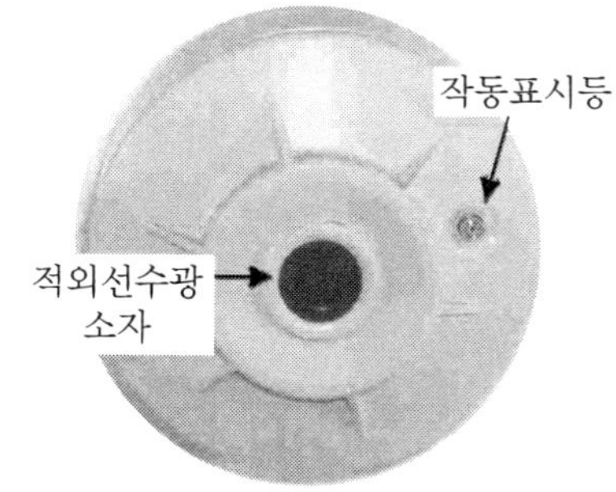

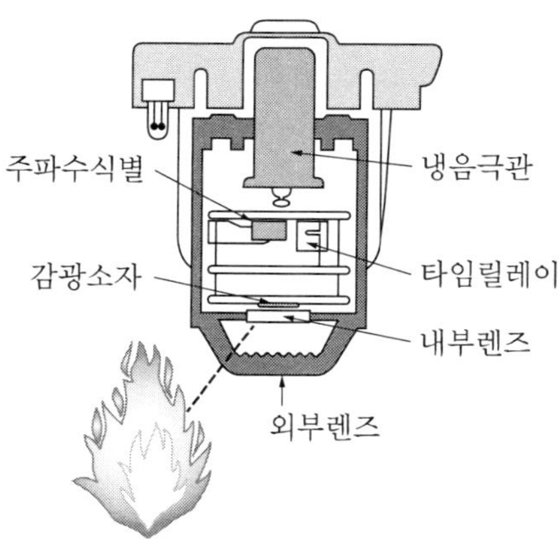

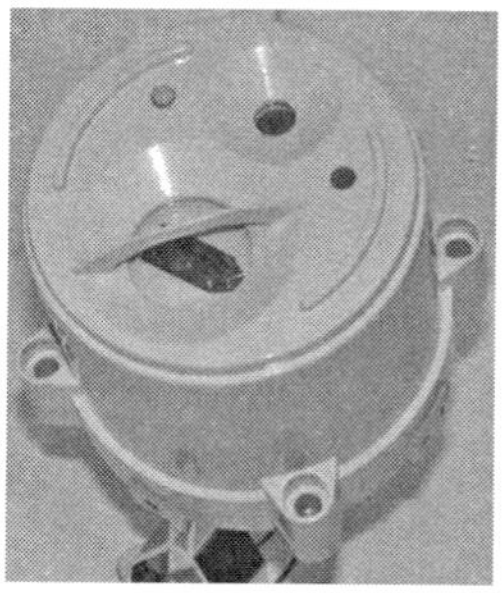

적외선감지기(IR) 구조 및 외형

㈁ 작동원리

불꽃에서 방사되는 적외선의 변화가 일정량 이상으로 될 때 작동하는 것으로 일국소의 적외선 방사에 의한 수광소자의 수광량 변화에 따라 작동하는 감지기이다. 기본적으로 필터와 렌즈로 구성되어 불필요한 파장을 걸러내고 들어온 에너지에 초점을 맞추어 광전지 등으로 적외선을 감지한다. 일반적으로 2.5~2.8 μm, 4.2~4.5 μm 파장을 검출해서 화재신호를 발신한다.

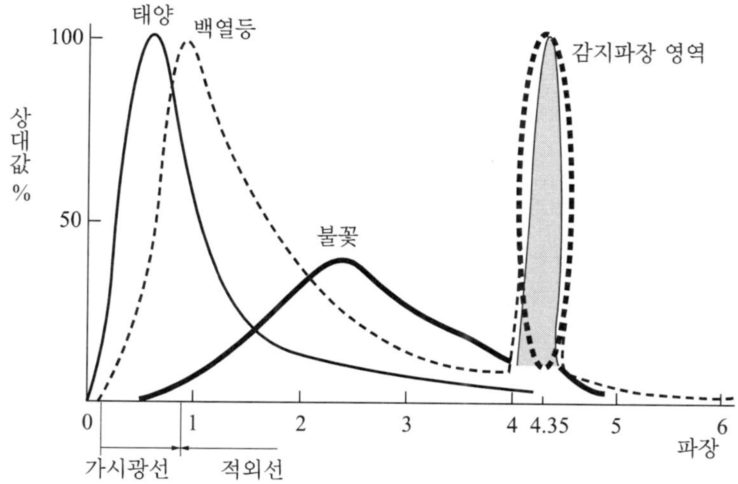

Spectrum 분석 시 IR 감지파장(파장단위 : μm)

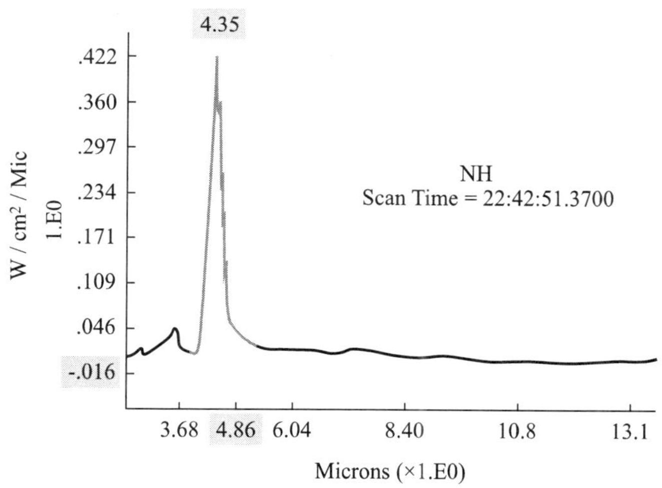

N-haptane

(ㄷ) 적외선스포트형 감지기의 방식

- CO_2 공명방사방식

  불꽃은 몇 개의 파장대의 공명방사가 있는데 그 중에 CO_2 특유의 열공명방사가 4.4 μm에서 발생되므로 그것을 PbSe 등 3.5～5.0 μm의 밴드패스필터가 부착된 검출소자에 의해 화재를 감지

- 2파장(3파장)감지방식

  각각의 파장대역을 이용하거나 1개 대역의 장파장측과 단파장측의 강도의

차이를 이용하는 것 등이 있고, 각각의 대역을 검출할 수 있는 소자 및 밴드 패스필터를 조합하여 화재 감지

- 정방사감지방식
  현재 도로형 불꽃감지기에 많이 이용되고 있는 방식으로 0.72 μm 이하의 가시광을 차단하는 적외선필터를 이용해서 근적외선영역의 방사에너지를 실리콘포토다이오드, 포토트랜지스터 등 검출소자를 이용해서 화재 감지
- 플리커(Flicker)감지방식
  연소 시 발생되는 불꽃의 플리커(흔들림)현상을 검출하여 화재 감지. 연소 시 발생되는 불꽃은 연소 규모에 따라 다른데 가솔린 연소불꽃에는 2～50 Hz의 흔들림의 주파수가 있다.

㈃ 설치장소

영화관, 창고, 아트륨, 격납고 등 천장이 높거나 넓은 장소 등

② 자외선불꽃감지기(Ultraviolet Flame Detector : UV)

불꽃에서 방출되는 자외선(파장 200 nm 부근)을 검출하면 당해 에너지양에 대응된 펄스가 발생되도록 설계되어 있으며, 당해 펄스를 일정 횟수 이상 처리하게 되면 스위칭회로가 작동하여 화재를 감지한다. 또한 검출하는 불꽃의 파장대역은 통상적인 유리는 통과되지 않는 영역이기 때문에 수광소자인 UV트론은 석영유리를 사용하고 있다.

감도설정은 UV트론의 특성, 내부처리회로의 처리방법으로 결정, 감도는 공칭감시거리 및 시야각에 따라 다르며, 공칭감시거리는 20 m 미만은 1 m, 20 m 이상에서는 5 m로 나눈다. 시야각은 5° 간격으로 나누고 있으며, 도로형의 최대시야각은 180° 이상을 감지할 수 있다.

㈀ 구조

수광소자(현재 대부분 UV트론을 사용하고 있음), 스위칭회로 등으로 구성

㈁ 작동원리

불꽃에서 방사되는 자외선의 변화가 일정량 이상으로 될 때 작동하는 것으로 일국소의 자외선 방사에 의한 수광소자의 수광량의 변화에 따라 작동하는 감지기이다. 기본적으로 필터와 렌즈로 구성되어 불필요한 파장을 걸러내고 들어온 에너지에 초점을 맞추어 광전지 등으로 적외선을 감지한다. 일반적으로 0.18～0.26 μm 파장을 검출해서 화재신호를 발신한다.

㈂ 설치장소

영화관, 창고, 아트륨, 격납고 등 천장이 높거나 넓은 장소 등

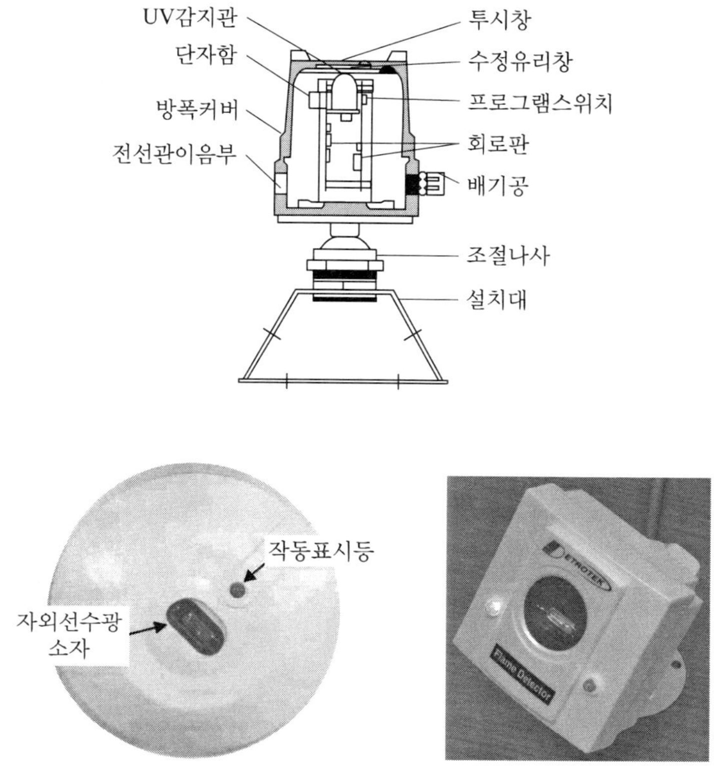

자외선감지기(UV) 구조

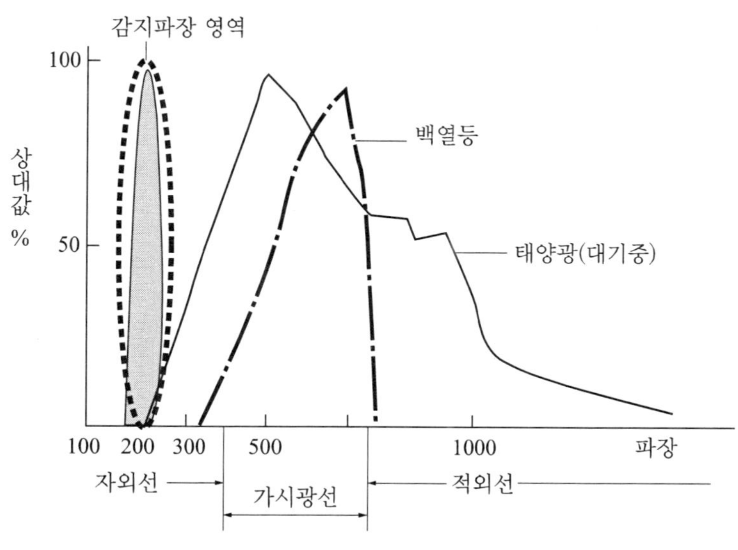

Spectrum 분석 시 자외선 감지파장(파장단위 : nm)

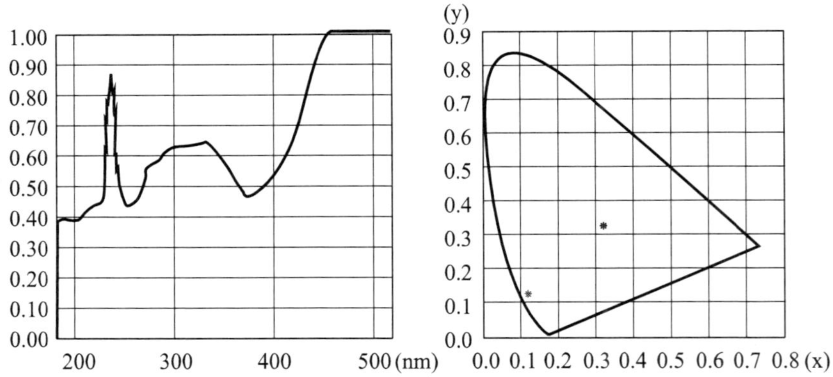

중심파장 : 478.46 nm	최대(peak) 파장 : 469.00 nm	CIE 색좌표계
색순수도 : 89.38%	반치폭 중심 : 352.50 nm	CIE31 : (0.13, 0.13)
Po : 22261.79 mW	반치폭 : 341.00 nm	CIE60 : (0.12, 0.18)
		CIE76 : (0.12, 0.27)

N-haptane

2.3.5 음향장치 등

1. 개요

발신기는 수동조작에 의하여 화재신호를 발신하는 것으로 P형, M형, T형이 있으며, 설치장소에 따라 옥내형과 옥외형으로 구분된다. 현재 국내에 생산되는 것은 대부분 P형 발신기가 많다.

감지기는 일반적으로 P형 수신기나 R형 수신기 또는 중계기에 접속되어 사용되는 것으로 감지기가 자동적으로 화재를 검출하여 화재신호를 보내는 것에 비하여 P형 발신기는 화재를 발견한 사람이 합성수지로 되어 있는 보호판을 파괴하고 누름스위치를 눌러서 수신기에 화재신호를 보내는 것으로 수신기와 전화연락이 가능한 1급과 불가능한 2급으로 구분된다.

2. 음향장치 및 시각경보기의 설치

(1) 음향장치

제8조(음향장치 및 시각경보장치) ① 자동화재탐지설비의 음향장치는 다음 각 호의 기준에 따라 설치하여야 한다.
1. 주음향장치는 수신기의 내부 또는 그 직근에 설치할 것

1. 수신기에 주음향장치를 경종으로 설치하는 경우에는 그림과 같이 벽부형은 수신기 상부에 자립형은 수신기 내부에 설치하는 것이 보통이다.

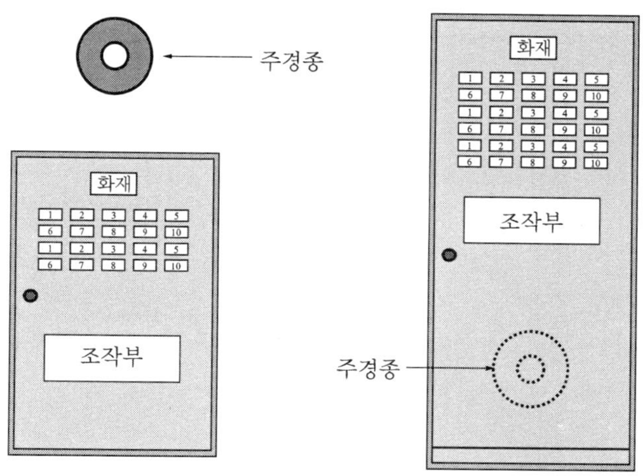

주경종 예

2. 층수가 5층 이상으로서 연면적이 3,000 m^2를 초과하는 특정소방대상물은 다음 각 목에 따라 경보를 발할 수 있도록 하여야 한다.
   가. 2층 이상의 층에서 발화한 때에는 발화층 및 그 직상층에 경보를 발할 것
   나. 1층에서 발화한 때에는 발화층·그 직상층 및 지하층에 경보를 발할 것
   다. 지하층에서 발화한 때에는 발화층·그 직상층 및 기타의 지하층에 경보를 발할 것

1. 대규모의 건축물로 수용인원이 많은 경우, 경보를 일제히 전체 건물에 내보내면 피난로 및 계단에 동시에 피난자가 몰려 피난이 곤란하게 되고 심지어는 생명을 잃게 되기도 한다. 그리고 패닉현상도 쉽게 유발되어 피해자를 더욱 증가시키게 된다. 이를 예방하기 위하여 그림의 예처럼, 단계적으로 경보를 내보내게 된다.

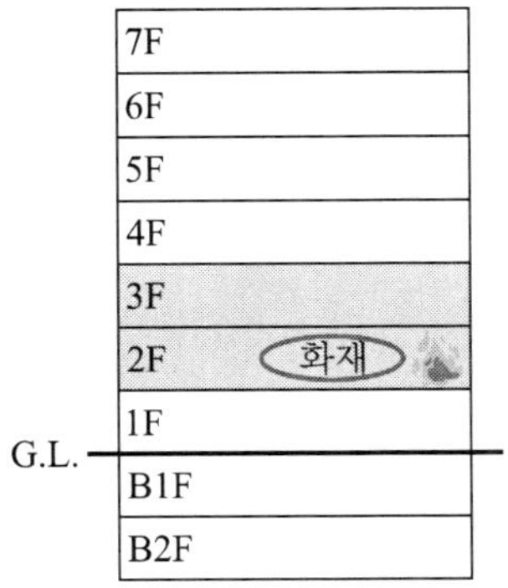

2층에서 발화한 때

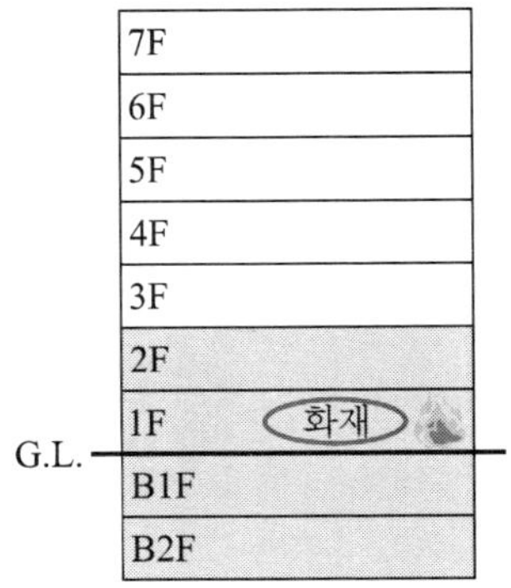

1층에서 발화한 때

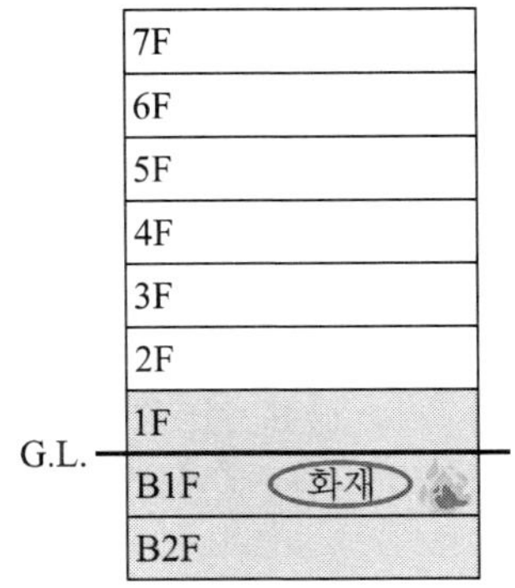

지하층에서 발화한 때

그러나 현행 규정은 너무 정형화된 규정으로 대형 건물이나 건물 특성상 특정지역에 수용인원이 많은 경우에는 그 현장에 맞게 피난상 유리한 선택을 할 수 있도록 탄력성 있는 운영이 바람직하다.

2. 그림과 같이 "가", "나", "다" 3개 동이 지하층 부분을 통하여 연결된 소방대상물의 경우에 지구경종의 경보방식은 도표에서 보는 바와 같이 경보회로를 구성한다. 즉 지상층 부분은 직상발화 방식에 의하여 각각 동별로 경보를 발하도록 하고, 지하층 부분에서 화재가 발생한 경우에는 3개 동이 지하를 통하여 서로 연결되어 있으므로 전체 지하층부분에 대하여 경보를 발하도록 한다. 또한 지하 1층에서 발화한 때에는 전체 지하층과 함께 직상층인 각 동의 지상 1층 부분까지 경보를 발하도록 한다.

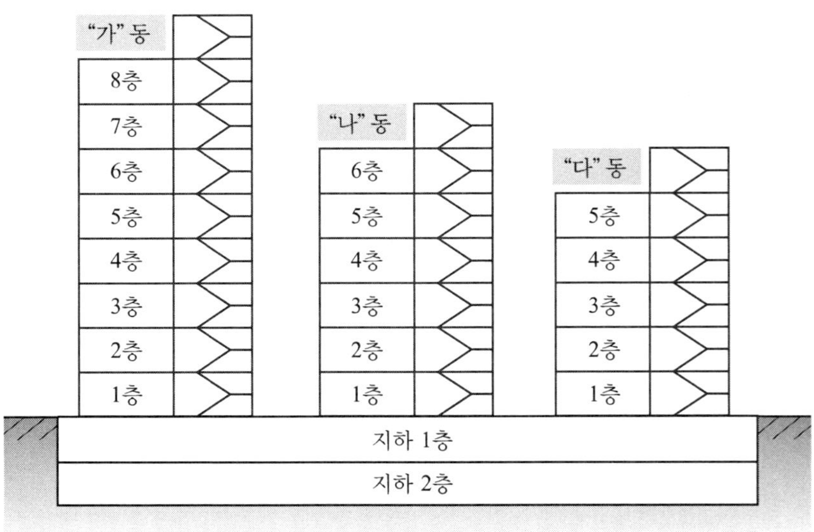

다수동이 연결된 경우 예

발화층	경보층		발화층	경보층	
"가"동 8층	"가"동 8층		"나"동 8층	"나"동 8층	
"가"동 7층	"가"동 7층	"가"동 8층	"나"동 7층	"나"동 7층	"나"동 8층
"가"동 6층	"가"동 6층	"가"동 7층	"나"동 6층	"나"동 6층	"나"동 7층
"가"동 5층	"가"동 5층	"가"동 6층	"나"동 5층	"나"동 5층	"나"동 6층
"가"동 4층	"가"동 4층	"가"동 5층	"나"동 4층	"나"동 4층	"나"동 5층
"가"동 3층	"가"동 3층	"가"동 4층	"나"동 3층	"나"동 3층	"나"동 4층
"가"동 2층	"가"동 2층	"가"동 3층	"나"동 2층	"나"동 2층	"나"동 3층
"가"동 1층	"가"동 1층	"가"동 2층	"나"동 1층	"나"동 1층	"나"동 2층
지하 1층	지하 1, 2층 전체	"가" "나" "다"동 1층	지하 1층	지하 1, 2층 전체	"가" "나" "다"동 1층
지하 2층	지하 1, 2층 전체		지하 2층	지하 1, 2층 전체	

3. 고층건축물 30층 이상, 120층

가. 2층 이상의 층에서 발화한 때에는 발화층 및 그 직상 4개 층에 경보를 발할 것

나. 1층에서 발화한 때에는 발화층·그 직상 4개 층 및 지하층에 경보를 발할 것

다. 지하층에서 발화한 때에는 발화층·그 직상층 및 기타의 지하층에 경보를 발할 것

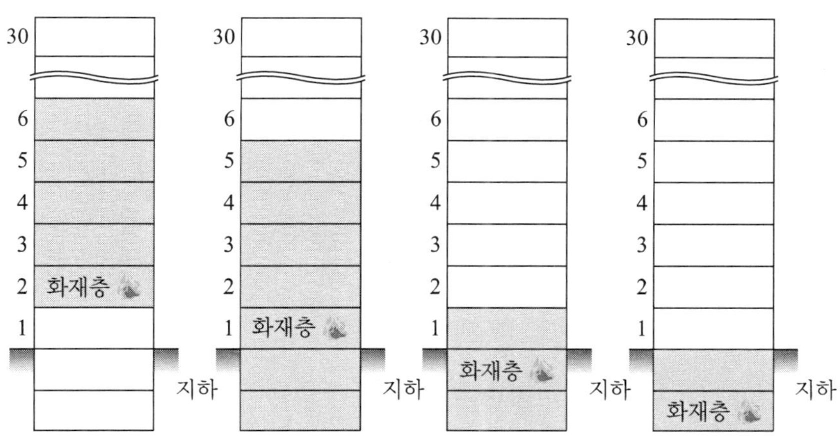

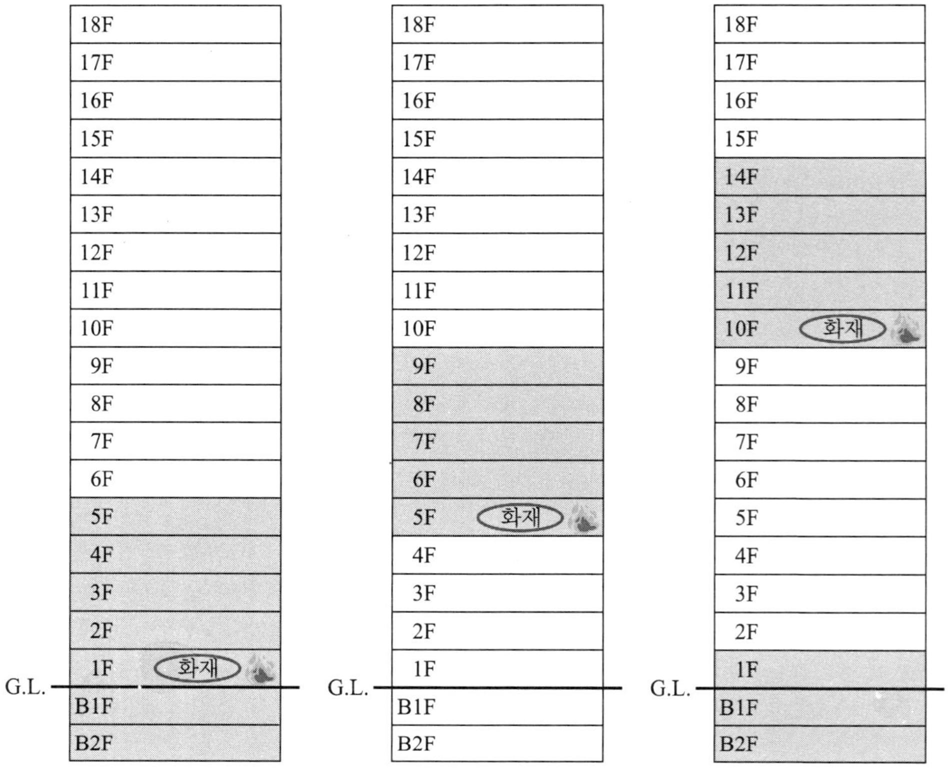

> 3. 지구음향장치는 특정소방대상물의 층마다 설치하되, 해당 특정소방대상물의 각 부분으로부터 하나의 음향장치까지의 수평거리가 25 m 이하가 되도록 하고, 해당 층의 각 부분에 유효하게 경보를 발할 수 있도록 설치할 것. 다만, 「비상방송설비의 화재안전기준(NFSC202)」에 적합한 방송설비를 자동화재탐지설비의 감지기와 연동하여 작동하도록 설치한 경우에는 지구음향장치를 설치하지 아니할 수 있다.

1. 지구경종의 음향경보거리는 그림에서 보는 바와 같이 25 m 반지름의 원으로 소방대상물 내의 모든 구역이 포함되도록 해야 한다.

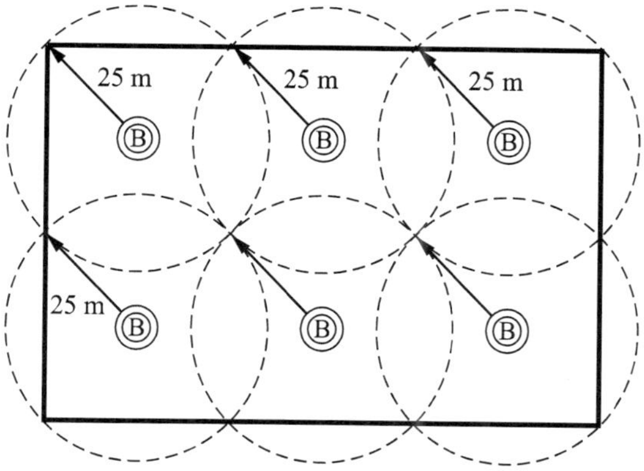

지구음향장치의 수평거리 예

2. 터널의 경우에는 50 m마다 경종을 설치할 수 있으므로 그림과 같이 경종의 25 m 반경에 포함되지 않는 구역이 있어도 무방하다. 그러나 편도 2차선 이상의 양방향 터널이나 4차로 이상의 일방향 터널의 경우에는 양쪽의 측벽에 각각 50 m 이내의 간격으로 엇갈리게 설치한다.

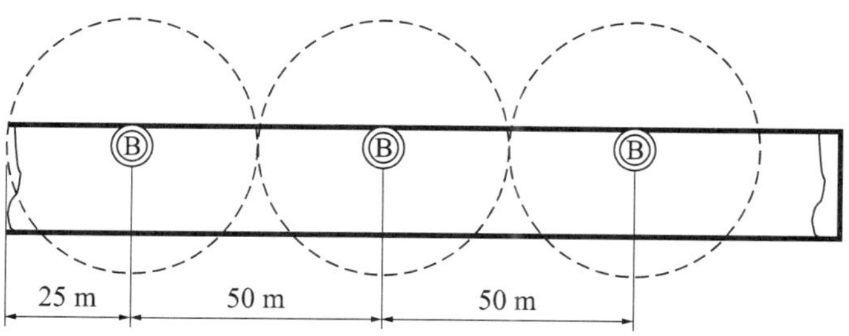

터널의 경우 적용 예

4. 음향장치는 다음 각 목의 기준에 따른 구조 및 성능의 것으로 하여야 한다.
   가. 정격전압의 80% 전압에서 음향을 발할 수 있는 것으로 할 것. 다만, 건전지를 주전원으로 사용하는 음향장치는 그러하지 아니하다.
   나. 음량은 부착된 음향장치의 중심으로부터 1 m 떨어진 위치에서 90 dB 이상이 되는 것으로 할 것
   다. 감지기 및 발신기의 작동과 연동하여 작동할 수 있는 것으로 할 것
5. 제3호에도 불구하고 제3호의 기준을 초과하는 경우로서 기둥 또는 벽이 설치되지 아니한 대형공간의 경우 지구음향장치는 설치 대상 장소의 가장 가까운 장소의 벽 또는 기둥 등에 설치할 것

(2) 시각경보장치

> ② 청각장애인용 시각경보장치는 소방청장이 정하여 고시한 「시각경보장치의 성능인증 및 제품검사의 기술기준」에 적합한 것으로서 다음 각 목의 기준에 따라 설치하여야 한다.
> 1. 복도·통로·청각장애인용 객실 및 공용으로 사용하는 거실(로비, 회의실, 강의실, 식당, 휴게실, 오락실, 대기실, 체력단련실, 접객실, 안내실, 전시실, 기타 이와 유사한 장소를 말한다)에 설치하며, 각 부분으로부터 유효하게 경보를 발할 수 있는 위치에 설치할 것
> 2. 공연장·집회장·관람장 또는 이와 유사한 장소에 설치하는 경우에는 시선이 집중되는 무대부 부분 등에 설치할 것
> 3. 설치높이는 바닥으로부터 2 m 이상 2.5 m 이하의 장소에 설치할 것. 다만, 천장의 높이가 2 m 이하인 경우에는 천장으로부터 0.15 m 이내의 장소에 설치하여야 한다.

1. 시각경보기는 청각장애인을 위하여 설치되는 강한 섬광을 간헐적으로 발하는 장치이기 때문에 사람의 눈높이에 부착하게 되면 피난 시에 혼란을 야기할 수 있으므로 2 m 이상 2.4 m 이하의 위치에 설치토록 한다.
2. 그러나 천장높이가 2 m 이하로 낮은 지역에는 그림에서 보는 바와 같이 천장면으로부터 15 cm 이내의 위치에 설치한다.

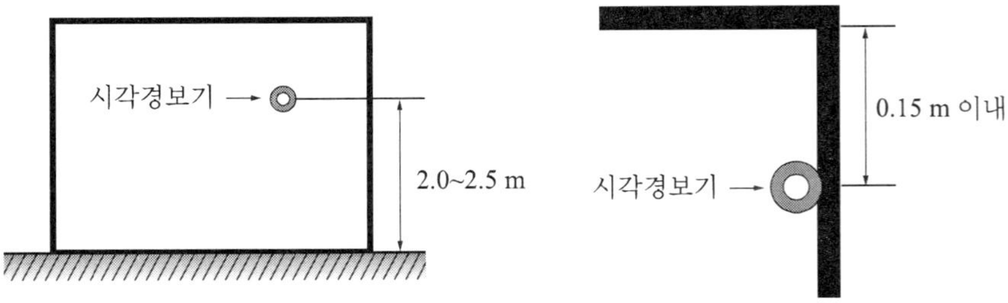

시각경보기 설치 예

3. 터널에 설치하는 시각경보기는 주행차로 한쪽 측벽에 50 m 이내의 간격으로 비상경보설비 상부 직근에 설치하고, 전체 시각경보기는 동기방식에 의해 작동될 수 있도록 설치한다.
4. 시각경보장치의 공급전압은 직류 24 V를 사용하며 전압 강하율이 20%가 넘지 않도

록 해야 하며, 미국의 NFPA에는 시각경보장치가 연결된 하나의 전원회로는 부하전류가 1.5 A를 넘지 않도록 하고 있으므로 시각경보장치의 단위전류 값에 시각경보장치의 수량을 곱하여 1.5 A가 넘지 않도록 하여 부하전류를 배분하는 것이 좋다.

4. 시각경보장치의 광원은 전용의 축전지설비에 의하여 점등되도록 할 것. 다만, 시각경보기에 작동전원을 공급할 수 있도록 형식승인을 얻은 수신기를 설치한 경우에는 그러하지 아니하다.

1. 시각경보장치는 섬광이 발할 때마다 순간적으로 많은 전류를 소비하게 되므로 자동화재탐지설비용으로 설계되어 수신기 내부에 설치된 전원부에서 시각경보장치를 작동시키기에는 전류가 부족하다.
2. 시각경보장치의 전류용량을 포함하는 전원부를 내장하여 형식승인을 득한 수신기를 설치한 경우에는 수신기에 시각경보장치를 직접 연결할 수 있으나, 그렇지 않은 경우에는 별도의 축전지설비를 설치하여 다음 그림의 왼쪽 그림과 같이 시각경보장치를 연결한다.

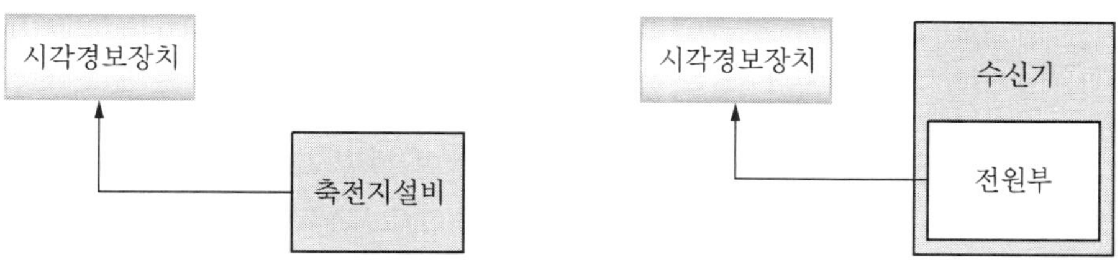

시각경보장치의 전원 예

(3) 2 이상의 수신기 설치 시 경보

③ 하나의 소방대상물에 2 이상의 수신기가 설치된 경우 어느 수신기에서도 지구음향장치 및 시각경보장치를 작동할 수 있도록 할 것

1. 지구음향장치 및 시각경보장치는 화재 시 인명을 대피시키기 위한 장치이므로 건물 내부에 거주하고 있는 사람에게 어느 수신기에서든지 경보신호를 발할 수 있도록 그림과 같은 회로를 구성한다.

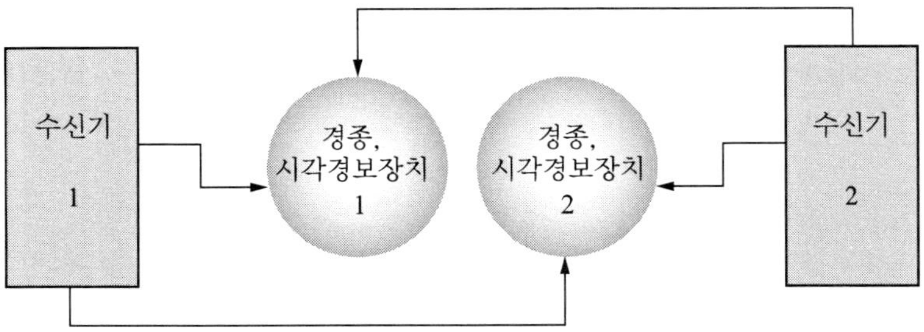

2 이상 수신기의 경보 예

2.3.6 발신기

> **제9조(발신기)** ① 자동화재탐지설비의 발신기는 다음 각 호의 기준에 따라 설치하여야 한다. 다만, 지하구의 경우에는 발신기를 설치하지 아니할 수 있다.
> 1. 조작이 쉬운 장소에 설치하고, 스위치는 바닥으로부터 0.8 m 이상 1.5 m 이하의 높이에 설치할 것.

1. 발신기의 조작 스위치의 높이는 보통 키의 한국 사람이 서서 팔을 펴서 조작을 할 때 가장 편한 자세가 나오는 높이이다. 일반적으로 옥내소화전설비가 설치되는 경우에는 옥내소화전함 인근이나 상부에 설치하여 평상시 발신기의 위치를 거주자들로 하여금 숙지하도록 하고, 또한 유지관리가 용이하도록 하여야 할 것이다.

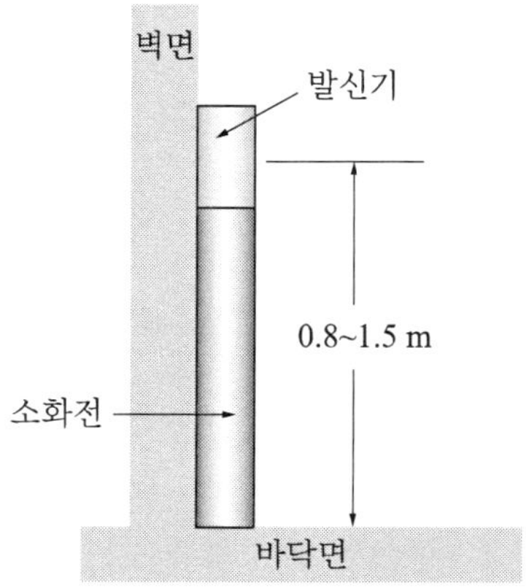

발신기의 높이 기준 예

> 2. 특정소방대상물의 층마다 설치하되, 해당 특정소방대상물의 각 부분으로부터 하나의 발신기까지의 수평거리가 25 m 이하가 되도록 할 것. 다만, 복도 또는 별도로 구획된 실로서 보행거리가 40 m 이상일 경우에는 추가로 설치하여야 한다.

1. 발신기는 25 m 반경으로 설치해야 하지만 병원과 같이 여러 개의 실이 복도 또는 통로를 통하여 연결된 경우에는 보행거리가 40 m을 초과하는 경우가 발생할 수 있으므로 이때에는 발신기의 반경이 25 m를 초과하지 않더라도 발신기를 추가로 설치한다.
2. 발신기는 피난계단의 출입구로 연결되는 복도, 통로부분 등 건물 내의 거주자가 피난을 하면서 쉽게 조작할 수 있는 위치에 발신기를 설치하여야 한다. 발신기의 설치 수량을 최소화하기 위하여 25 m 반경을 맞추기 위하여 발신기의 위치를 선정하다 보면 피난통로가 아닌 자물쇠가 잠겨진 창고 내부나 차량이 주차하는 뒤쪽에 설치해야 하는 경우가 있으므로 이점에 유의하여 설치하여야 한다.

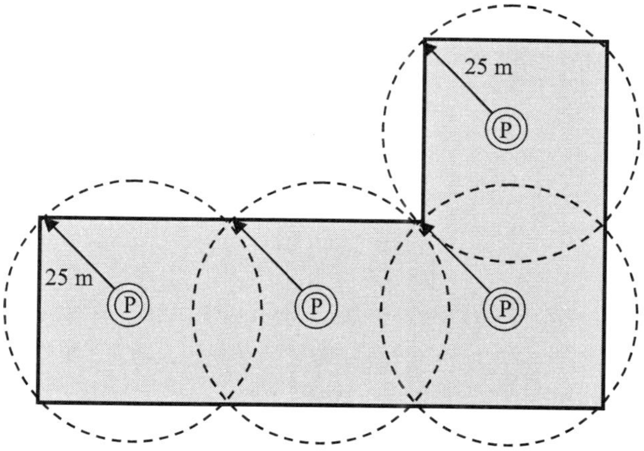

발신기의 배치 예

> 3. 제2호에도 불구하고 제2호의 기준을 초과하는 경우로서 기둥 또는 벽이 설치되지 아니한 대형공간의 경우 발신기는 설치 대상 장소의 가장 가까운 장소의 벽 또는 기둥 등에 설치할 것
>
> ② 발신기의 위치를 표시하는 표시등은 함의 상부에 설치하되, 그 불빛은 부착면으로부터 15° 이상의 범위 안에서 부착지점으로부터 10 m 이내의 어느 곳에서도 쉽게 식별할 수 있는 적색등으로 하여야 한다.

1. 발신기를 설치하기 위하여는 벽 또는 기둥과 같은 설치공간이 필요하지만 이러한 것이 준비되어 있지 않은 공항, 체육관 등과 같은 대 공간에는 25 m의 반경 내에 발신

기를 설치할 수 없는 경우가 있다. 이 경우에는 발신기가 설치되어야 할 장소로부터 가장 가까운 설치 장소에 발신기를 설치하되 피난자가 안전하게 조작할 수 있는 곳에 설치한다.

2. 발신기 상부에 부착하는 표시등은 발신기가 이곳에 설치되어 있다는 것을 적색등화로 표시해 발신기의 설치위치를 알려주기 위한 표시등이다. 조작자가 화재가 발생한 사실을 수신기에 통보하기 위하여 주변을 둘러보았을 때 적색 표시등이 잘 보일 수 있는 위치에 설치해야 하며, 표시등의 식별범위를 최대한 넓히기 위하여 그림과 같이 벽면을 기준으로 양쪽의 15°씩을 제외하고 정면에서 330° 각도의 어느 부분에서나 표시등의 불빛을 확인할 수 있도록 설치해야 한다.

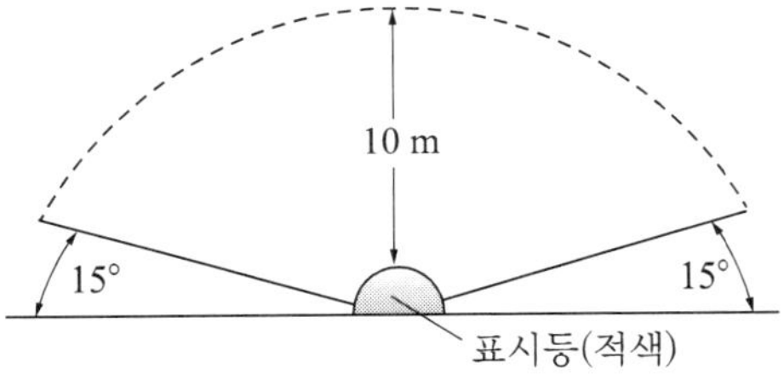

발신기 표시등의 식별범위 예

1. 발신기 구조

P형 발신기의 주요 구성부분은 보호판, 누름 스위치, 확인등, 전화 잭, 외함등으로 구분할 수 있으며 2급 발신기는 전화 잭을 설치할 필요가 없다.

P형 발신기의 구조

2. 발신기 작동원리

스위치 조작에 의하여 표시등 회로와 확인램프 회로가 공통선과 접촉되어 수신기에 화재신호를 발신하게 되며 수신기가 작동하게 되면 발신기의 응답확인램프가 점등된다. 전화회로는 전화 잭에 휴대용 전화기를 삽입하면 수신기에 있는 전화벨이 명동하게 되어 수신기측을 호출하며 수신기에 준비된 전화기를 통하여 상호간에 전화통화가 가능하게 된다. 그리고 전화회로는 누름 스위치의 조작과 관계없이 작동되며 수신기에서는 발신기측을 호출할 수 없다.

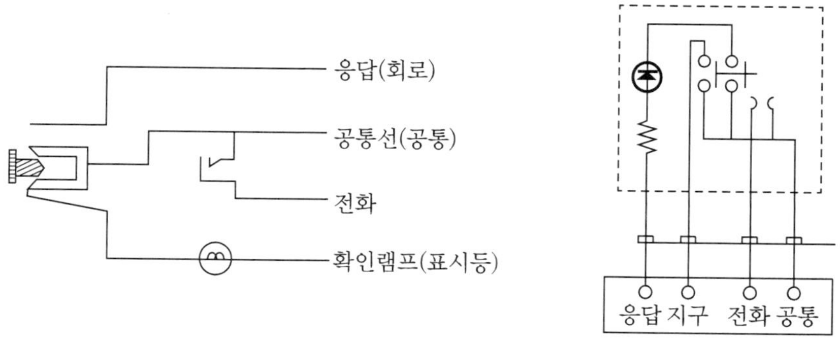

발신기의 내부회로

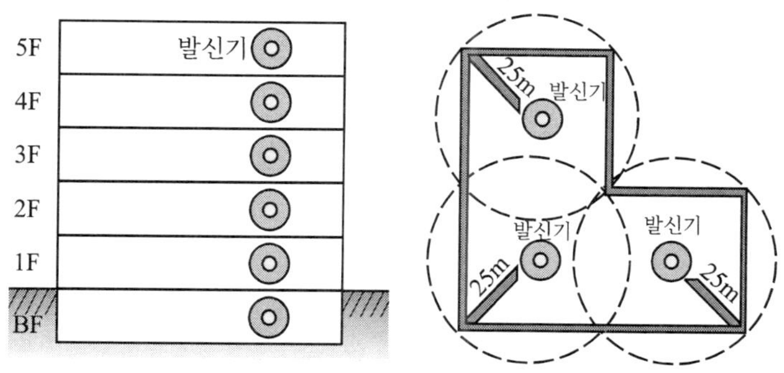

발신기의 설치방법

2.3.7 경종

1. 개요

경보기구 또는 비상경보설비에 사용되는 벨, 버저 등의 음향장치로서 주로 자동화재탐지설비의 작동에 의하여 화재의 발생을 전달하는 역할을 하며 자동화재탐지설비용으로는 수신기 부근이나 내부에 설치되는 주경종과 소방대상물의 복도나 계단 등에 설치되는 지구경종이 있다.

2. 구조

경종의 구조는 크게 기동부와 외함으로 구분할 수 있다. 기동부는 외부에서 전해진 전원에 의하여 타봉의 진동을 발생하도록 하는 역할을 하며 현재 국내에서 생산되고 있는 기동방식은 대부분 모터식으로 모터의 회전운동을 직선운동으로 변환하여 타봉을 직선상으로 왕복시키는 구조로 되어 있고, 외함은 음량의 특성을 고려하여 다이캐스팅으로 되어 있다.

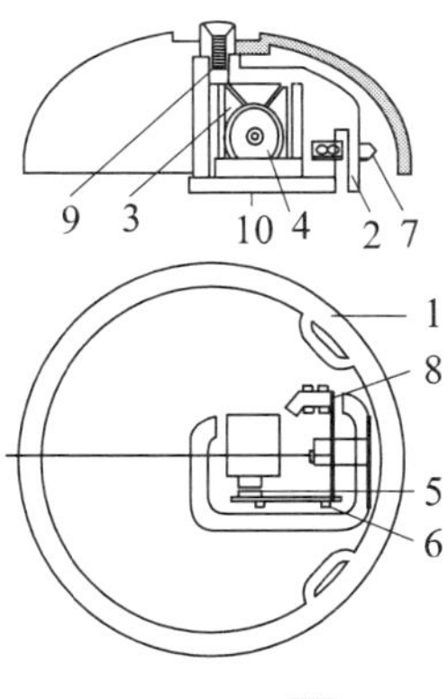

1. 공
2. 본체
3. 모터
4. 모터캡
5. 모터커플링
6. 연결부사프로
7. 타공
8. 멘션스프링
9. 고정볼트
10. 뒷판

경종의 구조

3. 작동원리

수신기로부터 DC 24 V 전원을 공급받아 모터가 구동된다. 이때 모터축에 씌워진 커플링과 텐션스프링에 고정된 타봉 사이에 연결부가 설치되어 있고 모터가 회전함과 동시에 커플링은 왕복운동을 하며, 이 왕복운동은 텐션스프링의 타봉을 진동시켜 외함 몸체의 내벽을 타격함으로서 음향을 발생시킨다.

2.3.8 전원

1. 개요

상용전원은 축전지 또는 교류전압의 옥내간선으로서 배선도 중에 다른 배선을 분기하지 않아야 한다. 비상전원으로서 축전지설비는 통상 니켈카드뮴전지를 사용하며 정전 시나 정전복구 시에는 자동 전환되어야 한다. (60분 이상 감지상태 지속 후 10분 이상 경보를 발할 수 있을 것)

2. 전원의 설치기준

> **제10조(전원)** ① 자동화재탐지설비의 상용전원은 다음 각 호의 기준에 따라 설치하여야 한다.
> 1. 전원은 전기가 정상적으로 공급되는 축전지 또는 교류전압의 옥내간선으로 하고, 전원까지의 배선은 전용으로 할 것
> 2. 개폐기에는 "자동화재탐지설비용"이라고 표시한 표지를 할 것

1. 자동화재탐지설비에 있어서 비상전원은 비상발전기를 인정하지 않으며 축전지설비에 한하여 비상전원으로 인정하고 있다. 이는 정전 시에 자동식 발전기가 동작하려면 저전압계전기가 정전을 감지한 후 차단기를 자동으로 전환하고, 발전기를 자동으로 기동시키게 된다. 이후 발전기 엔진이 일정 시간 경과하여 정격 회전속도가 되어야 정격전압 및 정격 주파수가 발생하여 소방부하가 정상적으로 작동하게 된다. 그러나 자동화재탐지설비의 경우는 이러한 기동시간의 간격으로 인하여 정전 시 즉각적으로 경보를 할 수 없어 피난에 중요한 문제가 발생할 수 있으므로 자동화재탐지설비에 대하여는 인명안전을 위하여 정전 시 즉각적으로 작동되는 축전지설비에 한하여 비상전원으로 인정하고 있는 것이다.
2. 비상전원과 예비전원의 차이
   가. 국내의 경우 소방법규에서는 비상전원으로 용어가 통일되어 있으며, 건축법규에서는 예비전원이라는 용어를 사용하고 있다(예 : 건축법규 상 배연창의 예비전원, 특별피난계단 배연설비의 예비전원, 비상용승강기의 예비전원, 방화셔터의

예비전원 등). 그러나 소방검정기술기준에서는 수신기에 내장된 경우 이를 예비전원이란 용어를 사용하고 있으나 이것도 비상전원으로 용어를 통일하여야 할 것이다.

나. 일본 소방법의 경우는 예비전원 및 비상전원에 대하여 다음과 같이 용어를 구분하여 사용하고 있다.

1) 비상전원 : 일반부하용 전원이 사고 등으로 인하여 정전될 경우를 대비하여 확보하기 위한 비상시의 전원으로 고정식 설비(고정식 축전지설비, 자동식 발전기설비 등)를 말한다.

2) 예비전원 : 정전 시 자동으로 예비전원으로 전환되고 정전복구 시 예비전원에서 자동적으로 상용전원으로 전환되는 전원으로 보통 기기 내에 수납된 형식의 것을 말한다. 즉 정전 시 내장된 축전지와 같은 예비전원으로 사용하다가 비상발전기가 가동된 후에는 비상전원으로 공급하여 사용한다는 개념이다.

> ② 자동화재탐지설비에는 그 설비에 대한 감시상태를 60분간 지속한 후 유효하게 10분 이상 경보할 수 있는 축전지설비(수신기에 내장하는 경우를 포함한다) 또는 전기저장장치(외부 전기에너지를 저장해 두었다가 필요한 때 전기를 공급하는 장치)를 설치하여야 한다. 다만, 상용전원이 축전지설비인 경우 또는 건전지를 주전원으로 사용하는 무선식 설비인 경우에는 그러하지 아니하다.

1. 자동화재탐지설비의 비상전원은 축전지설비에 한하여 인정하고 있으며, 단서 조항의 의미는 자동화재탐지설비의 상용전원을 축전지설비로 공급하는 경우 수신기에 별도의 비상전원용 축전지설비를 설치할 필요가 없는 것을 의미한다.

3. 소방전원의 종류

1. 전원의 종류 : 상용전원, 비상전원, 예비전원으로 구분한다.
2. 상용전원 : 1) 교류전압의 옥내간선
   2) 축전지설비
3. 비상전원 : 1) 자가발전설비
   2) 축전지설비
   3) 비상전원 수전설비

※ 비상전원으로서 비상전원 수전설비를 설치한 경우에는 상용전원 생략

(1) 비상전원 수전설비

① 개요

비상전원 수전설비는 당해 설비 전용의 변압기에 따라 수전하거나 또는 수전설비의 변압기의 2차측에서 직접 전용의 개폐기에 의해 수전하는 설비로 되어 있다. 다시 말해서 전력회사가 공급하는 상용전원을 이용하는 것으로서 소방대상물의 옥내 화재에 의한 전기회로의 단락, 과부하에 견딜 수 있는 구조를 갖춘 수전설비를 말한다.

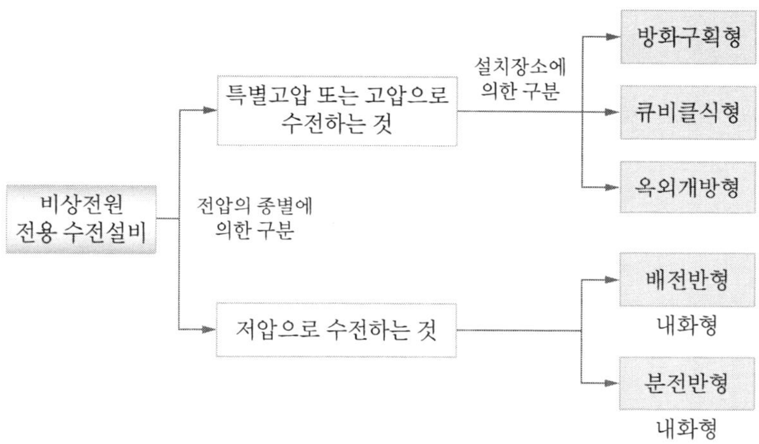

비상전원 수전설비의 종류

㈀ 저압수전인 경우

인입개폐기의 직후에서 분기하여 전용배선으로 전용의 전선관에 보호되도록 할 것

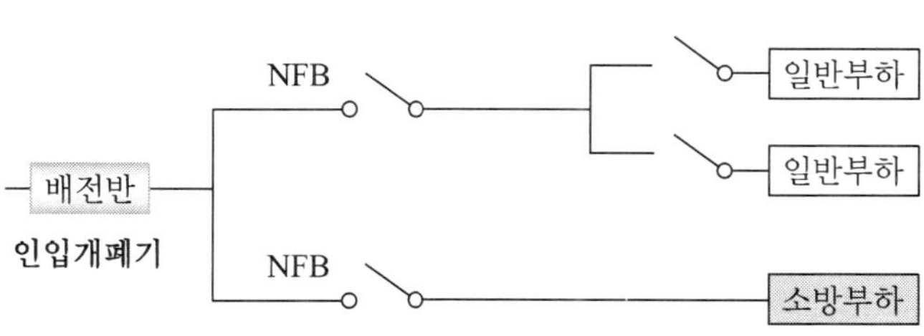

㈁ 특별고압 또는 고압수전일 경우

전력용 변압기 2차측의 주차단기 1차측에서 분기하여 전용배선으로 하며, 상용

전원의 상시공급에 지장이 없을 경우 주차단기 2차측에서 분기하여 전용배선으로 하여야 한다.

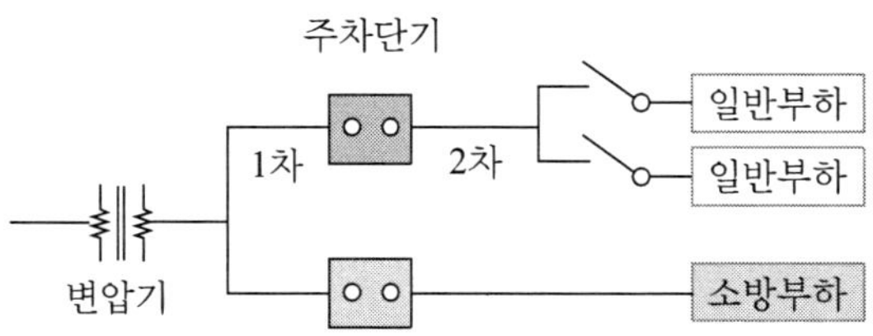

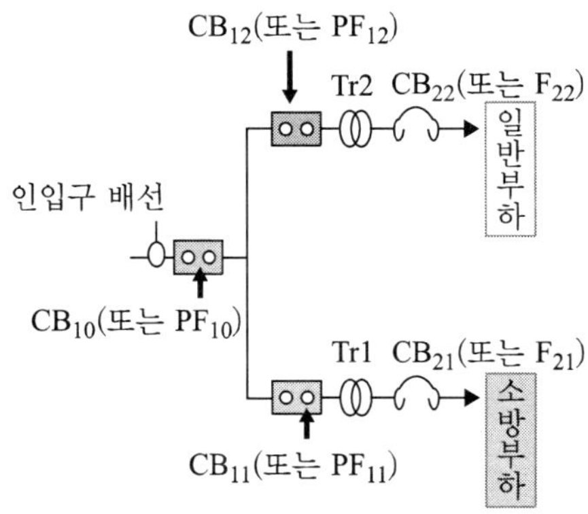

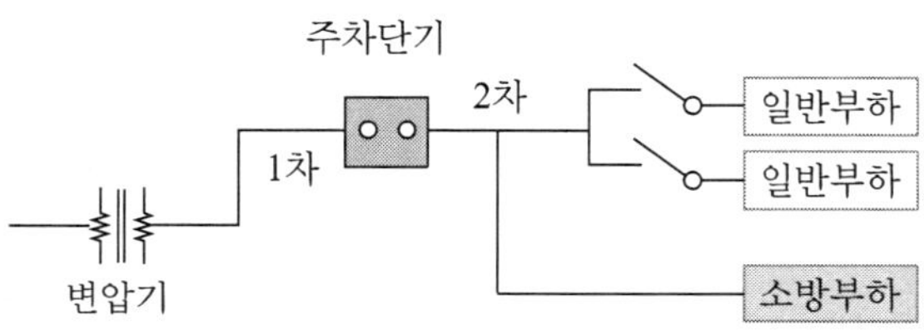

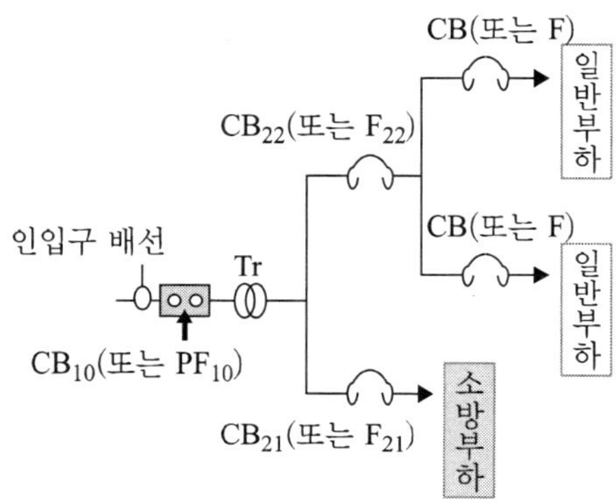

② 종류

㈀ 특별고압 또는 고압수전

- 옥내의 불연전용실에 설치하는 것
- 옥외, 옥상 또는 불연실의 기계실 등에 설치하는 것
- 옥외형 기기를 사용하여 철책(fence) 등으로 구획한 장소내의 옥외 또는 옥상에 설치하는 것

㈁ 큐비클형

㈂ 저압수전방식

- 전용 비상전원 전용 수전설비와
- 공용 비상전원 전용 수전설비로 분류한다.

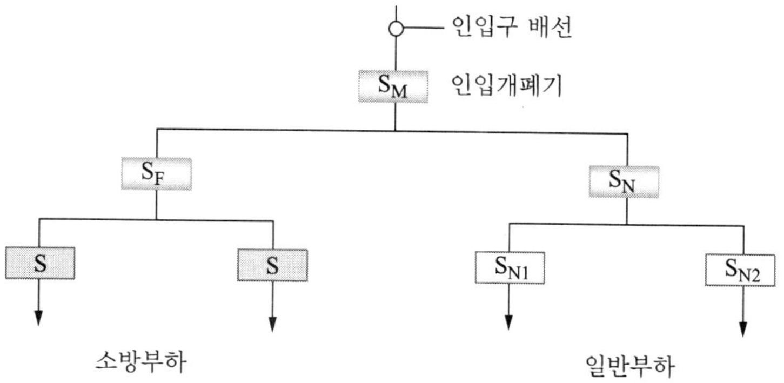

주 1) 일반회로의 과부하 또는 단락사고 시 S_M이 S_N, S_{N1} 및 S_{N2}보다 먼저 차단되어서는 아니 된다.
2) S_F는 S_N과 동등 이상의 차단용량일 것

약 호	명 칭
CB	전력차단기
PF	전력퓨즈(고압 또는 특별고압용)
F	퓨즈(저압용)
Tr	전력용 변압기
S	저압용 개폐기 및 과전류차단기

저압수전의 경우의 보기

(2) 축전지설비

축전지는 유도등과 같이 법적인 것과 서비스 업무나 보안상 필요한 최저 조도용인 비상용 전원이 될 뿐만 아니라 제어기기의 조작용 릴레이, 감시반, 통신, 방송, 화재 경보장치 등의 전원으로 사용된다.

① 종류

㈀ 연축전지 : 기전력은 2.05～2.08 V이고 공칭전압은 2.0 V이며, 과충전 및 과방전에 약하며 10시간 방전율이며 가격이 저렴하다.

㈁ 알칼리축전지 : 기전력은 1.32 V이고 공칭전압은 1.2 V이며 과충전 및 과방전에 강하며 5시간 방전율이며 가격이 비교적 비싸다.

② 용량 산출

$$축전지\ 용량[Ah] = K_1 I_1 \frac{1}{60} + K_2 T(I_2 + I_3)$$

여기서, I_1 : 차단기 투입전류 중 최대인 것
I_2 : 정전 시 교류로부터 변환되는 부하전류
I_3 : 연속부하전류
T : 정전시간
K_1, K_2 : 계수
Ah : 10 h 환산 용량

③ 충전방식

축전지는 충전 시 물의 전기분해로 인하여 H_2와 O_2 가스를 발생하며 충전방식에 따라 다음의 4종류가 있다.

(ㄱ) 보통충전 : 표준시간율로 소정의 충전을 하는 방식
(ㄴ) 급속충전 : 비교적 짧은 시간에 충전전류의 2～3배의 전류로 충전을 하는 방식
(ㄷ) 부동충전 : 축전지의 자기방전을 보충함과 동시에 사용부하에 대한 전력공급을 충전기가 부담하는 방식으로 가장 많이 사용되고 있다.
(ㄹ) 세류충전 : 축전지의 단속적인 미량의 방전 또는 자체방전을 보유하기 위하여 8시간율 방전전류의 0.5～2% 정도의 일정한 전류로 충전을 계속하는 것

④ 축전지 성능의 비교

구 분	연축전지	알칼리 축전지
기전력	2.05～2.08	1.32 V
공칭전압	2.0 V	1.2 V
공칭용량	10시간율(Ah)	5시간율(Ah)
전기적 강도	과충, 방전에 약하다.	과충, 방전에 강하다.
기계적 강도	약하다.	강하다.
충전시간	길다.	짧다.
온도특성	뒤떨어진다.	우수하다.
수 명	10～20년	30년 이상
가 격	싸다.	비싸다.
자가방전	보통	약간 적은 편이다.

(3) 자가발전설비

일반 빌딩이나 공장에서 상용전원이 비상정전인 경우 조명, 엘리베이터, 급배수, 공조설비 등의 정지로 인하여 재해사고를 일으킬 염려가 있다. 이러한 사고를 방지하기 위하여 자위상 최소한의 보안전력을 확보하기 위해 예비전원을 설치할 필요가 있다. 소규모의 경우에서는 축전지의 설치로 어느 정도의 시간은 지탱할 수 있으나, 오랜 시간 또는 용량이 큰 것에는 비상용 자가발전설비의 설치가 필요하며, 이러한 발전기의 용량 결정은 다음의 2가지 중 값이 큰 쪽을 택한다.

① 발전기에 걸리는 부하의 합계로부터 계산하는 방법

$$\text{발전기의 용량[kVA]} = \text{부하의 입력합계} \times \text{수요율}$$

여기서, 수요율은 다음의 값을 사용한다.

(ㄱ) 동력의 경우

최대 입력의 것으로, 최소 1대에 대해서 100%, 기타 입력에 대해서 80%

(ㄴ) 전등의 경우

발전기회로에 접속되는 모든 부하 100%

② 가장 큰 유도전동기의 시동용량으로부터 구하는 방법

$$\text{발전기의 용량[kVA]} > \left(\frac{1}{\text{허용전압강하}} - 1\right) \times X_d \times \text{시동용량[kVA]}$$

여기서, X_d : 과도 리액턴스

4. 설비에 따른 소방전원

<table>
<tr><th>설비명</th><th>상용전원</th><th>비상전원</th><th>비고</th></tr>
<tr><td>옥내소화전설비</td><td rowspan="4">수전방식에 따라 전용배선에 의한 상용전원회로의 배선설치
① 저압수전의 경우 : 인입개폐기 직후에서 분기하여 전용배선
② (특별)고압수전일 경우 : 전력용 변압기 2차측의 주차단기 1차측에서 분기하여 전용배선</td><td>자가발전설비 또는 축전지설비
- 설치대상
① 7층 이상으로서 연면적 2,000 m^2 이상
② 지하층의 바닥면적이 3,000 m^2 이상</td><td></td></tr>
<tr><td>스프링클러설비</td><td>자가발전설비 또는 축전지설비
- 비상전원수전설비로 설치 가능한 장소 : 차고·주차장으로서 S.P가 설치된 부분의 바닥면적의 합계가 1,000 m^2 미만</td><td></td></tr>
<tr><td>물분무소화설비</td><td>자가발전설비 또는 축전지설비</td><td></td></tr>
<tr><td>포소화설비</td><td>자가발전설비 또는 축전지설비
- 비상전원수전설비로 설치 가능한 장소
① 차고·주차장으로서 호스릴포 또는 포소화전만 설치
② 홈헤드 또는 고정포방출설비가 설치된 부분의 바닥면적의 합계가 1,000 m^2 미만</td><td></td></tr>
<tr><td>이산화탄소, 할로겐, 분말설비</td><td>규정 없음</td><td>자가발전설비 또는 축전지설비</td><td></td></tr>
<tr><td>옥외소화전설비</td><td>옥내소화전 준용</td><td>해당 없음</td><td></td></tr>
<tr><td>자탐설비, 비상방송설비</td><td>축전지 또는 교류전압의 옥내간선</td><td>축전지설비(감시상태 60분간 지속한 후 유효하게 10분 이상 경보)</td><td></td></tr>
<tr><td>속보설비설비</td><td>규정 없음</td><td>규정 없음</td><td></td></tr>
<tr><td>유도등</td><td>축전지 또는 교류전압의 옥내간선</td><td>축전지(20분 이상 작동)</td><td></td></tr>
<tr><td>연결송수관설비</td><td>옥내소화전준용</td><td>자가발전설비 또는 축전지설비</td><td></td></tr>
<tr><td>비상콘센트설비</td><td>옥내소화전준용</td><td>자가발전설비 또는 비상전원수전설비
- 설치대상
① 7층 이상으로서 연면적 2,000 m^2 이상
② 지하층의 바닥면적이 3,000 m^2 이상</td><td>지하층의 바닥면적 중 아래 면적 제외
차고, 주차장, 동식물시설, 보일러, 기계, 전기실</td></tr>
<tr><td>무선통신(증폭기)</td><td>축전지 또는 교류전압의 옥내간선</td><td>비상전원부착(용량; 30분 이상 작동)</td><td></td></tr>
<tr><td>비상조명등</td><td>규정 없음</td><td>① 예비전원내장(용량; 20분 이상 작동)
② 자가발전설비 또는 축전지설비</td><td></td></tr>
<tr><td>제연설비</td><td>규정 없음</td><td>자가발전설비 또는 축전지설비</td><td></td></tr>
</table>

※ 상용전원을 2 이상의 변전소에서 전력을 동시에 받을 수 있거나, 하나의 변전소로부터 전력의 공급이 중단되는 때에 자동으로 다른 변전소로부터 전원을 공급받을 수 있으면 비상전원 설치 제외

2.3.9 배선

1. 개요

전기사용장소에 고정하여 시설하는 전선. 전기기구 내(배·분전반을 포함)에 그 일부분으로 시설된 전선, 소세력 회로의 전선 등은 포함하지 않는다.

전자기기의 정상 기능을 실현하기 위하여 반도체 부품 및 저항, 콘덴서 등의 수동부품을 전기적으로 접속하는 수단. wiring(영어) 전자기기의 정상 기능을 실현하기 위하여 반도체 부품 및 저항, 콘덴서 등의 수동부품을 전기적으로 접속하는 수단이다.

2. 전선의 종류

(1) 600 V CV (가교폴리에틸렌 비닐시스 케이블)
600 V 이하의 상업용 또는 주거용으로 사용되는 배전용 전선 또는 조명용으로 사용된다.

(2) 600 V VV(HVV) ((내열성) 비닐절연 비닐시스 케이블)
600 V 이하의 상업용, 주거용으로 사용되는 배전용 전선 또는 조명용으로 최대도체 사용온도는 60도(75도)이다.

(3) 600 V CVV (제어용 비닐절연 비닐시스 케이블)
600 V 이하의 제어용 회로에 사용되는 케이블로 사용 온도 60도이다.

(4) 600 V CVV-S (정전차폐부제어용 비닐절연 비닐시스 케이블)
600 V 이하의 정전차폐가 요구되는 제어용 회로에 사용되는 케이블로 최대도체 사용온도는 60도이다.

(5) 600 V CVV-SB (제어용 비닐절연 비닐시스 동편조 케이블)
600 V 이하의 제어용 회로에 사용되는 케이블로 관로 또는 지중포설되며 최대도체 사용온도는 60도이다.

(6) 600 V FR-CVV (제어용 난연비닐절연 난연비닐시스 케이블)
600 V 이하의 난연성이 요구되는 제어용 회로에 사용되는 케이블로 관로 또는 지중 포설되며 최대도체 사용온도는 60도이다.

(7) 600 V VCT (비닐 캡타이어 케이블)
공장, 광산, 농장에 사용되는 600 V 이하 전동공구 리드용 전선으로 사용된다.

(8) 3300 V CV (고압가교 폴리에틸렌 케이블)
3300 V 이하의 산업용 또는 상업용 배전회로용 전선으로 사용되며 관로 또는 직

매등으로 포설된다.

(9) 6600 V CV (고압가교 폴리에틸렌 케이블)
6600 V 이하의 산업용 또는 상업용 배전회로용 전선으로 사용되며 관로 또는 직매등으로 포설된다.

(10) 600 V FR-8 (폴리에틸렌절연 비닐시스 내화전선)
화재경보, 비상등, 스프링클러 등의 내화성이 요구되는 곳에 사용된다.

(11) FR-3 (XLPE 절연 비닐시스 내열전선)
화재경보 및 비상경보장치의 회로에 사용되는 제어, 신호용 전선

(12) 300 V EVVF-S, 600 V EVVF-H (전원 케이블)
단순, 반복적으로 움직임이 많은 곳에 사용되며 엘리베이터, 무대이동용 조명장치 및 관련기기 배선에 사용, 단선, 단락 및 내굴곡성이 우수하다.

(13) 600 V KIV (전기기기용 비닐절연전선)
600 V 이하의 전기기기의 배선에 사용되는 전선으로 도체가 유연한 절연전선이다.

(14) 600 V HKIV (2종 내열 전기기기 비닐절연전선)
600 V 이하의 일반 공작물이나 전기기기의 배선에 사용되는 전선으로 내열성 가소제를 첨가한 비닐로 절연하며, 최대도체 사용온도는 75도이다.

(15) 600 V IV (비닐절연전선)
600 V 이하의 일반 공작물이나 전기기기의 옥내 배선용으로 사용되는 것으로 사용이 간편하고 색별표시가 다양하고 식별이 용이하다.

(16) 600 V HIV (2종 내열 비닐절연전선)
600 V 이하의 일반 공작물이나 전기기기의 옥내 배선용으로 사용되는 것으로 내열성 가소제를 첨가한 비닐로 절연하며, 최대도체 사용온도는 75도이다.

(17) 600 V OW (옥외용 비닐절연전선)
600 V 이하의 저압가공전선로 전선으로 사용되며, 최대도체 사용온도는 60도이다.

(18) AV (자동차용 저압전선)
자동차, 농기계, 자동 전기설비의 내부 배전용 전선으로 사용되며, 내유성이 우수하다.

(19) 600 V DV (인입용 비닐절연전선)
600 V 이하의 가공 인입성용으로 사용되며 내후성이 우수하며 최대사용 도체온도는 60도이다.

(20) GV (접지용 비닐절연전선)
전기 건축물 규정에 준하는 제1급 및 제2급 접지용으로 사용되며 최대도체 사용온도는 60도이다.

(21) TOV (8자형 옥외 전화선)
단자함에서 옥내까지 인입용에 사용된다.

(22) TIV (PVC 옥내 전화선)
건물 내부에서 사용되는 전화선

(23) 5C, 7C, 10C(FL, FLSSD)/4C, 5C(FB, FBSSD) (CATV FL/FB 타입 고주파 동축 케이블)
유선방송국에서 가입자까지 영상신호 전송 시스템에 사용되며 사용기능에 따라 간선, 지선 및 인입선으로 구분한다.

(24) ECX-RG (고주파 동축케이블)
구조 및 특성이 광범위하므로 유무선 송신기, 선박기기 배선, 전자기기 배선에 주로 사용한다.

(25) 600 V CT/RNCT/PNCT (600 V 고무절연 캡타이어 케이블)
600 V 이하의 이동용 전기기구 또는 타워 크레인에 사용되며 내굴곡성이 우수하며 일반 배선용으로 널리 쓰인다.

(26) WCT/WNCT/WRCT/WRNCT (용접용 케이블)
배터리 및 아크 용접기의 2차쪽에 사용되는 케이블로 리드용, 홀더용이 있다.

(27) SIS (합성고무 절연전선)
원자력 발전소에 널리 사용되며 내구성, 내열성, 내오존성이 우수하다.

(28) ACSR (강심알루미늄 연선)
주로 큰 인장하중을 필요로 하며 가공전선로에 사용된다.

(29) ACSR-AW (알루미늄피복 강심 알루미늄연선)
큰 인장하중을 필요로 하는 가공전선로에 사용되며 내부 강선재가 알루미늄으로 피복되어 있다.

(30) ACSR-OC (특고압 강심알루미늄 절연전선)
특별고압 가공 전선로에 사용하는 절연전선으로 단심의 아연도금 강선을 중심으로 강심 알루미늄을 동심원으로 압축 연선한 도체위에 가교폴리에틸렌으로 절연한 고압 절연전선이다.

(31) ACSR/AW-OC (알루미늄 피복 강심알루미늄 절연전선)
고압 및 특별고압 배선로에 사용하는 단심의 알루미늄 피복 강심을 중심으로 강심 알루미늄선을 동심원으로 압축연선한 도체위에 가교폴리에틸렌으로 절연한 특고압 절연전선이다.

(32) 캡타이어 케이블
- 이동용 전선으로 사용

- 순고무 30% 이상을 함유한 고무 혼합물로 소선을 피복
- 내수, 내산, 내알칼리, 내유성을 가진 50% 이상의 순고무 혼합물로 위 피복

(33) MI 케이블

- 저압용 케이블
- 내열·내열성이 뛰어나고 기계적 강도가 크다.
- 내수·내유·내습·내노화성이 뛰어나며 화재 예방용으로 사용
- 화재 예방이 특히 필요한 문화재 등에 사용

3. 배선의 설치기준

제11조(배선) 배선은 「전기사업법」 제67조에 따른 기술기준에서 정한 것 외에 다음 각 호의 기준에 따라 설치하여야 한다.

1. 전원회로의 배선은 「옥내소화전설비의 화재안전기준(NFSC102)」 별표 1에 따른 내화배선에 따르고, 그 밖의 배선(감지기 상호간 또는 감지기로부터 수신기에 이르는 감지기회로의 배선을 제외한다)은 「옥내소화전설비의 화재안전기준(NFSC102)」 별표 1에 따른 내화배선 또는 내열배선에 따라 설치할 것

1. 배선의 종류는 다음과 같이 하여야 한다.

   가. 전원공급 회로 : 소방시설용 전원공급장치의 차단기 2차측으로부터 수신기까지의 회로로서 내화배선에 의한다.

   나. 중계기 전원공급 회로 : 분산형 중계기가 아닌 집합형 중계기가 각 층에 설치된 경우로서 수신기를 경유하지 않고 중계기에 전원을 각 층의 소방 분전반으로부터 공급하는 경우로서 소방부하용 차단기 2차측으로부터 중계기까지의 회로로서 내화배선에 의한다.

   다. 수신기와 발신기 사이 배선 : 내열배선에 의한다.

   라. 수신기와 중계기 사이 배선 : 내열배선에 의한다.

   마. 수신기와 음향 및 시각경보장치 사이 배선 : 내열배선에 의한다.

   바. 수신기와 감지기 사이 배선 : 내열배선에 의한다.

   사. 감지기 사이 배선 : 일반배선도 가능하다.

2. 내화배선방법

사용전선의 종류	공사방법
1. 600 V 2종 비닐절연전선 2. 가교폴리에틸렌 절연비닐외장케이블 3. 클로로플렌외장케이블 4. 강대외장케이블 5. 버스덕트(Bus Duct) 6. 알루미늄피복 케이블 7. CD케이블(Combined Duct Cable) 8. 하이파론 절연전선 9. 4불화에틸렌 절연전선 10. 실리콘 절연전선 11. 연피케이블 12. 기타 공산품 품질규정에 따라 동등 이상의 내화성능이 있다고 주무부장관이 인정하는 것	금속관·2종 금속제 가요전선관 또는 합성 수지관에 수납하여 내화구조로 된 벽 또는 바닥 등에 벽 또는 바닥의 표면으로부터 25 mm 이상의 깊이로 매설하여야 한다. 다만 다음 각 목의 기준에 적합하게 설치하는 경우에는 그러하지 아니하다. 가. 내화성능을 갖는 배선전용실 또는 배선을 배선용 샤프트·피트·덕트 등에 설치하는 경우 나. 배선전용실 또는 배선용 샤프트·피트·덕트 등에 다른 설비의 배선이 있는 경우에는 이로부터 15 cm 이상 떨어지게 하거나 소화설비의 배선과 이웃 다른 설비의 배선사이에 배선지름(배선의 지름이 다른 경우에는 가장 큰 것을 기준으로 한다)의 1.5배 이상의 높이의 불연성 격벽을 설치하는 경우
내화전선·엠아이케이블	케이블공사의 방법에 따라 설치하여야 한다.

비고 : 내화전선의 내화성능은 버너의 노즐에서 75 mm의 거리에서 온도가 750±5℃인 불꽃으로 3시간동안 가열한 다음 12시간 경과 후 전선 간에 허용전류용량 3 A의 퓨즈를 연결하여 내화시험 전압을 가한 경우 퓨즈가 단선되지 아니하는 것. 또는 소방방재청장이 정하여 고시한 내화전선의 성능시험기준에 적합한 것

3. 내열배선방법

사용전선의 종류	공사방법
1. 600 V 2종 비닐절연 전선 2. 가교폴리에틸렌절연비닐 외장케이블 3. 클로로플렌외장케이블 4. 강대외장케이블 5. 버스덕트(Bus Duct) 6. 알루미늄피복 케이블 7. CD케이블(Combined Duct Cable) 8. 하이파론 절연전선 9. 4불화에틸렌 절연전선 10. 실리콘 절연전선 11. 연피케이블 12. 기타 공산품 품질규정에 따라 동등이상의 내열성능이 있다고 주무부장관이 인정하는 것	금속관·금속제 가요전선관·금속덕트 또는 케이블(불연성 덕트에 설치하는 경우에 한한다)공사방법에 따라야 한다. 다만, 다음 각 목의 기준에 적합하게 설치하는 경우에는 그러하지 아니하다. 가. 배선을 내화성능을 갖는 배선전용실 또는 배선용 샤프트·피트·덕트 등에 설치하는 경우 나. 배선전용실 또는 배선용 샤프트·피트·덕트 등에 다른 설비의 배선이 있는 경우에는 이로부터 15 cm 이상 떨어지게 하거나 소화설비의 배선과 이웃하는 다른 설비의 배선사이에 배선지름(배선의 지름이 다른 경우에는 지름이 가장 큰 것을 기준으로 한다)의 1.5배 이상의 높이의 불연성 격벽을 설치하는 경우
내화전선·내열전선·엠아이케이블	케이블공사의 방법에 따라 설치하여야 한다.

비고 : 내열전선의 내열성능은 온도가 816±10℃인 불꽃을 20분간 가한 후 불꽃을 제거하였을 때 10초 이내에 자연소화가 되고, 전선의 연소된 길이가 180 mm 이하이거나 가열온도의 값을 한국산업규격(KS F 2257)에서 정한 건축구조부분의 내화시험방법으로 15분 동안 380℃까지 가열한 후 전선의 연소된 길이가 가열로의 벽으로부터 150 mm 이하일 것. 또는 소방방재청장이 정하여 고시한 내열전선의 성능시험기준에 적합할 것

4. 내열전선을 내화성능을 갖는 배선전용실 또는 배선을 배선용 샤프트·피트·덕트 등

에 설치하지 않고 금속관·2종 금속제 가요전선관 또는 합성 수지관에 수납하여 시공할 경우에는 그림과 같이 내화구조로 된 벽 또는 바닥 등에 벽 또는 바닥의 표면으로부터 25 mm 이상의 깊이로 매설한다.

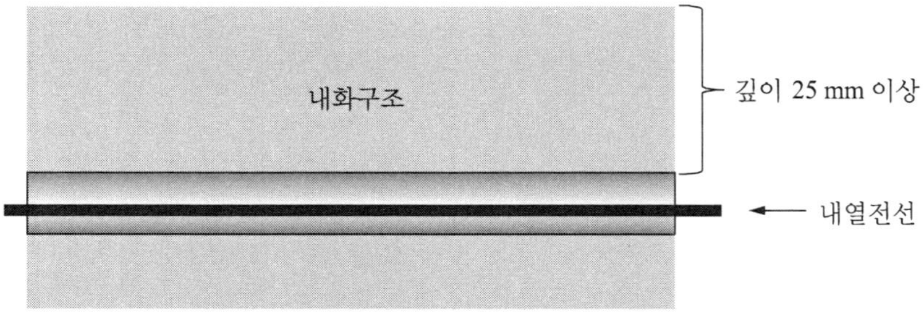

25 mm 이상 매립 예

5. 배선전용실 또는 배선을 배선용 샤프트·피트·덕트 등에 다른 설비의 배선이 있는 경우에는 그림과 같이 15 cm 이상 떨어지게 한다.

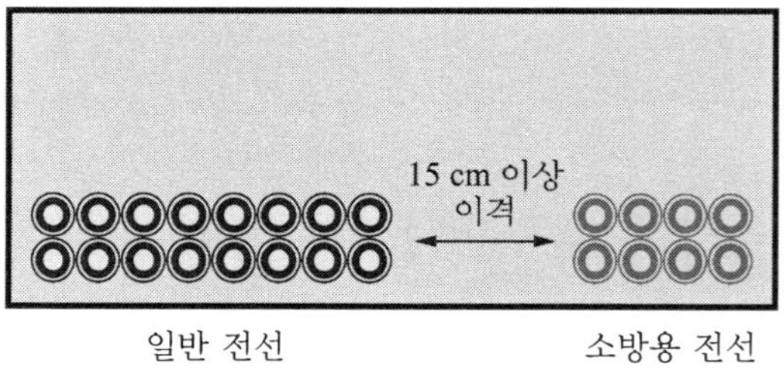

15 cm 이상 이격 예

6. 소방설비용 배선과 이웃 다른 설비의 배선사이에는 그림과 같이 배선지름의 1.5배 이상의 높이의 불연성 격벽을 설치한다.

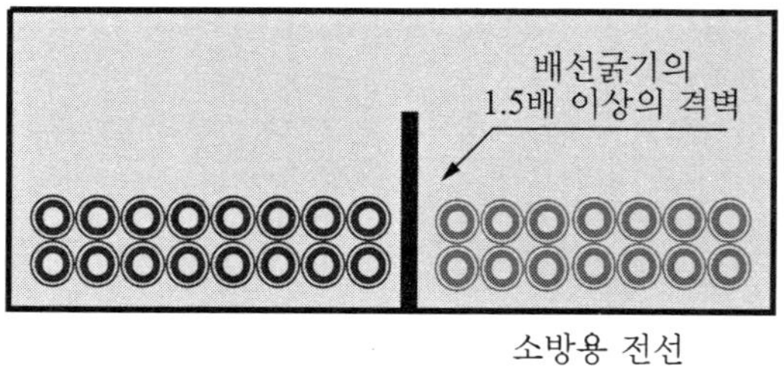

소방용 전선과 격벽 예

> 2. 감지기 상호간 또는 감지기로부터 수신기에 이르는 감지기회로의 배선은 다음 각 목의 기준에 따라 설치할 것.

1. P형 수신기와 연결된 일반형 감지기에 있어서는 평상시 OPEN 상태의 접점을 가지고 있다가 화재 시 접점이 ON 되는 방식이다. 이것은 수신기에 24 V의 전압을 인가하고 있는 상태에서 각 감지기들은 개방상태에 있는 스위치와 같은 역할을 수행한다. P형 수신기의 작동원리가 전류흐름의 크기에 따라 화재를 인식하는 방식이기 때문에 정상상태를 확인하기 위한 도통시험 시 감지기 회로의 말단에 종단저항이 필요하게 된다. 만약, 화재로 인하여 감지기 상호간을 연결하는 배선이 단락된다면 스위치를 켜는 거와 같은 기능을 수행하여 수신기에서는 이를 화재로 인식하기 때문에 배선의 단락도 또한 화재감지 역할을 하므로 일반 600 V 비닐절연전선으로 설치할 수 있다는 의미이다.

> 가. 아날로그식, 다신호식 감지기나 R형 수신기용으로 사용되는 것은 전자파 방해를 받지 아니하는 실드선 등을 사용하여야 하며, 광케이블의 경우에는 전자파 방해를 받지 아니하고 내열성능이 있는 경우 사용할 수 있다. 다만, 전자파 방해를 받지 아니하는 방식의 경우에는 그러하지 아니하다.

1. 신호선은 전력선이 아니라 분류상 제어용 케이블이며 소방시설용 경보설비는 전송하는 신호가 매우 약한 신호이므로 주위로부터의 전자파 및 전자유도에 의해 오동작될 우려가 있다. 따라서 이를 방지하기 위하여 신호선은 차폐선(Shield wire)을 사용하여야 하며, 차폐선은 전자유도를 최소화하기 위하여 동테이프나 알루미늄테이프를 감거나 또는 동선을 편조한다. 아울러 신호선 2가닥을 서로 꼬아서 자계를 서로 상쇄시키도록 하며 이러한 상태의 선을 Twist pair cable이라 한다.
2. 단서 조항의 의미는 새로운 기술의 R형 수신기가 전자파를 방지할 수 있는 기능을 부설한 경우에는 차폐선을 사용하지 아니할 수 있다는 뜻이며, 현재 이미 그러한 제품이 시판되고 있다.
3. 실드선의 적용 및 특성

   현재 국내에서 생산되고 있는 실드선은 여러 종류가 있으나 화재안전기준상의 내열배선의 규정에 적합한 것으로는 다음과 같은 것들이 있다.

전선의 명칭	영문기호	차폐방식
제어용 가교폴리에틸렌 절연 비닐시스 케이블	CCV-S	동테이프 차폐
	CCV-SB	동선편조 차폐
난연성 비닐절연 비닐시스 케이블	FR-CVV-SB	상 동
내열성 비닐절연, 내열성 비닐시스 제어용 케이블	H-CVV-SB	상 동

차폐방식에는 테이프 차폐와 동선편조 차폐방식이 있으며 각각의 장단은 다음과 같다.

차폐방식	구 조	특 징
테이프 차폐 (S)	동 또는 알루미늄 테이프 등을 피차폐체 위에 감는 방식	- 가격이 저렴 - 유연성, 굴곡성이 없다. - 접지가 용이
편조 차폐 (SB)	가느다란 동선 여러 가닥을 직조한 방식	- 구조적으로 매우 안정 - 굴곡성이 뛰어나다. - 실드효과가 우수

나. 가목 외의 일반배선을 사용할 때는 「옥내소화전설비의 화재안전기준(NFSC 102)」 별표 1에 따른 내화배선 또는 내열배선으로 사용할 것

1. 감지기 상호간은 600 V 비닐절연전선의 사용도 가능하고 또한 감지기로부터 수신기에 이르는 감지기회로의 배선에는 내화배선 또는 내열배선을 사용하라는 의미이다.

3. 감지기회로의 도통시험을 위한 종단저항은 다음의 기준에 따를 것
   가. 점검 및 관리가 쉬운 장소에 설치할 것
   나. 전용함을 설치하는 경우 그 설치 높이는 바닥으로부터 1.5 m 이내로 할 것
   다. 감지기 회로의 끝부분에 설치하며, 종단감지기에 설치할 경우에는 구별이 쉽도록 해당 감지기의 기판 및 감지기 외부 등에 별도의 표시를 할 것

1. 도통시험을 위한 종단저항은 P형 수신기에서 일반형 감지기를 설치하는 경우에 해당하는 사항으로서 일반적으로는 감지기회로의 끝부분인 발신기함 내에 설치한다. 만약 발신기함 내에 설치되지 않는 경우에는 전용함을 설치하여야 한다.
2. 아날로그식 감지기나 주소형 감지기의 경우 또는 도통시험 기능이 내장된 수신기의 경우와 같이 기능상 필요하지 않을 경우에 도통시험을 위한 종단저항을 설치하지 아니할 수 있다.

4. 감지기 사이의 회로의 배선은 송배전식으로 할 것

1. 송배선방식의 목적은 도통시험을 확실하게 하기 위한 배선방식으로 일명 보내기 배선이라고도 한다.
2. 송배선방식의 감지기 배선은 감지기 1극에 2개씩 총 4개의 단자를 이용하여 배선을 하며, 배선의 도중에서 분기하지 않도록 그림과 같이 시공하는 배선방식을 말한다.
3. 또한 감지기 회로 말단에 있는 발신기 내에 종단저항을 설치하여 도통시험이 용이하도록 한다.
4. 아날로그 방식의 감지기를 사용하는 경우에는 송배선식으로 하지 않아도 된다.
5. 아날로그 방식의 감지기를 사용하는 경우에는 감지기의 배선을 도중에서 분기하여도 가능하다.
6. NFPA CODE 72에 의하면 아날로그 감지기의 배선방식에는 CLASS A와 CLASS B의 두 가지가 있다. CLASS A는 감지기의 결선에 4가닥을 사용하는 방식으로서 감지기 배선이 폐 루프를 구성하는 방식을 말한다. CLASS B는 감지기의 결선에 2가닥만을 사용하는 방식을 말한다.

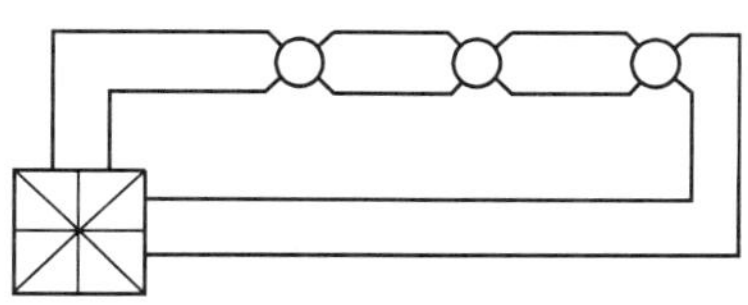

CLASS A 배선 예

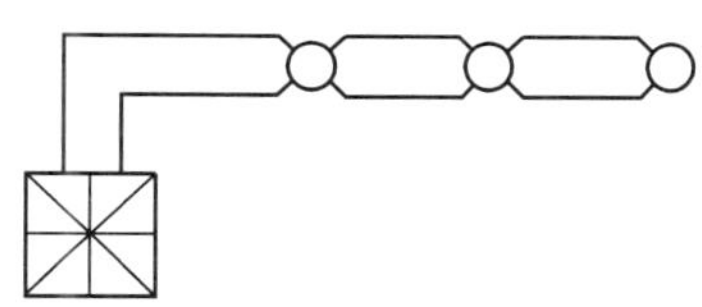

CLASS B 배선 예

5. 전원회로의 전로와 대지 사이 및 배선 상호간의 절연저항은 「전기사업법」 제67조에 따른 기술기준이 정하는 바에 의하고, 감지기회로 및 부속회로의 전로와 대지 사이 및 배선 상호간의 절연저항은 1경계구역마다 직류 250 V의 절연저항 측정기를 사용하여 측정한 절연저항이 0.1 MΩ 이상이 되도록 할 것
6. 자동화재탐지설비의 배선은 다른 전선과 별도의 관·덕트(절연효력이 있는 것으로 구획한 때에는 그 구획된 부분은 별개의 덕트로 본다)·몰드 또는 풀박스 등에 설치할 것. 다만, 60 V 미만의 약 전류회로에 사용하는 전선으로서 각각의 전압이 같을 때에는 그러하지 아니하다.
7. 피(P)형 수신기 및 지피(G.P.)형 수신기의 감지기 회로의 배선에 있어서 하나의 공통선에 접속할 수 있는 경계구역은 7개 이하로 할 것
8. 자동화재탐지설비의 감지기회로의 전로저항은 50 Ω 이하가 되도록 하여야 하며, 수신기의 각 회로별 종단에 설치되는 감지기에 접속되는 배선의 전압은 감지기 정격전압의 80% 이상이어야 할 것

1. "피(P)형 수신기 및 지피(G.P.)형 수신기의 감지기 회로의 배선에 있어서 하나의 공통선에 접속할 수 있는 경계구역은 7개 이하로 할 것"이라고 P형 수신기에 대해서만 규정한 것은 R형 수신기에서는 P형과는 다른 배선방식을 사용하기 때문이다.
2. 일반적으로 P형 수신기에 일반형 감지기를 사용하는 경우에는 감지기회로에 흐르는 전류의 크기에 따라 화재상황을 인식하게 되어 있다. 따라서 전로저항이 크게 되면 수신기의 기능에 영향을 미치게 되므로 전로저항의 제한을 두고 있는 것이다. 그러나 R형 수신기에 아날로그식 감지기를 연결하여 사용하는 경우에 있어서는 다중통신 방식을 이용하기 때문에 전로저항의 제한을 둘 필요가 없게 된다.

4. 각종 배선

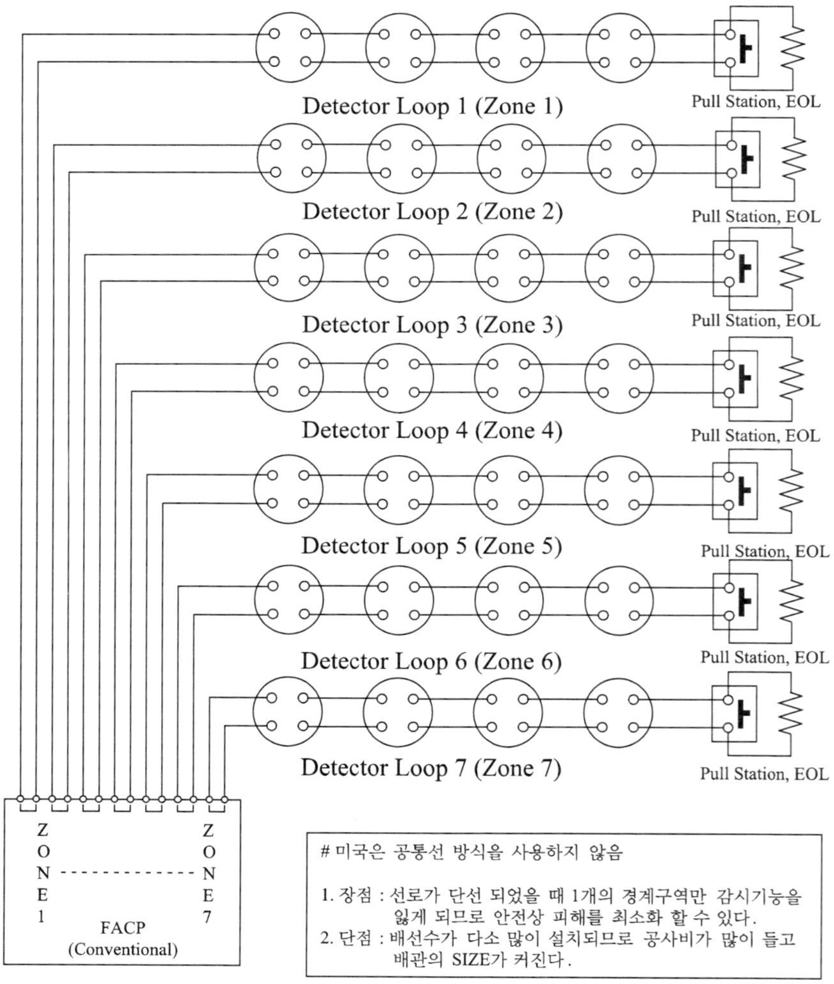

미국은 공통선 방식을 사용하지 않음

1. 장점 : 선로가 단선 되었을 때 1개의 경계구역만 감시기능을 잃게 되므로 안전상 피해를 최소화 할 수 있다.
2. 단점 : 배선수가 다소 많이 설치되므로 공사비가 많이 들고 배관의 SIZE가 커진다.

미국의 감지기 배선방법

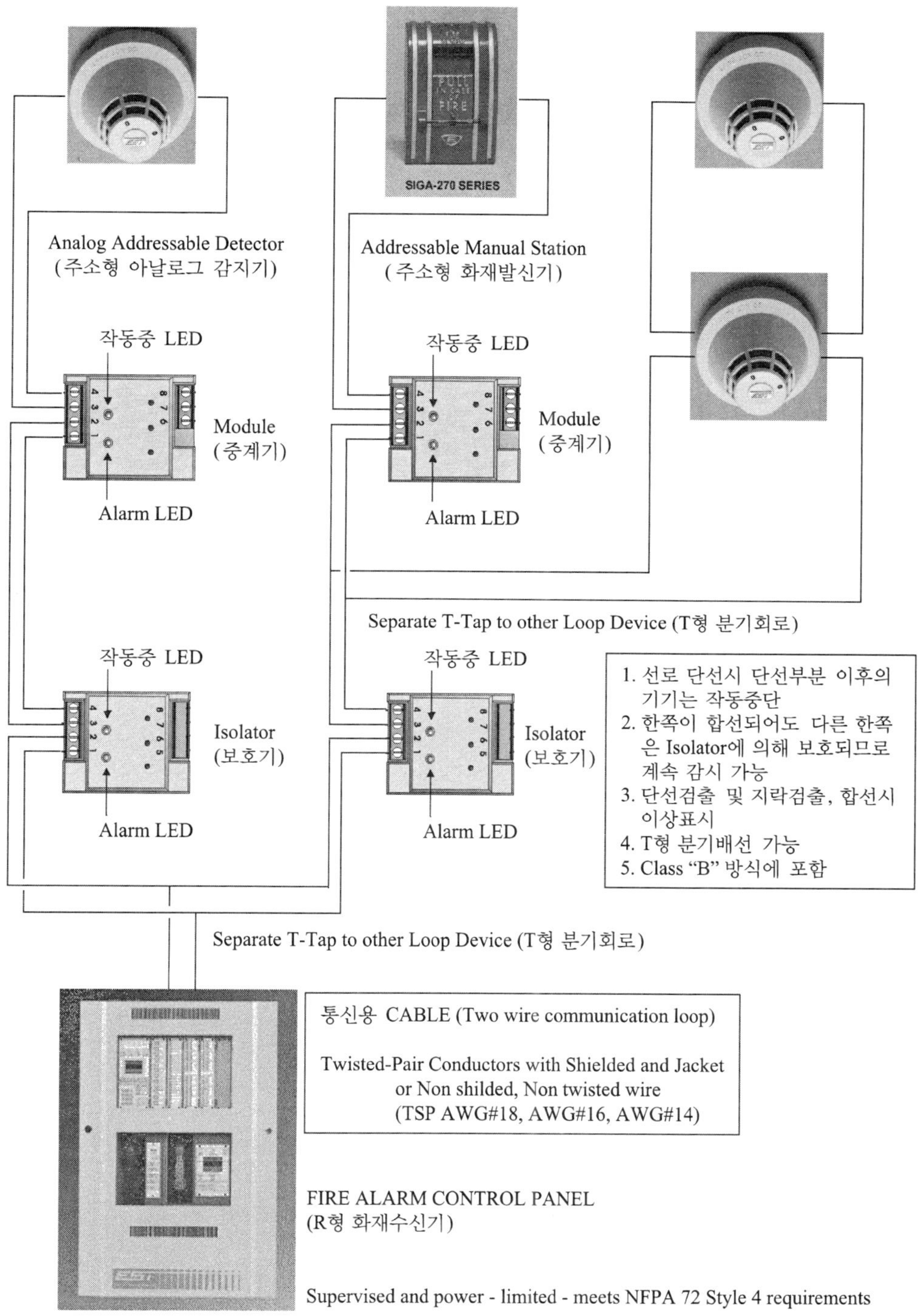

NFPA 72 Style 4 배선방식

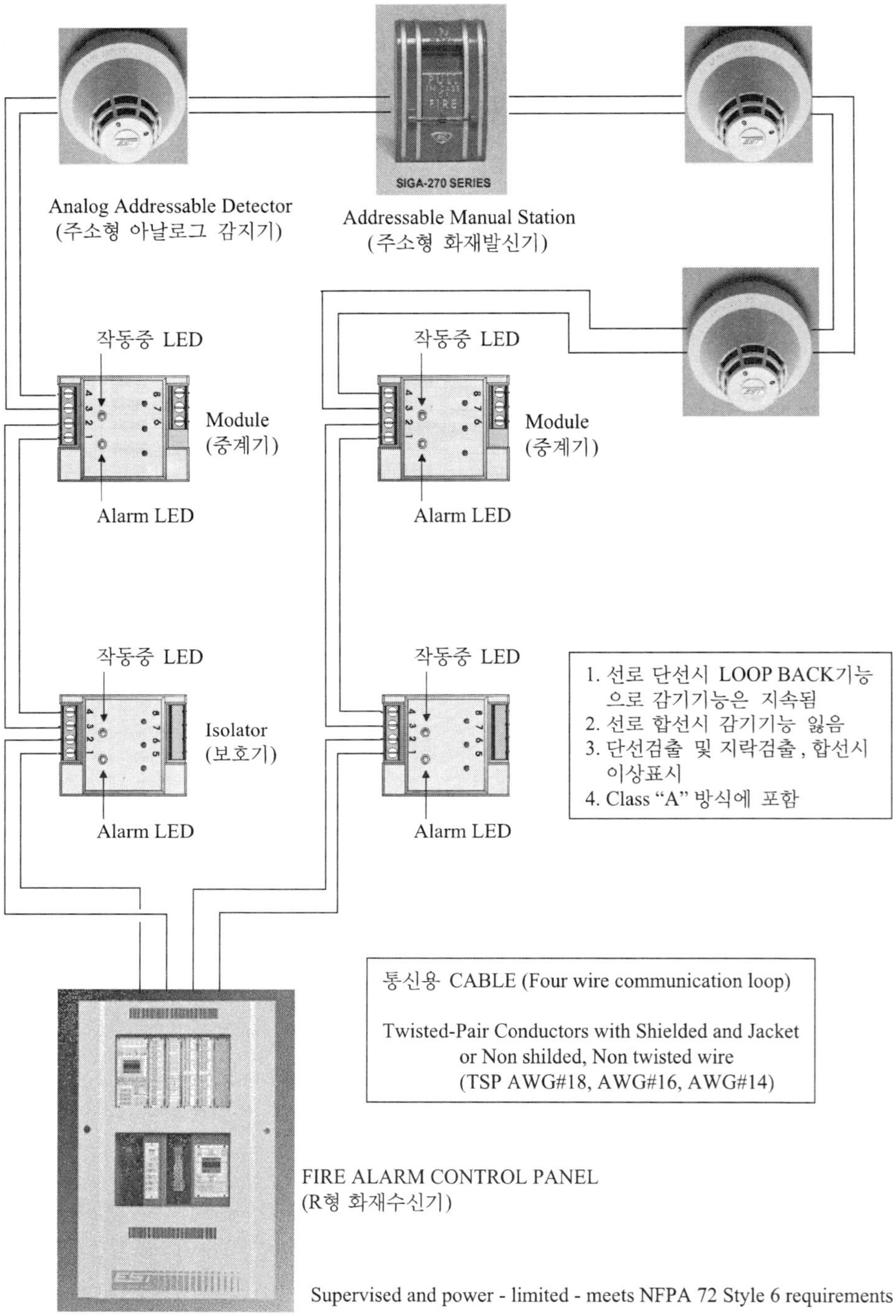

NFPA 72 Style 6 배선방식

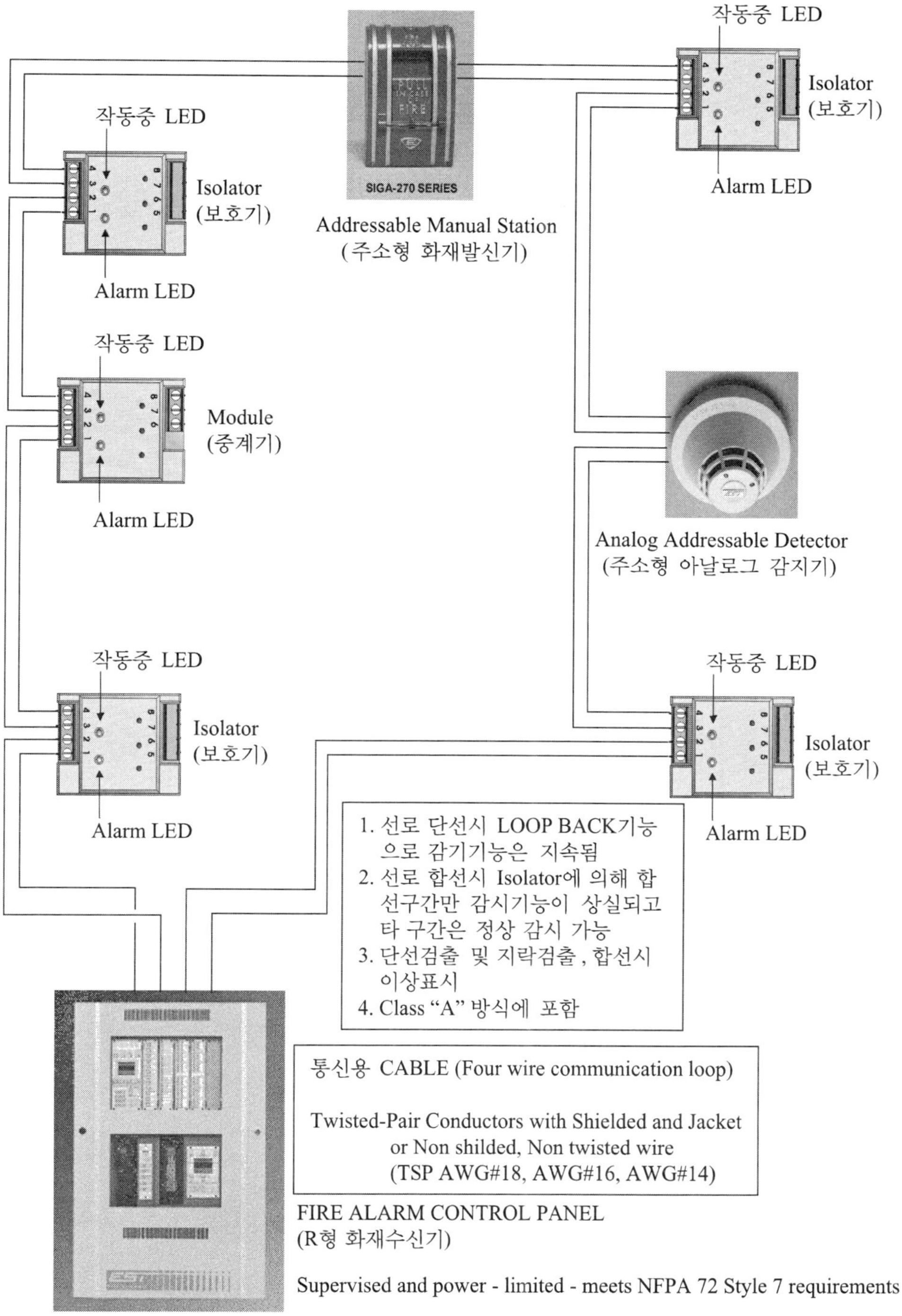

NFPA 72 Style 7 배선방식

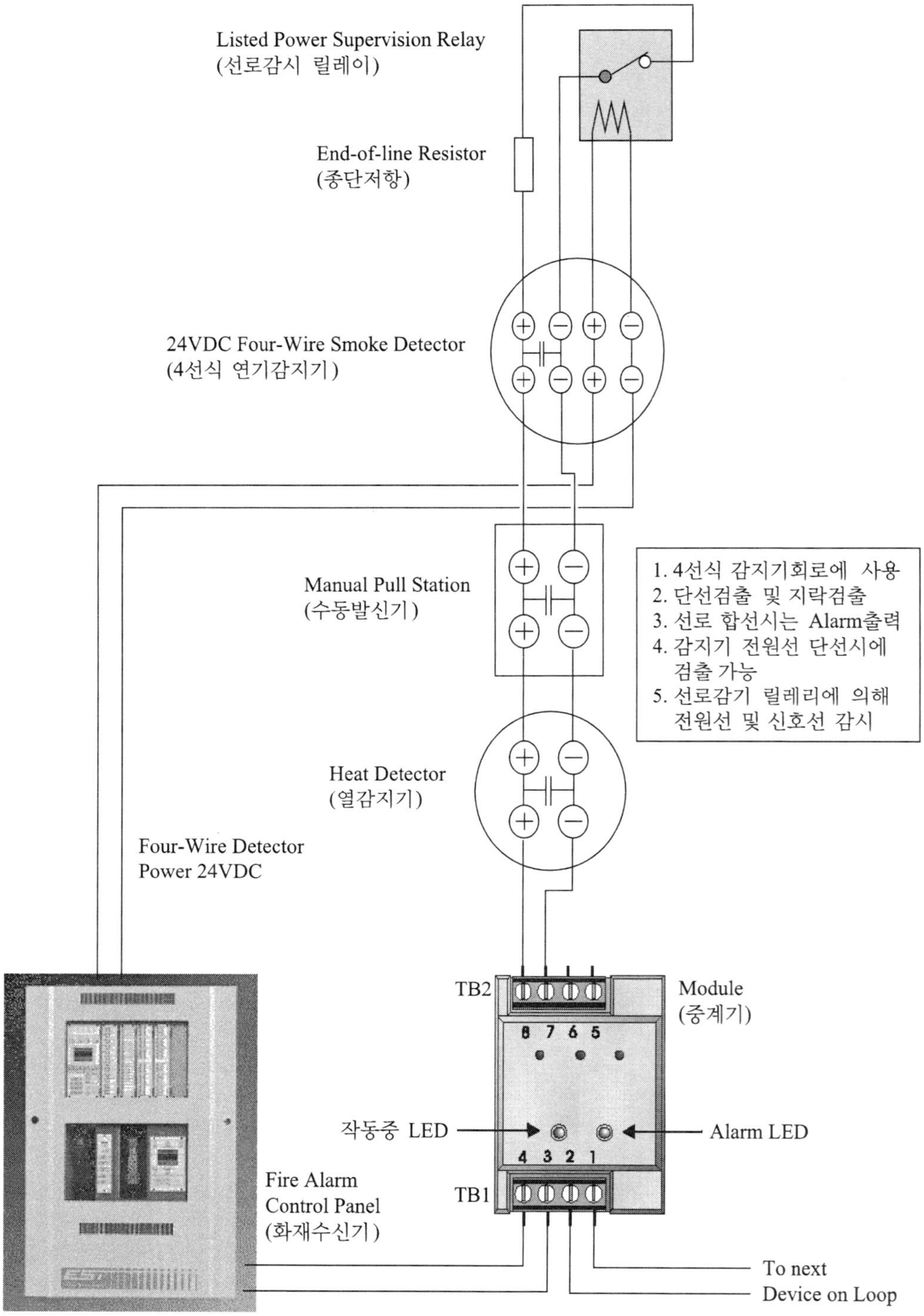

NFPA 72 Style B Initiating Circuit (Supervised and Power Limited)

NFPA 72 Style B 배선방식(4선식 감지기)

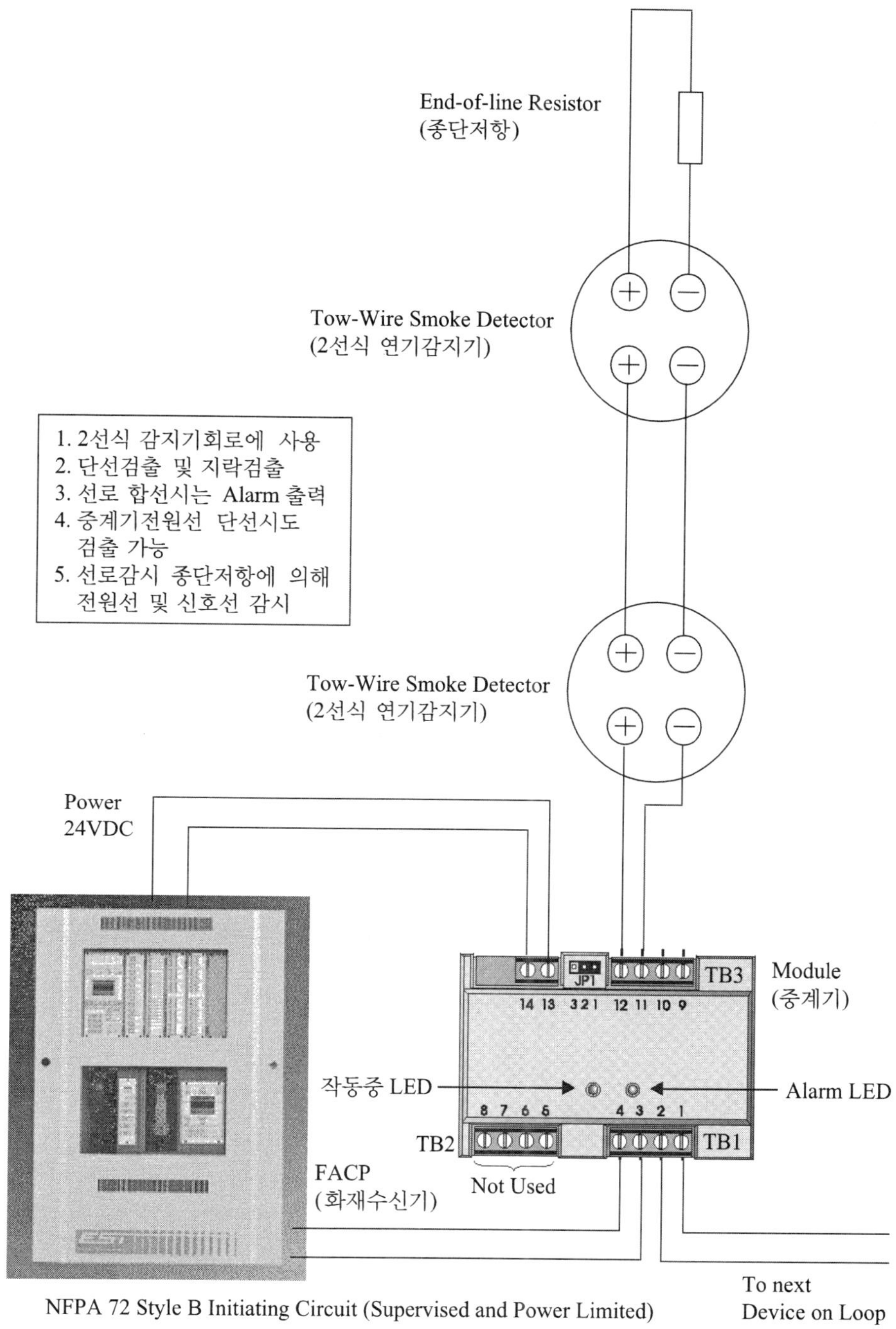

NFPA 72 Style B 배선방식 (2선식 감지기)

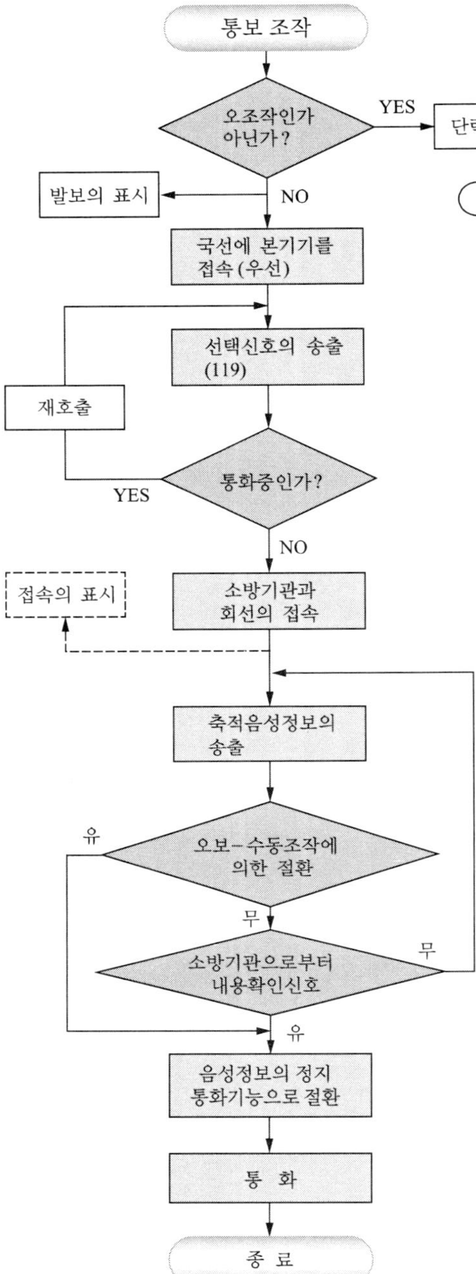

비상통보장치의 구조 및 성능

1. 기동장치
   * 화재통보전용으로 하나의 누름버튼, 통화장치, 원격기동장치 등을 수동으로 조작하므로서 작동하고 소방기관에 통보를 자동으로 개시.
   * 발보된 것을 시각적 또는 시청적으로 표시.
2. 자동화재보지설비의 작동과 연동하는 것은 다음과 같이 작동.
   * 자동화재보지설비로부터 화재신호를 수신하면 자동적으로 작동하고 소방기관에 통보를 자동적으로 개시.
   * 자동화재보지설비와 연동하여 화재정보를 통보중인 때 수동기동장치가 조작된 경우는 즉시 수동기동장치의 조작에 따른 화재정보를 통보할 수 있도록 할 것.
   * 자동화재보지설비와 연동하여 한 구절의 화재정보를 통보 완료한 후에 수동기동장치의 조작에 따른 화재정보를 통보할 수 있도록 할 것.
3. 전화회선이 만약 사용 중인 때는 강제로 발신 가능상태로 할 수 있는 조치가 되어 있을 것.
4. 선택신호의 송출
   * 10PPS 또는 20PPS의 다이얼펄스 또는 푸시버튼다이얼신호 중 하나를 송출할 수 있을 것.
   * 복수의 개소에 자동통보하는 기능을 갖고 있는 경우에는 소방기관을 제1순위로 할 것.
5. 화재가 발생하였다는 사실을 통보하는 경우의 정보는 아래와 같이 되어야 하며 준비된 음성으로 기억을 시킬 것.
   * 정보신호음(비상통보장치에서 통보중임을 표시하는 음)
   * 정보메시지
     - 수동기종장치의 조작에 의해 작동한 경우 : “화재가 발생했습니다. 화재가 발생했습니다.”
     - 자동화재보지설비의 작동과 연동하여 자동적으로 동작한 경우 : “자동화재보지설비가 작동하였습니다.”
   * 소재지
   * 건물명칭
   * 전화번호
   * 코드번호
   * 주변의 큰 목표물
   * 기타

화재통보장치의 흐름도(일본)

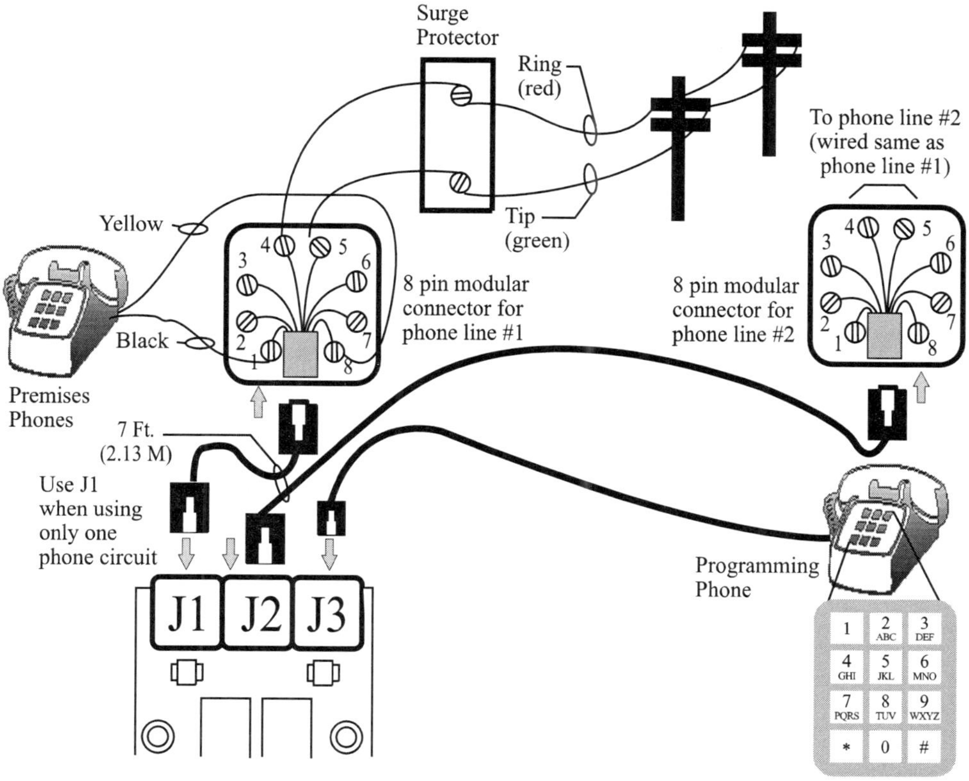

화재통보장치 결선도(미국)

※ 설치·유지기준의 특례

제12조(설치·유지기준의 특례) 소방본부장 또는 소방서장은 기존건축물이 증축·개축·대수선되거나 용도 변경되는 경우에 있어서 이 기준이 정하는 기준에 따라 해당 건축물에 설치하여야 할 자동화재탐지설비의 배관·배선 등의 공사가 현저하게 곤란하다고 인정되는 경우에는 해당 설비의 기능 및 사용에 지장이 없는 범위 안에서 자동화재탐지설비의 설치·유지기준의 일부를 적용하지 아니할 수 있다.

1. 이 조항의 설치·유지기준의 특례는 기존 건축물의 증축, 개축, 대수선되거나 용도 변경되는 경우에 있어서 근본적으로 과거의 기준에 따라 설치되었으므로 건물의 증축, 개축, 대수선되거나 용도 변경되는 경우로 인하여 추가적인 소방시설이 필요할 경우 소방시설이 이러한 업무를 방해하는 것에 대비하여 정해진 기준이다. 따라서 이 화재안전기준이 건축적으로 행해지는 이러한 증축, 개축, 대수선되거나 용도 변경되는 경우에 본 기준의 적용을 완화시키려 하는 의도이다.

2.4 가스누설경보기

2.4.1 개요

가스누설경보기란 누설된 가연성 가스가 점화원과 접촉하여 화염의 전파가 일어나는 최소의 농도 즉 폭발하한계(LEL : Lower Explosion Limit)에 도달하기 전에 가스의 누설을 경보하여 관계자나 이용자가 누설가스의 차단, 점화원 제거, 또는 공기희석 및 피난 등의 대책을 강구하기 위해 시간적 여유를 갖게 하는 설비로서 구조에 따라 단독형과 분리형으로 구분하고, 용도에 따라 단독형은 가정용으로 분리형은 식당등 영업장소에 설치하는 영업용과 산업현장에 설치하는 공업용으로 구분된다.

2.4.2 구성

가스누설경보기는 일반적으로 가스가 누설된 경우 누설가스를 감지하는 탐지부와 탐지부의 신호를 직접 또는 중계기를 통해 수신하여 경보발생 및 차단기로 작동신호를 보내는 수신부로 구성되어 있으며, 탐지부와 수신부(경보부)가 일체로 구성되어 있는 단독형과 탐지부와 수신부가 분리되어 있는 분리형 구분된다.

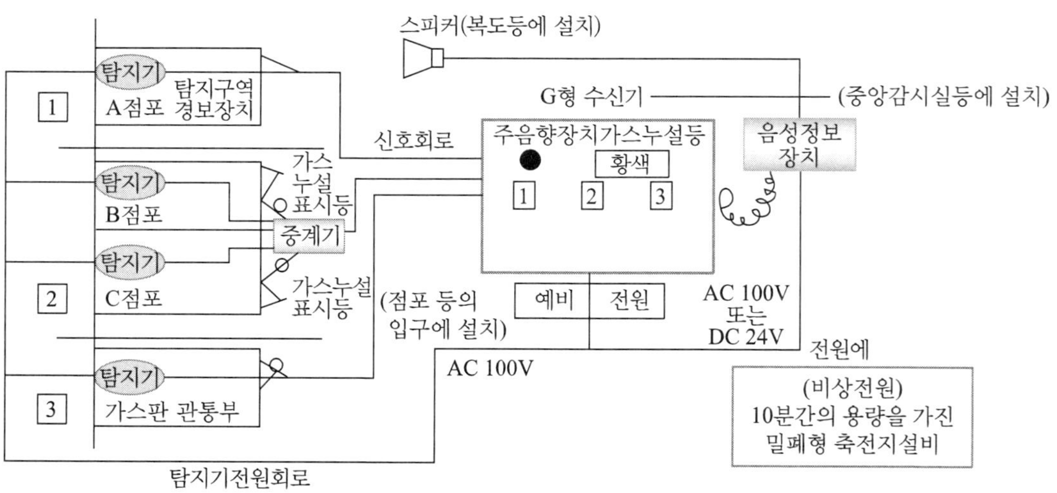

공업용 가스누설경보기 계통도

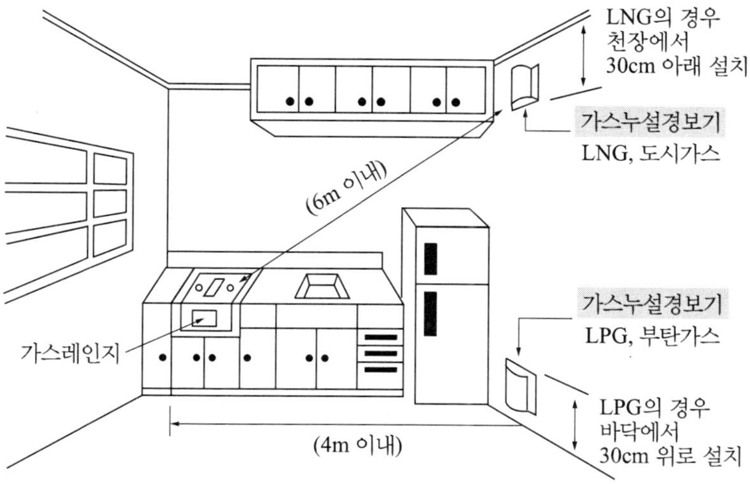

가정용 설치

2.4.3 분류

1. 가스탐지방식

(1) 접촉연소식

촉매활성한 표면을 갖는 백금선에 LPG, LNG, 도시가스 등 가연성 가스를 포함한 공기가 접촉하면 촉매작용에 의해 가연성 가스와 산소가 반응(연소)하고 반응열(연소열)이 발생하는데 이것으로 인해 예열된 백금선의 온도는 더욱더 상승하고 백금선의 전기저항치가 증대한다. 이때 백금선의 전기 저항치 변화는 공기 중의 가연성 가스농도에 비례하는데 이 변화를 전기신호로서 변환하여 값을 취하고 일정한 값을 초과하는 경우에 경보를 발생하는 가스탐지방식이다.

(2) 반도체식

반도체식 센서는 소결체형(산화물) 반도체식, 열선형 반도체식, 박막형 반도체식이 있으며 이중 국내에서 주로 사용하고 있는 것은 소결체형(산화물) 반도체이다. 소결체형 반도체식은 금속산화물 표면에서 가스흡착에 의해 전기전도의 변화를 측정하는 가스센서로서 금속산화물 SnO_2의 n형 반도체의 소결체 내부에 2개의 백금합금선(Pt-Ir) 코일을 내장하고 있어 그 중 1개의 코일에 전압을 걸어 350℃ 전후로 가열한 상태에서 가연성 가스가 접촉하면 흡착현상에 의해 반도체 부분의 전도도가 변화하게 된다. 이 특성을 이용하여 가스누설을 탐지하게 되며 출력전압은 가스농도가 증가함에 따라 대수적으로 변화한다.

2. 종류

(1) 단독형

단독형이란 하나의 본체에 감지장치와 경보장치가 있어 설치하고자 하는 곳에 가장 간편하게 설치할 수 있는 형이다(대형저장소, 소음이 많이 나는 곳은 부적합하다).

(2) 분리형

분리형은 감지부와 경보부가 분리되어 있어 감지부는 GAS 저장실에 경보부는 수위실 등 사람이 항상 상주하는 장소에 배선으로 연결 설치하여 원거리에서도 저장실의 가스 누설상태를 쉽게 감지할 수 있는 형이다. 또한, 환풍장치와 수신부를 연결 일정 농도 이상이 되어 경보가 울리면 환풍기가 자동적으로 동작하여 가스를 배출시켜 주는 방법도 있다. 대개 공업용으로 많이 쓰인다.

① **공업용(방폭형)** : 감지소자가 들어있는 감지부에서 누설된 가스를 감지하여 경보음과 동시에 환풍기를 작동시켜 준다. 감지소자는 산화주석이 주성분으로 가스를 감지하면 이온화반응이 일어나 저항값이 변하면서 경보를 발한다.

② **일반용(방폭형)** : 소규모 저장실이나 음식점, 주방 등에 설치한다.

③ **휴대용** : 가장 단단하고 간편하게 사용할 수 있는 장치이다. 가스의 누설 우려가 있는 이음부분에 휴대식 감지소자를 접속하면 누설 시에는 미터의 지시 바늘이 오른쪽으로 움직이면서 누설농도를 측정한다.

2.4.4 설치대상

가스누설경보기를 설치하여야 하는 특정소방대상물(가스시설이 설치된 경우만 해당한다)은 다음의 어느 하나와 같다.

1. 판매시설, 운수시설, 노유자시설, 숙박시설, 창고시설 중 물류터미널
2. 문화 및 집회시설, 종교시설, 의료시설, 수련시설, 운동시설, 장례식장

2.4.5 설치방법

1. 설치위치

(1) 가스누설경보기는 탐지대상 가스의 종류에 따라 설치위치가 다르므로 탐지대상 가스의 종류를 확인 후 설치할 것.

① LPG(액화석유가스)는 공기보다 약 1.5～2배 무겁기 때문에 아래쪽(바닥)에 설치한다.

② LNG(액화천연가스)는 공기보다 약 0.65배 가볍기 때문에 위쪽(천장)으로 설치한다.

③ 가스기구에서 1 m 이상 4 m 이내(수평거리)의 동일 실내 벽에 설치한다.

(2) 가스누설경보기는 전원이 110 V 또는 220 V를 사용하여 표시램프가 설치되고 건축물에 부착이 용이하여야 한다.

(3) 불연성 재질, 부식성이 없는 재질로 사용하여야 한다.

(4) 감지장치는 방폭구조로 하여야 한다.

(5) 음향장치의 성능은 사용전압 80%에서 경보를 발하여야 하며 음압은 음향장치의 중심으로부터 1 m 떨어진 곳에서 90 dB(단독형은 70 dB) 이상이어야 한다.

(6) 초기경보를 발한 후 가스를 0.1% 정도 높게 증가시킨 후 재접촉 시 20초 이내에 경보를 발하여야 한다.

(7) 작동온도는 5～35℃, 상대습도는 45～85%에서 작동하여야 한다.

(8) 전원공급 후 2분 이내에 작동하여야 한다.

(9) 전원공급 시 발하는 경보는 2분 이내에 정지하여야 한다.

2. 주의사항

아래의 장소에는 가스누설경보기를 설치하지 아니하여야 한다.

(1) 출입구 부근 및 통풍기 근처, 기름이나 물이 튀는 장소

(2) 바닥 또는 천장과 가스누설경보기 사이에 장해물이 있는 장소

2.4.6 경보발생 시 처리요령

1. 경보발생 시 처리방법

(1) 가스렌즈의 불을 끄고 가스차단용 중간 밸브를 잠근다.
(2) 창문이나 문을 열어 공기를 환기시킨다.
(3) 환풍기, 전등 등의 스위치를 조작하지 않는다.
(4) 경보음이 울리는 동안에는 콘센트를 뽑지 않는다.

가스누출 경보차단장치 구성도

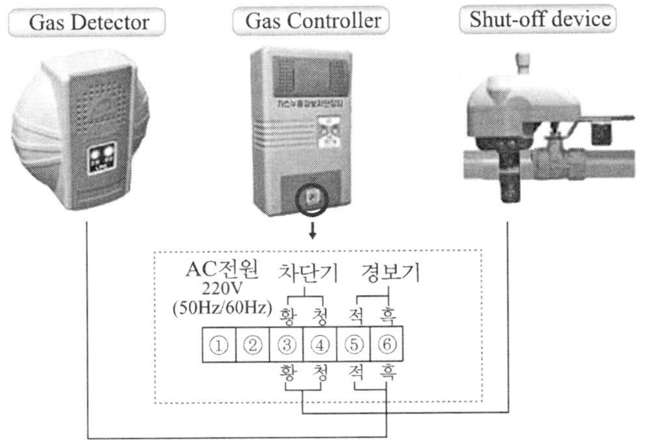

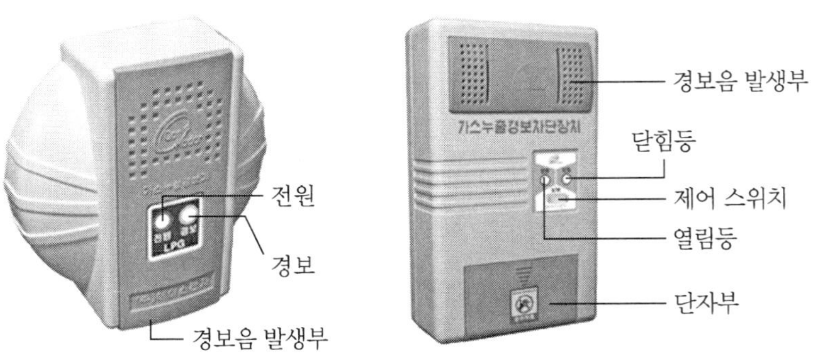

일반용

2. 점검요령

(1) 전원램프가 점등되어 있는지를 확인한다.
(2) 월 1회 정도 점검 가스로 작동 상태를 확인한다.
(3) 가스를 감지하면 경보램프의 점등 및 경보음이 울리는지 확인한다.

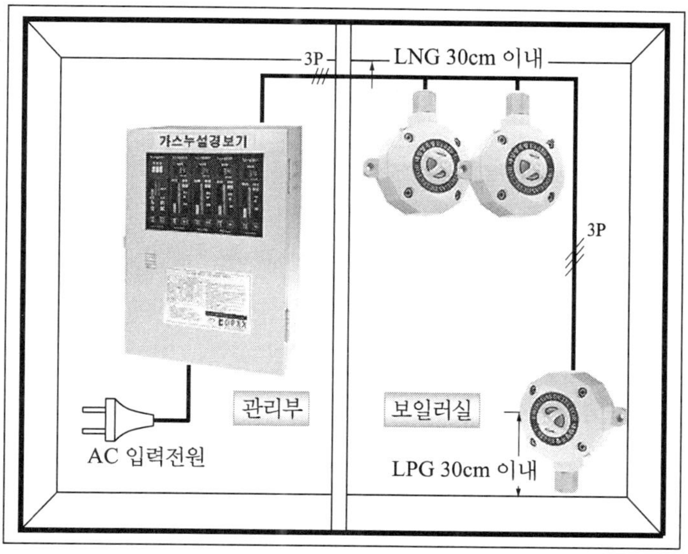

공업용

2.5 누전경보기

2.5.1 개요

전기에 기인하는 재해로는 누전, 단락(쇼트), 접촉불량, 절연불량 등이 있으며 누전경보기는 누전재해를 미연에 방지하는 것이다. 그러나 누전이란 본래 전기가 흘러야 하는 회로 이외의 부분에 전기가 흐르는 것을 말하므로 누전경보기는 모든 누전에 대해서 경보를 발하는 것이 아니고 지락전류(대지로 흐르는 전류)가 흐르는 경우에만 경보를 발하는 것이다. 지락전류에 기인하는 전기화재의 거의 대부분은 저압전로에서 발생하고 있으므로 누전경보기는 이것에 초점을 맞추어서 만들어지고 있다. 따라서 600 V 이하의 저압전로로 "제2종 접지공사" 또는 "이것과 동등의 접지공사"를 실시하고 있는 전로에 시설하는 것으로 고압전로나 절연변압기를 사용한 2차측 전로에는 특수한 공사방법, 시설방법에 따르지 않으면 유효한 경보를 발하지 않는다.

2.5.2 설치대상

"소방시설법 시행령" 별표 5 – 2. 경보설비

누전경보기는 계약전류용량(같은 건축물에 계약 종류가 다른 전기가 공급되는 경우에는 그 중 최대계약전류용량을 말한다)이 100 A를 초과하는 특정소방대상물(내화구조가 아닌 건축물로서 벽·바닥 또는 반자의 전부나 일부를 불연재료 또는 준불연재료가 아닌 재료에 철망을 넣어 만든 것만 해당한다)에 설치하여야 한다. 다만, 위험물 저장 및 처리시설 중 가스시설, 지하가 중 터널 또는 지하구의 경우에는 그러하지 아니하다.

2.5.3 누전경보기의 구성

1. 누전경보기(ELD)란?

누전경보기(ELD; Electronic Leakage(leak) Detector system)란 일반적으로 지락계전기와 같은 원리로 동작되며 보호목적도 같다고 볼 수 있다. 다만, 다른 점은 600 V 이하 저압 선로에 국한적으로 사용되며 소방법에서 규제 및 관리하는 점이라고 할 수 있다. 지락계전기와 같이 누전(지락)사고 시 영상변류기(ZCT)로부터 검출된 누설(지락) 전류를 경보기의 입력단자에 인가하여 유입된 전류치가 정정치 이상이 되면 접점이 폐로(Close) 또는 개로(Open) 되어 동작신호(Buzzer 등)를 소방대상물의 관계자에게 출력하는 설비이다.

2. 누전경보기의 사용목적

누전경보기는 600 V 이하의 선로에서 선로나 기기에 누전사고가 발생하였을 때 사고(화재)의 파급을 방지하기 위하여 경보(Alarm)를 하게 하기 위하여 사용하며 관계법령에 열거된 장소에서는 의무적으로 사용하게 되어 있다.

3. 누전경보기의 종류

누전경보기는 저압 선로에서 사용하기 때문에 비교적 누설(지락)전류가 작다. 또한 누설(지락)전류를 영상변류기를 통하여 미세한 전류로 검출하므로 고감도가 요구된다. 따라서 주로 반도체를 사용한 아날로그형이며 사용 회로에 따라 집합형(10회로, 6회로 등), 단독형(1회로) 및 구조에 따라 판넬(Panel) 매입형, 노출형 등으로 구분한다.

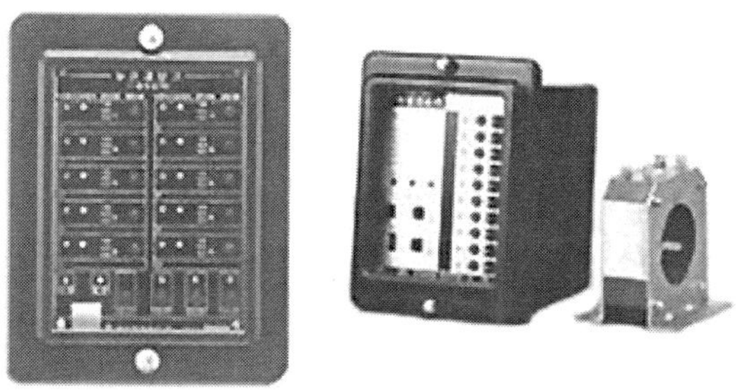

수신기 수신기와 변류기

누전경보기

변류기

4. 누전경보기의 구성 및 원리

(1) 구성

① 영상변류기

변류기는 누설전류를 검출하는 장치로 변류기의 중앙부에 경계전로의 전선을 관통시키는 관통형과 배선된 전선을 그대로 투입하는 분할형이 있으며 주로 관통형이 쓰인다.

② 수신기

(ㄱ) 수신부는 누설전류를 유기한 변류기의 미소한 전압을 수신하여 계전기를 동작시켜 음향장치의 경보를 발할 수 있도록 증폭시켜 주는 역할을 한다.

(ㄴ) **누전표시** : 수신기를 변류기로부터 송신된 신호를 수신하였을 경우 적색표시 및 음향신호에 의하여 누전을 자동적으로 표시할 수 있어야 하며 이 경우 차단기구가 있는 것은 차단 후에도 누전이 되어 있음을 적색표시로 계속 표시되는 것이어야 한다.

(ㄷ) **공칭작동 전류치** : 누전경보기의 공칭작동 전류치(누전경보기를 작동시키기 위하여 필요한 누설전류의 값으로서 제조자에 의하여 표시된 값)는 200 mA 이하이어야 한다.

(ㄹ) **감도조정장치** : 감도조정장치를 가지고 있는 주 경보기에 있어서 감도조정장치의 범위는 최대치가 1 A이어야 한다.

(ㅁ) **경보장치(음향장치)** : 경보장치는 수신기 내부에 음향장치가 있어 공칭전압을 수신기가 증폭시켜 음향을 발하여 주는 것과 수신부와 음향장치가 따로 분리되어 있는 것이다.

(2) 작동원리

규소강판(Z코아)으로 만들어진 원형 코아 내부에 전원선을 관통시켜 누설전류의 변화에 따라 코아에 감겨진 내부코일에 미소한 유도기전력이 유기되고 이 미소한 유기전압을 수신부에 의하여 검출되어 경보를 발한다.

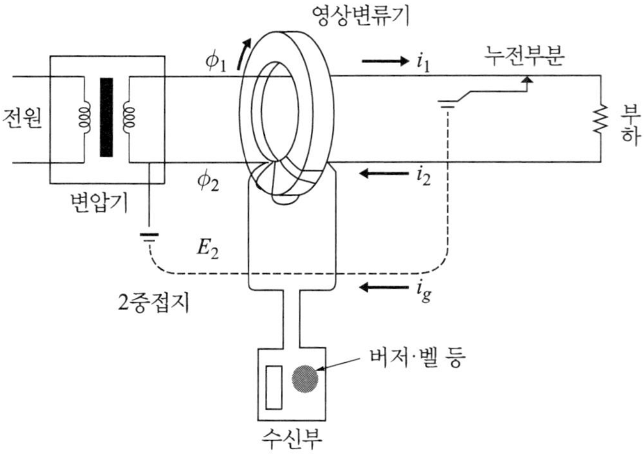

누전경보기의 작동원리

2.5.4 설치방법

1. 경계전로의 정격전류가 60 A를 초과하는 전로에 있어서는 1급 누전경보기를, 60 A 이하의 전로에 있어서는 1급 또는 2급 누전경보기를 설치할 것. 다만, 정격전류가 60 A를 초과하는 경계전로가 분기되어 각 분기회로의 정격전류가 60 A 이하로 되는 경우 당해 분기회로마다 2급 누전경보기를 설치한 때에는 당해 경계전로에 1급 누전경보기를 설치한 것으로 본다.
2. 변류기는 소방대상물의 형태, 인입선의 시설방법 등에 따라 옥외인입선의 제1지점의 부하측 또는 제2종 접지선측의 점검이 쉬운 위치에 설치할 것. 다만, 인입선의 형태 또는 소방대상물의 구조상 부득이한 경우에 있어서는 인입구에 근접한 옥내에 설치할 수 있다.
3. 변류기를 옥외의 전로에 설치하는 경우에는 옥외형의 것을 설치.
4. 소방시설 면제 등
   누전경보기를 설치하여야 할 소방대상물 또는 그 부분에 전기관련 법령에 의한 지락차단장치를 설치한 경우에는 그 설비의 유효범위 안의 부분에는 누전경보기를 설치하지 아니할 수 있다.

2.5.5 점검요령

1. 설치부분의 점검

(1) 유효하게 감지할 수 있도록 설치되었는지 여부
(2) 경계전로의 정격전류가 60 A를 넘는 전로에 1급 누전경보기를 설치하고 있는지 여부
(3) 경계전로의 정격전류가 60 A 이하의 전로에 1급 또는 2급의 누전경보기를 설치하고 있는지 여부
(4) 누전경보기는 전로의 인입구 배선마다 또는 2종 접지선으로 설치하고 있는지 여부

2. 수신기

(1) 수신기가 가연성 증기나 분진 등이 체류할 장소에 설치된 경우 차단기구를 가지고 있는 것인가의 여부

(2) 검사품 또는 규격품인지 여부
(3) 파손, 변형, 부식은 없으며 견고하게 부착되어 있고 정상적으로 작동하는지 여부
(4) 전기배선과 접속단자가 느슨한지, 이탈은 없는지 여부
(5) 검출 누설전류 설정치는 적절한지 여부

3. 변류기

(1) 변류기는 기술상 기준에 적합한가 여부
(2) 변류기의 외관상 이상이 없는지와 견고하게 부착되었는지 여부
(3) 변류기를 수신부 케이스 외에 설치하는 것으로 금속제 커버를 사용하는 것은 접지용 단자를 접지하고 있는지 여부
(4) 수신부에 이르는 각 배선이 전기설비기술 기준령에 따라서 시설되었는지 여부

4. 차단기구

(1) 안전한 장소에 설치되어 있으며 검정품인가의 여부
(2) 대지와의 사이에 절연 상태는 양호하며 정상으로 작동하는지의 여부
(3) 외관상 파손, 변형, 부식의 여부 및 견고하게 부착되었는지의 여부

5. 음향장치

(1) 상시 사람이 근무하는 장소에 설치되어 있는지 여부
(2) 음량 및 음색이 다른 소음과 구별되는지 여부

6. 배선

(1) 전선은 기준에 정하여진 것을 사용하는지 여부
(2) 전선의 강도를 20% 이상 감소시켜 접속하지 아니하였는지 여부
(3) 벽체 관통 장소는 적당한 방호 조치를 하고 있는지 여부
(4) 충전부의 노출개소는 없는지 여부
(5) 접속 방법은 적당한지 여부

7. 누전경보기의 정정방법

선로 특성에 따라 지락 계전기와 같은 방법으로 정정하면 될 것이다.

8. 누전경보기의 사용 시 주의사항

누전경보기는 사용 시 다음과 같은 주의가 필요하다.

(1) ZCT 2차와 경보기(수신부) 입력단자의 연결선은 유도에 의한 오동작 방지를 위하여 타 전력선이나 대전류가 흐르는 도체의 근접을 피하고 1.6 mm^2 이상의 Shield 선을 사용하는 것이 좋다.

(2) 누전경보기는 전용 ZCT가 있으므로 반드시 전용 ZCT를 사용해야 된다. (전용 ZCT는 ZE-**TYPE임.)

(3) 보조전원의 정격을 확인해야 한다. 집합형의 보조전원은 후면에서 절환 스위치로 110/220 V를 선택하며 단독형은 단자로 분리되어 있다.

경보설비의 검사기준(NFPA 권장)

기기명	검사주기	검사방법	검사대상	비 고
발신기	6개월	작동 후 수신반에 화재경계구역 표시 확인	전량	
	매주	전부하로 30분간 가동시험	전량	
비재용형 정온식 감지기	15년 경과 후 시험소에서 검사 그 후 5년마다	시험용 접속편 검사	발췌검사 시 결함이 발견되면 전량	
재용형 및 기타 비재용형 열감지기	6개월	가열시험	한 회로당 한두 개씩 검사하여 5년 이내에 전량검사	
연기, 불꽃, 가스감지기	1년	연기 투입시험	전량	
기기작동 감시장치	6개월	기기작동시험	전량	
경보장치	3개월	경보시험	발췌 검사하여 1년 이내에 전량검사	
연배터리	1년	전부하시험	전량	
	1주일	개방전압 점검	전량	
	6개월	전해액 비중측정	전량	
니켈카드뮴 배터리	1년	전부하시험	전량	
	3개월	개방전압점검	전량	
표시 및 표시장치	1년	작동시험	전량	

Chapter

3

기타 경보시스템

3.1 비상경보설비 및 비상방송설비

3.1.1 개요

비상경보설비 및 비상방송설비는 자동화재탐지설비 또는 다른 방법에 의해서 감지된 화재를 신속하게 소방대상물 내부에 있는 사람에게 경보하여 피난 또는 초기소화진압을 용이하게 하기 위한 설비이다. 비상경보설비에는 비상벨설비, 자동식 사이렌설비 및 단독경보형 감지기가 있다.

3.1.2 설치대상

화재예방, 소방시설 설치·유지 및 안전관리에 관한 법률 시행령(별표 5) - 특정소방대상물의 관계인이 특정소방대상물의 규모·용도 및 수용인원 등을 고려하여 갖추어야 하는 소방시설의 종류 (제15조 관련)

가. 비상경보설비를 설치하여야 할 특정소방대상물(지하구, 모래·석재 등 불연재료 창고 및 위험물 저장·처리 시설 중 가스시설은 제외한다)은 다음의 어느 하나와 같다.
   1) 연면적 400 m^2(지하가 중 터널 또는 사람이 거주하지 않거나 벽이 없는 축사 등 동·식물 관련시설은 제외한다) 이상이거나 지하층 또는 무창층의 바닥면적이 150 m^2(공연장의 경우 100 m^2) 이상인 것
   2) 지하가 중 터널로서 길이가 500 m 이상인 것
   3) 50명 이상의 근로자가 작업하는 옥내 작업장

나. 비상방송설비를 설치하여야 하는 특정소방대상물(위험물 저장 및 처리 시설 중 가스시설, 사람이 거주하지 않는 동물 및 식물 관련 시설, 지하가 중 터널, 축사 및 지하구는 제외한다)은 다음의 어느 하나와 같다.
   1) 연면적 3천5백m^2 이상인 것
   2) 지하층을 제외한 층수가 11층 이상인 것
   3) 지하층의 층수가 3층 이상인 것

바. 단독경보형 감지기를 설치하여야 하는 특정소방대상물은 다음의 어느 하나와 같다.

1) 연면적 1천m^2 미만의 아파트 등
2) 연면적 1천m^2 미만의 기숙사
3) 교육연구시설 또는 수련시설 내에 있는 합숙소 또는 기숙사로서 연면적 2천m^2 미만인 것
4) 연면적 600 m^2 미만의 숙박시설
5) 라목 7)에 해당하지 않는 수련시설(숙박시설이 있는 것만 해당한다)
6) 연면적 400 m^2 미만의 유치원

3.1.3 구조 및 기능

1. 비상경보설비(비상벨 및 자동식 사이렌)

화재발생 시 수동으로 기동장치를 조작하여 음향장치를 통하여 화재를 알리는 장치이다.

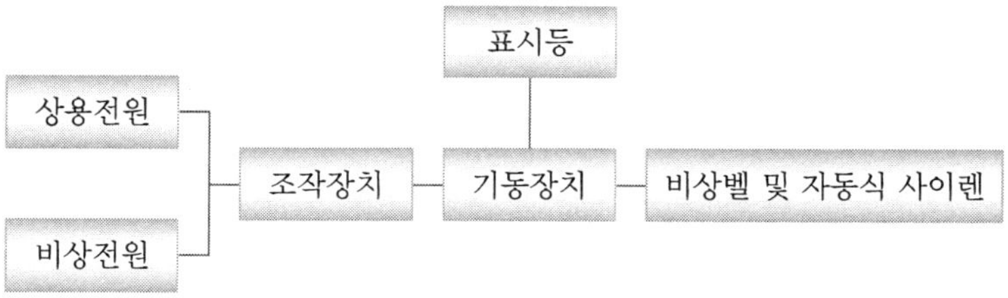

비상벨 또는 자동식 사이렌의 계통도

(1) 기동장치 조작으로 음량으로 경보를 발하는데 소요시간은 10초 이내이어야 한다.

(2) 전원전압은 기준치를 변하더라도 기능에는 이상이 없어야 한다.
① 교류전원 : 정격전압 ±10%
② 축전지설비 : 단자전압이 정격전압 ±10%

(3) 음량은 음향장치의 중심으로부터 1 m 떨어진 위치에서 90폰 이상 되어야 한다.
① 기동장치
(ㄱ) 각 층마다 설치하되 그 층의 각 부분으로부터 하나의 기동장치까지의 수평거리가 25 m 이하가 되도록 할 것

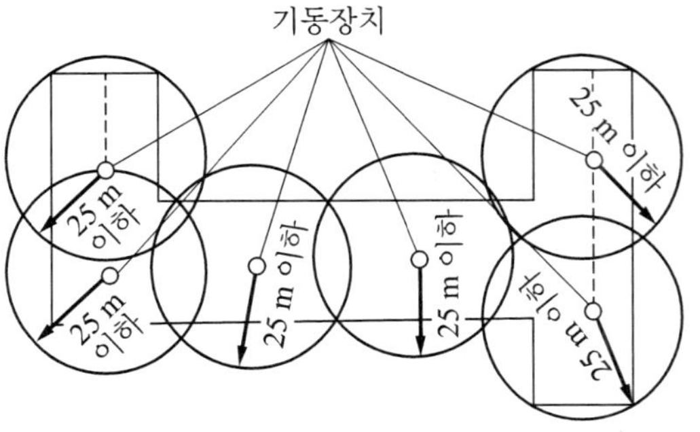

기동장치의 설치거리

(ㄴ) 바닥으로부터 높이 0.8～1.5 m 이하의 위치에 설치하고 그 상부에 적색 표시등을 부착할 것

(ㄷ) 화재 시 즉시 설비 조작부를 작동시킬 수 있는 비상전화를 위의 (ㄱ), (ㄴ)에 준하여 설치한 비상전화로 기동장치를 갈음할 수 있다.

② 음향장치

(ㄱ) 음량은 1 m 떨어진 곳에서 90폰 이상으로 할 것

(ㄴ) 각 층마다 그 층의 각 부분으로부터 하나의 음향장치까지의 수평거리가 25 m 이하가 되도록 할 것

(ㄷ) 5층 이상으로 연면적 3,000 m^2 초과의 소방대상물은 발화층 및 직상층에 경보를 발하도록 할 것(발화층이 1층인 경우에는 지하층을, 지하층인 경우에는 기타의 지하층을 포함)

2. 비상방송설비

자동화재탐지설비의 감지기가 작동하든지 혹은 화재발견자가 수동으로 기동장치를 조작하여 수신기에 화재신호를 보낼 때 자동 또는 수동으로 증폭기의 전원이 작동하여 마이크로폰 또는 테이프레코더를 조작하여 음성이나 비상경보의 방송을 스피커를 통해 알리게 하는 설비이다.

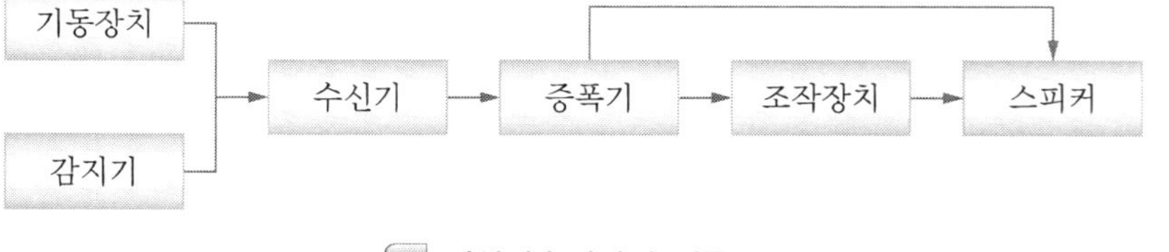

비상방송설비의 계통도

3.1.4 설치기준

1. 용어의 정의

(1) "비상벨설비"란 화재발생 상황을 경종으로 경보하는 설비를 말한다.
(2) "자동식 사이렌설비"란 화재발생 상황을 사이렌으로 경보하는 설비를 말한다.
(3) "단독경보형 감지기"란 화재발생 상황을 단독으로 감지하여 자체에 내장된 음향장치로 경보하는 감지기를 말한다.

2. 비상벨 또는 자동식 사이렌설비

(1) 비상벨설비 또는 자동식 사이렌설비는 부식성 가스 또는 습기 등으로 인하여 부식의 우려가 없는 장소에 설치하여야 한다.
(2) 지구음향장치는 특정소방대상물의 층마다 설치하되, 해당 특정소방대상물의 각 부분으로부터 하나의 음향장치까지의 수평거리가 25 m 이하가 되도록 하고, 해당 층의 각 부분에 유효하게 경보를 발할 수 있도록 설치하여야 한다. 다만, 「비상방송설비의 화재안전기준(NFSC 202)」에 적합한 방송설비를 비상벨설비 또는 자동식 사이렌설비와 연동하여 작동하도록 설치한 경우에는 지구음향장치를 설치하지 아니할 수 있다.
(3) 음향장치는 정격전압의 80% 전압에서 음향을 발할 수 있도록 하여야 한다.
(4) 음향장치의 음량은 부착된 음향장치의 중심으로부터 1 m 떨어진 위치에서 90 dB 이상이 되는 것으로 하여야 한다.
(5) 발신기는 다음의 기준에 따라 설치하여야 한다. 다만, 지하구의 경우에는 발신기를 설치하지 아니할 수 있다.
① 조작이 쉬운 장소에 설치하고, 조작스위치는 바닥으로부터 0.8 m 이상 1.5 m 이하의 높이에 설치할 것
② 특정소방대상물의 층마다 설치하되, 해당 특정소방대상물의 각 부분으로부터 하나의 발신기까지의 수평거리가 25 m 이하가 되도록 할 것. 다만, 복도 또는 별도로 구획된 실로서 보행거리가 40 m 이상일 경우에는 추가로 설치하여야 한다.
③ 발신기의 위치표시등은 함의 상부에 설치하되, 그 불빛은 부착면으로부터 15° 이상의 범위 안에서 부착지점으로부터 10 m 이내의 어느 곳에서도 쉽게 식별할 수 있는 적색등으로 할 것

(6) 비상벨설비 또는 자동식 사이렌설비의 상용전원은 다음의 기준에 따라 설치하여야 한다.

① 전원은 전기가 정상적으로 공급되는 축전지, 전기저장장치(외부 전기에너지를 저장해두었다가 필요한 때 전기를 공급하는 장치) 또는 교류전압의 옥내간선으로 하고, 전원까지의 배선은 전용으로 할 것

② 개폐기에는 "비상벨설비 또는 자동식 사이렌설비용"이라고 표시한 표지를 할 것

(7) 비상벨설비 또는 자동식 사이렌설비에는 그 설비에 대한 감시상태를 60분간 지속한 후 유효하게 10분 이상 경보할 수 있는 축전지설비(수신기에 내장하는 경우를 포함한다) 또는 전기저장장치(외부 전기에너지를 저장해 두었다가 필요한 때 전기를 공급하는 장치)를 설치하여야 한다.

(8) 비상벨설비 또는 자동식 사이렌설비의 배선은 「전기사업법」 제67조에 따른 기술기준에서 정한 것 외에 다음의 기준에 따라 설치하여야 한다.

① 전원회로의 배선은 「옥내소화전설비의 화재안전기준(NFSC 102)」 별표 1에 따른 내화배선에 의하고 그 밖의 배선은 「옥내소화전설비의 화재안전기준(NFSC 102)」 별표 1에 따른 내화배선 또는 내열배선에 따를 것

② 전원회로의 전로와 대지 사이 및 배선상호간의 절연저항은 「전기사업법」 제67조에 따른 기술기준이 정하는 바에 의하고, 부속회로의 전로와 대지 사이 및 배선 상호간의 절연저항은 1경계구역마다 직류 250 V의 절연저항측정기를 사용하여 측정한 절연저항이 0.1 MΩ 이상이 되도록 할 것

③ 배선은 다른 전선과 별도의 관·덕트(절연효력이 있는 것으로 구획한 때에는 그 구획된 부분은 별개의 덕트로 본다)·몰드 또는 풀 박스 등에 설치할 것. 다만, 60 V 미만의 약 전류회로에 사용하는 전선으로서 각각의 전압이 같을 때에는 그러하지 아니하다.

3. 단독경보형 감지기

(1) 각 실(이웃하는 실내의 바닥면적이 각각 30 m^2 미만이고 벽체의 상부의 전부 또는 일부가 개방되어 이웃하는 실내와 공기가 상호 유통되는 경우에는 이를 1개의 실로 본다)마다 설치하되, 바닥면적이 150 m^2를 초과하는 경우에는 150 m^2마다 1개 이상 설치할 것

(2) 최상층의 계단실의 천장(외기가 상통하는 계단실의 경우를 제외한다)에 설치할 것

(3) 건전지를 주전원으로 사용하는 단독경보형 감지기는 정상적인 작동상태를 유지할 수 있도록 건전지를 교환할 것
(4) 상용전원을 주전원으로 사용하는 단독경보형 감지기의 2차 전지는 법 제39조에 따라 제품검사에 합격한 것을 사용할 것

4. 비상방송설비의 설치기준

(1) 용어의 정의

① "확성기"란 소리를 크게 하여 멀리까지 전달될 수 있도록 하는 장치로써 일명 스피커를 말한다.
② "음량조절기"란 가변저항을 이용하여 전류를 변화시켜 음량을 크게 하거나 작게 조절할 수 있는 장치를 말한다.
③ "증폭기"란 전압전류의 진폭을 늘려 감도를 좋게 하고 미약한 음성전류를 커다란 음성전류로 변화시켜 소리를 크게 하는 장치를 말한다.

(2) 음향장치

비상방송설비는 다음의 기준에 따라 설치하여야 한다. 이 경우 엘리베이터 내부에는 별도의 음향장치를 설치할 수 있다.
① 확성기의 음성입력은 3 W(실내에 설치하는 것에 있어서는 1 W) 이상일 것
② 확성기는 각 층마다 설치하되, 그 층의 각 부분으로부터 하나의 확성기까지의 수평거리가 25 m 이하가 되도록 하고, 해당 층의 각 부분에 유효하게 경보를 발할 수 있도록 설치할 것
③ 음량조정기를 설치하는 경우 음량조정기의 배선은 3선식으로 할 것
④ 조작부의 조작스위치는 바닥으로부터 0.8 m 이상 1.5 m 이하의 높이에 설치할 것
⑤ 조작부는 기동장치의 작동과 연동하여 해당 기동장치가 작동한 층 또는 구역을 표시할 수 있는 것으로 할 것
⑥ 증폭기 및 조작부는 수위실 등 상시 사람이 근무하는 장소로서 점검이 편리하고 방화상 유효한 곳에 설치할 것
⑦ 층수가 5층 이상으로서 연면적이 3,000 m^2를 초과하는 특정소방대상물은 다음에 따라 경보를 발할 수 있도록 하여야 한다.
㈀ 2층 이상의 층에서 발화한 때에는 발화층 및 그 직상층에 경보를 발할 것
㈁ 1층에서 발화한 때에는 발화층·그 직상층 및 지하층에 경보를 발할 것

(ㄷ) 지하층에서 발화한 때에는 발화층·그 직상층 및 기타의 지하층에 경보를 발할 것

⑧ 다른 방송설비와 공용하는 것에 있어서는 화재 시 비상경보외의 방송을 차단할 수 있는 구조로 할 것
⑨ 다른 전기회로에 따라 유도장애가 생기지 아니하도록 할 것
⑩ 하나의 특정소방대상물에 2 이상의 조작부가 설치되어 있는 때에는 각각의 조작부가 있는 장소 상호간에 동시통화가 가능한 설비를 설치하고, 어느 조작부에서도 해당 특정소방대상물의 전 구역에 방송을 할 수 있도록 할 것
⑪ 기동장치에 따른 화재신고를 수신한 후 필요한 음량으로 화재발생 상황 및 피난에 유효한 방송이 자동으로 개시될 때까지의 소요시간은 10초 이하로 할 것
⑫ 음향장치는 다음의 기준에 따른 구조 및 성능의 것으로 하여야 한다.
(ㄱ) 정격전압의 80% 전압에서 음향을 발할 수 있는 것을 할 것
(ㄴ) 자동화재탐지설비의 작동과 연동하여 작동할 수 있는 것으로 할 것

(3) 배선

비상방송설비의 배선은 「전기사업법」 제67조에 따른 기술기준에서 정한 것 외에 다음의 기준에 따라 설치하여야 한다.

① 화재로 인하여 하나의 층의 확성기 또는 배선이 단락 또는 단선되어도 다른 층의 화재통보에 지장이 없도록 할 것
② 전원회로의 배선은 「옥내소화전설비의 화재안전기준(NFSC 102)」 별표 1에 따른 내화배선에 따르고, 그 밖의 배선은 「옥내소화전설비의 화재안전기준(NFSC 102)」 별표 1에 따른 내화배선 또는 내열배선에 따라 설치할 것
③ 전원회로의 전로와 대지 사이 및 배선상호간의 절연저항은 「전기사업법」 제67조에 따른 기술기준이 정하는 바에 따르고, 부속회로의 전로와 대지 사이 및 배선 상호간의 절연저항은 1경계구역마다 직류 250 V의 절연저항측정기를 사용하여 측정한 절연저항이 0.1 MΩ 이상이 되도록 할 것
④ 비상방송설비의 배선은 다른 전선과 별도의 관·덕트(절연효력이 있는 것으로 구획한 때에는 그 구획된 부분은 별개의 덕트로 본다) 몰드 또는 풀 박스 등에 설치할 것. 다만, 60 V 미만의 약전류회로에 사용하는 전선으로서 각각의 전압이 같을 때에는 그러하지 아니하다.

(4) 전원

① 비상방송설비의 상용전원은 다음의 기준에 따라 설치하여야 한다.

㈀ 전원은 전기가 정상적으로 공급되는 축전지, 전기저장장치(외부 전기에너지를 저장해 두었다가 필요한 때 전기를 공급하는 장치) 또는 교류전압의 옥내간선으로 하고, 전원까지의 배선은 전용으로 할 것

㈁ 개폐기에는 "비상방송설비용"이라고 표시한 표지를 할 것

② 비상방송설비에는 그 설비에 대한 감시상태를 60분간 지속한 후 유효하게 10분 이상 경보할 수 있는 축전지설비(수신기에 내장하는 경우를 포함한다) 또는 전기저장장치(외부 전기에너지를 저장해 두었다가 필요한 때 전기를 공급하는 장치)를 설치하여야 한다.

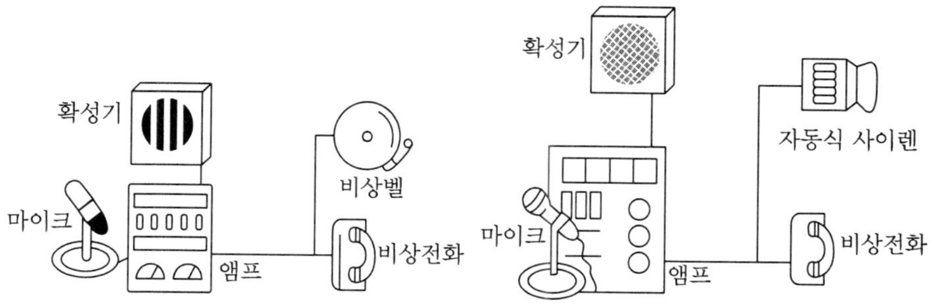

(a) 방송설비와 비상벨의 공용 (b) 방송설비와 자동식 사이렌

비상방송설비와 비상경보설비의 공용

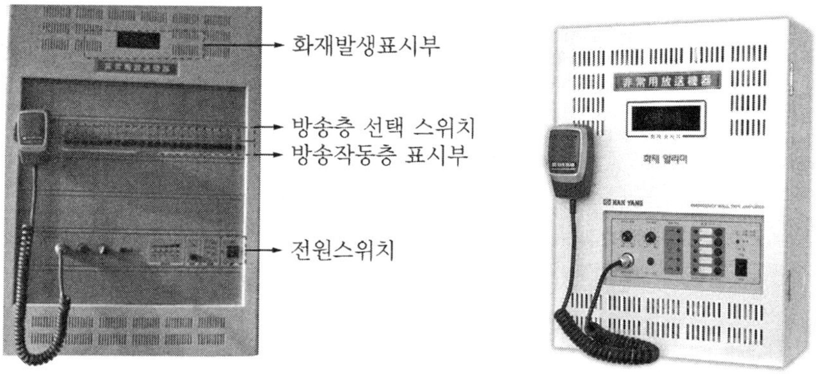

비상방송설비의 스위치 및 표시등

3.2 자동화재속보설비

3.2.1 개요

자동화재속보설비는 소방대상물의 화재발생 시 신속히 소방관서에 통보하기 위한 설비로 사람의 힘을 빌리지 않아도 화재가 발생하면 자동적으로 119 화재신고를 소방관서에 통보하는 설비이다.

3.2.2 종류

1. A형 화재속보기

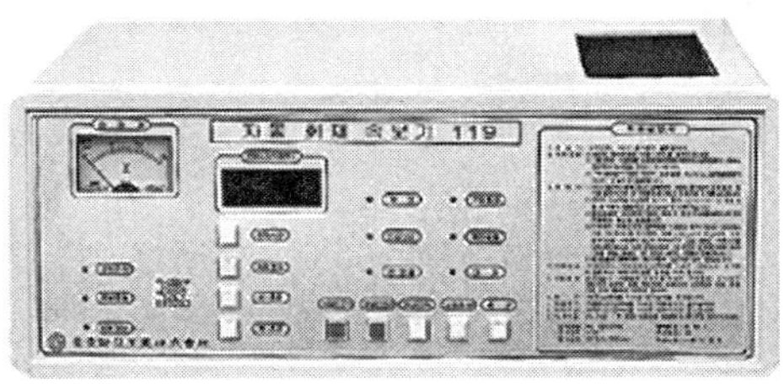

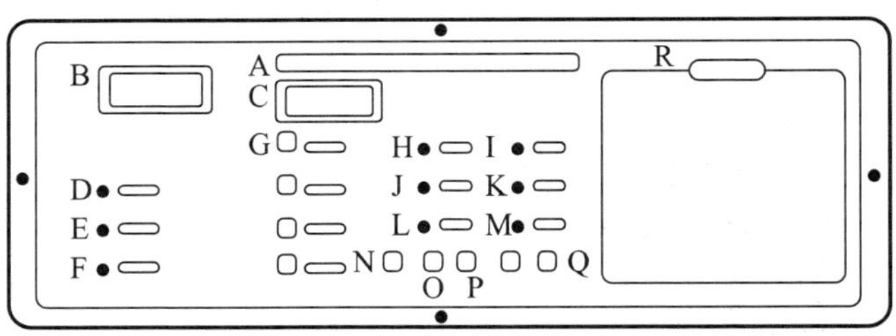

A	명판	J	비상신고표시등
B	전압계	K	음성송출표시등
C	시간, 작동표시창	L	신고 중 표시등
D	교류전원감시등	M	대기표시등
E	예비전원감시등	N	비상신고 스위치
F	배터리감시등	O	예비전원 시험 스위치
G	RESET 스위치	P	수동통화 스위치
H	화재감시등	Q	복구 스위치
I	수동통화표시등	R	설명서

A형 자동화재속보기

P형, P형 복합식, R형, R형 복합식, GR형 또는 GR형 복합식 수신기로부터 발하는 화재신호를 수신하여 20초 이내에 소방대상물의 위치를 3회 이상 소방관서에 자동적으로 통보하여 주는 것으로 지구등이 없다.

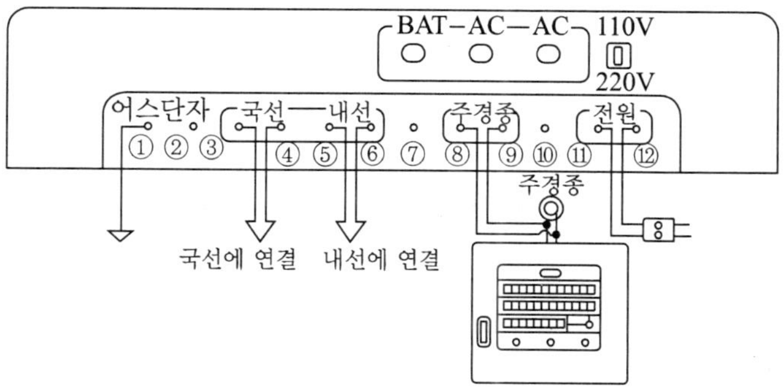

A형 자동화재속보기의 후면 단자 결선

2. B형 화재속보기

P형 수신기와 A형 화재속보기의 기능을 통합한 것으로 감지기, 또는 P형 발신기로부터 발하여지는 신호나 또는 중계기를 통하여 송신된 신호를 수신하여 화재발생을 당해 소방대상물의 관계자에게 통보하고 또한 20초 이내에 관할 소방관서에 소방대상물의 위치를 3회 이상 자동으로 통보해 주는 것으로 지구등, 단락 시험장치 및 단선 시험장치가 존재한다.

3.2.3 동작순서

자동화재탐지설비가 화재신호를 수신하면 오보를 방지하기 위하여 화재신호를 5～7초 지연한 후 계속 화재신호가 수신되면 기기의 주계전기가 동작되어 상용 전화 선로를 차단하고 속보기에서 전화회선이 자동적으로 전환되어 펄스 송출신호는 정지되면서 무접점으로 녹음세트에 절환되어 녹음재생출력이 송화에 유도되어 일반전화회선에 의하여 화재발생 장소를 소방관서에 신고하게 된다. 녹음테이프는 5분 이상 계속하여 통보할 수 있는 용량을 가져야 하며 신고가 끝나면 일반전화선으로 자동 복귀되면서 "신고 끝"이란 램프가 점등되어 속보기의 동작은 완료된다.

3.2.4 설치대상

자동화재속보설비를 설치하여야 하는 특정소방대상물은 다음의 어느 하나와 같다.

1. 업무시설, 공장, 창고시설, 교정 및 군사시설 중 국방·군사시설, 발전시설(사람이 근무하지 않는 시간에는 무인경비시스템으로 관리하는 시설만 해당한다)로서 바닥면적이 1천5백m^2 이상인 층이 있는 것. 다만, 사람이 24시간 상시 근무하고 있는 경우에는 자동화재속보설비를 설치하지 않을 수 있다.
2. 노유자 생활시설
3. 2.에 해당하지 않는 노유자시설로서 바닥면적이 500 m^2 이상인 층이 있는 것. 다만, 사람이 24시간 상시 근무하고 있는 경우에는 자동화재속보설비를 설치하지 않을 수 있다.
4. 수련시설(숙박시설이 있는 건축물만 해당한다)로서 바닥면적이 500 m^2 이상인 층이 있는 것. 다만, 사람이 24시간 상시 근무하고 있는 경우에는 자동화재속보설비를 설치하지 않을 수 있다.
5. 「문화재보호법」 제23조에 따라 보물 또는 국보로 지정된 목조건축물. 다만, 사람이 24시간 상시 근무하고 있는 경우에는 자동화재속보설비를 설치하지 않을 수 있다.
6. 1.부터 5.까지에 해당하지 않는 특정소방대상물 중 층수가 30층 이상인 것
7. 의료시설 중 요양병원으로서 다음의 어느 하나에 해당하는 시설
   (1) 요양병원(정신병원과 의료재활시설은 제외한다)
   (2) 정신병원과 의료재활시설로 사용되는 바닥면적의 합계가 500 m^2 이상인 층이 있는 것

3.2.5 특징

1. 사람이 없어도 화재발생 시 신속한 통보가 가능하다.
2. 정확한 녹음테이프를 사용하므로 인위적 신고 시 당황하거나 목적달성을 제대로 하지 못하는 경우가 없어 신고가 정확하다.
3. 잘못 감지한 신고를 제어하는 회로가 구성되어 있어 오보의 우려가 적다.
4. 일반전화에 쉽게 연결하여 설치할 수 있다.
5. 일반전화 사용 중 일반전화를 차단시켜 자동으로 소방관서에 연결된다.

3.2.6 구성내용

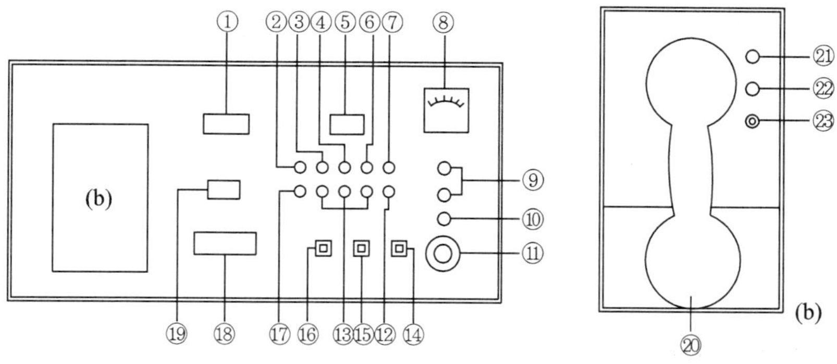

1. 작동시간 표시 : 평상시 시간을 표시하고 동작 및 화재 시에는 시계가 정지하며 동작 시간을 표시한다.
2. 교류전원등 : AC 전원이 공급되면 점등된다.
3. 예비전원등 : 정전 시 또는 예비전원 시험스위치를 누르면 점등된다.
4. 전화표시등 : 119 전화 시험 시나 신고 시 점등되는 확인 표시등
5. 신고표시등 : 기기가 동작중임을 표시하여 주는 램프
6. 축전지감시등 : 예비전원 단선 시나 축전지 전압이 10 V 미만일 때만 점등된다.
7. 충전램프 : 예비전원이 충전중임을 표시
8. 전원지시계기 : 항상 전압은 정상 위치에 있어야 한다.
9. AC 퓨즈홀더 : 퓨즈 단선 시는 좌측 표시등이 점등된다.
10. DC 퓨즈홀더 : 예비전원 퓨즈
11. 신고버튼 : 화재발생을 사람이 먼저 발견하였을 경우 사람이 작동하여 소방관서에 신고한다.
12. 스위치 주의표시등 : 스위치가 정상위치에 놓여 있지 않으면 점멸한다.
13. 신고 1-2-3 램프 : 기기가 3회 동작 신고하고 대기램프로 자동복귀한다.
14. 음향장치 스위치 : 테이프 녹음 말을 정지시키고 음성통화를 할 때 송수화기로 통화할 수 있다.
15. 전화국선 스위치 : 시험 시나 오보 시 버튼을 누르면 전화국선이 끊어진다.
16. 대기램프 : 신고 시 외엔 항상 대기위치에 있어야 한다.
17. 녹음테이프
18. 작동횟수 카운터

19. **송수화기** : 소방서와 직접 통화 시 사용한다.
20. **느림버튼** : 시간조정용으로 천천히 시간을 조정할 수 있다.
21. **빠름버튼** : 시간조정용으로 빠르게 시간을 조정할 수 있다.
22. **전원 스위치** : 상용전원을 공급·차단시키는 스위치
23. **RESET버튼** : 3회 신고 후 대기 시 정지된 시계를 동작시키는 것이다.

※ **예비전원 스위치** : 버튼을 누르면 상용전원이 차단되고 예비전원으로 전환 전압계의 지침은 정상으로 지시되어야 한다.

3.3 시각경보기

3.3.1 개요

자동화재탐지설비에서 발하는 화재신호를 받아 청각장애인에게 점멸형태로 경보하는 것

3.3.2 설치대상

시각경보기를 설치하여야 하는 특정소방대상물은 자동화재탐지설비를 설치하여야 하는 특정소방대상물 중 다음의 어느 하나에 해당하는 것과 같다.

1. 근린생활시설, 문화 및 집회시설, 종교시설, 판매시설, 운수시설, 운동시설, 위락시설, 창고시설 중 물류터미널
2. 의료시설, 노유자시설, 업무시설, 숙박시설, 발전시설 및 장례식장
3. 교육연구시설 중 도서관, 방송통신시설 중 방송국
4. 지하가 중 지하상가

3.3.3 구성

1. 구조 및 결선도

(LED 시각경보장치 소모전류 85mA 기준)

수량	품목	규격
20 개용	트랜스	25 V 3 Ah
	축전지	24 V 9000m Ah
30 개용	트랜스	25 V 5 Ah
	축전지	24 V 1300m Ah
40 개용	트랜스	25 V 7 Ah
	축전지	24 V 1300m Ah

정격용량

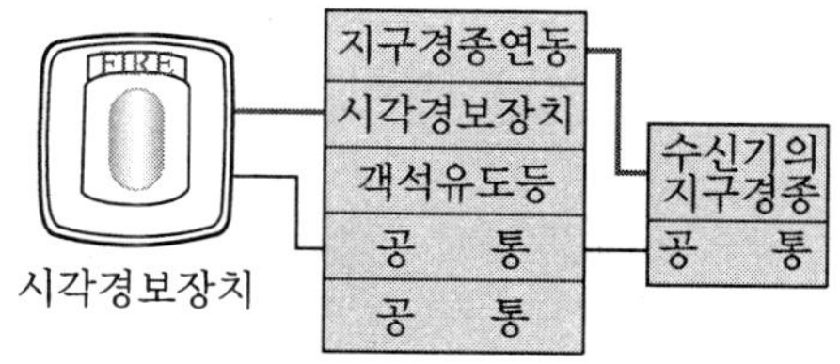

결선도

3.3.4 종류

1. 비동기식 시각경보기 : 전원동기화장치가 없이 개별적으로 점등되는 장치
2. 동기식 시각경보기 : 전원동기화장치를 통해 점등되는 순간차를 줄여 동시에 점멸가능한 장치

3.3.5 설치기준

1. 복도·통로·청각장애인용 객실 및 공용으로 사용하는 거실(로비, 회의실, 강의실, 식당, 휴게실 등)에 설치하며, 각 부분으로부터 유효하게 경보를 발할 수 있는 위치에 설치
2. 공연장·집회장·관람장 또는 이와 유사한 장소에 설치하는 경우에는 시선이 집중되는 무대부 부분 등에 설치
3. 설치높이는 바닥으로부터 2 m 이상 2.5 m 이하의 장소에 설치하며 다만, 천장의 높이가 2 m 이하인 경우에는 천장으로부터 0.15 m 이내의 장소에 설치
4. 시각경보장치의 광원은 전용의 축전지설비에 의하여 점등되도록 할 것

3.3.6 점검방법

1. 부식에 의하여 기계적 기능이 영향을 받을 수 있는 부분은 내식성능이 있는 재질을 사용하거나 또는 내식가공 및 방청가공 하였는가 확인
2. 극성이 있는 경우에는 오접속을 방지하기 위하여 필요한 조치를 취하였는지 여부
3. 충전부는 광원을 교환 및 점검할 때 감전되지 않도록 보호조치를 취할 것

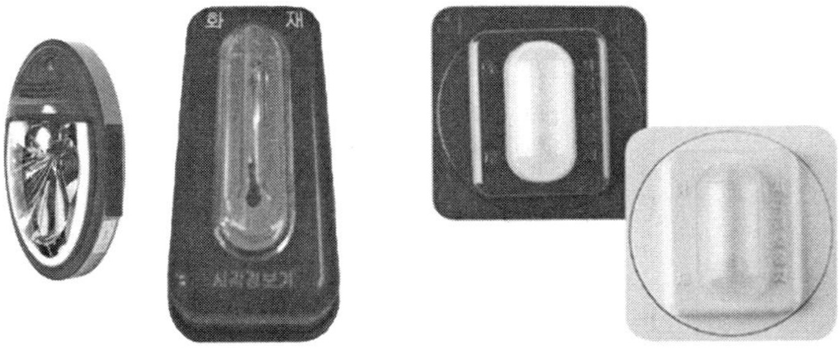

시각경보기

3.4 유도등

유도등·유도표지 및 피난유도선은 피난구의 위치 및 피난방향을 정확히 지시하는 것으로 화재 시 재실자의 인명안전과 신속한 피난유도를 확보하는 것을 주목적이다.

불특정 다수의 사람들이 있는 소방대상물, 노유자들이 다수거주 하는 소방대상물과 화재 시 발생되는 열, 연기가 체류하기 쉬운 장소 및 고층건물 등에 설치·유지를 의무화하였다.

- "유도등"이란 화재 시에 피난을 유도하기 위한 등으로서 정상상태에서는 상용전원에 따라 켜지고 상용전원이 정전되는 경우에는 비상전원으로 자동전환 되어 켜지는 등을 말한다.
- "피난구유도등"이란 피난구 또는 피난경로로 사용되는 출입구를 표시하여 피난을 유도하는 등을 말한다.
- "통로유도등"이란 피난통로를 안내하기 위한 유도등으로 복도 통로유도등, 거실 통

로유도등, 계단 통로유도등을 말한다.

- "복도 통로유도등"이란 피난통로가 되는 복도에 설치하는 통로유도등으로서 피난구의 방향을 명시하는 것을 말한다.
- "거실 통로유도등"이란 거주, 집무, 작업, 집회, 오락 그 밖에 이와 유사한 목적을 위하여 계속적으로 사용하는 거실, 주차장 등 개방된 통로에 설치하는 유도등으로 피난의 방향을 명시하는 것을 말한다.
- "계단 통로유도등"이란 피난통로가 되는 계단이나 경사로에 설치하는 통로유도등으로 바닥면 및 디딤 바닥면을 비추는 것을 말한다.
- "객석유도등"이란 객석의 통로, 바닥 또는 벽에 설치하는 유도등을 말한다.
- "피난구유도표지"란 피난구 또는 피난경로로 사용되는 출입구를 표시하여 피난을 유도하는 표지를 말한다.
- "통로유도표지"란 피난통로가 되는 복도, 계단 등에 설치하는 것으로서 피난구의 방향을 표시하는 유도표지를 말한다.
- "피난유도선"이란 햇빛이나 전등불에 따라 축광(이하 "축광방식"이라 한다)하거나 전류에 따라 빛을 발하는(이하 "광원점등방식"이라 한다) 유도체로서 어두운 상태에서 피난을 유도할 수 있도록 띠 형태로 설치되는 피난유도시설을 말한다.

3.4.1 유도등의 종류

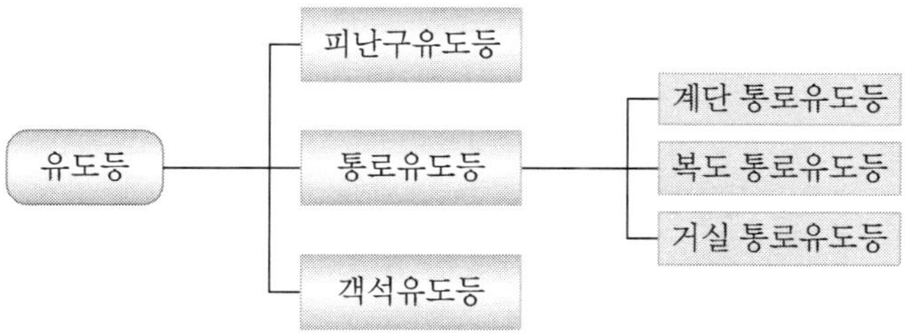

- 유도등은 상용전원을 24시간 인가하여 상시 점등하는 방식과 감지기 또는 발신기로부터 발신된 화재신호를 수신기에서 수신하고 자동으로 연동하여 점등시키는 방식으로 구분
- 유도등에 사용되는 전원은 정전 시에는 상용전원에서 비상전원으로, 정전복귀 시에는 비상전원에서 상용전원으로 자동전환되는 방식
- 유도등의 표시면은 국제표준화기구(ISO)의 기준에 의한 그림문자로 하며, 식별이 용이하도록 비상문·비상탈출구·EXIT·FIRE EXIT 또는 화살표 등과 함께 표시
- 표시면의 색상은 녹색으로 표시

- 조명상태가 밝은 상태에서 낮은 상태로 변화 시 최고로 민감하게 반응하는 색상이 녹색이기 때문
- 망막의 시세포는 '밝은 곳의 시감도'와 '어두운 곳의 시감도'의 2종류로 구별
  - '밝은 곳의 시감도'에서는, 파장 약 555 nm에서 최대 감도
  - '어두운 곳의 시감도'에서는 간상세포의 감도가 파장 510 nm로 최대
  - 황록색에서 청색으로 이동하여, 적색은 어두운 것으로, 청색은 밝은 것으로 감각

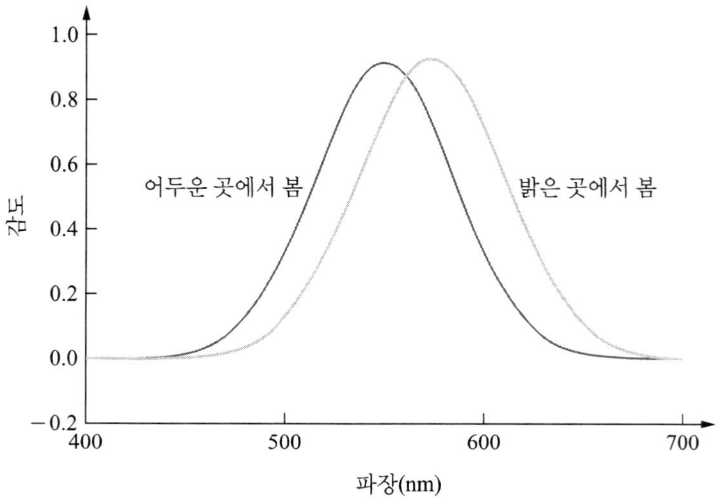

「미국 NFPA 101(인명안전기준)」 부록에서는 표시면의 색상을 명확히 규정화하고 있지 않지만 대부분의 경우에는 적색과 녹색을 사용하고 있다.

최근에는 초고층 빌딩 및 대규모 시설에서 화재수신기와 연동하여 화재발생지역으로부터 그때그때마다 현장상황에 맞게 피난할 수 있는 방향으로 피난경로를 표지해주는 방식으로 변경되고 있고, 또한 피난유도 표시방법도 단순 그림문자에서 동영상으로 구현하는 방식으로 변화되고 있다.

1. 피난구유도등

(1) 피난구 또는 피난경로로 사용되는 출입구를 표시하여 피난을 유도하는 등

(2) 직통계단과 옥내로부터 직접 지상으로 통하는 출입구 및 부속실의 출입구와 이와 연결되어 피난경로로 사용되는 복도 또는 통로로 통하는 출입구 등의 바로 윗부분(직상부) 또는 가장 가까운 거리(직근)에 설치

(3) 표시면의 색상은 녹색바탕에 백색문자로 표시하며 그 크기와 휘도

피난구유도등의 규격 및 평균 휘도

피난구유도등	1 대 1 표시면 (mm)	기타 표시면		평균 휘도(cd/m²)	
		짧은 변(mm)	최소 면적(m²)	상용점등 시	비상점등 시
대형	250 이상	200 이상	0.10	320 이상 800 미만	100 이상
중형	200 이상	140 이상	0.07	250 이상 800 미만	
소형	100 이상	110 이상	0.036	150 이상 800 미만	

2. 통로유도등

피난통로를 안내하기 위한 유도등으로 복도 통로유도등, 거실 통로유도등, 계단 통로유도등

통로유도등의 규격 및 평균 휘도

통로유도등	1 대 1 표시면 (mm)	기타 표시면		평균 휘도(cd/m²)	
		짧은 변(mm)	최소 면적(m²)	상용점등 시	비상점등 시
대형	400 이상	200 이상	0.16	500 이상 1000 미만	150 이상
중형	200 이상	110 이상	0.036	350 이상 1000 미만	
소형	130 이상	85 이상	0.022	300 이상 1000 미만	

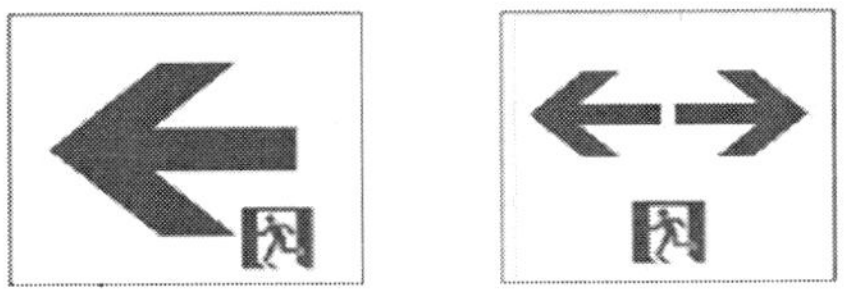

1 대 1 표시면

기타 표시면

(1) 복도 통로유도등

① 피난통로가 되는 복도에 설치하는 통로유도등으로서 피난구의 방향을 명시하는 것
② 각 거실과 그로부터 지상에 이르는 피난통로에 있는 복도에 설치하는 전등(電燈)

③ 바닥으로부터 1 m 이하의 벽면에 설치하는 복도통로용과 바닥에 매립하여 설치하는 바닥매립용
④ 표시면은 옆방향에서도 그 일부가 보일 수 있도록 외함에서 10 mm 이상 돌출
⑤ 바닥매립용은 바닥면과 동일하게 표시면을 설치하는 유도등으로 예비전원 점검용 자동복귀형 점멸기를 설치하지 않음

(2) 거실 통로유도등

① 거주, 집무, 작업, 집회, 오락 그밖에 이와 유사한 목적을 위하여 계속적으로 사용하는 거실, 주차장 등 개방된 통로에 설치하는 유도등으로 피난의 방향을 명시하는 것
② 거실, 주차장 등 개방된 공간의 피난통로상에 설치하고 화살표를 병기하여 피난구의 방향을 명시하고 있는 전등(電燈)

③ 표시면과 조사면의 구조는 바닥면과 피난방향을 비추고 표시면은 일부가 돌출
④ 직선거리 20 m의 위치에서 표시면이 쉽게 식별, 주위조도를 10 lx에서 30 lx

(3) 계단 통로유도등

피난통로가 되는 계단이나 경사로에 설치하는 통로유도등으로 바닥면 및 디딤 바닥면을 비추는 것

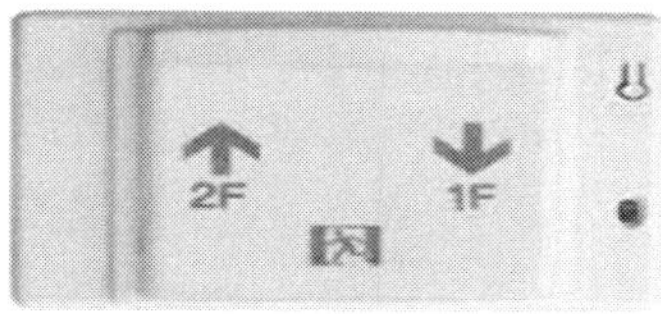

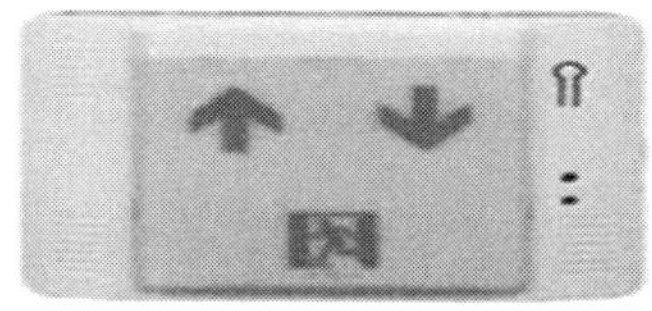

3. 객석 통로유도등

(1) 객석의 통로, 바닥 또는 벽에 설치하는 유도등

(2) 객석의 통로, 바닥 등에 설치하고 화살표를 병기하여 피난구의 방향을 명시

4. 고휘도 유도등

휘도(Brightness)란 눈부심의 밝기로 광원의 광도(luminous intensity)나 피사체의 조도(illumination)와는 다른 개념으로 광원에서 발생하는 빛에 의한 눈부심의 크기로서 이는 유도등을 식별하는 식별도에 대한 중요한 값이 됨.

	일반 유도등	고휘도 유도등
외형	단조롭고 투박하다.	심플한 디자인
소비전력	고소비 전력	저소비 전력
수명	수명이 짧다.	수명이 길다.
유지보수	불리, 수시 교환	유리, 장수램프 채용
경제성	초기 투자비 싸다.	조금 비싸지만 에너지 절약되어 원가 회수
변색	열변형 및 변색 된다.	열변형 및 변색 없다.

국내 제품으로는 CCFL, LED, T5관 형광등을 사용한 제품이 있으며 이들은 광효율이 높고, 수명이 길며, 전력소모가 적고, 슬림형의 특징이다.

(1) 고휘도 유도등의 원리(CCFL : Cold Cathode Fluorescent Lamp)

① CCFL은 일종의 가스 방전의 발광 방식으로서 램프 내부에 도포되어 있는 형광물질을 자극함으로서 빛을 발산시키는 원리이다. (냉음극형광램프)

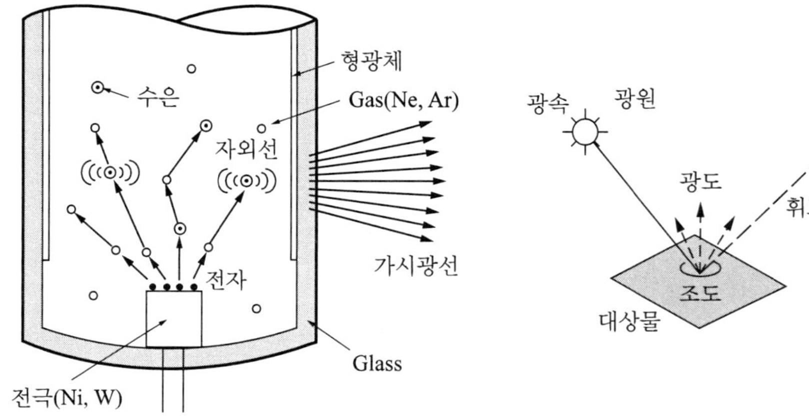

② Lamp 사이에 고전압 인가 → 1차 전자 방출 → Gas(Ne, Ar) 충돌 → 2차 전자 방출 → 수은과 충돌 → 자외선 방출 → 형광체를 통해 가시광선 파장영역까지 증폭시켜 가시광선을 방출

③ 일반 형광등에 비해 장수명, 초슬림화, 경량화, 유지보수 유리

④ 확산 불특정 → 외부전극형광램프(EEFL)로 대체되는 추세

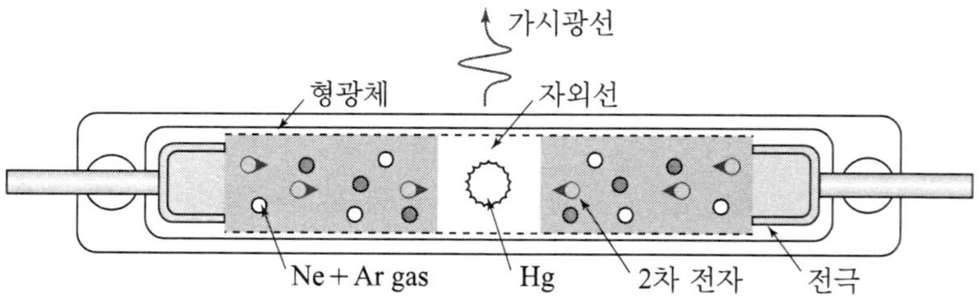

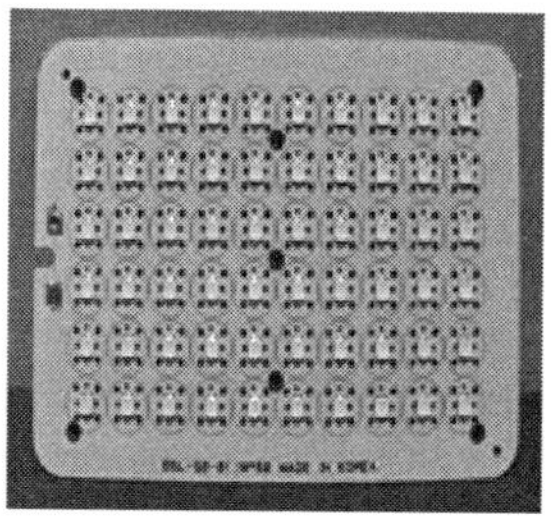

(2) LED

① 발광다이오드를 이용
② 형광램프에 비해 광도는 낮으나 소비전력이 적음
③ 램프의 교체가 필요하지 않음

(3) T5

① 20～60 kHz의 고주파를 이용하여 전자식 안정기로만 점등
② 관경이 16 mm으로 세관화하여 에너지 절감

5. 특수 유도등

(1) 스트로브(점멸 유도등)

① 개요

㈀ 고압의 스파크가 방전관안의 제논가스를 밝게 타오르게 하여 빛을 만들어냄
㈁ 기존 유도등의 경우 짙은 연기 속에서는 조도 개선이 불가능하므로 강한 빛으로 위치를 파악하기 위해 개발

② 특징

㈀ 제논(크세논)램프는 순간적이지만 밝기는 형광등의 수백～수천 배
㈁ 유도등에 제논램프를 첨가하여 피난구유도등 주변에 부착
㈂ 화재 신호 시 매초 2회 간격으로 섬광

(2) 음향장치 부착 유도등

① 개요

㈀ 기존 유도등의 대형화, 표시면의 고조도화, 제논램프 유도등으로 조명도를 높여도 농연에서는 한계가 있음
㈁ 화재조사에 의하면 피난구 주변에서 사망사고가 많으므로 기존 유도등을 보완하여 피난안전도를 높일 필요가 있음

② 특징

(ㄱ) 피난구유도등 주변에 점멸식 유도등과 같이 speaker를 부착하여 화재 시 「삐-뽕 삐-뽕 비상구는 여기 있습니다」라는 경보음과 음성을 통보

(ㄴ) 큰 음향시 반향음에 의해 음의 방향을 분별하지 못하는 단점은 있지만 피난구 주변에 설치하므로 음량을 조정하여 반향음을 최소화 함

(3) 광점멸 주행에 의한 피난유도 시스템

① 개요

심도 깊은 지하공간이나 대규모 건축물, 지하상가 등에는 화재발생 시 동적인 빛과 음향을 사용한 강력한 피난유도 System 필요

② 특징

① 광원의 간격 : 간격이 좁을수록 유리, 간격이 1 m 이상 시 유도효과 저하

② 광원의 휘도 : 2,000 cd/m^2

③ 광원의 크기 : 5 cm × 5 cm

④ 광원의 점멸주행속도 : 2～3 m/sec일 때 가장 효과적

⑤ 조명기구 : 기구축의 10° 전후의 배광 곡선을 가질 것

(4) 허스효과에 의한 음성 피난유도 System

① 같은 음량을 가진 두 가지 음이 있는 경우 먼저 귀에 닿는 쪽 소리를 우선적으로 듣고자 하는 허스효과를 이용 비상구를 기점으로 천장에 여러 speaker 부착, 인접한 스피커 사이에 전기적 시간차를 두어 음성을 발하므로, 음성이 비상구로부터 들려오는 것 같이 한 것

② 설치간격 : 10 m 이내, 설치방향 : 통로의 긴 방향

(5) 지능형 피난유도 System

화재 시 유도등은 수신기, 감지기와의 통신을 통해서 화재가 발생한 장소와 반대방향으로 피난하도록 화살표를 지시하여 준다.

3.5 유도표지

- "피난구유도표지"란 피난구 또는 피난경로로 사용되는 출입구를 표시하여 피난을 유도하는 표지를 말한다.
- "통로유도표지"란 피난통로가 되는 복도, 계단 등에 설치하는 것으로서 피난구의 방향을 표시하는 유도표지를 말한다.

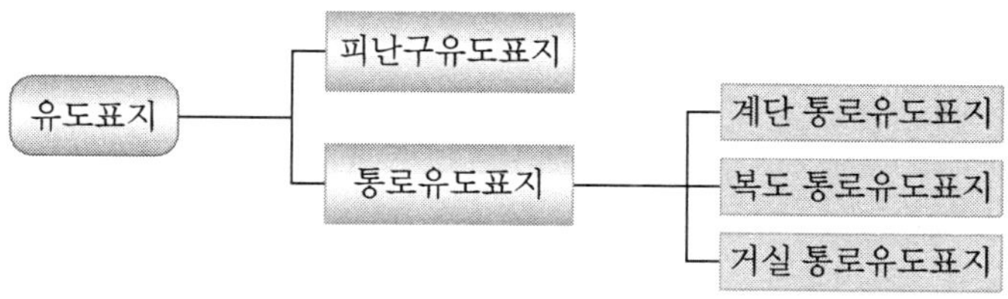

1. 피난구유도표지

(1) 피난구 또는 피난경로로 사용되는 출입구를 표시하여 피난을 유도하는 표지
(2) 화재발생 시 피난구 또는 피난경로로 사용되는 출입구를 안내하기 위하여 사용되는 표지로서 피난을 유도하는 표지
(3) 외부의 전원을 공급받지 아니한 상태에서 빛을 축적하여 어두운 곳에서도 도안·문자 등이 쉽게 식별
(4) 표시방법은 표시면의 색상을 녹색바탕에 백색(엷은 연두색, 엷은 황색)문자로 표시

2. 통로유도표지

(1) 피난통로가 되는 복도, 계단 등에 설치하는 것으로서 피난구의 방향을 표시하는 유도표지

(2) 외부의 전원을 공급받지 아니한 상태에서 빛을 축적하여 어두운 곳에서도 도안·문자 등이 쉽게 식별

(3) 표시방법은 표시면의 색상은 백색(엷은 연두색, 엷은 황색)바탕에 녹색문자로 표시

3. 피난유도선

햇빛이나 전등불에 따라 축광(이하 "축광방식"이라 한다)하거나 전류에 따라 빛을 발하는(이하 "광원점등방식"이라 한다) 유도체로서 어두운 상태에서 피난을 유도할 수 있도록 띠 형태로 설치되는 피난유도시설을 말한다.

(1) 축광식 피난유도선

① 전원의 공급 없이 전등 또는 태양 등에서 발산되는 빛을 흡수하여 이를 축적시킨 상태에서 전등 또는 태양 등의 빛이 없어지는 경우 일정시간 동안 발광이 유지되어 어두운 곳에서도 피난유도선에 표시되어 있는 피난방향 안내 문자 또는 부호 등이 쉽게 식별될 수 있도록 함으로서 피난을 유도하는 기능이다.

② 표시면은 연속된 띠 형태로 설치하며 그 크기는 짧은 변의 길이가 20 mm 이상이고 면적은 20,000 mm^2 이상 축광식 피난유도선이 사각형이 아닌 경우에는 내접하는 사각형에 대하여 적용한다.

③ 전원의 공급 없이 전등 또는 태양 등에서 발산되는 빛을 흡수하여 이를 축적시킨 상태에서 전등 또는 태양 등의 빛이 없어지는 경우 일정시간 동안 발광이 유지되어 어두운 곳에서도 피난유도선에 표시되어 있는 피난방향 안내 문자 또는 부호 등이 쉽게 식별 - 짧은 변의 길이가 20 mm 이상이고 면적은 20,000 mm^2 이상이다.

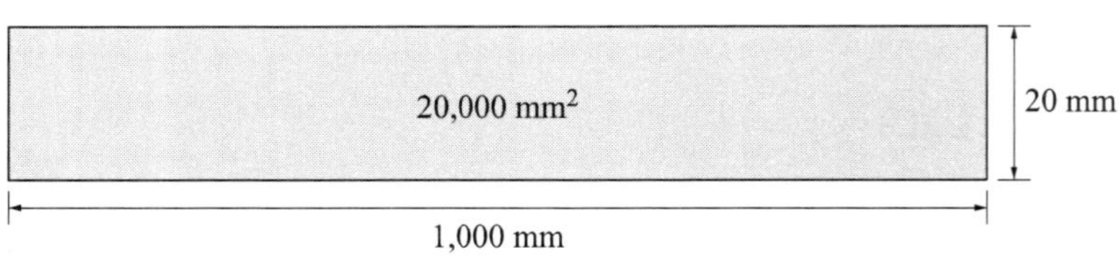

표시면 표준단위길이 예

축광식 피난유도선 예

(2) 광원점등방식 피난유도선

① 수신기 화재신호의 수신 및 수동조작에 의하여 표시부에 내장된 광원을 점등시켜 표시부의 피난방향 안내 문자 또는 부호 등이 쉽게 식별되도록 함으로서 피난을 유도하는 기능의 피난유도선

② 수신기의 화재신호 또는 수동조작신호를 수신하거나 정전 시 즉시 점등되어야 하며, 인위적 조작이 없는 한 점등상태는 유지 - 주기적으로 점멸하는 경우 단위 소등시간은 2초 이하

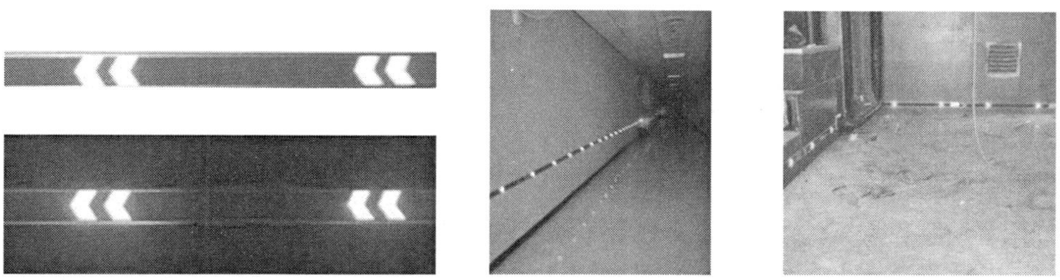

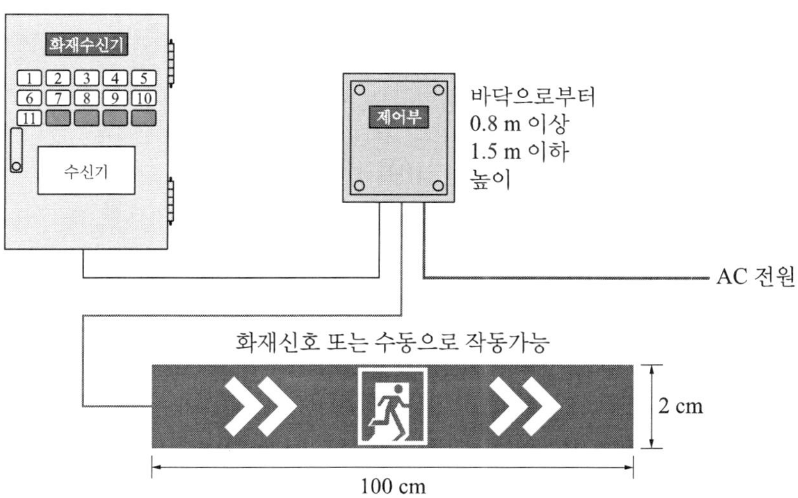

광원점등방식 피난유도선 구성도

4. 유도등 및 유도표지 설치대상 등

(1) 특정소방대상물의 용도별로 설치하여야 할 유도등 및 유도표지 설치대상

설치장소	종류
① 공연장, 집회장, 관람장, 운동시설, 유흥주점영업시설	- 대형 피난구유도등 - 통로유도등, 객석유도등
② 위락시설, 판매시설 및 영업시설, 관광숙박시설, 의료시설, 통신촬영시설, 전시장, 지하상가, 지하철역사	- 대형 피난구유도등 - 통로유도등
③ 일반 숙박시설, 오피스텔 또는 ① 및 ② 외의 지하층, 무창층 및 11층 이상의 부분	- 중형 피난구유도등 - 통로유도등
④ 근린생활시설(주택용도 제외), 노유자시설, 업무시설, 종교집회장, 교육연구시설, 공장, 창고시설, 교정시설, 기숙사, 자동차정비공장, 자동차운전학원 및 정비학원, ① 또는 ③ 외의 다중이용업소	- 소형 피난구유도등 - 통로유도등
⑤ 그 밖의 것	- 피난구유도표지 - 통로유도표지

(2) 유도등 및 유도표지 설치기준

종류	피난구 유도등	통로유도등 (피난통로를 안내하기 위한 유도등)			객석 유도등	유도표지	
		거실 통로유도등	복도 통로유도등	계단 통로유도등		피난구유도표지	통로유도표지
정의	피난구 또는 피난경로로 사용되는 출입구를 표시하여 피난을 유도하는 유도등	거주 등의 목적으로 거실, 주차장 등 개방된 통로에 설치하는 유도등으로 피난방향을 명시	피난통로가 되는 복도에 설치하는 유도등	피난통로가 되는 계단, 경사로에 설치하는 유도등	객석의 통로, 바닥, 벽 등에 설치하는 유도등	피난구 또는 피난경로로 사용되는 출입구를 표시하여 피난을 유도하는 표지	피난통로가 되는 복도, 계단 등에 설치하여 피난구의 방향을 표시하는 표지
설치대상	모든 소방대상물	모든 소방대상물	모든 소방대상물	모든 소방대상물	공연장, 집회장, 관람장, 운동시설	모든 소방대상물	모든 소방대상물
설치기준	설치장소	- 거실의 통로에 설치 - 보행거리 20 m - 1.5 m 이상 설치 - 기둥 1.5 m 이하	- 복도에 설치 - 보행거리 20 m - 1 m 이하 설치 - 바닥설치 시 하중에 견딜 것	- 경사로참, 계단참마다 설치 - 1 m 이하 설치	- 객석의 바닥, 통로, 벽에 설치 - 0.2 lx 이상	- 출입구 상단에 설치	- 1 m 이하 설치

종류	피난구 유도등	통로유도등 (피난통로를 안내하기 위한 유도등)			객석 유도등	유도표지	
		거실 통로유도등	복도 통로유도등	계단 통로유도등		피난구유도표지	통로유도표지
		- 통행에 지장이 없도록 설치할 것 - 주위에 유사한 등화광고물 설치 금지				- 보행거리 15 m 이하인 곳 - 구부러진 모퉁이 벽 - 주위에 유사한 등화광고물 설치 금지 - 부착판 등을 사용 떨어지지 않게 설치 - 축광방식은 상시조명이 제공되도록 설치	
설치 높이	1.5 m 이상	1.5 m 이상	1 m 이하	1 m 이하			1 m 이하
설치 거리		보행거리 20 m	보행거리 20 m	경사로참, 계단참마다			
조명도		1 lx 이상			0.2 lx 이상		
색깔	녹색바탕에 백색문자	백색바탕에 녹색문자					
설치 개수		보행거리 / 20 m − 1			직선길이 / 4 m − 1	보행거리 / 15 m − 1	

(3) 유도등 설치위치

옥내로부터 직접 지상으로 통하는 출입구 및 그 부속실의 출입구	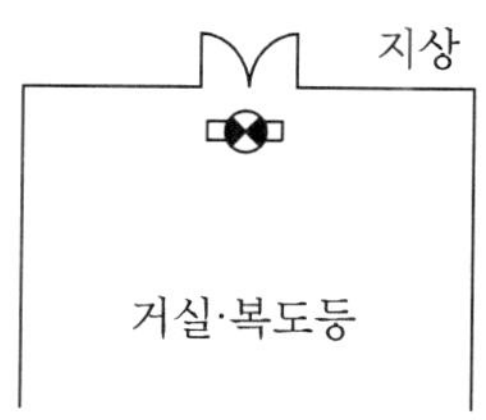 부속실 없음	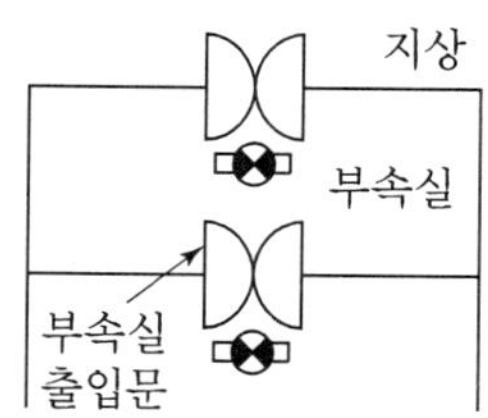 부속실 있음
직통계단, 직통계단 계단실 및 그 부속실의 출입구	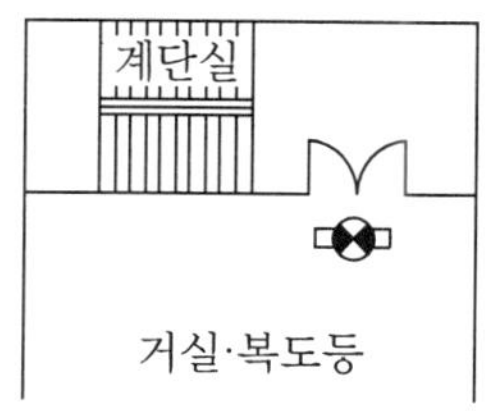 부속실 없음	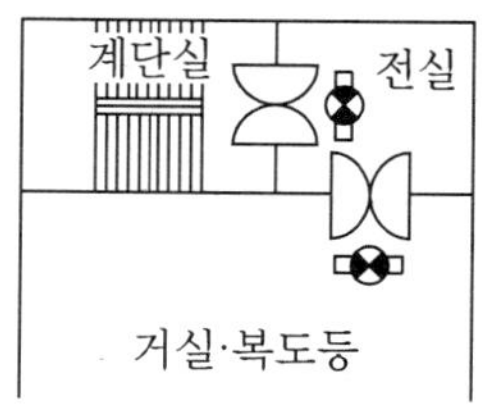 부속실 있음

<table>
<tr><td>출입구에 이르는 복도 또는 통로로 통하는 출입구</td><td>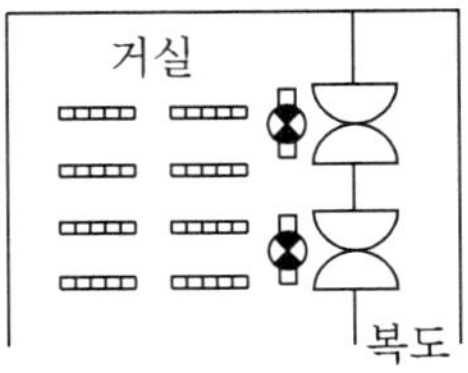

연속거실 없음</td><td>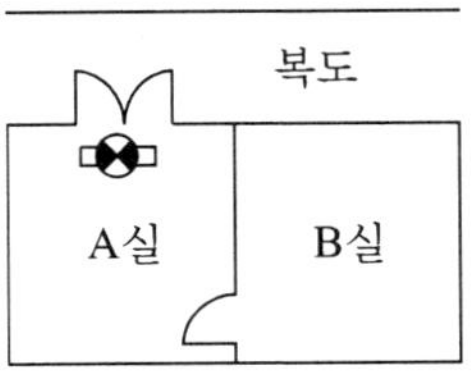

연속거실 있음</td></tr>
<tr><td>안전구획된 거실로 통하는 출입구</td><td>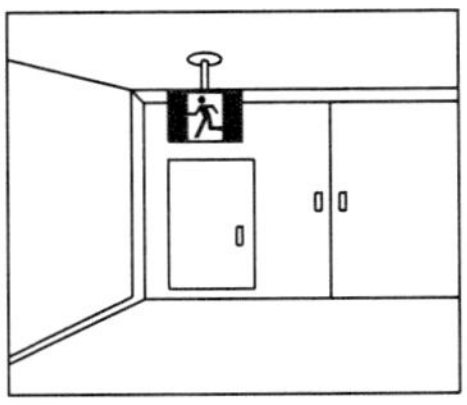
안전구획 : 입면도</td><td>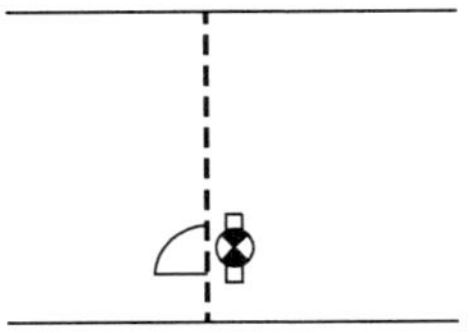
안전구획 : 평면도</td></tr>
</table>

(4) 유도등의 전원

전원의 분기는 화재 등의 사고로 일반배선의 전원이 차단되더라도 소방시설에 공급되는 전원에는 영향을 주지 않도록 별도로 분기되어 화재 등 유사시에도 소방시설이 일반부하에 의한 영향을 받지 않고 정상적으로 작동한다.

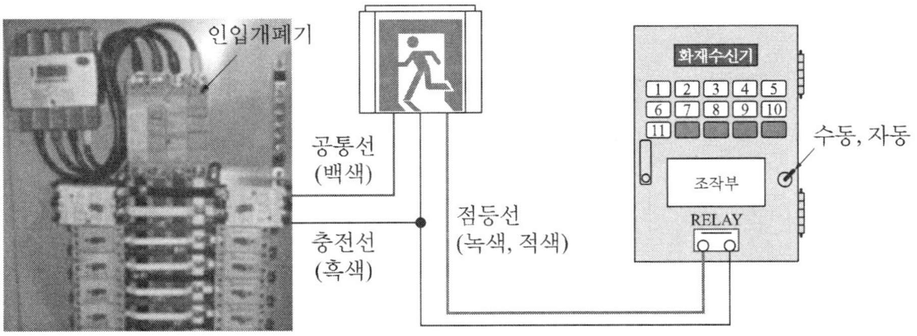

(5) 유도등의 배선

① 유도등의 인입선과 옥내배선은 직접 연결

② 점멸기를 설치하지 아니하고 항상 점등상태 유지할 것(2선식 배선 원칙). 단, 상시 충전되는 것은 점멸기 설치 가능(3선식 배선)

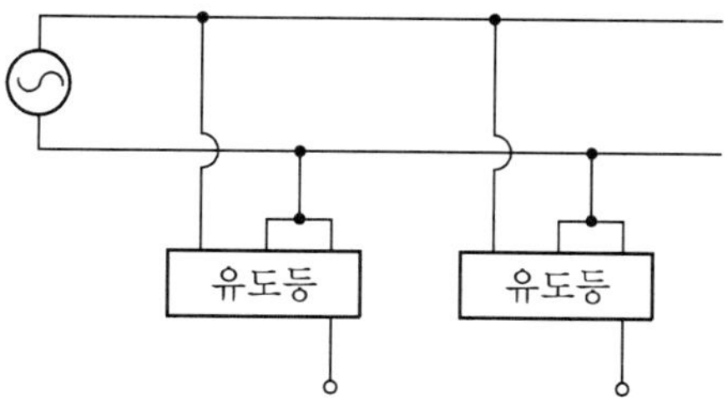

2선식

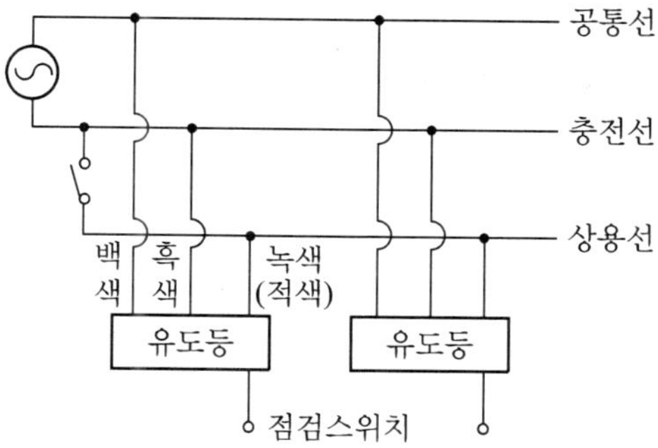

3선식

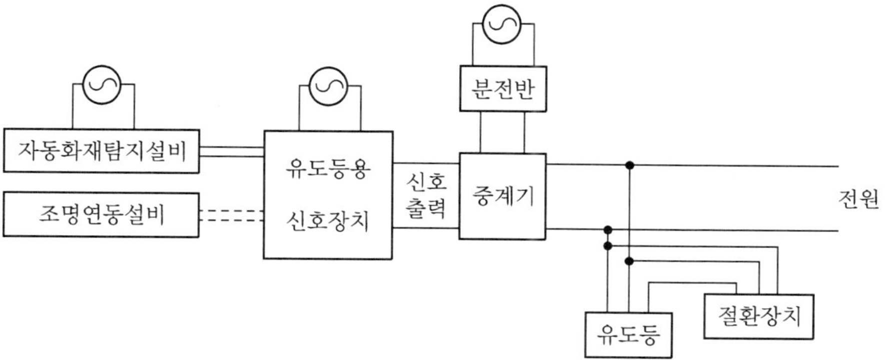

2선식 구성도

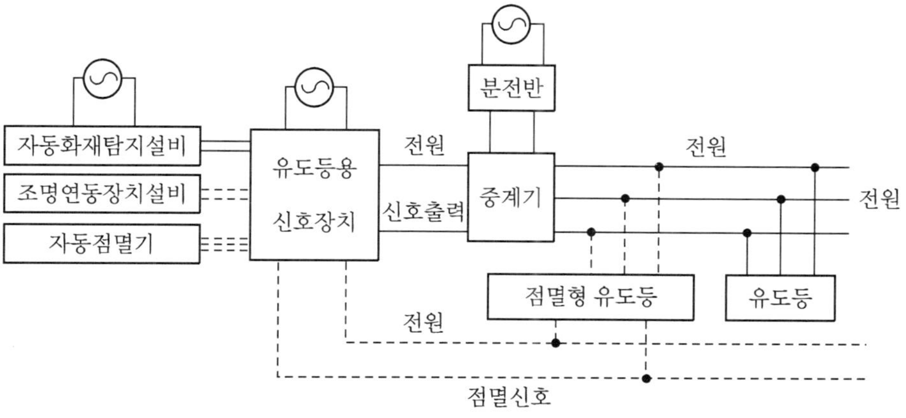

3선식 구성도

3.6 비상조명등

비상조명등은 화재발생 등에 따른 정전 시에 안전하고 원활한 피난활동을 할 수 있도록 거실 및 피난통로 등에 설치되어 자동 점등되는 조명등을 말하며, 휴대용 비상조명등은 화재발생 등으로 인한 정전 시 피난자가 휴대할 수 있는 조명등을 말한다.

1. 비상조명등의 작동 등

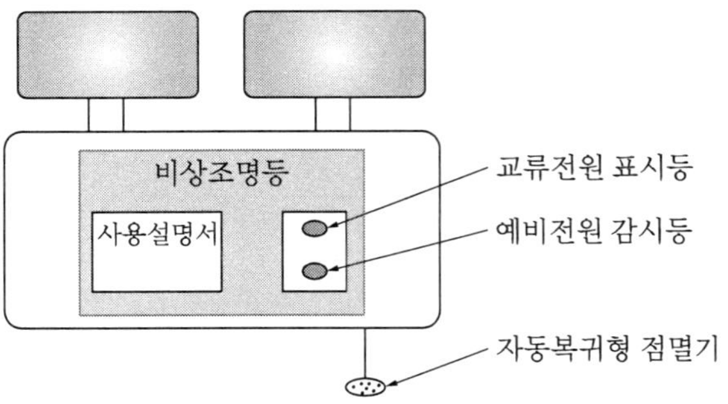

(1) **교류전원 표시등** : 교류전원의 공급 상태를 표시하는 등으로서 공급 시 점등

(2) **예비전원 감시등** : 예비전원의 상태를 표시하는 등으로 예비전원 이상 시 점등

(3) **자동복귀형 점멸기** : 상용전원에서 예비전원으로 전환되는지를 확인하는 스위치로서 끈을 잡아당기면 교류전원 표시등이 소등되고 조명등이 점등. 그리고 끈을 놓으면 원상태로 복귀.

2. 설치기준

(1) 특정소방대상물의 각 거실과 그로부터 지상에 이르는 복도·계단 및 그 밖의 통로에 설치할 것

(2) 조도는 비상조명등이 설치된 장소의 각 부분의 바닥에서 1 lx 이상이 되도록 할 것

(3) 예비전원을 내장하는 비상조명등에는 평상시 점등여부를 확인할 수 있는 점검스위치를 설치하고 해당 조명등을 유효하게 작동시킬 수 있는 용량의 축전지와 예비전원 충전장치를 내장할 것

(4) 예비전원을 내장하지 아니하는 비상조명등의 비상전원은 자가발전설비, 축전지설비 또는 전기저장장치(외부 전기에너지를 저장해 두었다가 필요한 때 전기를 공급하는 장치)

(5) 비상전원은 비상조명등을 20분 이상 유효하게 작동시킬 수 있는 용량.

- 특정소방대상물의 경우에는 그 부분에서 피난층에 이르는 부분의 비상조명등을 60분 이상 유효하게 작동시킬 수 있는 용량.

3.7 휴대용 비상조명등

1. 숙박시설 또는 다중이용업소에는 객실 또는 영업장안의 구획된 실마다 잘 보이는 곳(외부에 설치 시 출입문 손잡이로부터 1 m 이내 부분)에 1개 이상 설치
2. 대규모점포(지하상가 및 지하역사는 제외한다)와 영화상영관에는 보행거리 50 m 이내마다 3개 이상 설치
3. 지하상가 및 지하역사에는 보행거리 25 m 이내마다 3개 이상 설치
4. 설치높이는 바닥으로부터 0.8 m 이상 1.5 m 이하의 높이에 설치할 것
5. 어둠속에서 위치를 확인할 수 있도록 할 것
6. 사용 시 자동으로 점등되는 구조일 것
7. 외함은 난연성능이 있을 것
8. 건전지를 사용하는 경우에는 방전방지조치를 하여야 하고, 충전식 배터리의 경우에는 상시 충전되도록 할 것
9. 건전지 및 충전식 배터리의 용량은 20분 이상 유효하게 사용할 수 있는 것으로 할 것

3.8 비상콘센트설비

3.8.1 개요

고층건축물은 구조상의 특수성 때문에 창문이 거의 닫혀 있는 상태로 되어 있는 경우가 많아 일단 불이 나면 연기가 건축물 내에 가득 차게 되므로 내부에 있는 사람의 피난이나 초기 소화활동에 많은 위험성이 잠재해 있다. 또한 고층부분에서는 소방펌프사다리자동차도 기능을 발휘할 수 없기 때문에 소방대의 소방활동도 저해 받는 상태이다. 따라서 고층건축물에는 당연히 다른 일반건축물에 비해서 보다 많은 방재설비가 설치되어 있다.

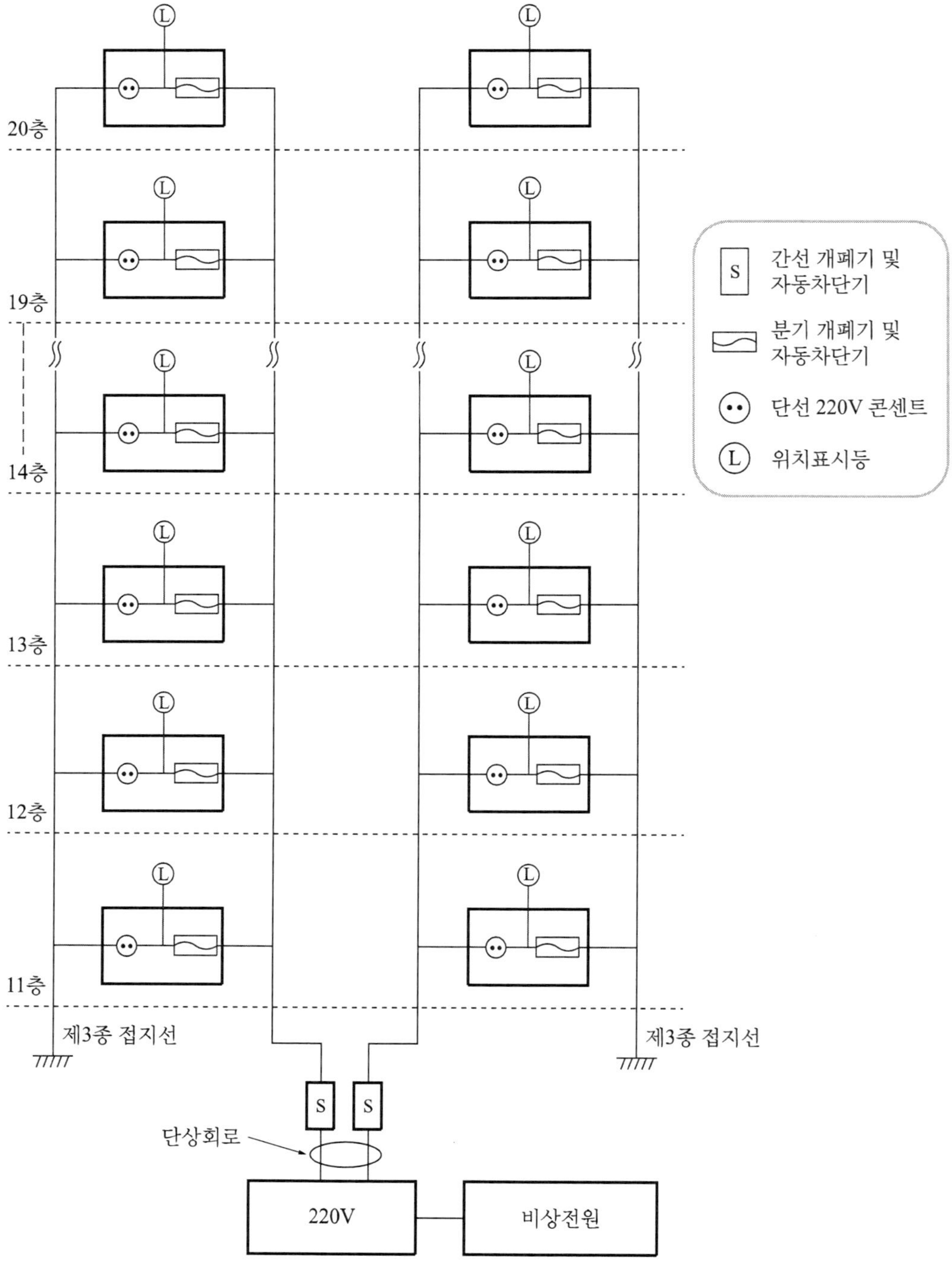

비상콘센트설비의 계통도 예 (2019.09.03. 이후)

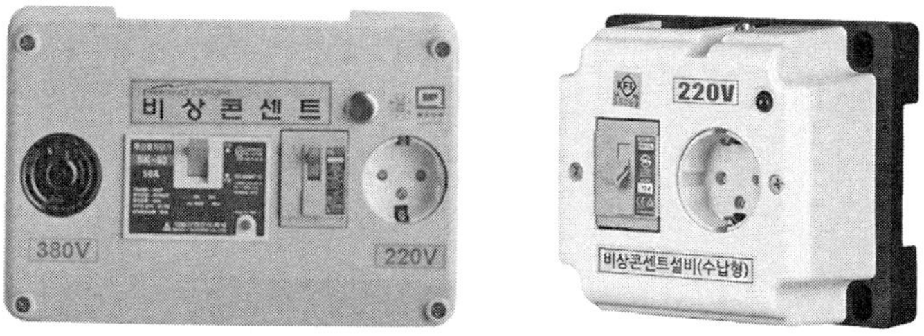

비상콘센트설비도 방재설비의 일종이며 연결송수관이나 무선통신보조설비와 같이 소화활동상 필요한 시설로서 국내에서는 지상 11층 이상 연면적 1,000 m^2 이상의 지하가에 설치가 의무화되어 있다.

비상콘센트설비는 지하가나 건축물의 고층부분에 화재가 발생하였을 때 소방대가 사용하는 장비 또는 기구의 전원이 되는 것이다. 이러한 기기로는 조명기구, 휴대용 배출기, 휴대용 고발포기 등이 있다.

3.8.2 구성

비상콘센트설비는 상용전원, 비상전원 내화구조내부 등을 배선한 전선, 3상용콘센트, 표시등, 전류보호장치, 기타 콘센트류를 수납하는 보호상자 등으로 구성되어 있다.

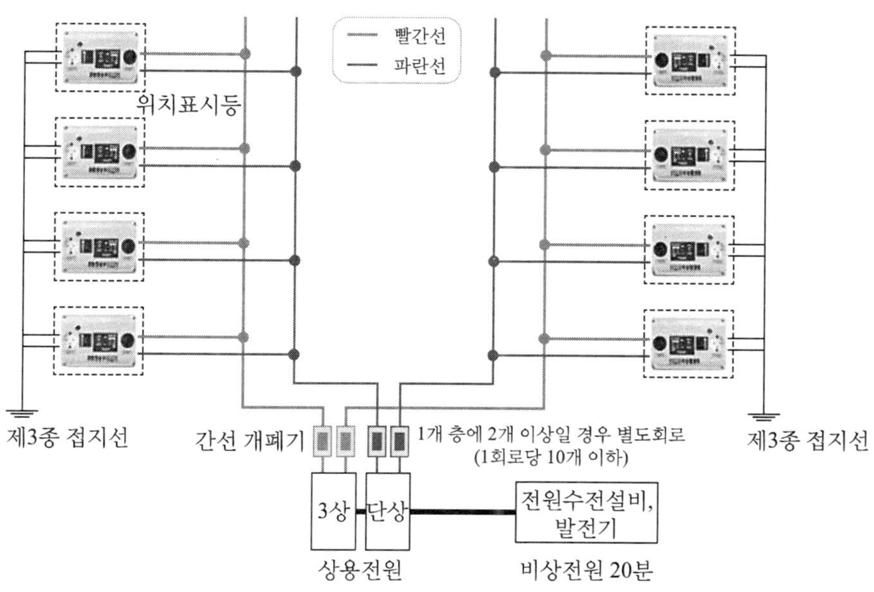

비상콘센트설비의 배선도

3.8.3 설치위치와 설치간격

비상콘센트설비의 3상용콘센트와 단상용콘센트는 1조로서 지상 11층 이상 또는 지상 31 m를 초과하는 층의 각 층마다 설치되고 있다. 설치위치는 거의가 방화구획된 계단실내지만 소방법령에서는 계단실에서 5 m 이내의 복도에 설치해도 좋은 것으로 되어 있다. 또한 건축법령에 기초된 엘리베이터의 승강로비 내에 설치하여도 된다. 설치간격은 하나의 계단실 등에 연속해서 직렬로 설치되어 있지만, 하나의 층에 있어서는(평면적으로는) 그 층의 모든 부분에서 1조의 비상콘센트까지의 수평거리는 50 m 이하가 되도록 배치되어야 하며 바닥으로부터는 높이 1.0 m 이상 1.5 m 이하의 위치에 설치하여야 한다.

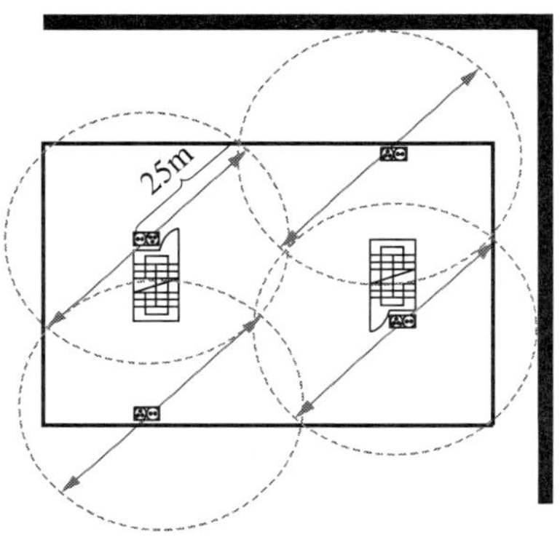

25 m 수평거리인 경우의 설치

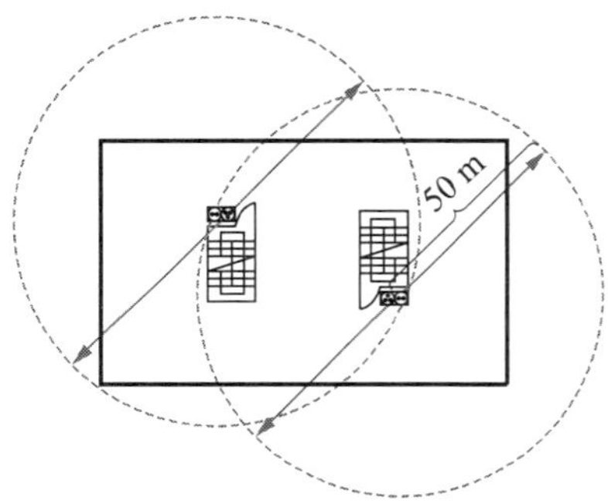

50 m 수평거리인 경우의 설치

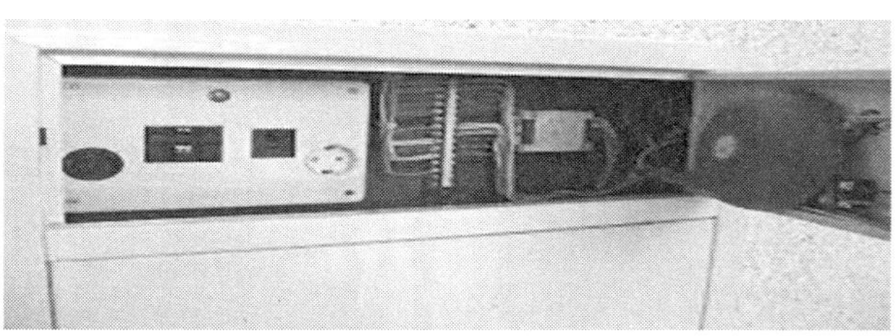

약전과 강전선로를 분리하여 시공한 예

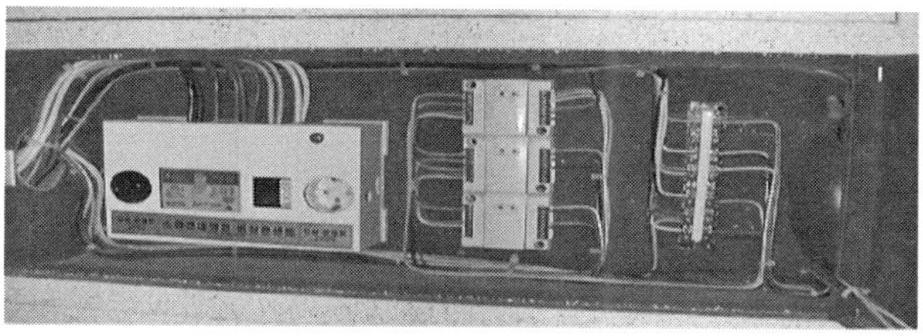

약전과 강전선로를 동일 풀박스를 사용한 예

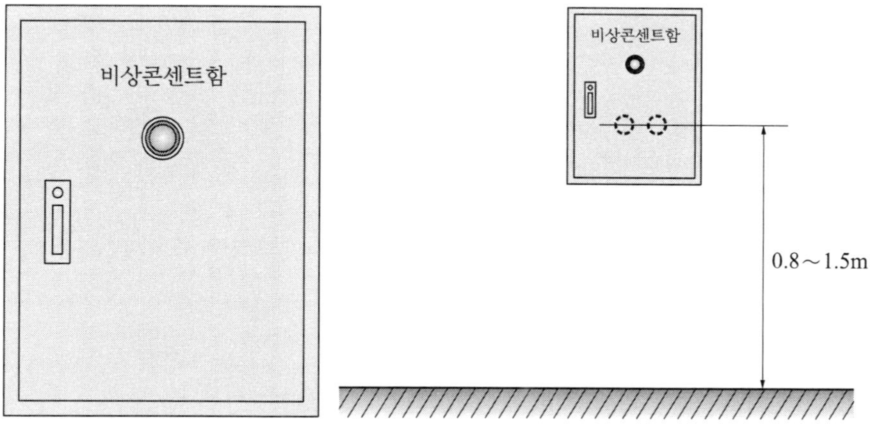

설치 높이

3.8.4 전원

비상콘센트설비의 전원회로는 3상교류 200 V 또는 300 V, 단상 100 V 또는 220 V로 되어 있고, 전력회사에서 공급되고 있는 전원(상용전원)과 비상전원이 조합되어 있어 상용전원이 화재에 의해 영향을 받아 정전이 되면 자동적으로 비상전원으로 전환되도록 되어 있다. 전원용량은 다음에 설명하는 용량 이상이지만 과부하가 되면 과전류차단기가 동작하므로 주의하여야 한다. 또한 비상전원에 내연기관을 이용한 발전설비를 사용했을 경우는 30분 이상 장시간 발전기를 사용할 경우에 연료나 냉각수의 보급을 고려하여야 한다.

<table>
<tr><th colspan="2">상용전원</th><th rowspan="2">비상전원
(자가발전설비 또는 비상전원수전설비)</th></tr>
<tr><th>저압수전</th><th>고압·특별고압 수전</th></tr>
<tr>
<td>▪ 인입개폐기 직후에서 분기하여 전용배선으로 할 것
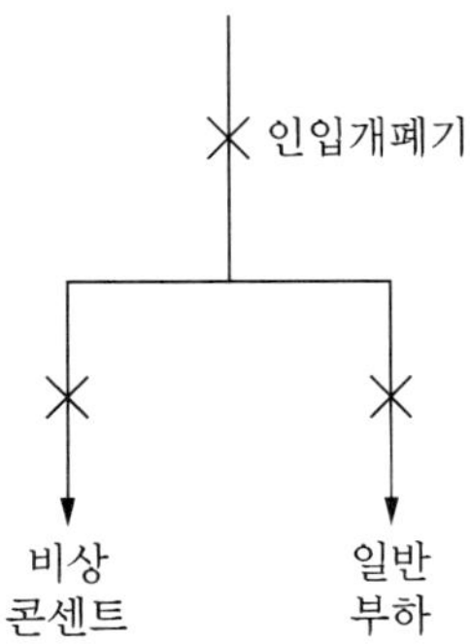
</td>
<td>▪ 전력용 변압기 2차측의 주차단기 1차측 또는 2차측에서 분기하여 전용배선으로 할 것
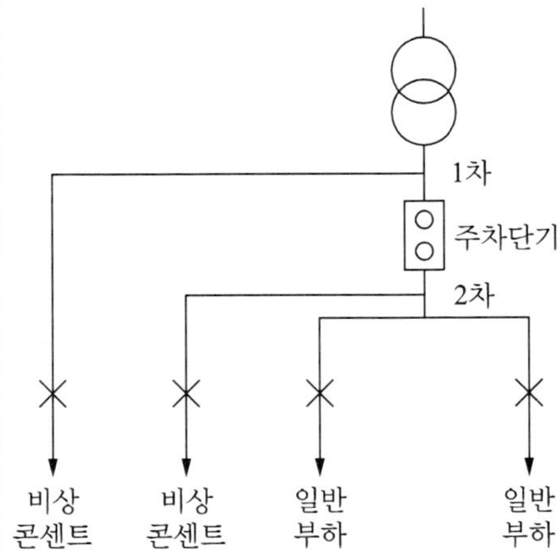
</td>
<td>▪ 지상 7층 이상으로 연면적 2,000 m^2 이상
▪ 지하층 바닥면적 합계 3,000 m^2 이상
▪ 비상전원 면제
- 2 이상의 변전소에서 전력을 동시에 공급 받을 수 있는 경우
- 하나의 변전소로부터 전력의 공급이 중단되었을 때에는 자동으로 다른 변전소로부터 전력을 공급받을 수도 있도록 상용전원을 설치한 경우</td>
</tr>
</table>

1. 1개의 콘센트의 전원 용량

단상용콘센트는 15 A. 단만, 과전류차단기에 배선용차단기(N.F.B)를 사용할 경우는 20 A의 표시가 되어 있지만 전원용량은 어디까지나 15 A 이내로 사용한다. 3상용콘센트는 30 A로 표시되어 있지만 소방대원이 들고 운반할 수 있는 기기의 크기, 중량 등을 고려하여 3상 2.2 kW의 전동기가 한 개 접속할 수 있는 용량이다 또한 3상용콘센트의 분기용 과전류차단기의 용량도(30 A이지만 기동전류를 고려하여) 상기와 같이 맞추어져 있기 때문에 2.2 kW를 초과하는 전동기를 접속하면 전원이 차단되므로 주의하여야 한다.

2. 1개의 전원간선의 용량

한 쌍의 비상콘센트에는 앞에서 서술한바와 같이 3상과 단상의 전원이 공급되고 있는데 이 전원공급 간선에는 한 개의 간선기준으로 최고 10쌍의 비상콘센트가 세로 계통에 접속되고 있다. 그러나 비상 콘센트의 수요율을 고려하여 한 개의 전원간선에 대해서 동시사용은 3개소로 하고 있으므로 그 용량은 단상용의 경우 15 A×3=45 A, 3상용은 2.2 kW×3=6.6 kW가 된다.

3. 상용전원으로부터 전력의 공급이 중단된 때에는 자동으로 비상전원으로 공급

무전압을 확인하면 A.T.S(Auto Transfer Switch)나 C.T.T.S(Closed Transition Transfer Switch) 등이 자동으로 절체되어 발전기측으로 접속되고 발전기는 자동으로 기동하여 전기를 공급한다.

(1) A.T.S(Auto Transfer Switch)란

한전이 정전되고 발전기가 가동되어 전압이 인가되면 발전전원쪽으로 부하를 자동으로 절체하는 스위치로서 두 개의 다른 전원요소간에 전기적인 부하를 수동 또는 자동으로 전환장치를 말하며 절체 시 순단(Off-time)이 발생한다.

(2) C.T.T.S(Closed Transition Transfer Switch)란

발전기와 상용전원이 모두 가압되어 있는 전제하에 양 전원이 동기되면서 무정전으로 절체가 되는 스위치로 상용전원의 불시 정전이 발생할 경우에는 A.T.S처럼 개방되어 전환하므로 순단(Off-time)이 발생한다.

3.8.5 콘센트

소방대상물에 설치되어 있는 비상콘센트의 구조, 성능은 접지형 2극 또는 3극 플럭 접속기가 설치되고 있다. 현재 소방대가 사용하고 있는 강전용의 전기기기 플럭 접속기는 작업성, 방수성 등을 고려해서 이탈 방지장치콘센트(걸어 잡아당기는 형)가 많이 사용되고 있으므로, 비상콘센트설비에 설치되어 있는 것과 소방대가 사용하고 있는 기기를 일치시키려면 어댑터(보조코드)를 사용하지 않으면 안 된다.

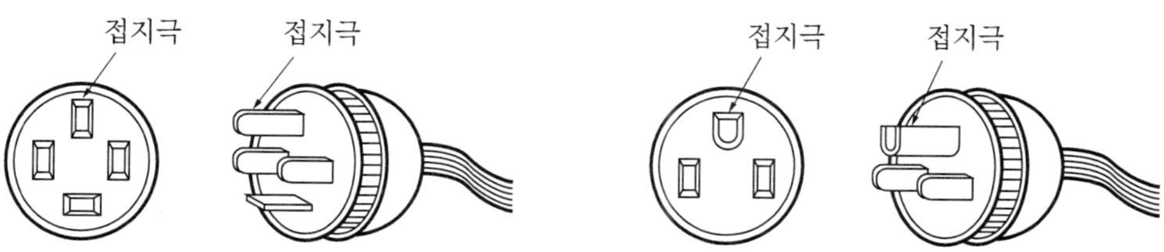

(a) 접지형 3극 콘센트 (b) 접지형 3극 플러그 (a) 접지형 2극 콘센트 (b) 접지형 2극 플러그

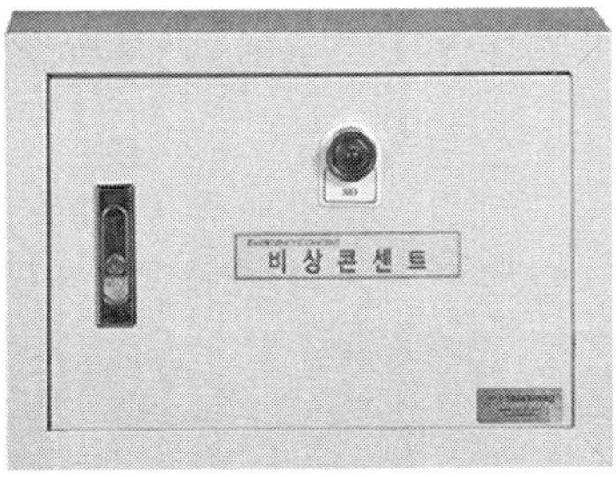

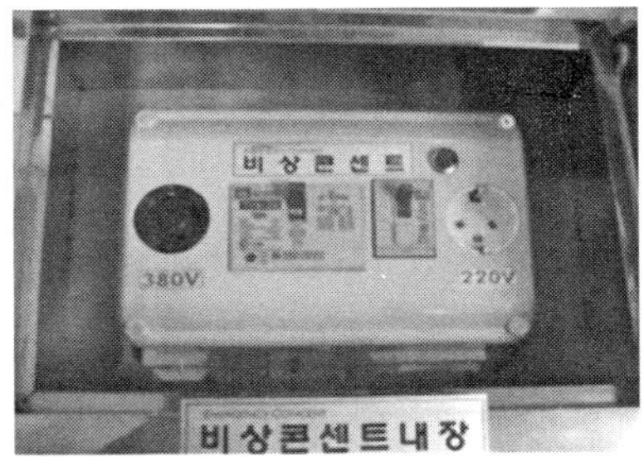

3.8.6 배선

전원회로 배선은 내화배선, 그 밖의 배선은 내화배선 또는 내열배선으로 사용하고 있다.

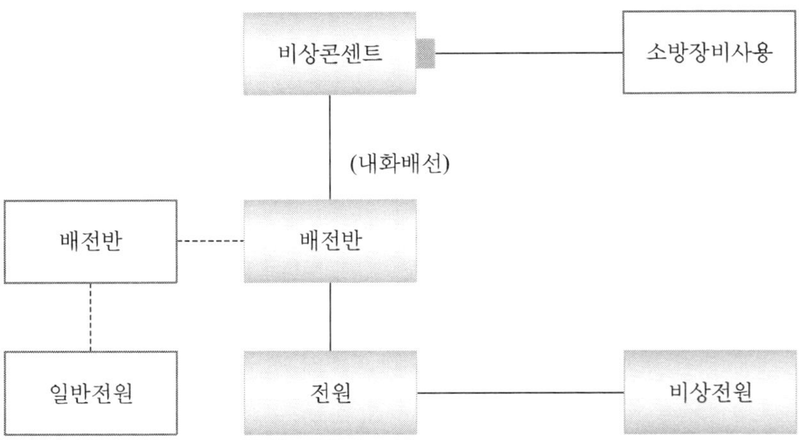

3.8.7 회로별로 구분한 비상콘센트 접속수량

하나의 전용회로에 설치하는 비상콘센트는 10개 이하로 할 것. 이 경우 전선의 용량은 각 비상콘센트(비상콘센트가 3개 이상인 경우에는 3개)의 공급용량을 합한 용량 이상의 것

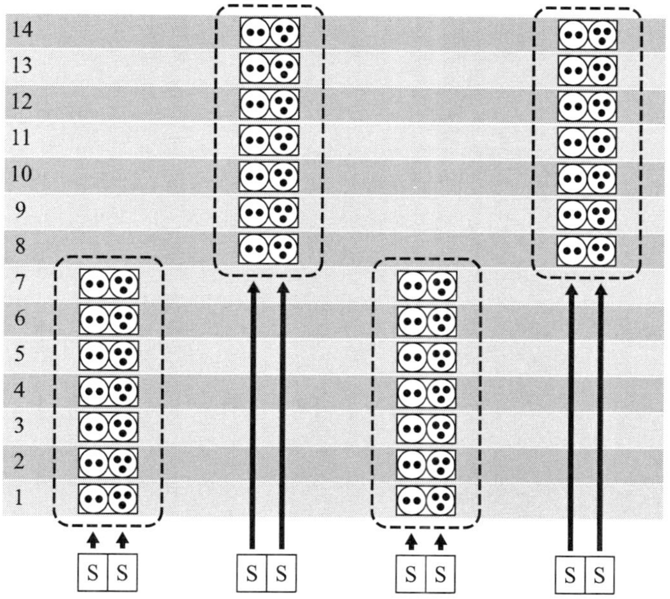

비상콘센트회로의 전원 분기방식

1. 저압인 경우 회로구성 예

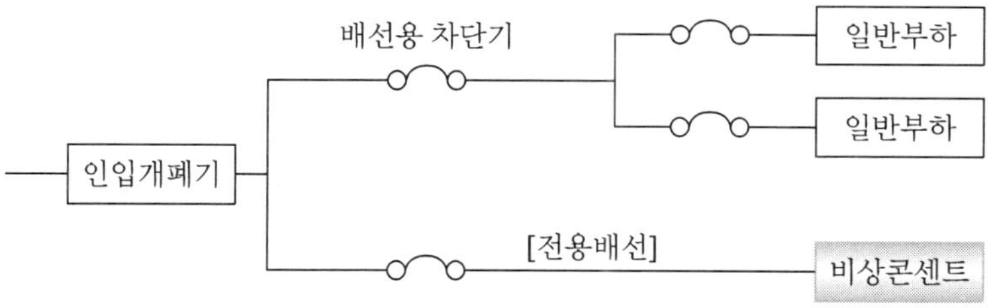

인입개폐기 직후에서 분기방법

2. 고압이나 특고압인 경우 회로구성 예1

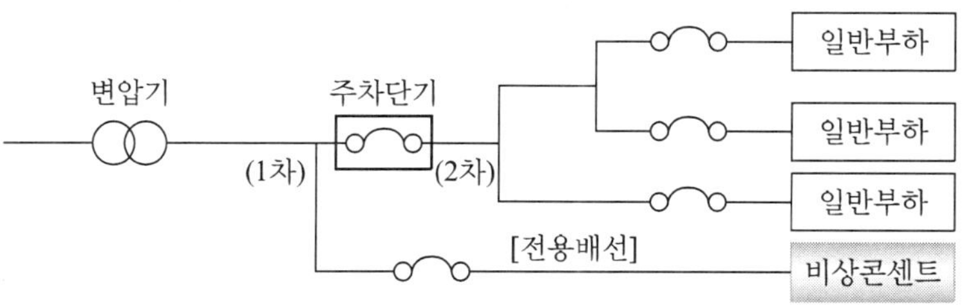

변압기의 2차측 주차단기 1차측에서 분기방법

3. 고압이나 특고압인 경우 회로구성 예2

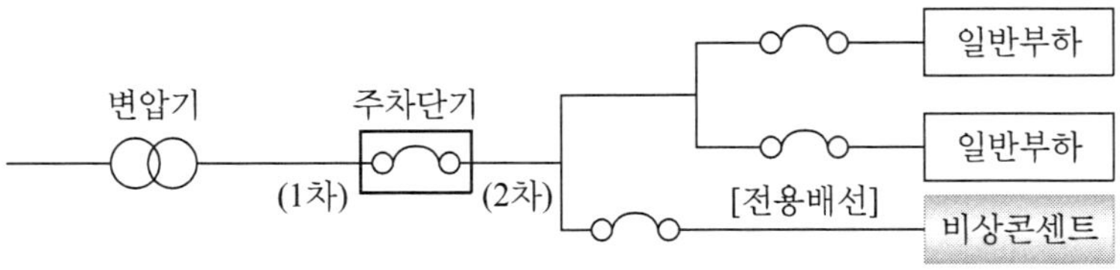

변압기의 2차측 주차단기 2차측에서 분기방법

3.9 무선통신보조설비

3.9.1 개요

무선통신보조설비는 지하가의 화재 시 안테나의 복사하는 공간파가 지하가 속에서 현저하게 감쇄하여 통신불능 상태가 되므로 누설동축케이블 등을 사용하여 지상 및 지하가 사이의 소방대 상호간의 무선연락을 용이하게 하기 위한 설비이고 무선통신보조설비는 누설동축케이블(또는 동축케이블, 공중선)과 분배기, 무선기기접속단자 등으로 구성되어 있다.

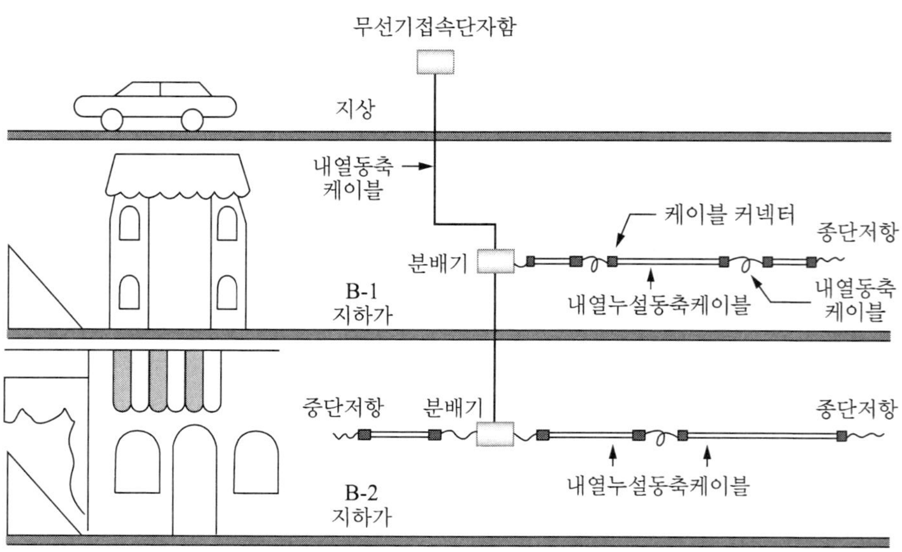

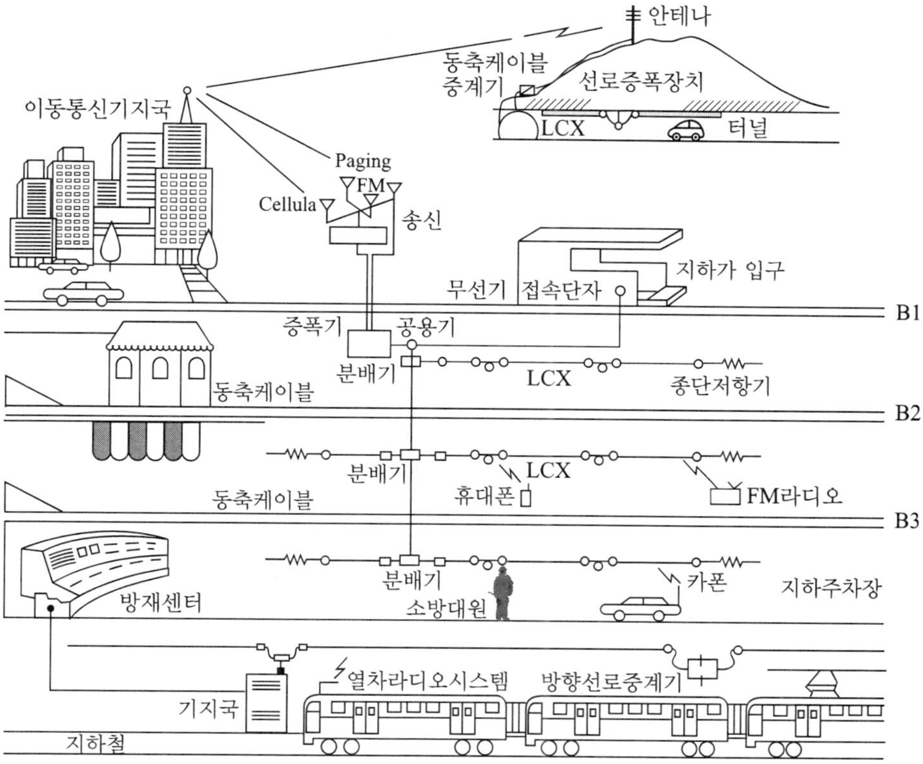

무선통신보조설비의 구성

무선기접속단자함, 내열동축케이블, 분배기, 내열누설동축케이블, 케이블 커넥터, 종단저항 등으로 구성되며 그림의 예는 다음과 같다.

1. 무선기접속단자함
   이것은 지상 또는 방재 센터에 설치하여 소화활동을 지휘하는 소방대원의 휴대용 무전기를 접속하기 위한 것이다.
2. 내열동축케이블
   일반동축케이블과 그 기능은 동일한 것이지만 내열성을 갖는 것으로 신호의 전송로로 사용되며 특성 임피던스는 50 Ω의 것을 사용한다.
3. 분배기
   신호의 전송로가 분기되는 장소에 설치하는 것으로서 임피던스 정합과 신호의 균등 분배를 위하여 사용하는 것이다.
4. 내열누설동축케이블
   동축케이블과 안테나의 기능을 동시에 갖는 것으로서 내열성이 있는 케이블이다. 이 케이블의 결합손실이 큰 것은 전송손실이 적으며, 결합손실이 적은 것은 전송손실이

크도록 제작되고 있는데 이는 단계적으로 접속하면 케이블의 길이 방향으로 균등한 수신 레벨을 확보할 수 있다. 이러한 것을 그레이딩(grading)이라고 한다.

5. 종단저항
   전송로로 전송되는 전자파는 전송로의 종단에서 반사되어 교신을 방해한다. 따라서 전송로 종단에는 종단저항을 설치하여 전자파의 반사를 방지한다.
6. 케이블 커넥터
   동축케이블과 누설동축케이블, 누설동축케이블과 종단저항, 동축케이블과 분배기 등은 서로 규격이 다르므로 이들을 서로 결합하기 위하여 사용하는 접속기구이다.

3.9.2 설치대상

무선통신보조설비를 설치하여야 하는 특정소방대상물(위험물 저장 및 처리 시설 중 가스시설은 제외한다)은 다음의 어느 하나와 같다.

1. 지하가(터널은 제외한다)로서 연면적 1천m^2 이상인 것
2. 지하층의 바닥면적의 합계가 3천m^2 이상인 것 또는 지하층의 층수가 3층 이상이고 지하층의 바닥면적의 합계가 1천m^2 이상인 것은 지하층의 모든 층
3. 지하가 중 터널로서 길이가 500 m 이상인 것
4. 「국토의 계획 및 이용에 관한 법률」 제2조제9호에 따른 공동구
5. 층수가 30층 이상인 것으로서 16층 이상 부분의 모든 층

3.9.3 용어정의

1. "누설동축케이블"이란 동축케이블의 외부도체에 가느다란 홈을 만들어서 전파가 외부로 새어나갈 수 있도록 한 케이블을 말한다.
2. "분배기"란 신호의 전송로가 분기되는 장소에 설치하는 것으로 임피던스 매칭(matching)과 신호 균등분배를 위해 사용하는 장치를 말한다.
3. "분파기"란 서로 다른 주파수의 합성된 신호를 분리하기 위해서 사용하는 장치를 말한다.
4. "혼합기"란 두개 이상의 입력신호를 원하는 비율로 조합한 출력이 발생하도록 하는 장치를 말한다.
5. "증폭기"란 신호 전송 시 신호가 약해져 수신이 불가능해지는 것을 방지하기 위해서 증폭하는 장치를 말한다.

3.9.4 종류

무선통신보조설비에는 누설동축케이블방식, 공중선방식 및 누설동축케이블과 공중선방식을 혼합한 방식이 있다.

1. 누설동축케이블(Cable)방식

(1) 동축케이블과 누설동축케이블을 조합한 것

(2) 특징

① 터널, 지하철역 등 폭이 좁고 긴 지하거나 건축물 내부에 적합하다.

② 전파를 균일하고 광범위하게 방사할 수 있다.

③ 케이블(Cable)이 외부에 노출되므로 유지 보수가 용이하다.

2. 공중선(Antenna)방식

(1) 동축케이블과 공중선(안테나)을 조합한 것

(2) 특징

① 장애물이 적은 대강당·극장 등에 적합하다.

② 전말단에서는 전파의 강도가 떨어져서 통화의 어려움이 있다.

③ 누설동축케이블방식보다 경제적이다.

④ 케이블을 반자 내 은폐할 수 있으므로 화재 시 영향이 적고 미관을 해치지 않는다.

3. 누설동축케이블 및 공중선방식

누설동축케이블의 장점과 공중선(안테나)의 장점을 이용한 것

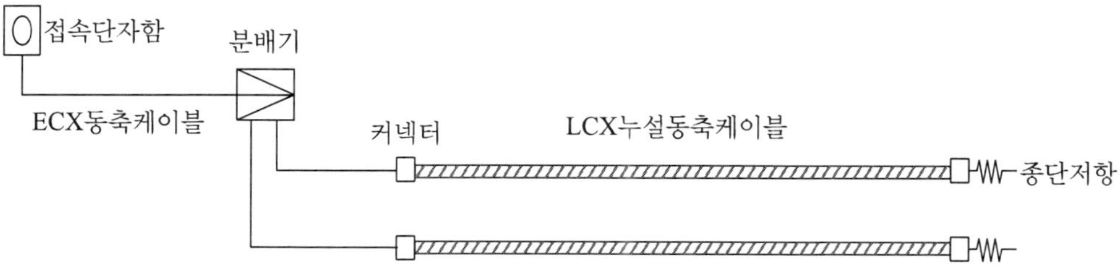

동축케이블과 누설동축케이블을 조합한 방식

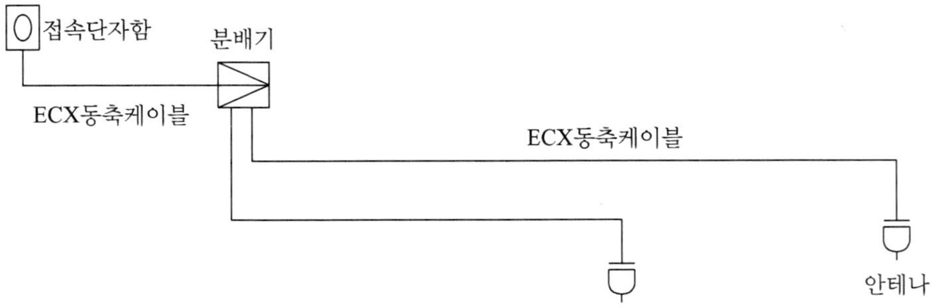

동축케이블과 공중선을 조합한 방식

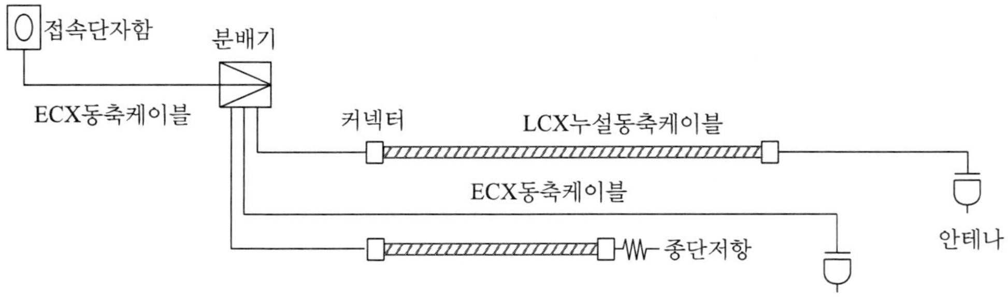

누설동축케이블 및 공중선을 조합한 방식

3.9.5 작동원리

무선통신은 송신측에서 마이크로폰에 의하여 음파를 전기신호로 바꾸어 저주파 전류로 만든 다음 고주파의 반송파에 실어 송신 안테나를 통해 공중으로 방사한(이것을 전파라 한다) 전파를 검파하여 신호 전류인 저주파 전류를 재생한 다음 스피커로 보내어 이를 음파로 재생시킨 원리이다.

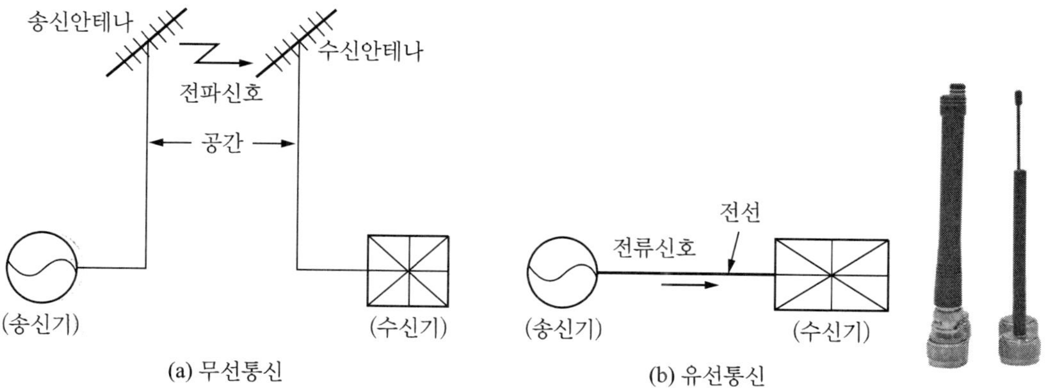

유·무선통신설비의 원리

3.9.6 설치방법

1. 누설동축케이블 등

(1) 무선통신보조설비의 누설동축케이블 등은 다음의 기준에 따라 설치하여야 한다.

① 소방전용주파수대에서 전파의 전송 또는 복사에 적합한 것으로서 소방전용의 것으로 할 것. 다만, 소방대 상호간의 무선연락에 지장이 없는 경우에는 다른 용도와 겸용할 수 있다.

② 누설동축케이블과 이에 접속하는 안테나 또는 동축케이블과 이에 접속하는 안테나로 구성할 것

③ 누설동축케이블은 불연 또는 난연성의 것으로서 습기에 따라 전기의 특성이 변질되지 아니하는 것으로 하고, 노출하여 설치한 경우에는 피난 및 통행에 장애가 없도록 할 것

④ 누설동축케이블은 화재에 따라 해당 케이블의 피복이 소실된 경우에 케이블 본체가 떨어지지 아니하도록 4 m 이내마다 금속제 또는 자기제등의 지지금구로 벽·천장·기둥 등에 견고하게 고정시킬 것. 다만, 불연재료로 구획된 반자 안에 설치하는 경우에는 그러하지 아니하다.

⑤ 누설동축케이블 및 안테나는 금속판 등에 따라 전파의 복사 또는 특성이 현저하게 저하되지 아니하는 위치에 설치할 것

⑥ 누설동축케이블 및 안테나는 고압의 전로로부터 1.5 m 이상 떨어진 위치에 설치할 것. 다만, 해당 전로에 정전기 차폐장치를 유효하게 설치한 경우에는 그

러하지 아니하다.

⑦ 누설동축케이블의 끝부분에는 무반사 종단저항을 견고하게 설치할 것

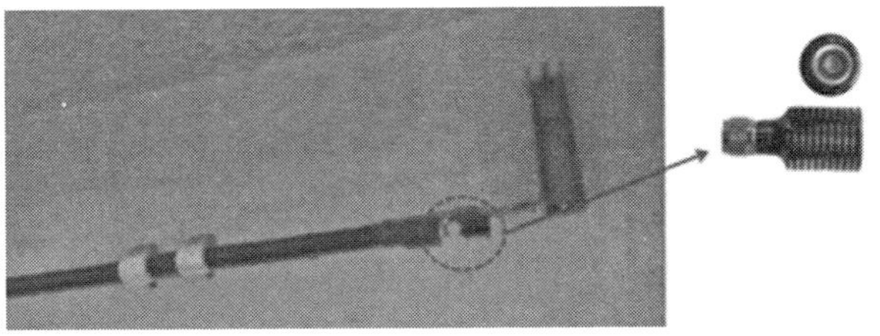

(2) 누설동축케이블 또는 동축케이블의 임피던스는 50 Ω으로 하고, 이에 접속하는 안테나·분배기 기타의 장치는 해당 임피던스에 적합한 것으로 하여야 한다.

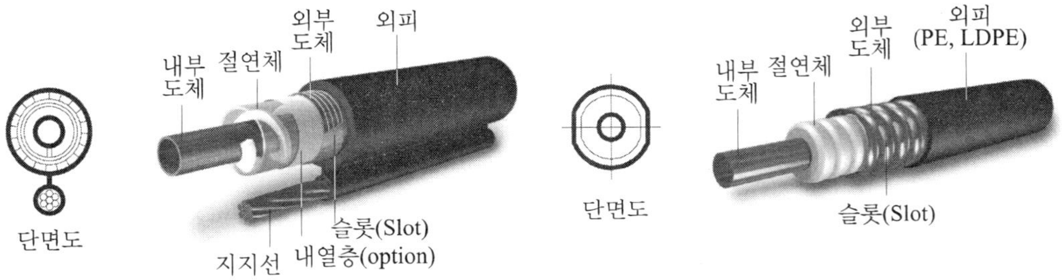

방사형 누설동축케이블 슬롯(slot) 형태도

2. 무선기기 접속단자

무선기기 접속단자는 다음의 기준에 따라 설치하여야 한다. 다만, 「전파법」 제58조의2에 따른 적합성평가를 받은 무선이동중계기를 설치하는 경우에는 그러하지 아니하다.

(1) 화재층으로부터 지면으로 떨어지는 유리창 등에 의한 지장을 받지 않고 지상에서 유효하게 소방 활동을 할 수 있는 장소 또는 수위실 등 상시 사람이 근무하고 있는 장소에 설치할 것

(2) 단자는 한국산업규격에 적합한 것으로 하고, 바닥으로부터 높이 0.8 m 이상 1.5 m 이하의 위치에 설치할 것

(3) 지상에 설치하는 접속단자는 보행거리 300 m 이내마다 설치하고, 다른 용도로 사용되는 접속단지에서 5 m 이상의 거리를 둘 것

(4) 지상에 설치하는 단자를 보호하기 위하여 견고하고 함부로 개폐할 수 없는 구조

의 보호함을 설치하고, 먼지·습기 및 부식 등에 따라 영향을 받지 아니하도록 조치할 것

3. 분배기 등

분배기·분파기 및 혼합기 등은 다음의 기준에 따라 설치하여야 한다.

(1) 먼지·습기 및 부식 등에 따라 기능에 이상을 가져오지 아니하도록 할 것

(2) 임피던스는 50 Ω의 것으로 할 것

(3) 점검에 편리하고 화재 등의 재해로 인한 피해의 우려가 없는 장소에 설치할 것

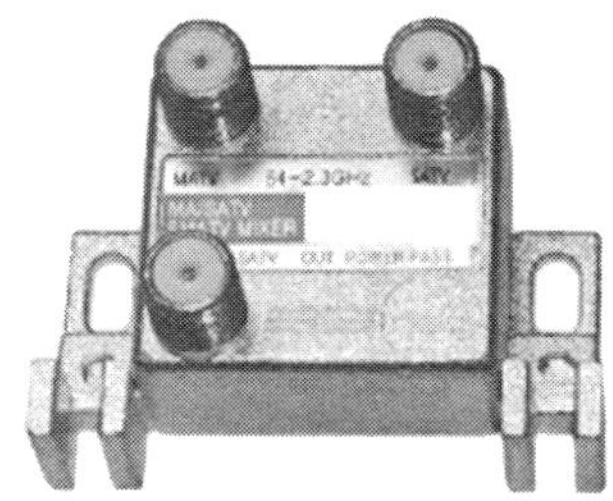

4. 증폭기 등

증폭기 및 무선이동중계기를 설치하는 경우에는 다음의 기준에 따라 설치하여야 한다.

(1) 전원은 전기가 정상적으로 공급되는 축전지, 전기저장장치(외부 전기에너지를 저장해 두었다가 필요한 때 전기를 공급하는 장치) 또는 교류전압 옥내간선으로 하고, 전원까지의 배선은 전용으로 할 것

(2) 증폭기의 전면에는 주회로의 전원이 정상인지의 여부를 표시할 수 있는 표시등 및 전압계를 설치할 것

(3) 증폭기에는 비상전원이 부착된 것으로 하고 해당 비상전원 용량은 무선통신보조설비를 유효하게 30분 이상 작동시킬 수 있는 것으로 할 것

(4) 무선이동중계기를 설치하는 경우에는 「전파법」 제58조의2에 따른 적합성평가를 받은 제품으로 설치할 것

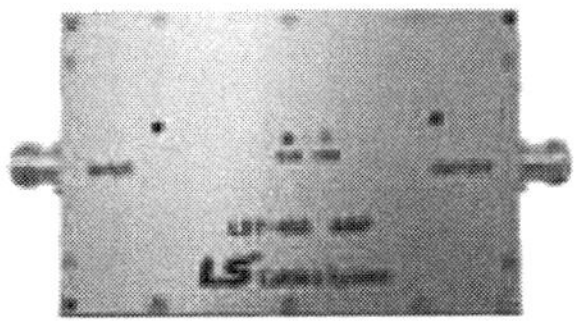

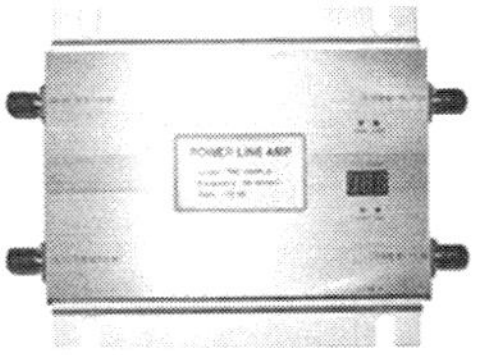

Power Line Amp

Chapter

4

경보설비의 점검 및 유지관리

4.1 소방시설 점검 시 판단할 사항

1. 소방시설에 대한 점검을 실시하기 위한 시기 및 소요기간 확인
   ⇨ 점검시기, 점검소요 기간
2. 어느 곳에서 소방시설에 대한 점검을 제대로 받을 수 있는지 확인
   ⇨ 점검기관, 점검기관장소
3. 점검기관이 소방시설에 대한 기술, 인력, 시설 및 장비, 지원방안 등을 구비하였는지 확인
   ⇨ 인력·시설·장비, 점검시스템, 점검지원체계
4. 소방시설 점검의 완벽하게 이루어질 수 있는 자원과 절차가 있는지 확인
   ⇨ 점검자원(점검자, 점검장비), 점검(기준)시스템
5. 점검시스템 및 점검실시에 대한 불만이 있는지 확인
   ⇨ 점검서비스 차별화, 점검운영시스템
6. 점검에 필요한 비용은 얼마나 소요되는지에 대한 만족은
   ⇨ 표준점검원가
7. 소방시설 분야
   (1) 소화설비 : 물 그 밖의 소화약제를 사용하여 직접 화재를 진압하는 기계·기구 또는 설비와 이에 상응한 소화성능이 있는 것
   (2) 경보설비 : 화재발생 시 피난 또는 소화활동을 행할 수 있도록 화재를 탐지(감지)하고 이를 통보하여 주는 기계·기구이다.
   (3) 피난설비 : 화재발생 시 인명피해를 방지하기 위하여 사용되는 것
   (4) 소화용수설비 : 화재진압에 필요한 소화용수를 저장하는 설비이다.
   (5) 소화활동설비 : 화재진압 활동상 필요한 보조설비이다.
   (6) 초고층소화설비 : 초고층건축물에 설치되는 소화설비로서 약 20층 단위로 각종 설비가 설치되고 있는 설비이다.

4.2 비상경보설비

4.2.1 비상경보설비의 일반사항

1. 설치목적 및 개요

(1) 비상벨/자동식 사이렌설비

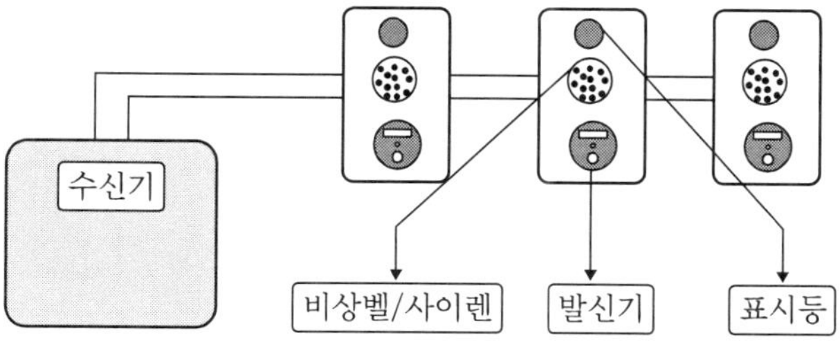

① **개요**

㈀ 비상경보설비에는 비상벨설비, 자동식 사이렌설비가 있다. 비상벨설비와 자동식 사이렌설비는 사람이 화재를 발견하고 건물 내에 있는 사람들에게 알리는 설비로 수동으로만 작동한다.

㈁ 비상벨설비와 자동식 사이렌설비는 "전원설비"로 자동화재탐지설비의 수신기를 이용하는 방식과 비상경보용 축전지설비를 이용하는 방식이 있으나 대부분 수신기를 사용한다.

㈂ 경보장치로 벨을 사용하면 비상벨설비, 사이렌을 이용하면 자동식 사이렌설비가 된다.

② **작동원리**

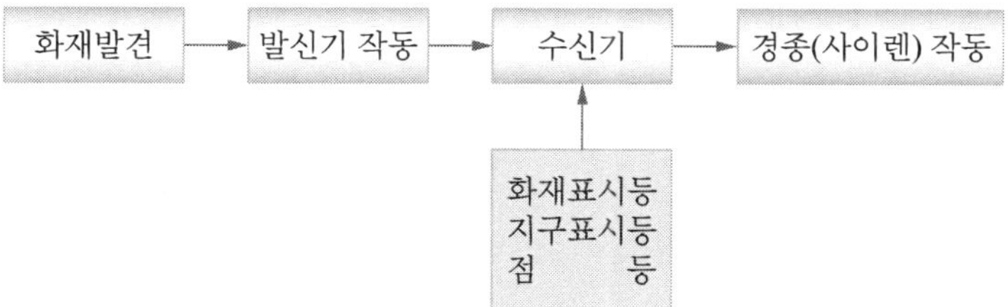

㈀ 사람이 화재를 발견하여 발신기 버튼을 누르면 수신기에 신호가 전달되고 수신기는 경종(사이렌)을 작동시킨다.
㈁ 수신기에는 화재표시등과 지구표시등이 점등된다.
㈂ 지구표시등은 작동한 발신기를 알려주는 역할을 한다.

(2) 단독경보형 감지기

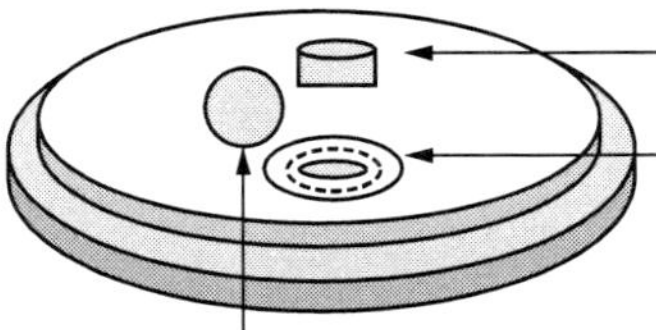

① **개요**

단독경보형 감지기는 화재발생상황을 자동으로 감지하여 그 자체에 부착된 음향장치로 경보를 발하는 것을 말한다.

4.2.2 비상경보설비의 기본점검항목 및 점검 시 착안사항

1. 기본점검항목

점검범위			점검항목 및 결과		기 타	
점검대상	구 조	점검사항	기본점검	적합여부	점검소요시간	점검횟수/주기
비상벨설비 또는		❖ 상용전원				
		① 상용전원종류(축전지/교류전압옥내간선)	▪ 비상벨설비 또는 자동식 사이렌설비의 상용전원은 전기가 정상적으로 공급되는 축전지 또는 교류전압의 옥내간선으로 설치하였는지 확인			
		② 전용배선	▪ 전원까지의 배선은 전용으로 설치하였는지 확인			
		③ 개폐기	▪ 개폐기가 설치되어 있는지 확인 ▪ 적정한 과전류개폐기 및 전선을 사용하였는지 확인			

점검범위			점검항목 및 결과		기 타	
점검대상	구 조	점검사항	기본점검	적합여부	점검소요시간	점검횟수/주기
			▪ "비상벨설비 또는 자동식 사이렌설비용"이라고 표시한 표지를 설치하였는지 확인 ▪ 표지는 변색, 손상, 이탈 등이 없는지 확인			
		❖ 축전지설비	▪ 비상벨설비 또는 자동식 사이렌설비에는 그 설비에 대한 감시상태를 60분간 지속한 후 유효하게 10분 이상 경보할 수 있는 축전지설비(수신기에 내장하는 경우 포함)가 설치되어 있는지 확인			**종합정밀점검** ① 점검횟수 ▪ 연 1회 이상 ▪ 특급소방안전관리대상물은 반기별로 1회 이상 ② 점검시기 ▪ 건축물 사용승인일이 속하는 달까지 실시 ▪ 신축건축물은 소방시설완공검사필증을 받은 다음연도부터 실시
		❖ 배선				
		① 전기사업법 기술기준	▪ 비상벨설비 또는 자동식 사이렌설비의 배선은 「전기사업법」 제67조에 따른 기술기준에 따라 설치되었는지 확인			
자동식 사이렌설비		② 전원회로 배선	▪ 전원회로의 배선은 「옥내소화전설비의 화재안전기준(NFSC 102)」 [별표 1]에 따른 내화배선에 따라 설치되어 있는지 확인 ▪ 내화배선은 손상 등이 없는지 확인			
		③ 그 밖의 배선	▪ 그 밖의 배선은 「옥내소화전설비의 화재안전기준(NFSC 102)」 [별표 1]에 따른 내화배선 또는 내열배선에 따라 설치되어 있는지 확인 ▪ 내화배선 및 내열배선은 손상 등이 없는지 확인			**작동기능점검** ① 점검횟수 ▪ 연 1회 이상 ▪ 특급소방안전관리대상물은 제외 ② 점검시기 ▪ 종합정밀점검을 받은 달로부터 6개월이 되는 달에 실시 ▪ 그 밖의 대상 : 연중 실시
		④ 내화배선/내열배선(전선 및 설치 방법)	▪ 내화배선에 사용되는 전선 및 설치방법은 기준에 적합한지 확인 ▪ 내열배선에 사용되는 전선 및 설치방법은 기준에 적합한지 확인			
		⑤ 절연저항	▪ 전원회로의 전로와 대지사이 및 배선상호간의 절연저항은 「전기사업법」 제67조에 따른 기술기준에 따라 설치되었는지 확인 ▪ 부속회로의 전로와 대지사이 및 배선상호간의 절연저항은 1경계구역마다 직류 250 V의 절연저항측정기를 사용하여 측정한 절연저항이 0.1 MΩ 이상이 되도록 설치되어 있고 성능에 이상이 없는지 확인			

2. 점검 시 일반적인 착안사항

(1) 기동장치는 누름버튼 등을 조작 시 작동하고 음향장치의 명동여부 확인
(2) 스위치류는 단자의 풀림 및 개폐기능의 정상여부 확인
(3) 퓨즈류는 적정의 종류 및 용량의 사용여부 확인
(4) 계전기는 기능의 정상여부 확인
(5) 표시등은 정상 점등여부 확인
(6) 결선접속은 단선·단자의 풀림·탈락·손상 등의 유무 확인
(7) 음향은 음량 및 음색이 다른 기계의 잡음 등과 구별여부 확인
(8) 경보방식은 일제경보·구분경보방식에 적합여부 및 지구음향장치의 명동여부 확인

4.2.3 단독경보형감지기의 기본점검항목 및 점검 시 착안사항

1. 기본점검항목

점검범위			점검항목 및 결과		기 타	
점검대상	구 조	점검사항	기본점검	적합여부	점검소요시간	점검횟수/주기
단독경보형 감지기		❖ 설치개수(각 실/바닥면적)	▪ 각 실(이웃하는 실내의 바닥면적이 각각 30 m² 미만이고 벽체의 상부의 전부 또는 일부가 개방되어 이웃하는 실내와 공기가 상호유통 되는 경우에는 이를 1개의 실로 본다.)마다 설치되어 있는지 확인 ▪ 바닥면적이 150 m²를 초과하는 경우에는 150 m²마다 1개 이상 설치되어 있는지 확인			**종합정밀점검** ① 점검횟수 ▪ 연 1회 이상 ▪ 특급소방안전관리대상물은 반기별로 1회 이상 ② 점검시기 ▪ 건축물 사용승인일이 속하는 달까지 실시 ▪ 신축건축물은 소방시설완공검사필증을 받은 다음연도부터 실시
		❖ 최상층의 계단실 천장	▪ 최상층의 계단실의 천장(외기가 상통하는 계단실의 경우 제외)에 설치되어 있는지 확인			
		❖ 내장건전지 상태	▪ 건전지를 주전원으로 사용하는 단독경보형 감지기는 정상적인 작동상태를 유지할 수 있도록 건전지 상태가 적정한지 확인			
		❖ 주전원(상용전원)	▪ 상용전원을 주전원으로 사용하는 단독경보형 감지기의 2차 전지는 법 제39조에 따라 제품검사에 합격한 것을 사용하고 있는지 확인			

2. 점검 시 착안사항

(1) 일반사항

① 각 실 및 바닥면적당 설치개수 확인
② 내장 건전지 상태 확인
③ 음량·음색 등 경보상태 확인

4.3 비상방송설비

4.3.1 비상방송설비의 일반사항

1. 설치목적 및 개요

(1) 비상방송설비는 화재발생 상황을 자동 또는 수동으로 음성이나 비상경보의 방송을 확성기를 통해 알려주는 설비이다.

(2) 작동원리

① 작동흐름도

(ㄱ) 비상방송설비는 자동화재탐지설비로부터 화재신호를 받아 확성기로 화재발생을 알려준다.
(ㄴ) 자동화재탐지설비에는 비상방송설비로 화재신호를 보내지 못하도록 하는 연동정지 스위치가 있는데, 이 스위치가 연동정지에 있으면 비상방송설비가 작동하지 못한다.
(ㄷ) 검사 시에는 이에 대한 사항을 주의해서 보아야 한다.

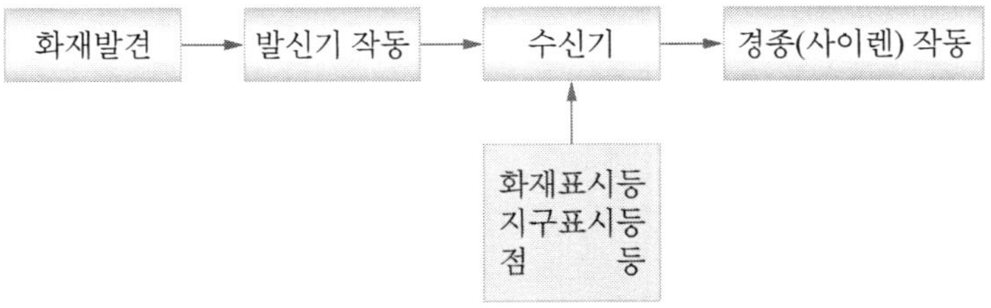

4.3.2 비상방송설비의 기본점검항목 및 점검 시 착안사항

1. 기본점검항목

점검범위			점검항목 및 결과		기 타	
점검대상	구 조	점검사항	기본점검	적합여부	점검소요시간	점검횟수/주기
음향장치	❖ 비상용 방송설비 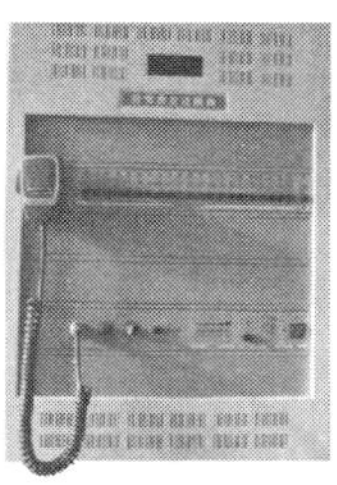	❖ 음성입력	▪ 확성기의 음성입력은 3 W(실내에 설치하는 것에 있어서는 1 W) 이상의 성능이 있는지 확인			**종합정밀점검** ① 점검횟수 ▪ 연 1회 이상 ▪ 특급소방안전관리대상물은 반기별로 1회 이상 ② 점검시기 ▪ 건축물 사용승인일이 속하는 달까지 실시 ▪ 신축건축물은 소방시설완공검사필증을 받은 다음연도부터 실시 **작동기능점검** ① 점검횟수 ▪ 연 1회 이상 ▪ 특급소방안전관리대상물은 제외 ② 점검시기 ▪ 종합정밀점검을 받은 달로부터 6개월이 되는 달에 실시 ▪ 그 밖의 대상 : 연중 실시
		❖ 수평거리	▪ 확성기는 각 층마다 설치하였는지 확인 ▪ 소방대상물의 각 부분으로부터 하나의 확성기까지의 수평거리가 25 m 이하인지 확인 ▪ 해당 층의 각 부분에 유효하게 경보를 발할 수 있도록 설치되어 있는지 확인			
		❖ 음량조정기	▪ 음량조정기가 설치되었는지 확인 ✓ 설치된 경우 음량조정기의 배선은 3선식 배선인지 확인 ▪ 음량조정기의 성능에 이상이 없는지 확인			
		❖ 조작부	▪ 조작부는 기능에 이상이 없는지 확인 ▪ 조작부의 조작스위치는 바닥으로부터 0.8 m 이상~1.5 m 이하의 높이에 설치되어 있는지 확인 ▪ 조작부는 기동장치의 작동과 연동하여 해당 기동장치가 작동한 층 또는 구역을 표시할 수 있도록 설치되어 있는지 확인			

점검범위			점검항목 및 결과		기 타	
점검대상	구 조	점검사항	기본점검	적합여부	점검소요시간	점검횟수/주기
		❖ 설치장소(증폭기/조작부)	▪ 증폭기 및 조작부는 수위실 등 상시 사람이 근무하는 장소로서 점검이 편리하고 방화상 유효한 곳에 설치되어 있는지 확인			
		❖ 우선경보방식	▪ 우선경보방식 설치기준 적합여부 확인 ✓ 층수가 5층 이상으로서 연면적이 3,000 m^2를 초과하는 소방대상물 ▪ 발화층 및 우선경보층의 적합여부 확인 : 30층 이하 ✓ 2층 이상의 층에서 발화한 때에는 발화층 및 그 직상층에 경보 ✓ 1층에서 발화한 때에는 발화층·그 직상층 및 지하층에 경보 ✓ 지하층에서 발화한 때에는 발화층·그 직상층 및 기타의 지하층에 경보 ▪ 발화층 및 우선경보층의 적합여부 확인 : 30층 이상 ✓ 2층 이상의 층에서 발화한 때에는 발화층 및 그 직상 4개 층에 경보 ✓ 1층에서 발화한 때에는 발화층·그 직상 4개 층 및 지하층에 경보 ✓ 지하층에서 발화한 때에는 발화층·그 직상층 및 기타의 지하층에 경보			
		❖ 타 방송설비와 공용	▪ 다른 방송설비와 공용하는 것에 있어서는 화재 시 비상경보외의 방송을 차단할 수 있는 구조되어 있는지 확인			
		❖ 전기회로(유도장애)	▪ 다른 전기회로에 따라 유도장애가 생기지 아니하도록 유지되고 있는지 확인			
		❖ 동시통화(2 이상의 조작부)	▪ 하나의 소방대상물에 2 이상의 조작부가 설치되어 있는 때에는 각각의 조작부가 있는 장소 상호간에 동시통화가 가능한 설비가 설치되어 있는지 확인 ▪ 각각의 조작부에서 해당 소방대상물의 전 구역에 방송을 할 수 있도록 설치되어 있는지 확인			

점검범위			점검항목 및 결과		기 타	
점검대상	구 조	점검사항	기본점검	적합·여부	점검소요시간	점검횟수/주기
		❖ 방송개시시간	▪ 기동장치에 따른 화재신고를 수신한 후 필요한 음량으로 화재발생상황 및 피난에 유효한 방송이 자동으로 개시될 때까지의 소요시간은 10초 이하로 되어 있는지 확인			
		❖ 저전압(정격전압의 80%)	▪ 음향장치는 정격전압의 80% 전압에서 음향을 발하는지 확인			
		❖ 자동화재탐지설비와 연동기능	▪ 음향장치는 자동화재탐지설비의 동작과 연동하여 작동하는지 확인			
		❖ 별도음향장치(엘리베이터)	▪ 엘리베이터 내부에 별도의 음향장치가 설치되어 있는지 확인			

2. 점검 시 착안사항

(1) 경보방식

① 지상층 우선경보방식

㈀ 층수가 5층 이상으로서 연면적이 3,000 m^2를 초과하는 소방대상물

㈁ 2층 이상의 층에서 발화한 때에는 발화층 및 그 직상층에 경보를 발할 것

㈂ 1층에서 발화한 때에는 발화층·그 직상층 및 지하층에 경보를 발할 것

㈃ 지하층에서 발화한 때에는 발화층·그 직상층 및 기타의 지하층에 경보를 발할 것

- 다수동이 연결된 경우와 30층 이상의 소방대상물의 경보방식

㈄ 자동화재탐지설비 음향장치 및 시각경보장치 점검 시 착안사항 참조

4.3.3 배선의 기본점검항목 및 점검 시 착안사항

1. 기본점검항목

점검범위			점검항목 및 결과		기 타	
점검대상	구 조	점검사항	기본점검	적합여부	점검소요시간	점검횟수/주기
배선		❖ 배선				**종합정밀점검** ① 점검횟수 • 연 1회 이상 • 특급소방안전관리대상물은 반기별로 1회 이상 ② 점검시기 • 건축물 사용승인일이 속하는 달까지 실시 • 신축건축물은 소방시설완공검사필증을 받은 다음연도부터 실시 **작동기능점검** ① 점검횟수 • 연 1회 이상 • 특급소방안전관리대상물은 제외 ② 점검시기 • 종합정밀점검을 받은 달로부터 6개월이 되는 달에 실시 • 그 밖의 대상 : 연중 실시
		① 전기사업법 기술기준 준용	• 비상방송설비의 배선은 「전기사업법」 제67조에 따른 기술기준에 따라 설치되었는지 확인			
		② 통보장애	• 화재로 인하여 하나의 층의 확성기 또는 배선이 단락 또는 단선되어도 다른 층의 화재통보에 지장이 없도록 유지되고 있는지 확인			
		③ 전원회로 배선	• 전원회로의 배선은 「옥내소화전설비의 화재안전기준(NFSC 102)」 [별표 1]에 따른 내화배선에 따라 설치되어 있는지 확인 • 내화배선은 손상 등이 없는지 확인			
		④ 그 밖의 배선	• 그 밖의 배선은 「옥내소화전설비의 화재안전기준(NFSC 102)」 [별표 1]에 따른 내화배선 또는 내열배선에 따라 설치되어 있는지 확인 • 내화배선 또는 내열배선은 손상 등이 없는지 확인			
		⑤ 내화배선/내열배선(전선 및 설치 방법)	• 내화배선에 사용되는 전선 및 설치방법은 기준에 적합한지 확인 • 내열배선에 사용되는 전선 및 설치방법은 기준에 적합한지 확인			
		⑥ 절연저항	• 전원회로의 전로와 대지사이 및 배선상호간의 절연저항은 「전기사업법」 제67조에 따른 기술기준에 따라 설치되었는지 확인 • 부속회로의 전로와 대지사이 및 배선상호간의 절연저항은 1경계구역마다 직류 250 V의 절연저항측정기를 사용하여 측정한 절연저항이 0.1 MΩ 이상이 되도록 설치되어 있고 성능에 이상이 없는지 확인			

점검범위			점검항목 및 결과		기 타	
점검대상	구 조	점검사항	기본점검	적합여부	점검소요시간	점검횟수/주기
		⑦ 다른 전선과 구별하여 설치(관·덕트·몰드·풀박스 등)	▪ 비상방송설비의 배선은 다른 전선과 별도의 관·덕트(절연효력이 있는 것으로 구획한 때에는 그 구획된 부분은 별개의 덕트로 본다.)·몰드 또는 풀박스 등에 설치되어 있는지 확인 ✓ 60 V 미만의 약 전류회로에 사용하는 전선으로서 각각의 전압이 같을 때에는 제외되었는지 확인 ▪ 관·덕트·몰드·풀박스 등은 변형, 손상 등이 없는지 확인			

2. 점검 시 착안사항

(1) 음량조정기 배선 : 3선식배선

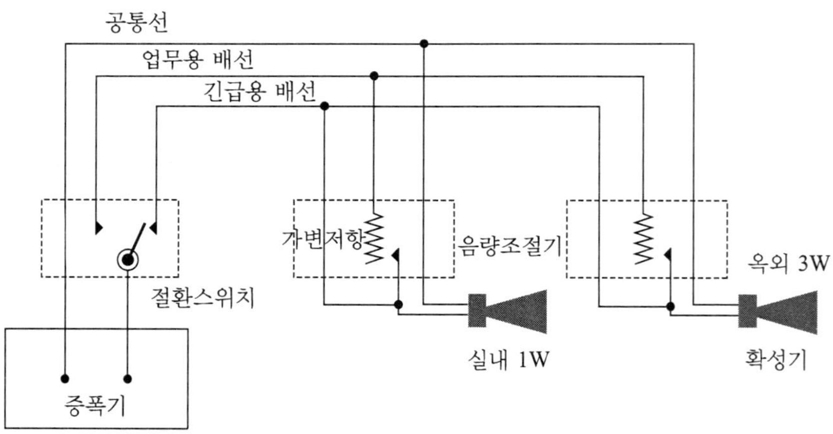

4.3.4 전원의 기본점검항목 및 점검 시 착안사항

1. 기본점검항목

점검범위			점검항목 및 결과		기 타	
점검대상	구 조	점검사항	기본점검	적합여부	점검소요시간	점검횟수/주기
전원		❖ 상용전원				**종합정밀점검** ① 점검횟수 ▪ 연 1회 이상 ▪ 특급소방안전관리대상물은 반기별로 1회 이상 ② 점검시기 ▪ 건축물 사용승인일이 속하는 달까지 실시 ▪ 신축건축물은 소방시설완공검사필증을 받은 다음연도부터 실시
		① 상용전원 종류(축전지/교류전압 옥내간선)	▪ 비상방송설비의 상용전원은 전기가 정상적으로 공급되는 축전지 또는 교류전압의 옥내간선으로 설치하였는지 확인			
		② 전용배선	▪ 전원까지의 배선은 전용으로 설치하였는지 확인			
		③ 배선의 손상, 이탈 등	▪ 배선은 손상, 이탈 등이 없는지 확인			
		④ 개폐기	▪ 개폐기가 설치되어 있는지 확인 ▪ 적정한 과전류개폐기 및 전선을 사용하였는지 확인 ▪ "비상방송설비용"이라고 표시한 표지를 설치하였는지 확인 ▪ 표지는 변색, 손상, 이탈 등이 없는지 확인			
		❖ 축전지 설비				
		① 용량	▪ 비상방송설비에는 그 설비에 대한 감시상태를 60분간 지속한 후 유효하게 10분 이상 경보할 수 있는 축전지설비(수신기에 내장하는 경우 포함)가 설치되어 있는지 확인			

2. 점검 시 착안사항

(1) 일반사항

① 증폭기 및 조작부 설치위치의 적합여부 확인

② 조작부의 작동한 층, 구역표시 확인
③ 확성기의 음성입력 적합여부 확인
④ 확성기의 설치위치 및 수평거리 확인
⑤ 확성기에 음량조정기를 설치한 경우 배선의 적합여부 확인
⑥ 우선경보 및 경보를 발하는 구조의 적합여부 확인
⑦ 다른 방송설비와 겸용인 경우 다른 방송 차단여부 확인
⑧ 다른 전기회로에 대한 유도장애 발생여부 확인
⑨ 2 이상 조작부를 설치한 경우 상호 동시통화여부 확인
⑩ 2 이상 조작부를 설치한 경우 전 구역 방송여부 확인
⑪ 기동장치 조작 후 방송개시 소요시간의 적부여부 확인
⑫ 배선의 전기설비기술기준에 적합여부 확인
⑬ 하나의 층에 단락, 단선 시 다른 층의 화재통보여부 확인
⑭ 배선 종류 및 설치방법의 적합여부 확인
⑮ 배선의 절연저항의 적합여부 확인
⑯ 음향장치의 경보 및 음량의 적합여부 확인
⑰ 자동화탐지설비 작동과 연동여부 확인
⑱ 상용전원 및 예비전원의 적합여부 확인

(2) 증폭기 등

① 스위치류 : 단자의 풀림 등이 없고 개폐기능의 정상여부 확인
② 퓨즈류 : 손상·끊김 등이 없고 적정의 종류 및 용량의 사용여부 확인
③ 계전기 : 탈락·단자의 풀림·먼지 등이 부착이 없고 기능의 정상여부 확인
④ 계기류 : 전압계 및 출력계의 정상작동여부 확인
⑤ 표시등 : 정상적인 점등여부 확인
⑥ 결선접속 : 단선·단자의 풀림·탈락·손상 등의 유무 확인
⑦ 접지 : 현저한 부식·단선 등의 손상유무 확인
⑧ 회로선택 : 회로선택시험을 하여 당해 조작회로 및 관련되는 작동표시등과 화재등의 정상점등 여부 확인
⑨ 2 이상의 조작장치 : 2개 이상의 조작장치가 설치되어 있는 경우에는 서로 작동시켜 동시작동과 동시통화의 가능여부 확인
⑩ 자동화재탐지설비와 연동 : 자동화재탐지설비에서 화재신호가 송신될 때 자동적으로 작동하고 또한 상호간 기능장애의 유무 확인
⑪ 비상용방송절환 : 일반방송절환시험을 하여 일반방송상태에서 비상용방송으로 확

실하게 전환되고 또한 수동에 의해 복구하지 않는 한, 비상방송의 상태가 정상으로 계속 작동하는가의 여부

⑫ 회로단락 : 회로단락시험을 하여 당해 출력회로단락보호회로가 차단되고, 또한 그 내용의 표시를 함과 동시에 다른 회로의 기능장해 유무 확인

⑬ 화재음표시 : 화재음 신호를 발하는 것에서는 기동장치시험을 하여 음향의 정상여부 확인

(3) 기동장치

① 누름버튼 등은 기능에 이상이 없는지 확인

(4) 스피커

① 음량등 : 음량 및 음색이 다른 기계의 소음 등과 구별여부 확인
② 경보방식 : 일제경보·구분경보 또는 상호경보의 경보방식대로 경보여부 확인
③ 음량조절기 : 비상용 방송 시 지장여부 확인

(5) 경종

① 기능의 정상여부 확인

4.4 자동화재탐지설비

4.4.1 자동화재탐지설비의 일반사항

1. 개요

(1) 건물에 화재발생 시 신속한 화재발견과 경보, 화재발생위치 파악은 인명과 재산피해를 효과적으로 경감시킬 수 있는 중요한 요소이다.

(2) 화재 초기에 경보가 발령되면 인명대피의 시간적 여유가 생길 수 있으며, 건물 관계자는 화재초기에 대응할 수 있어 화재진압이 용이하게 된다. 그리고 화재위치까지 알려준다면 사람들의 피난을 안전하게 유도할 수 있으며, 신속한 화재진압을

가능하게 할 수 있다.

(3) 자동화재탐지설비는 이러한 필요성에 따라 화재발생을 조기에 경보하고 화재위치를 통보하는 기능을 하는 설비로 화재가 발생하면 자동으로 화재발생신호를 발신하는 감지기, 사람이 수동으로 화재발생신호를 보낼 수 있는 발신기, 화재발생신호를 수신하여 화재위치를 표시하고 경보장치 등에 작동신호를 발신하는 수신기, 화재가 발생했음을 경보해 주는 음향장치 및 시각경보기(이하 "경보장치"라 함.)로 구성되어 있다.

2. 작동체계 및 원리

(1) 작동체계

① 자동화재탐지설비는 화재 신호발생장치인 감지기와 발신기에서 신호를 발신하게 되면 수신기는 경보장치를 기동시키고 화재 및 위치표시를 하는 기기라고 할 수 있다. 즉, 감지기는 화재 시에 자동으로 신호를 발신하며, 발신기는 버튼을 눌렀을 때 신호를 발신한다. 그리고 수신기는 신호를 받으면 경보장치를 작동시키고 화재 및 위치를 표시하게 된다.

② 자동화재탐지설비는 화재를 감시하는 능력이 있음으로 화재 시 자동으로 작동해야 할 설비를 연동시켜 작동시킨다. 이러한 설비들에는 비상방송설비, 자동화재속보설비, 3선식유도등설비 등이 있다.

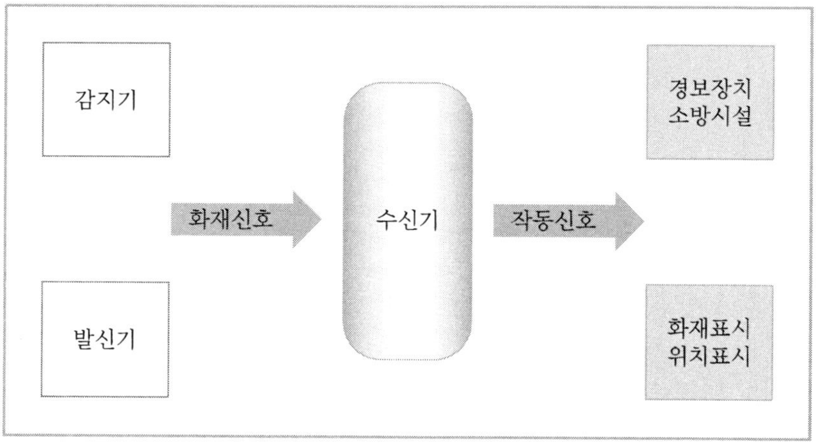

(2) 작동원리

① 자동화재탐지설비는 신호전송방식에 따라 공통신호방식인 P형과 고유신호방식인 R형으로 구분할 수 있다.

② P형 시스템은 각 경계구역마다 수신기와 감지기 및 발신기간에 다음의 그림처럼 회로가 구성되어 있다. 평상시에는 회로의 종단에 저항이 설치되어 있어 적은 전류만 흐르는 상태에 있다. 그러나 회로에 일정치 이상의 전류가 흐르게 되면 계전기가 작동하여 화재표시등, 지구표시등, 경보장치, 연동되는 소방시설을 작동시킨다. 감지기는 회로에서 스위치의 역할을 하여 일정치 이상의 전류가 흐르게 하는 기능을 한다. 즉 화재가 발생하면 자동으로 스위치를 닫게 하여 일정치 이상의 전류가 흐르게 하는 것이라 할 수 있다. 그리고 발신기는 사람이 누름스위치를 누르면 스위치가 닫혀 일정치 이상의 전류가 흐르게 하는 것이라고 할 수 있다.

③ R형 시스템은 감지기나 발신기가 작동하면 특정한 통신신호가 수신기에 발신되는 것이라고 볼 수 있다.

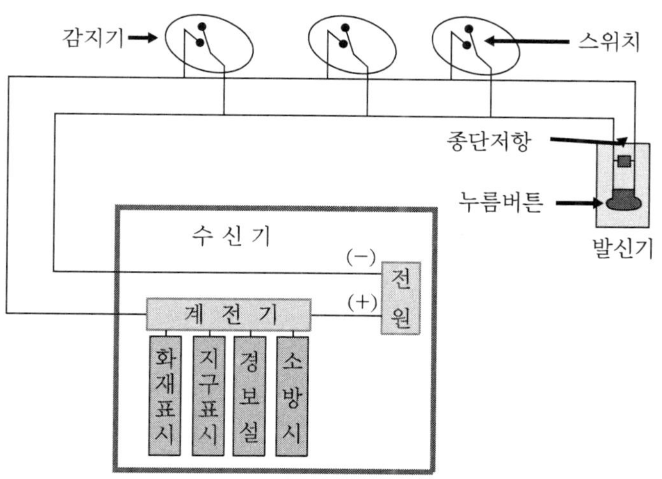

4.4.2 자동화재탐지설비의 기본점검항목 및 점검 시 착안사항

1. 기본점검항목

점검범위			점검항목 및 결과		기 타	
점검대상	구 조	점검사항	기본점검	적합여부	점검소요시간	점검횟수/주기
경계구역		❖ 경계구역	▪ 자동화재탐지설비의 경계구역은 기준에 적합하게 설정하였는지 확인 ▪ 감지기의 형식승인 시 감지거리, 감지면적 등에 대한 성능을 별도로 인정받은 경우에는 그 성능인정범위를 경계구역으로 할 수 있으므로 이를 준용하여 설정하였는지 확인			**종합정밀점검** ① 점검횟수 ▪ 연 1회 이상 ▪ 특급소방안전관리대상물은 반기별로 1회 이상 ② 점검시기 ▪ 건축물 사용승인일이 속하는 달까지 실시 ▪ 신축건축물은 소방시설완공검사필증을 받은 다음연도부터 실시 **작동기능점검** ① 점검횟수 ▪ 연 1회 이상 ▪ 특급소방안전관리대상물은 제외 ② 점검시기 ▪ 종합정밀점검을 받은 달로부터 6개월이 되는 달에 실시 ▪ 그 밖의 대상 : 연중 실시
		❖ 수평 경계구역				
		① 건축물·층의 중복	▪ 하나의 경계구역이 2개 이상의 건축물에 중복되게 설정하였는지 확인 ▪ 하나의 경계구역이 2개 이상의 층에 중복되게 설정하였는지 확인 ▪ 2개의 층을 하나의 경계구역으로 하였을 경우 경계면적이 500 m^2 이하인지 확인			
		② 경계구역 면적·거리	▪ 하나의 경계구역의 면적은 600 m^2 이하인지 확인 ▪ 경계구역 한 변의 길이는 50 m 이하인지 확인 ▪ 해당 소방대상물의 주된 출입구에서 그 내부 전체가 보이는 것에 있어서는 한 변의 길이가 50 m의 범위 내에서 1,000 m^2 이하로 설정하였는지 확인			
		③ 지하구	▪ 지하구의 경우 하나의 경계구역의 길이는 700 m 이하로 설정하였는지 확인			
		❖ 수직 경계구역	▪ 계단(직통계단 외의 것에 있어서는 떨어져 있는 상하계단의 상호 간의 수평거리가 5.0 m 이하로서 서로 간에 구획되지 아니한 것에 한한다.)·경사로(에스컬레이터경사로 포함)·엘리베이터 권상기실·린넨			

점검범위			점검항목 및 결과		기 타	
점검대상	구 조	점검사항	기본점검	적합여부	점검소요시간	점검횟수/주기
			슈트·파이프 피트 및 덕트 기타 이와 유사한 부분에 대하여는 별도로 경계구역을 설정하였는지 확인			
		❖ 계단, 경사로	▪ 계단 및 경사로의 경우 경계구역 하나의 높이는 45 m 이하로 설정하였는지 확인 ▪ 지하층의 계단 및 경사로(지하층의 층수가 1일 경우는 제외)는 별도의 경계구역으로 설정하였는지 확인			
		❖ 경계구역 면적산출	▪ 외기에 면하여 상시 개방된 부분이 있는 차고·주차장·창고 등에 있어서는 외기에 면하는 각 부분으로부터 5.0 m 미만의 범위 안에 있는 부분에 대한 경계구역 면적 산입여부 확인 ✓ 5.0 m 미만의 범위 안에 있는 부분은 경계구역 면적산입에서 제외			

(1) 경계구역의 면적 산정 시 주의점

① 감지기의 설치가 면제되는 세면장, 화장실 등을 포함하여 경계면적으로 산정한다.

② 별도의 경계구역으로 구획하는 계단, 경사로, 엘리베이터 샤프트, 린넨슈트, 옥외계단 등은 경계구역의 면적에 산입하지 아니한다.

③ 외기에 면하여 상시 개방된 부분이 있는 차고, 주차장, 창고 등에 있어서 외기에 면하는 각 부분으로부터 5.0 m 미만의 범위 안에 있는 부분은 경계구역의 면적에 산입하지 아니한다.

④ 발신기 수량과 경계구역(회로)수가 일치하지 않음에 주의한다.

(2) 소화설비 방호구역에 의한 경계구역 설정

소화설비	방호구역	경계구역 설정기준
스프링클러설비	바닥면적에 의한 구획	3,000 m^2 이하 설정
	1개 층에 폐쇄형 헤드가 10개 이하인 경우	3개 층 이내 설정
	개방형 헤드 설치 시	50개 이하 설정
물분무등소화설비	방호구역마다 설정	방사구역마다 설정

(3) 기타 경계구역 설정 시 착안사항

① 복도, 통로 및 방화구획 등의 경계구역 설정

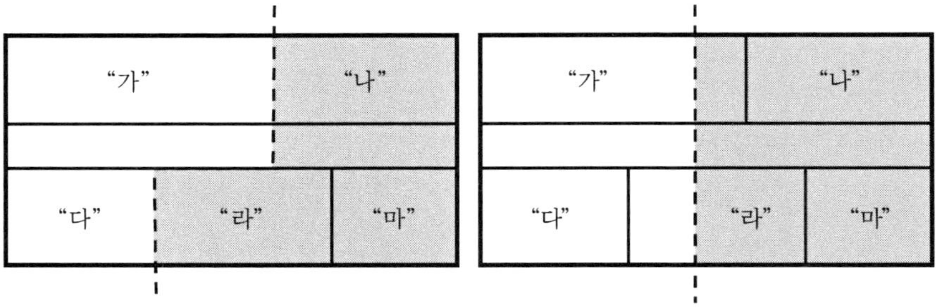

(ㄱ) 창고, 공장 등과 같이 벽으로 구획된 부분이 없는 부분을 제외하고는 복도, 통로 및 방화구획 등을 경계로 하여 경계구역을 설정하는 것이 좋다.

(ㄴ) 그림의 왼쪽과 같이 실의 구획선을 따라 경계구역을 설정하는 경우에는 어떤 실에서 화재가 발생하였는지를 확인하기가 용이하지만 오른쪽 그림과 같이 실의 중앙을 관통하는 경우에는 하나의 실에 2개의 경계구역이 존재하므로 화재가 발생한 경계구역을 확인하기가 어렵다.

② 넓은 소방대상물의 경계구역 설정

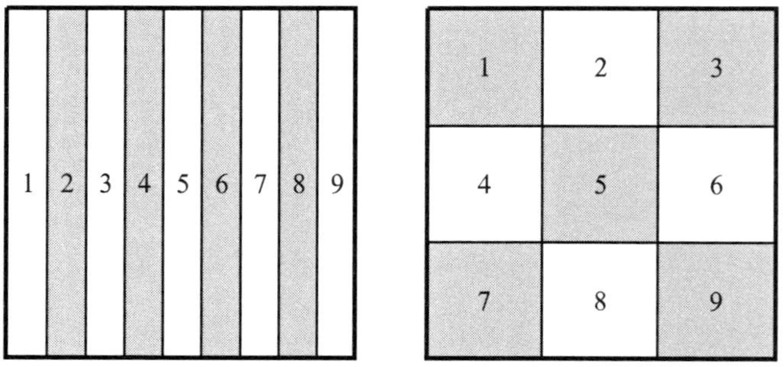

여러 개의 경계구역으로 분할해야 하는 창고 등과 같이 넓은 소방대상물에 대하여 경계구역을 설정할 경우에는 왼쪽 그림과 같이 분할하게 되면 실제 화재시나 보수점검 시에 감지기의 작동지점을 찾기가 어렵게 되므로 오른쪽 그림과 같이 정방형의 형태로 경계구역을 설정하는 것이 좋다.

③ 발코니의 경계구역 설정

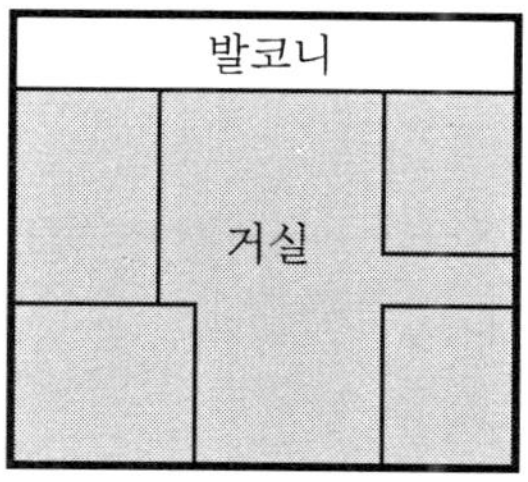

㈀ 발코니가 있는 공동주택의 경계구역 설정 시에는 외기와 접하는 발코니의 경우에는 이를 경계구역의 면적에 산입하지 않아도 무방하다.

㈁ 발코니를 침실, 거실, 창고 등으로 사용하기 위하여 이를 확장 또는 개조하는 경우에는 경계구역의 면적에 산입하여 소방시설을 설치해야 하므로 거실부분과 발코니 부분을 합하여 경계구역을 설정해야 한다.

④ 천장과 지붕사이 오두막형 공간의 경계구역 설정

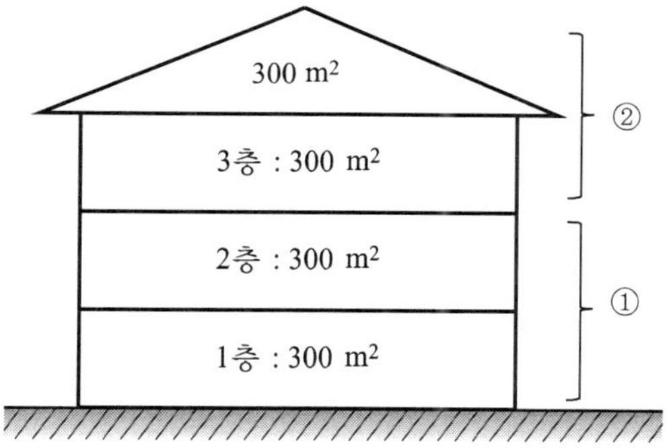

4.4.3 수신기의 기본점검항목 및 점검 시 착안사항

1. 기본점검항목

<table>
<tr><th colspan="3">점검범위</th><th colspan="2">점검항목 및 결과</th><th colspan="2">기 타</th></tr>
<tr><th>점검대상</th><th>구 조</th><th>점검사항</th><th>기본점검</th><th>적합여부</th><th>점검소요시간</th><th>점검횟수/주기</th></tr>
<tr><td rowspan="7">수신기</td><td rowspan="4">❖ P형 수신기
</td><td>❖ 수신기의 적합기준</td><td></td><td></td><td></td><td rowspan="7">종합정밀점검
① 점검횟수
• 연 1회 이상
• 특급소방안전관리대상물은 반기별로 1회 이상
② 점검시기
• 건축물 사용승인일이 속하는 달까지 실시
• 신축건축물은 소방시설완공검사필증을 받은 다음연도부터 실시

작동기능점검
① 점검횟수
• 연 1회 이상
• 특급소방안전관리대상물은 제외
② 점검시기
• 종합정밀점검을 받은 달로부터 6개월이 되는 달에 실시
• 그 밖의 대상 : 연중 실시</td></tr>
<tr><td>① 회선수</td><td>• 해당 소방대상물의 경계구역을 각각 표시할 수 있는 회선 수 이상의 수신기기가 설치되어 있는지와 수신기 성능에 이상이 없는지 확인</td><td></td><td></td></tr>
<tr><td>② 발신기와 전화통화</td><td>• 4층 이상의 소방대상물에는 발신기와 전화통화가 가능한 수신기가 설치되어 있는지와 수신기 성능에 이상이 없는지 확인</td><td></td><td></td></tr>
<tr><td>③ 가스누설 경보기능</td><td>• 해당 소방대상물에 가스누설탐지설비가 설치된 경우 가스누설탐지설비로부터 가스누설신호를 수신하여 가스누설경보를 할 수 있는 수신기가 설치되어 있는지와 수신기 성능에 이상이 없는지 확인
✓ 가스누설탐지설비의 수신부를 별도로 설치한 경우에는 제외</td><td></td><td></td></tr>
<tr><td rowspan="3">❖ R형 수신기
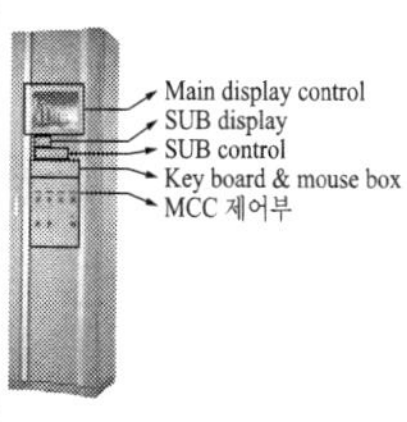</td><td>④ 축적기능</td><td>• 비화재보를 발신할 우려가 있는 장소에는 축적기능이 있는 수신기(축적형 감지기가 설치된 장소에는 감지기회로의 감시전류를 단속적으로 차단시켜 화재를 판단하는 방식 외의 것)가 설치되어 있는지와 수신기 성능에 이상이 없는지 확인
✓ 지하층·무창층 등으로서 환기가 잘되지 않는 장소
✓ 실내면적이 40 m^2 미만인 장소
✓ 감지기의 부착면과 실내바닥과의 거리가 2.3 m 이하인 장소</td><td></td><td></td></tr>
<tr><td>❖ 수신기의 설치기준</td><td></td><td></td><td></td></tr>
<tr><td>① 설치장소</td><td>• 수위실 등 상시 사람이 근무하는 장소에 설치하여 유지가 잘 되고 있는지 확인</td><td></td><td></td></tr>
</table>

점검범위			점검항목 및 결과		기 타	
점검대상	구 조	점검사항	기본점검	적합여부	점검소요시간	점검횟수/주기
			▪ 사람이 상시 근무하는 장소가 없는 경우에는 관계인이 쉽게 접근할 수 있고 관리가 용이한 장소에 설치하여 유지가 잘 되고 있는지 확인			
		② 경계구역 일람도	▪ 수신기가 설치된 장소에는 경계구역 일람도가 비치되어 있는지 확인 ✓ 모든 수신기와 연결되어 각 수신기의 상황을 감시하고 제어할 수 있는 수신기를 설치하는 경우에는 주수신기를 제외한 기타 수신기는 제외			
		③ 음향기구	▪ 수신기의 음향기구는 그 음량 및 음색이 다른 기기의 소음 등과 명확히 구별될 수 있는 것으로 설치되어 있는지 확인 ▪ 음향기구의 성능에 이상이 없는지 확인			
		④ 경계구역 표시	▪ 수신기는 감지기·중계기 또는 발신기가 작동하는 경계구역을 표시할 수 있는 것으로 설치되어 있는지 확인 ▪ 경계구역 표시기능에 이상이 없는지 확인			
		⑤ 종합방재반	▪ 화재·가스·전기 등에 대한 종합방재반을 설치한 경우 해당 조작반에 수신기의 작동과 연동하여 감지기·중계기 또는 발신기가 작동하는 경계구역을 표시할 수 있는 것으로 설치되어 있는지 확인 ▪ 종합방재반의 수신기와 연동하여 경계구역을 표시할 수 있는 기능에 이상이 없는지 확인			
		⑥ 표시등/표시문자	▪ 하나의 경계구역은 하나의 표시등 또는 하나의 문자로 표시되는지 확인 ▪ 표시등의 경계구역 표시기능에 이상이 없는지 확인			
		⑦ 조작스위치높이	▪ 수신기의 조작스위치는 바닥으로부터의 높이가 0.8 m 이상~1.5 m 이하의 높이에 설치되어 있는지 확인 ▪ 조작스위치는 조작에 이상이 없는지 확인			

점검범위			점검항목 및 결과		기 타	
점검대상	구 조	점검사항	기본점검	적합여부	점검소요시간	점검횟수/주기
		⑧ 상호연동	▪ 하나의 특정소방대상물에 2 이상의 수신기를 설치하는 경우 수신기를 상호간 연동하여 화재발생 상황을 각 수신기마다 확인할 수 있도록 회로가 설치되어 있는지 확인 ▪ 수신기 상호간 연동기능에 이상이 없는지 확인			

2. 점검 시 착안사항

(1) 외함상태 확인

① 교류전원 표시용 LED가 항상 점등되어 있어야 한다.

> ※ 유의사항 : 수신기의 전면에는 교류전원 확인등(녹색 LED) 외에는 점등되어서는 아니 된다.

② 전압계는 정상전압인 DC 24(±2) V를 항상 지침하고 있어야 한다.

> ※ 유의사항 : 전압계는 DC 24 V(20～28 V 정도)를 지시하여야 한다. 제품검사 합격표시가 수신기 내부의 회로기판 중 전원부 옆에 부착되어 있는지 확인

③ 모든 시험용 스위치는 항상 정위치에 놓여 있어야 한다.

④ 스위치류는 개폐기능이 확실히 하여야 한다.

> ※ 유의사항 : 스위치는 일반적으로 토글스위치나 누름버튼스위치를 사용하고 있으며, 컴퓨터 모니터 내에 프로그램적 스위치를 사용하는 경우가 증가하고 있으며, 육안으로 개폐위치가 정상인지를 판정하기 어려운 경우도 있다. 이 경우 해당 스위치의 작동 확인등 또는 「스위치 주의등」의 점멸에 의해 판정한다.

⑤ 외함은 부식, 찌그러짐, 손상 등이 없어야 한다.

⑥ 수신기 내부에 송수화용 송수화기가 설치되어 있어야 한다.

⑦ 수신기 외함은 벽에 매립되지 아니하여야 한다.

⑧ 수신기 내부에 예비전원이 부착되어 있어야 하고, 항상 수신기 회로와 연결되어 충전이 되고 있어야 한다.

> ※ 유의사항 : 예비전원의 종별, 정격용량, 정격전압의 표시가 수신기에 표기된 내용과 동일한지 확인, 예비전원은 니켈·카드뮴 축전지나 연축전지를 사용하고 있으며 성능시험 합격표시가 부착되어 있는지 확인, 전압·용량이 같으면 제조회사가 다른 축전지와 교환하여도 좋다.

⑨ 배선연결용 단자는 탈락, 풀림, 손상 등이 없고, 퓨즈는 정격용량을 사용하고 있어야 한다.

⑩ 수신기의 내부에는 예비부품(퓨즈 등)이 비치되어 있어야 한다.

> ※ 유의사항 : 퓨즈, 종단저항 등의 예비품이 준비되어 있어야 한다.

⑪ 취급설명서 및 명판이 파손되지 아니하여야 한다.

> ※ 유의사항 : 수신기 전면에 부착된 수신기 취급설명서 또는 명판에 표시되어 있는 회로 수(경종접속 수량은 회로 수에 주경종을 더한 수량)와 일치하는지를 확인

⑫ 각 종 단자에는 해당하는 단자명판이 부착되어 있어야 한다.

⑬ A/S를 위한 회로도 및 품질보증서가 비치되어 있어야 한다.

⑭ 수신기 전원스위치 부근에는 합격증지가 부착되어 있고 예비전원은 확인증지가 부착되어 있어야 한다.

(2) 수신기의 기능시험

① 작동시험

㈀ 전면의 작동시험 스위치를 시험위치에 놓은 채로 회로선택용 스위치를 조작할 때 작동시험 중인 지구회로의 지구경보등 및 화재등이 점등되어야 한다.

㈁ 주경종 및 지구경종이 명동되어야 한다.

㈂ 주경종 및 지구경종 정지스위치를 조작하였을 때 경보음이 명동되지 않아야 한다.

> ※ 유의사항 : 먼저 주경종, 지구경종스위치를 누르고 시험을 실시하여야 하며 자동복구스위치를 함께 누르면 선택된 회로창구에만 점등이 된다.

② 회로도통시험

(ㄱ) 전면의 도통시험 스위치를 시험위치에 놓은 채로 회로선택용 스위치를 조작하여 전기지시계의 상태를 확인한다.

(ㄴ) 전기지시계기가 설치된 경우 : 지침이 가리키는 전압이 2～6 V일 때 정상

(ㄷ) 전기지시계기가 미설치된 경우 : 도통시험상태 감시등의 "정상"이라는 표시등이 켜지면 정상(단선이 없는 상태)

> ※ 유의사항 : 전압계가 0 V에서 미세하게 움직이거나, LED등으로 도통시험을 확인하는 경우

(ㄹ) 도통저항(종단저항)이 달려 있지 아니하면 적색의 LED등이 점멸

(ㅁ) 전압계가 0 V에서 정지되어 있으면 단선이 된 경우

(ㅂ) 전압계가 없는 경우에는 LED 확인 등을 사용하여 확인

③ 예비전원시험

(ㄱ) 전면의 예비전원 시험스위치를 시험위치에 놓은 채로 약 2～10분 정도 경과 후 지시하는 전압상태를 확인한다.

(ㄴ) 전기지시계기가 설치된 경우 : 지시계기의 지시 값이 급격한 감소를 보이거나 0 V를 지시하면 불량

(ㄷ) 전기지시계기가 없는 경우 : 지시하는 전압에 해당하는 상태감시등이 18 V 이하로 표시되면 불량(예비전원이 미충전 된 상태)

> ※ 유의사항(내장형에 한함) : 확인 등은 제조회사마다 약간 다르게 설계되며 전원으로 표시되어 있는 것은 예비전원 스위치를 누르더라도 꺼지지 않고 점등된 상태를 지속한다.

(ㄹ) 예비전원에 설치된 퓨즈나 커넥터를 분리하면 예비전원 감시등이 점등하여야 한다.

(ㅁ) 전압계로 확인할 경우에는 복구스위치를 눌러 교류전원을 차단시켰을 때 전압계가 정상위치이어야 한다.

(ㅂ) 충전장치는 수신기에 따라 다르지만 기본회로는 수신기 내의 주변압기의 2차측에서 정류기 충전저항을 통하여 항상 축전지에 충전전류를 흘려 충전하고 있다.

(ㅅ) 수신기 명판에 표시한 용량 이외의 축전지는 표시된 용량의 축전지로 교환하여

야 한다.

④ **송수화 통화시험**

발신기에서 송수화기를 꽂으면 수신기에 설치된 "전화"라는 표시등이 점등되면서 버저가 울린다. 이때 수신기 내부에 비치되어 있는 송수화기를 수신기 전면에 설치된 전화 잭에 접속시키면 즉시통화가 가능하다. 이 경우 통화는 잡음 없이 명확하게 이루어져야 한다.

⑤ **표시등**

스위치를 조작하여 점등을 확인한다. 현저한 열화 등이 없고 정상으로 점등되어야 한다. 표시등은 발광다이오드는 1개, 전구를 사용하는 경우는 하나의 표시등에 2개 이상의 전구를 병렬로 설치하여야 한다.

(3) 수신기의 각부 명칭 및 기능

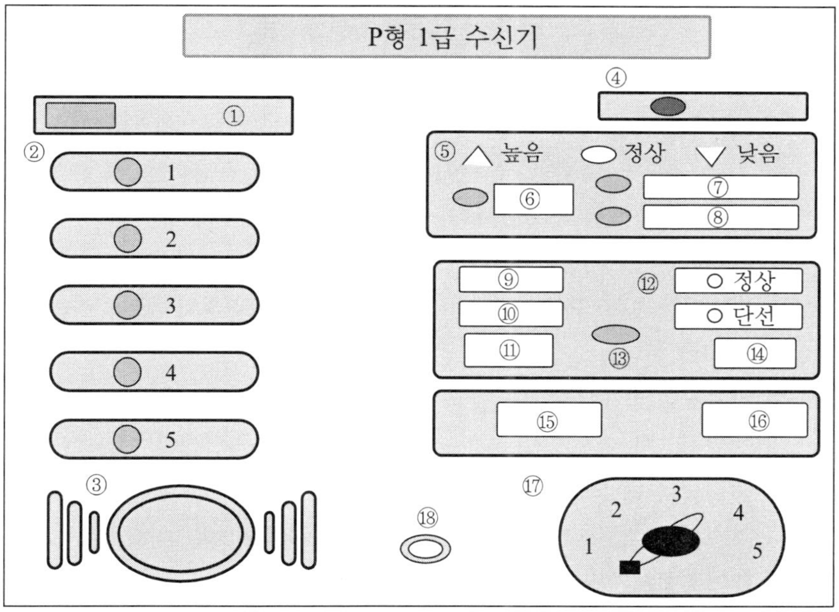

수신기 각 스위치의 명칭

① **화재표시등** : 화재발생표시

② **지구표시등** : 해당 경계구역표시

③ **버저** : 발신기의 전화 잭에 휴대용수화기를 꽂으면 작동

④ **발신기작동표시등** : 발신기가 작동했을 때 점등

⑤ **전압상태표시등** : 상용전원 및 예비전원의 전압을 표시하는 것으로 평상시에는 상용전원의 상태를 표시하며, 예비전원으로 전환 시에는 예비전원의 상태를 표시한다.

⑥ **예비전원표시등** : 예비전원 사용 시 점등

⑦ **교류전원표시등** : 교류전원 사용 시 점등

⑧ **축전지이상표시등** : 축전지에 이상이 있을 때 점등

⑨ **도통시험스위치** : 감지기회로의 도통시험을 위한 스위치로서 본 스위치를 누르고 회로선택스위치(⑰)를 순차적으로 돌려가며 도통상태표시등(⑫)을 보면서 점검한다.

⑩ **작동시험스위치** : 수신기의 작동상태를 점검하기 위한 스위치로서 본 스위치를 누르고 회로선택스위치(⑰)를 순차적으로 돌려가며 화재표시등(①) 점등, 해당지구표시등(②) 점등, 주음향장치(주경종)·지구음향장치(지구경종) 작동 등이 정상적으로 작동하는지를 점검한다.

⑪ **자동복구스위치** : 신호가 수신될 때만 표시등 및 경보장치가 작동하도록 하는 스위치로서 신호가 들어오지 않으면 자동적으로 복구된다. 자동복구스위치를 누른 상태에서 작동시험을 하면 회로가 선택될 때만 표시등 및 음향장치가 작동되고 다음 회로로 돌리면 그 전 회로의 상태는 복구된다. 그리고 본 스위치를 눌러 놓고 감지기의 본체를 열고 베이스의 (+)와 (−)의 회로를 닫아 전류가 통하도록 하면 회로가 닫힐 때만 표시등 및 음향장치가 작동되고 다시 회로를 열면 표시등 및 음향장치가 멈추기 때문에 각 감지기의 도통상태를 점검하는 데 용이하게 쓰인다.

⑫ **도통상태표시등** : 도통시험 시 회로의 단선유무를 표시해주는 표시등이다.

⑬ **스위치주의표시등** : 스위치가 정상의 상태에 놓여 있지 않을 때 점멸하는 표시등이다. 자동복구·도통·작동·주경종정지·지구경종정지 등의 스위치가 눌러져 있을 때 작동한다.

⑭ **복구스위치** : 감지기와 발신기에서 들어오는 신호를 처음부터 다시 인식하게 하는 스위치로서 수신기에 표시등과 음향장치가 작동상태에 있을 때 복구스위치를 누르면 처음부터 다시 인식하게 됨으로 신호가 계속 들어오면 다시 표시등과 음향장치가 작동되며, 신호가 들어오지 않으면 작동을 멈추게 된다.

⑮ **주경종정지스위치** : 주경종의 작동을 멈추게 하거나 감지기나 발신기에서 신호가 들어오더라도 주경종이 울리지 않도록 하는 스위치이다.

⑯ **지구경종정지스위치** : 지구경종의 작동을 멈추게 하거나 감지기나 발신기에서 신호가 들어오더라도 지구경종이 울리지 않도록 하는 스위치이다.

⑰ **회로선택스위치** : 도통·작동시험 시 각 회로를 선택하는 스위치이다.

⑱ **전화 잭** : 휴대용수화기를 꽂을 수 있는 잭이다.

(4) P형 수신기의 점검방법

① 평상시 상태

(ㄱ) 교류전원등만 점등되어 있어야 한다.

(ㄴ) 스위치주의등은 다른 스위치가 정상의 위치에 있지 않은 경우에 점멸한다.

(ㄷ) 주경종정지, 지구경종정지스위치가 정지에 있으면 화재가 발생해도 경종이 울리지 않게 되어 위험한 상황에 빠질 수 있다. 그러므로 철저히 확인해야 한다.

② 상용전원 점검

(ㄱ) 교류전원등이 점등되어 있는지 확인한다.

(ㄴ) 전압의 상태가 정상인지 확인한다.

③ 예비전원(설비감시상태를 60분간 지속한 후 유효하게 10분 이상 경보)시험

예비전원의 점검사항은 축전지용량의 적정여부와 상용전원 차단 시 바로 예비전원으로 전환되는지를 점검하는 시험이다.

(ㄱ) 예비전원이 정상적으로 연결되어 있는지를 확인한다.

(ㄴ) 예비전원시험스위치를 누른다.

(ㄷ) 상용전원에서 예비전원으로 전환되는지 확인한다(전환여부점검).

(ㄹ) 전압계의 지시치가 정상범위 내에 있는 것을 확인한다(용량점검).

(ㅁ) 전압계 대신 전압상태표시등으로 나타나는 것은 전압표시등이 "정상" 위치에 있는지 확인한다.

④ 회로도통시험

도통시험은 수신기단자와 감지기회로선의 접속상태, 감지기회로의 단선유무를 점검하기 위한 시험이다. 도통시험은 수동으로 점검하는 수신기가 있고, 자동단선감시기능이 있는 수신기가 있다.

【수동점검】

- 도통시험스위치를 누른다.
- 회로선택스위치를 순차적으로 회전시키며 회로를 하나씩 선택하며 아래의 사항을 점검한다.
- 전압계의 눈금 지시치 또는 전압을 정상을 나타내는 표시등을 확인한다.
  - 0 V : 단선, 2～6 V : 정상, 24 V : 단락(감지기나 발신기 작동 혹은 단락인지를 확인한다.)
  - 전압계가 없는 것은 정상을 표시하는 표시등이 점등되어야 한다.

- 예비회로인 경우에는 단선으로 표시된다.

⑤ 작동시험

작동시험은 수신기가 화재신호를 수신하면 화재표시등, 지구표시등, 경보장치가 작동하는지를 시험하는 시험이다.

(ㄱ) 작동시험스위치를 누른다.

(ㄴ) 회로선택스위치를 순차적으로 회전시켜 회로를 하나씩 선택하며 아래의 사항을 점검한다.

(ㄷ) 화재표시등과 선택된 회로의 지구표시등이 점등되는지 확인한다.

(ㄹ) 경보장치가 정상적으로 작동하는지 확인한다.

⑥ P형 수신기 적합기준 점검

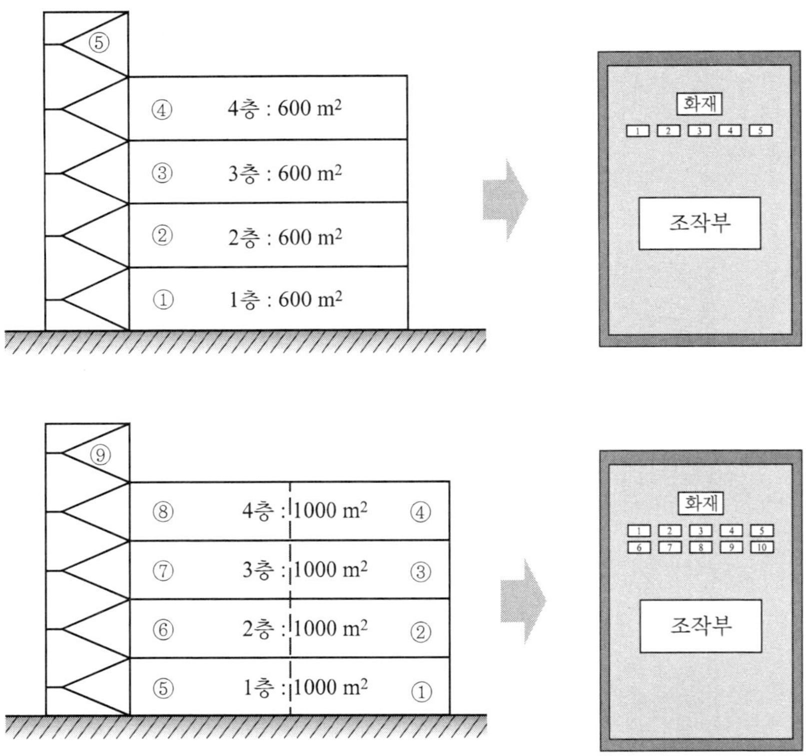

P형1급 수신기와 P형2급 수신기의 회로수용

㈀ P형2급 수신기의 회로수용능력은 5회로를 초과할 수 없다.

- 4층 이상인 소방대상물의 경우에는 대부분 경계구역수가 5개를 초과하게 된다. 따라서 4층 이상인 소방대상물에는 P형2급 수신기를 설치할 수 없기 때문에 P형1급 수신기를 설치해야 한다.

㈁ P형1급 수신기에는 기본적으로 발신기와 전화통화가 가능한 수신기가 내장되어 있어야 한다.

⑦ 가스누설을 경보할 수 있는 수신기

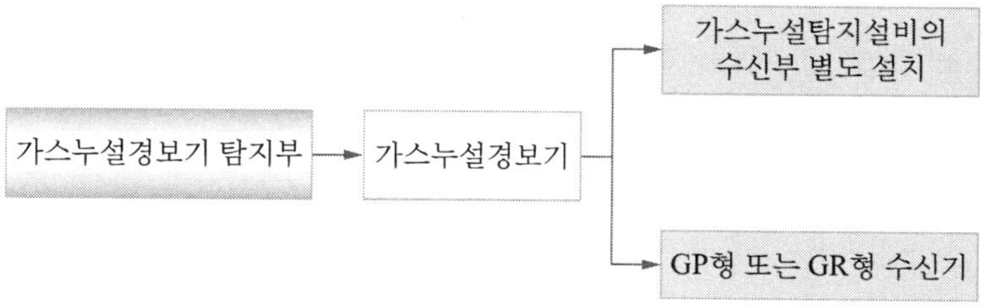

가스누설경보 수신기

㈀ 가스누설탐지설비는 가스누설탐지부와 가스누설경보기를 분리하여 설치하거나 일체형으로 구성된 가스누설경보기를 설치한다.

㈁ 가스누설탐지설비가 설치된 건물에는 수신기가 설치된 장소에서 가스누설경보 기능을 수행할 수 있도록 하기 위해 그림과 같이 가스의 누설상황을 표시하고 경보음을 발할 수 있는 GP형 또는 GR형 수신기를 설치하거나 별도의 가스누설탐지신호를 수신할 수 있는 수신부를 설치하야야 한다.

4.4.4 중계기의 기본점검항목 및 점검 시 착안사항

1. 기본점검항목

점검범위			점검항목 및 결과		기 타	
점검대상	구 조	점검사항	기본점검	적합여부	점검소요시간	점검횟수/주기
중계기	❖ 수신기에서 전원을 공급받지 않는 중계기  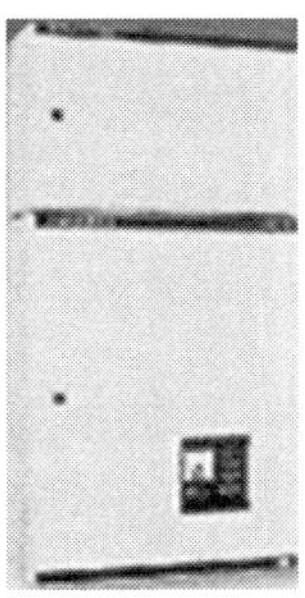	❖ 도통시험/감지기회로	▪ 수신기에서 직접 감지기회로의 도통시험을 행하지 아니하는 것에 있어서는 수신기와 감지기 사이에 설치되어 있는지 확인 ▪ 중계기의 성능에 이상이 없는지 확인			**종합정밀점검** ① 점검횟수 ▪ 연 1회 이상 ▪ 특급소방안전관리대상물은 반기별로 1회 이상 ② 점검시기 ▪ 건축물 사용승인일이 속하는 달까지 실시 ▪ 신축건축물은 소방시설완공검사필증을 받은 다음연도부터 실시
		❖ 설치장소	▪ 조작 및 점검에 편리하고 화재 및 침수 등의 재해로 인한 피해를 받을 우려가 없는 장소에 설치되어 있는지 확인			
		❖ 수신기에서 전원을 공급받지 않는 중계기				
		① 배선/과전류차단기	▪ 수신기에 따라 감시되지 아니하는 배선을 통하여 전력을 공급받는 것에 있어서는 전원 입력측의 배선에 과전류차단기가 설치되어 있는지 확인 ▪ 과전류차단기는 정상작동 하는지 확인			
		② 정전표시	▪ 해당 전원의 정전이 즉시 수신기에 표시되는지 확인			
		③ 상용전원시험/예비전원시험	▪ 상용전원 및 예비전원의 시험을 할 수 있도록 되어 있는지 확인			

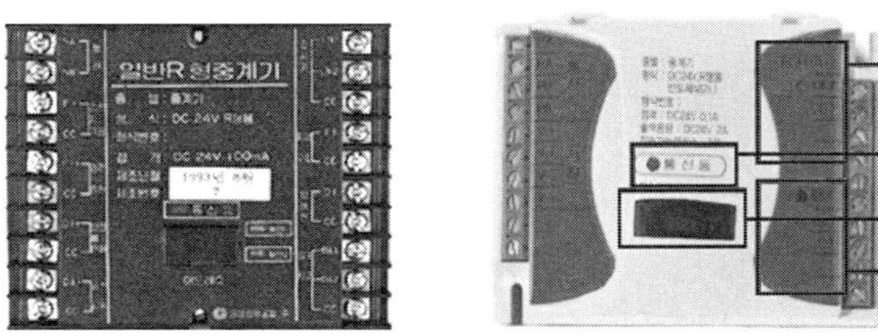

수신기에서 전원을 공급받는 중계기

2. 점검 시 착안사항

(1) 외함상태 확인

① 공통사항

(ㄱ) 외함의 부식, 찌그러짐, 손상 등이 없어야 한다.

(ㄴ) 취급설명서 및 명판이 파손되어 있지 않아야 한다.

(ㄷ) 각종 단자에는 해당하는 단자명판이 부착되어 있어야 한다.

(ㄹ) 배선연결용 단자는 탈락, 풀림, 손상 등이 없어야 한다.

② 수신기에서 전원을 공급받지 않는 중계기

(ㄱ) 교류전원 표시등이 항상 점등되어 있어야 한다.

(ㄴ) 예비전원이 설치되어 있고 항시 충전되어 있어야 한다.

(ㄷ) 퓨즈는 정격용량을 사용하고 있어야 한다.

(ㄹ) 중계기 내부에 예비부품(퓨즈 등)이 비치되어 있어야 한다.

(ㅁ) 중계기 전원스위치 부근에는 합격증지가 부착되어 있고 예비전원은 확인증지가 부착되어 있어야 한다.

(2) 중계기의 기능

① 수신기에서 전원을 공급받는 중계기

(ㄱ) 중계기 중앙처리장치의 감시기능이 양호하여야 한다.

(ㄴ) 중계기에서 나가는 배선들의 도통시험 시 양호하여야 한다.

(ㄷ) 고장감시 LED가 점등되어 있지 아니하여야 한다.

(ㄹ) 예비전원시험 스위치를 누르고 있을 때 전기지시계기가 부착되어 있는 경우 지침값(DC 24±2 V)이 급격히 떨어지지 아니하여야 한다.

② 수신기에서 전원을 공급받지 않는 중계기

(ㄱ) 중계기에 종단저항이 설치되어 있지 아니하여야 한다.

(ㄴ) 중계기에서 나가는 배선을 구분하기 위한 단자표시명세가 부착되거나, 외함에 표시되어야 한다.

(ㄷ) 고장감시 LED가 점등되어 있지 아니하여야 한다.

4.4.5 감지기의 기본점검항목 및 점검 시 착안사항

1. 기본점검항목

점검범위			점검항목 및 결과		기 타	
점검대상	구 조	점검사항	기본점검	적합여부	점검소요시간	점검횟수/주기
감지기		❖ 감지기 설치기준				
		① 부착높이	▪ 감지기는 부착높이에 적합한 감지기가 설치되어 유지되고 있는지 확인 ✓ 설치 높이에 따른 감지기의 종류 : 참조			
		② 특수감지기 설치장소	▪ 비화재보(일시적으로 발생한 열·연기 또는 먼지 등으로 인하여 화재신호를 발신할 우려가 있는 장소(축적기능이 있는 수신기를 설치한 장소는 제외))가 우려되는 장소에는 적응성이 있는 감지기가 설치되어 유지되고 있는지 확인 ✓ 지하층·무창층 등으로서 환기가 잘되지 아니하는 장소 ✓ 실내면적이 40 m^2 미만인 장소 ✓ 감지기의 부착면과 실내바닥과의 거리가 2.3 m 이하인 곳 ✓ 특수감지기의 종류 : 불꽃감지기, 정온식감지선형 감지기, 분포형감지기, 복합형 감지기, 광전식분리형 감지기, 아날로그방식의 감지기, 다신호방식의 감지기, 축적방식의 감지기			**종합정밀점검** ① 점검횟수 ▪ 연 1회 이상 ▪ 특급소방안전관리대상물은 반기별로 1회 이상 ② 점검시기 ▪ 건축물 사용승인일이 속하는 달까지 실시 ▪ 신축건축물은 소방시설완공검사필증을 받은 다음연도부터 실시 **작동기능점검** ① 점검횟수 ▪ 연 1회 이상 ▪ 특급소방안전관리대상물은 제외 ② 점검시기 ▪ 종합정밀점검을 받은 달로부터 6개월이 되는 달에 실시 ▪ 그 밖의 대상 : 연중 실시
		③ 축적기능	▪ 다음의 경우 축적기능이 없는 감지기를 설치하여 유지되고 있는지 확인 ✓ 교차회로 방식에 사용되는 감지기 ✓ 급속한 연소 확대가 우려되는 장소에 사용되는 감지기 ✓ 축적기능이 있는 수신기에 연결하여 사용하는 감지기			
		❖ 스포트형 감지기				
		① 성능/유지	▪ 감지기의 성능에 이상이 없이 유지되고 있는지 확인			

점검범위			점검항목 및 결과		기 타	
점검대상	구 조	점검사항	기본점검	적합여부	점검소요시간	점검횟수/주기
		② 공기유입구와의 이격거리	▪ 실내로의 공기유입구로부터 1.5 m 이상 떨어진 위치에 설치되어 있는지 확인 ✓ 차동식분포형 감지기 제외			
		③ 천장 또는 반자	▪ 감지기는 천장 또는 반자의 옥내에 면하는 부분에 설치되어 있는지 확인			
		④ 설치개수(부착높이/감지면적)	▪ 차동식스포트형, 보상식스포트형, 정온식스포트형 감지기는 부착높이 및 소방대상물에 따른 바닥면적마다 1개 이상 설치되어 있는지 확인 ✓ 열감지기의 부착높이 및 소방대상물에 따른 감지면적 : 참조			
		⑤ 부착경사도	▪ 스포트형 감지기는 45° 이상 경사되지 아니하도록 부착되어 있는지 확인			
		⑥ 보상식 스포트형 감지기	▪ 정온점이 감지기 주위의 평상시 최고온도보다 20℃ 이상 높은 것으로 설치되어 있는지 확인			
		⑦ 정온식 스포트형 감지기	▪ 주방·보일러실 등으로서 다량의 화기를 취급하는 장소에 설치되어 있는지 확인 ▪ 공칭작동온도가 최고주위온도보다 20℃ 이상 높은 것으로 설치되어 있는지 확인			
		❖ 공기관식 차동식 분포형				
		① 성능/유지	▪ 감지기의 성능에 이상이 없이 유지되고 있는지 확인			
		② 공기관 노출부분	▪ 공기관의 노출부분은 감지구역마다 20 m 이상이 되도록 설치되어 있는지 확인			
		③ 수평거리	▪ 공기관과 감지구역의 각 변과의 수평거리는 1.5 m 이하가 되도록 하고, 공기관 상호간의 거리는 6.0 m (주요 구조부가 내화구조인 소방대상물 또는 그 부분 : 9.0 m) 이하가 되도록 설치되어 있는지 확인			
		④ 분기	▪ 공기관은 도중에 분기하지 아니하도록 설치되어 있는지 확인			

점검범위			점검항목 및 결과		기 타	
점검대상	구 조	점검사항	기본점검	적합여부	점검소요시간	점검횟수/주기
		⑤ 공기관의 길이	▪ 하나의 검출부분에 접속하는 공기관의 길이는 100m 이하가 되도록 설치되어 있는지 확인			
		⑥ 검출부 부착 경사도	▪ 검출부는 5° 이상 경사되지 아니하도록 부착되어 있는지 확인			
		⑦ 검출부 설치높이	▪ 검출부는 바닥으로부터 0.8 m 이상~1.5 m 이하의 위치에 설치되어 있는지 확인			
		❖ 열전대식 차동식 분포형				
		① 성능/유지	▪ 감지기의 성능에 이상이 없이 유지되고 있는지 확인			
		② 열전대부 설치개수(감지면적)	▪ 감지구역의 바닥면적 18 m^2(주요구조부가 내화구조로 된 소방대상물 : 22 m^2)마다 열전대부가 1개 이상 설치되어 있는지 확인 ▪ 감지구역의 바닥면적 72 m^2(주요구조부가 내화구조로 된 소방대상물 : 88 m^2) 이하인 소방대상물에 있어서는 열전대부가 4개 이상 설치되어 있는지 확인			
		③ 열전대부 최대접속개수	▪ 하나의 검출부에 접속하는 열전대부는 20개 이하로 설치되어 있는지 확인			
		④ 주소형	▪ 각각의 열전대부에 대한 작동여부를 검출부에서 표시할 수 있는 것(주소형)은 형식승인 받은 성능인정 범위내의 수량으로 설치되어 있는지 확인			
		❖ 열반도체식 차동식 분포형				
		① 성능/유지	▪ 감지기의 성능에 이상이 없이 유지되고 있는지 확인			
		② 감지부 설치개수(부착높이/감지면적)	▪ 감지부는 그 부착높이 및 소방대상물에 따른 바닥면적마다 1개 이상 설치되어 있는지 확인 ✓ 열반도체식 차동식분포형 감지기의 부착높이 및 소방대상물에 따른 감지면적 : 참조 ✓ 바닥면적이 규정에 따른 면적의 2			

점검범위		점검항목 및 결과			기 타	
점검대상	구 조	점검사항	기본점검	적합여부	점검소요시간	점검횟수/주기
			배 이하인 경우에는 2개(부착높이가 8 m 미만이고, 바닥면적이 규정에 따른 면적 이하인 경우에는 1개) 이상 설치			
		③ 감지부 접속개수 범위	▪ 하나의 검출기에 접속하는 감지부는 2개 이상~15개 이하가 되도록 설치되어 있는지 확인			
		④ 주소형	▪ 각각의 감지부에 대한 작동여부를 검출기에서 표시할 수 있는 것(주소형)은 형식승인 받은 성능인정범위내의 수량으로 설치되어 있는지 확인			
		❖ 연기감지기				
		① 성능/유지	▪ 감지기의 성능에 이상이 없이 유지되고 있는지 확인			
		② 설치장소	▪ 다음의 장소에는 연기감지기가 설치되어 있는지 확인 ✓ 계단·경사로 및 에스컬레이터 경사로(15 m 미만의 것 제외) ✓ 복도(30 m 미만의 것 제외) ✓ 엘리베이터 권상기실·린넨슈트·파이프 피트 및 덕트 기타 이와 유사한 장소 ✓ 천장 또는 반자의 높이가 15 m 이상 20 m 미만의 장소 ✓ 교차회로방식에 따른 감지기 또는 특수감지기가 설치된 장소는 제외			
		③ 설치개수(부착높이/감지면적)	▪ 감지기의 부착높이에 따른 바닥면적마다 1개 이상 설치되어 있는지 확인 ✓ 연기감지기의 부착높이에 따른 감지면적 : 참조			
		④ 설치개수(보행거리/수직거리)	▪ 감지기는 복도 및 통로에 있어서는 보행거리 30 m(3종에 있어서는 20 m)마다 설치되어 있는지 확인 ▪ 계단 및 경사로에 있어서는 수직거리 15 m(3종에 있어서는 10 m)마다 1개 이상으로 설치되어 있는지 확인			
		⑤ 낮은 실내, 좁은 실내 등	▪ 천장 또는 반자가 낮은 실내 또는 좁은 실내에 있어서는 출입구의 가까운 부분에 설치되어 있는지 확인			
		⑥ 배기구가 있는 경우	▪ 천장 또는 반자부근에 배기구가 있는 경우 그 부근에 설치되어 있는			

점검범위			점검항목 및 결과		기 타	
점검대상	구 조	점검사항	기본점검	적합여부	점검소요시간	점검횟수/주기
			지 확인			
		⑦ 벽, 보가 있는 경우	▪ 감지기는 벽 또는 보로부터 0.6 m 이상 떨어진 곳에 설치되어 있는지 확인			
		❖ 열복합형 감지기				
		① 성능/유지	▪ 감지기의 성능에 이상이 없이 유지되고 있는지 확인			
		② 열복합형 감지기	▪ 보상식 및 열반도체식 설치기준에 준용하여 설치되어 있는지 확인			
		③ 연기복합형 감지기	▪ 연기감지기 설치기준에 준용하여 설치되어 있는지 확인			
		④ 열연기 복합형 감지기	▪ 차동식·보상식·정온식스포트형 및 연기감지기 설치기준에 준용하여 설치되어 있는지 확인			
		❖ 정온식 감지선 감지기				
		① 성능/유지	▪ 감지기의 성능에 이상이 없이 유지되고 있는지 확인			
		② 보조선 등	▪ 보조선이나 고정금구를 사용하여 감지선이 늘어지지 않도록 설치되어 있는지 확인			
		③ 단자부와 마감고정 금구	▪ 단자부와 마감고정금구와의 설치간격은 10 cm 이내로 설치되어 있는지 확인			
		④ 굴곡반경	▪ 감지선형 감지기의 굴곡반경은 5 cm 이상으로 설치되어 있는지 확인			
		⑤ 수평거리	▪ 감지기와 감지구역의 각 부분과의 수평거리 적합여부 확인 ✓ 내화구조 : 1종 4.5 m 이하, 2종 3 m 이하 ✓ 기타구조 : 1종 3 m 이하, 2종 1 m 이하			
		⑥ 케이블트레이에 설치 시	▪ 케이블트레이에 설치하는 경우 케이블트레이 받침대에 마감금구를 사용하여 설치되어 있는지 확인			
		⑦ 지하구, 창고 등에 설치 시	▪ 지하구나 창고의 천장 등에 지지물이 적당하지 않는 장소에서는 보조선을 설치하고 그 보조선에 설치되어 있는지 확인			
		⑧ 분전반 내부에 설치 시	▪ 분전반 내부에 설치하는 경우 접착제를 이용하여 돌기를 바닥에 고정시키고 그 곳에 감지기를 설치하였			

점검범위			점검항목 및 결과		기 타	
점검대상	구 조	점검사항	기본점검	적합여부	점검소요시간	점검횟수/주기
			는지 확인			
		⑨ 기타	▪ 그 밖의 설치방법은 형식승인 내용에 따르며 형식승인 사항이 아닌 것은 제조사의 시방에 따라 설치하여 유지되고 있는지 확인			
		❖ 불꽃감지기				
		① 성능/유지	▪ 감지기의 성능에 이상이 없이 유지되고 있는지 확인			
		② 공칭감시거리/공칭시야각	▪ 공칭감시거리 및 공칭시야각은 형식승인 내용에 따라 설치되어 있는지 확인			
		③ 감시구역	▪ 공칭감시거리와 공칭시야각을 기준으로 감시구역이 모두 포용될 수 있도록 설치되어 있는지 확인			
		④ 모서리, 벽 등 설치	▪ 화재를 유효하게 감지할 수 있는 모서리 또는 벽 등에 설치되어 있는지 확인			
		⑤ 천장에 설치 시	▪ 감지기를 천장에 설치하는 경우에는 바닥을 향하여 설치되어 있는지 확인			
		⑥ 다량 수분 발생 장소 설치 시	▪ 수분이 다량으로 발생할 우려가 있는 장소에는 방수형으로 설치되어 있는지 확인			
		⑦ 기타	▪ 그 밖의 설치기준은 형식승인 내용에 따르며 형식승인 사항이 아닌 것은 제조사의 시방에 따라 설치하여 유지되고 있는지 확인			
		❖ 아날로그 방식의 감지기				
		① 성능/유지	▪ 감지기의 성능에 이상이 없이 유지되고 있는지 확인			
		② 공칭감지온도/공칭감지농도	▪ 공칭감지온도범위 및 공칭감지농도범위에 적합한 장소에 설치되어 있는지 확인			
		③ 다신호방식의 감지기	▪ 다신호방식의 감지기는 화재신호를 발신하는 감도에 적합한 장소에 설치되어 있는지 확인			
		④ 기타	▪ 그 밖의 설치기준은 형식승인 내용에 따르며 형식승인 사항이 아닌 것은 제조사의 시방에 따라 설치하여 유지되고 있는지 확인			

점검범위			점검항목 및 결과		기 타	
점검대상	구 조	점검사항	기본점검	적합여부	점검소요시간	점검횟수/주기
		❖ 광전식 분리형 감지기				
		① 성능/유지	▪ 감지기의 성능에 이상이 없이 유지되고 있는지 확인			
		② 수광면	▪ 감지기의 수광면은 햇빛을 직접 받지 않도록 설치되어 있는지 확인			
		③ 광축과 벽의 이격거리	▪ 광축(송광면과 수광면의 중심을 연결한 선)은 나란한 벽으로부터 0.6 m 이상 이격하여 설치되어 있는지 확인			
		④ 송광부/수광부	▪ 송광부와 수광부는 설치된 뒷벽으로부터 1.0 m 이내 위치에 설치되어 있는지 확인			
		⑤ 광축의 높이	▪ 광축의 높이는 천장 등(천장의 실내에 면한 부분 또는 상층의 바닥하부면) 높이의 80% 이상인지 확인			
		⑥ 광축의 길이	▪ 광축의 길이는 공칭감시거리 범위 이내인지 확인			
		⑦ 기타	▪ 그 밖의 설치기준은 형식승인 내용에 따르며 형식승인 사항이 아닌 것은 제조사의 시방에 따라 설치하여 유지되고 있는지 확인			
		❖ 화학공장/격납고/제련소 등				
		① 적응감지기	▪ 광전식 분리형 감지기 또는 불꽃감지기가 설치되어 있는지 확인			
		② 공칭감시거리/공칭시야각	▪ 각 감지기의 공칭감시거리 및 공칭시야각 등 감지기의 성능을 고려하여 설치하여 유지하고 있는지 확인			
		③ 기타	▪ 그 밖의 설치기준은 형식승인 내용에 따르며 형식승인 사항이 아닌 것은 제조사의 시방에 따라 설치하여 유지되고 있는지 확인			
		❖ 전산실/반도체 공장 등				
		① 적응감지기	▪ 광전식 공기흡입형 감지기가 설치되어 있는지 확인			
		② 감지면적/공기흡입관의 이격거리	▪ 감지면적 및 공기흡입관의 이격거리등은 형식승인 내용에 따라 설치하였는지 확인			

점검범위			점검항목 및 결과		기 타	
점검대상	구 조	점검사항	기본점검	적합여부	점검소요시간	점검횟수/주기
		③ 기타	▪ 그 밖의 설치기준은 형식승인 내용에 따르며 형식승인 사항이 아닌 것은 제조사의 시방에 따라 설치하여 유지되고 있는지 확인			
		❖ 감지기 설치 제외				
		① 높이 20 m 이상	▪ 천장 또는 반자의 높이가 20 m 이상인 장소에 설치여부 확인 ✓ 감지기로서 부착높이에 따라 적응성이 있는 장소는 제외			
		② 화재발생 감지 어려운 장소	▪ 헛간 등 외부와 기류가 통하는 장소로서 감지기에 따라 화재발생을 유효하게 감지할 수 없는 장소에 설치여부 확인			
		③ 부식성 가스 체류 장소	▪ 부식성 가스가 체류하고 있는 장소에 설치여부 확인			
		④ 감지기 기능저하/유지관리 어려운 장소	▪ 고온도 및 저온도로서 감지기의 기능이 정지되기 쉽거나 감지기의 유지관리가 어려운 장소에 설치여부 확인			
		⑤ 화장실 등	▪ 목욕실·욕조나 샤워시설이 있는 화장실·기타 이와 유사한 장소에 설치여부 확인			
		⑥ 파이프 덕트 등	▪ 파이프 덕트 등 그 밖의 이와 비슷한 것으로서 2개 층 마다 방화구획된 것이나 수평단면적이 5 m^2 이하인 것에 설치여부 확인			
		⑦ 먼지/수증기 등 체류장소	▪ 먼지·가루 또는 수증기가 다량으로 체류하는 장소에 설치여부 확인			
		⑧ 주방 등	▪ 주방 등 평시에 연기가 발생하는 장소(연기감지기에 한한다)에 설치여부 확인			
		⑨ 용적 20 m^3 이하인 장소	▪ 실내의 용적이 20 m^3 이하인 장소에 설치여부 확인			
		⑩ 화재발생 위험이 적은 장소	▪ 프레스공장·주조공장 등 화재발생의 위험이 적은 장소로서 감지기의 유지관리가 어려운 장소에 설치여부 확인			

점검범위			점검항목 및 결과		기 타	
점검대상	구 조	점검사항	기본점검	적합여부	점검소요시간	점검횟수/주기
		❖ 지하구				
		① 성능/유지	▪ 감지기의 성능에 이상이 없이 유지되고 있는지 확인			
		② 적응감지기	▪ 지하구에 적응성이 있는 감지기로서 먼지·습기 등의 영향을 받지 아니하는 감지기가 설치되어 있는지 확인 ▪ 발화지점을 확인할 수 있는 감지기가 설치되어 있는지 확인			
		❖ 기타				
		① 비화재보 우려장소 적응감지기	▪ 비화재보 우려장소(일시적으로 발생한 열·연기 또는 먼지 등으로 인하여 화재신호를 발신할 우려가 있는 장소)에는 [별표 1] 및 [별표 2]에 따라 그 장소에 적응성 있는 감지기를 설치하였는지 확인			
		② 연기감지기를 설치할 수 없는 장소	▪ 연기감지기를 설치할 수 없는 장소에는 [별표 1]에 따라 그 장소에 적응성 있는 감지기를 설치하였는지 확인			

2. 점검 시 착안사항

(1) 열감지기

① 외함

㈀ 감지기 부착기판 또는 감지기 몸체의 LED가 점등되어 있지 아니하여야 한다.

㈁ 감지기 부착기판의 전원공급 단자에 전선이 결선되어 있어야 한다.

㈂ 감지기 부착기판의 전원공급 단자에 정상전원(DC 24±2 V)이 공급되고 있어야 한다.

㈃ 부착기판의 단자가 부식되지 아니하여야 한다.

㈄ 감지기의 외함(챔버, 감열판)에 찌그러짐 또는 덧칠, 구멍 등의 이상이 없어야 한다.

㈅ 무단으로 수리되어 있거나 감도를 조정한 흔적이 있는 제품을 사용하지 아니하여야 한다.

(ㅅ) 취급설명서 및 명판의 파손이 없어야 한다.

(ㅇ) 감지기 외함 뒷면에 합격표지가 부착되어 있어야 한다.

② 설치장소의 선정

(ㄱ) 감지기가 감지하는 공간의 중심에 설치되어 있어야 한다.

(ㄴ) 설치공간에 필요상 칸막이 등을 설치할 경우 당해 구조에 적합하도록 감지기를 증설하여 설치하여야 한다.

(ㄷ) 연통 등의 열원이 지나가는 곳에 감지기를 설치하지 아니하여야 한다.

(ㄹ) 빌딩등 사무실의 경우 냉풍 및 온풍배출기와 이격하여 설치하여야 한다.

③ 열감지기 설치 시 착안사항

(ㄱ) 천장의 높이가 다른 경우 감지기 부착높이 산정

- 천장의 구조가 평면형인 경우에는 설치높이를 산정하는데 문제가 없으나 둥근지붕, 톱날지붕 등 천장높이가 서로 상이한 형상의 천장인 경우에는 화재감지기의 설치높이를 산정하는데 어려움이 있다. 따라서 감지기의 부착높이를 산정하는 경우에는 그림에서 보는 바와 같이 천장의 형태에 따라 가장 높은 부분과 낮은 부분에 대한 평균값을 산정하여 감지기를 설치하여야 한다.

$$\text{감지기 부착높이}(h) = \frac{H + H'}{2}$$

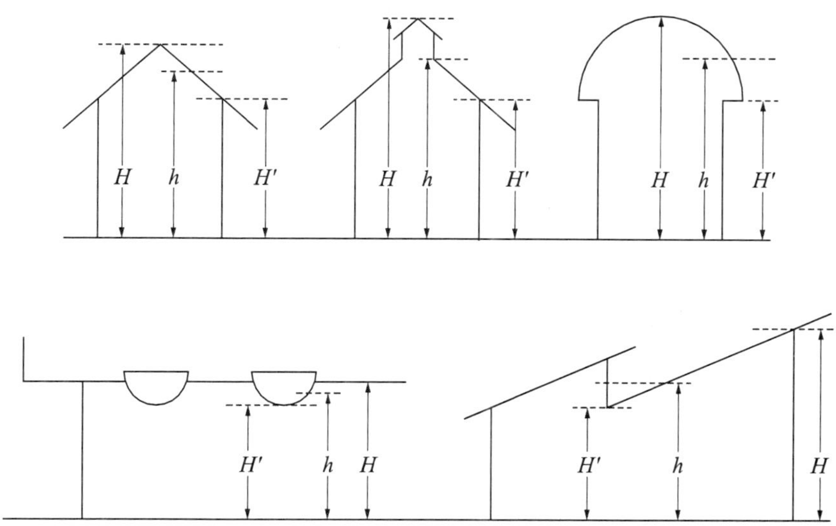

천장높이가 다른 경우 감지기 부착높이 산정

(2) 연기감지기

① 외함

(ㄱ) 감지기 부착기판 또는 감지기 몸체의 LED가 점등되어 있지 아니하여야 한다.

(ㄴ) 감지기 부착기판의 전원공급 단자에 전선이 결선되어 있어야 한다.

(ㄷ) 감지기 부착기판의 전원공급 단자에 정상전원(DC 24±2 V)이 공급되고 있어야 한다.

(ㄹ) 부착기판의 단자가 부식되지 아니하여야 한다.

(ㅁ) 감지기 연기 유입구에 먼지 등 이 물질이 없어야 한다.

(ㅂ) 무단으로 수리되어 있거나 감도를 조정한 흔적이 있는 제품은 사용하지 아니하여야 한다.

(ㅅ) 취급설명서 및 명판의 파손이 없어야 한다.

(ㅇ) 감지기 외함 뒷면에 합격표지가 부착되어 있어야 한다.

② 설치장소의 선정

(ㄱ) 감지기가 감지하는 공간의 중심에 설치되어 있어야 한다.

(ㄴ) 설치공간에 필요상 칸막이 등을 설치할 경우 당해 구조에 적합하도록 감지기를 증설하여 설치하여야 한다.

(ㄷ) 연기성 입자(분체도장 공장, 엘리베이터 통로, 환풍용 덕트, 목재분진체류 장소 등) 및 먼지가 체류하는 공간에 설치하지 아니하여야 한다.

(ㄹ) 수분이나 수증기가 발생하는 장소에 설치하지 아니하여야 한다.

(ㅁ) 고주파 등의 전파를 발생하는 장치 주위에 설치하지 아니하여야 한다.

(ㅂ) 감지기 설치 부근에 도난감시용 적외선 또는 자외선 센서를 설치하지 아니하여야 한다.

(ㅅ) 통풍구 또는 배출구 부근에 설치하지 아니하여야 한다.

③ 연기감지기 설치 시 착안사항

(ㄱ) 30 m 미만의 복도 및 통로

- 복도 길이가 30 m 이상인 경우에는 매우 긴 통로로서 화재 시 연기의 유통로 역할을 하는 공간이 된다.
- 30 m 미만인 복도에 연기감지기를 설치하지 않으면 열감지기를 설치하여야 되는데 복도 및 통로는 개방된 공간으로 초기에 열 발생이 용이하지 않은 장소가 대부분이어서 열감지기 설치는 무용지물이 되는 경우가 많다.
- 일본의 경우 그림에서처럼 10 m 이하인 경우만 복도에 연기감지기 설치를

제외할 수 있으며 계단이 있는 경우는 연기의 이동로가 되어 계단에는 연기감지를 설치하도록 하고 있다.

- 국내의 경우 30 m 미만의 경우 제외할 수 있으나 이는 조기감지를 위하여 일본의 경우처럼 복도에 연기감지기를 설치하는 것이 합리적이다.

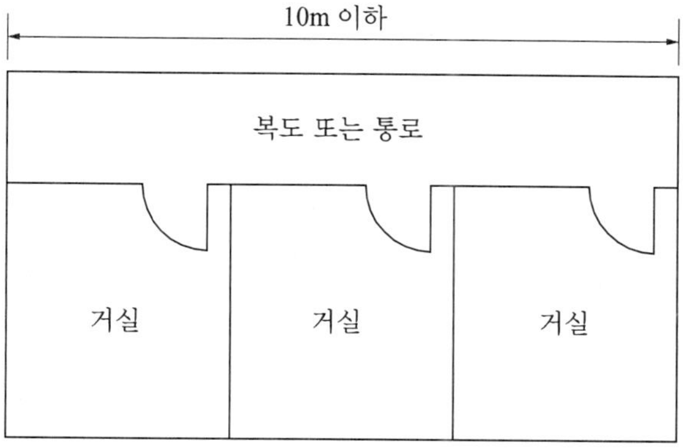

복도에 연기감지기 설치 제외(일본의 경우)

(ㄴ) 엘리베이터 권상기실, 린넨슈트, 파이프 피트 및 덕트 기타 이와 유사한 장소

- 일반적으로 파이프 샤프트(엘리베이터 권상기실)는 방화구획된 공간으로 그림과 같이 연기감지기가 설치된 경우는 없다.
- 막혀 있는 엘리베이터 권상기실의 경우는 아래 그림과 같이 연기감지기를 설치하여야 한다.

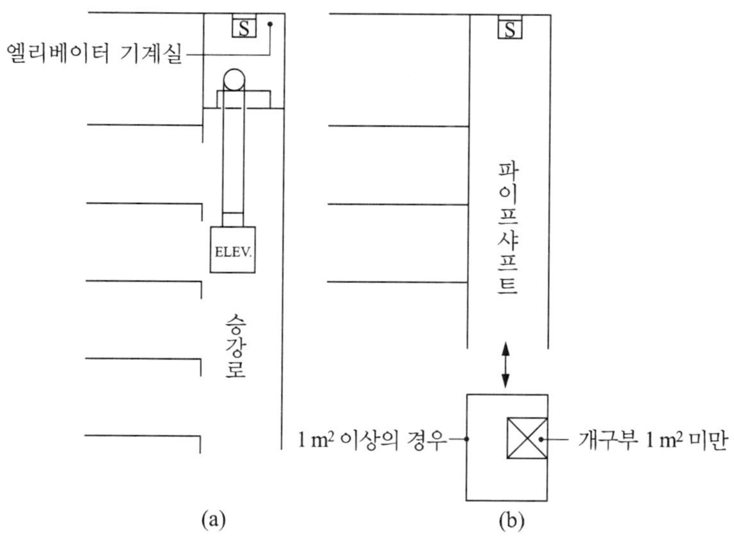

방화구획된 파이프 샤프트(엘리베이터 권상기실)의 경우

④ 연기감지기 설치

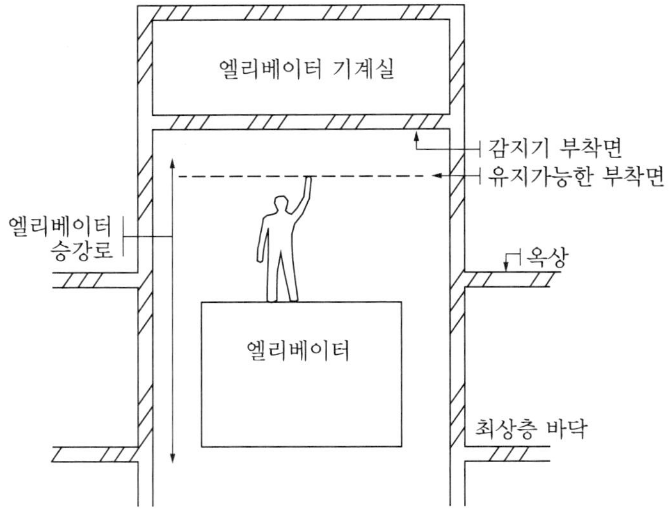

막혀 있는 엘리베이터 기계실에 연기감지기 설치방법

3. 열·연기감지기 설치 시 착안사항

① 천장면의 구조에 따른 감지기 설치높이

감지기는 설치 시 평면으로 간주하여 수량을 산출하되 천장면의 구조에 따라 가장 높은 부분에 감지기를 설치하는 것이 좋다.

【일본의 경우】

㈀ 열감지기는 천장면으로부터 0.3 m, 연기감지기의 경우 0.6 m 이내에 감지기를 설치하도록 정하고 있다.

㈁ 보의 길이가 0.3 m 이내는 동일 감지구역으로 인정

㈂ 보의 길이가 0.3 m를 초과하는 경우는 별도의 감지구역으로 적용

【우리나라의 경우】

천장면의 구조에 따른 감지기 설치높이에 대한 기준이 없다.

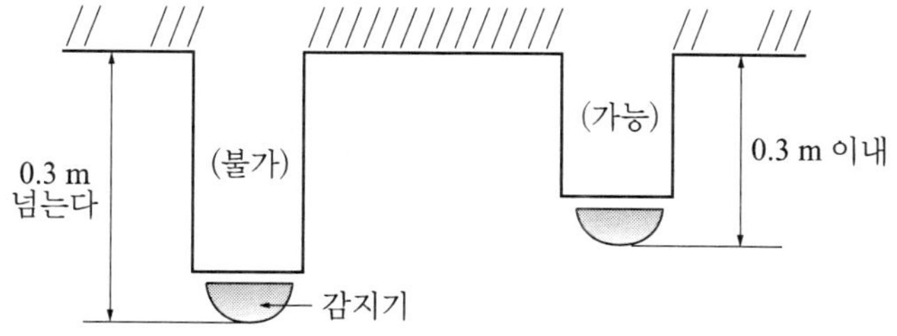

보가 있는 경우 감지기 설치높이

4. 불꽃감지기 설치 시 착안사항

① 공칭감시거리

㈀ 열 또는 연기는 기류에 따라 이동되므로 장애물과 관계없이 동작되지만 불꽃감지기는 감지기의 위치에서 소방대상물을 볼 수 없는 경우 화재가 발생하면 감지가 늦어지거나 감지를 할 수 없는 경우가 발생할 수 있다.

㈁ 장애물이 있는 경우 불꽃감지기를 재배치하여 경계구역을 감시할 수 있도록 해야 한다.

【일본의 경우】

㈀ 벽에 의해서 구획된 구역별로 당해 구역의 바닥면에서 높이 1.2 m까지의 공간 각 부분에서 당해 감지기까지의 거리가 공칭감시거리 범위 내에 있도록 해야 한다.

㈁ 감지기는 장애물이 있더라도 화재발생을 감지할 수 있도록 설치하여야 한다.

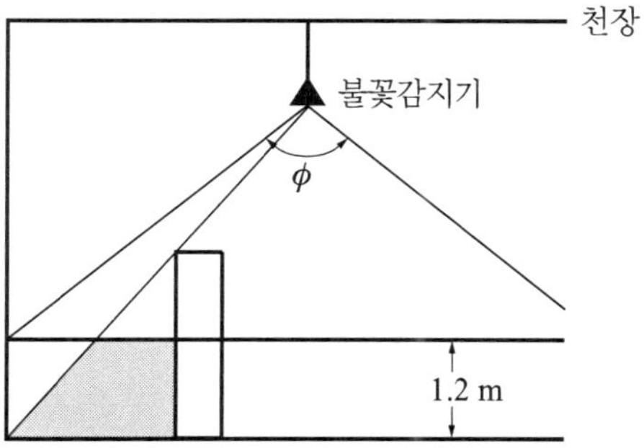

감시공간을 막는 장애물이 있을 경우

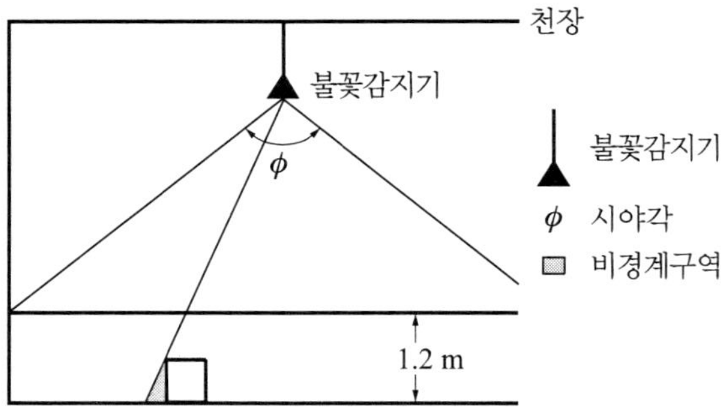

장애물이 감시공간 내에 있는 경우

5. 감지기 오작동 발생원인과 대처방법 등

감지기명	발생요인	구체적인 상황		대 책
		설치환경	기기의 기능	
▪ 차동식스포트형 감지기	▪ 일국소의 급격한 온도상승	▪ 공조흡배기구의 따뜻한 바람 ▪ 조리 시 열과 연기, 열기기의 증기	▪ 공기실 변형, 리크 막힘	▪ 흡·배기구 방향 조정, 변경 ▪ 환기 실시 ▪ 감지기 종별 변경 ▪ 감지기 교체
▪ 정온식스포트형 감지기	▪ 일국소의 급격한 온도상승	▪ 공조 흡배기구의 따뜻한 바람 ▪ 조리 시 열과 연기 ▪ 열기기의 증기 ▪ 빗물 등의 침수	▪ 감지부 변형	▪ 흡·배기구 방향 조정, 변경 ▪ 환기 실시 ▪ 감지기 종별 변경 ▪ 감지기 교체
▪ 이온화식 감지기	▪ 수증기, 가스, 분진, 급격한 기온변화	▪ 난방기구의 증기 ▪ 조리 시 탕기, 증기 ▪ 담배연기, 공사로 인한 분진	▪ 방사선원 오염 ▪ 급격한 기압변화 ▪ 전기부품 열화	▪ 환기 ▪ 축적기능 부가 ▪ 감지기 종별 변경 ▪ 감지기 교체
▪ 광전식스포트형 감지기	▪ 수증기, 가스, 분진 입자의 빛 반사	▪ 난방기구의 증기 ▪ 조리 시 탕기, 증기 ▪ 담배연기, 공사로 인한 분진	▪ 연기실 먼지 ▪ 전기부품 열화	▪ 환기 ▪ 감지부 청소 ▪ 축적기능 부가 ▪ 감지기 종별 변경 ▪ 감지기 교체
▪ 광전식분리형 감지기	▪ 송광부 및 수광부 사이의 광량 감소	▪ 광축 어긋남 ▪ 이벤트 시 연기, 불꽃 ▪ 물방울 맺힘	▪ 수광부 오염 ▪ 전기부품 열화	▪ 감지부 청소 ▪ 축적기능 부가 ▪ 사용상 주의 환기
▪ 자외선스포트형 감지기 ▪ 불꽃감지기	▪ 유사파장대역의 강한 빛	▪ 용접 시 불꽃 등 ▪ 할로겐램프 등의 조명 ▪ 불꽃의 거리 가까워짐	▪ 수광소자 및 전기부품 열화	▪ 원인 제거 ▪ 축적기능 부가 ▪ 흡연 금지
▪ 적외선스포트형 감지기 ▪ 불꽃감지기	▪ 유사파장대역의 강한 빛	▪ 태양광, 조명기구로부터의 빛 흔들림 ▪ 불꽃의 거리 가까워짐	▪ 수광소자 및 전기부품 열화	▪ 원인 제거 ▪ 축적기능 부가 ▪ 흡연 금지

4.4.6 음향장치 및 시각경보장치의 기본점검항목 및 점검 시 착안사항

1. 기본점검항목

점검범위			점검항목 및 결과		기 타	
점검대상	구 조	점검사항	기본점검	적합여부	점검소요시간	점검횟수/주기
지구음향장치 및 시각경보장치	❖ 음향장치(경종)  	❖ 주음향장치				**종합정밀점검** ① 점검횟수 ▪ 연 1회 이상 ▪ 특급소방안전관리대상물은 반기별로 1회 이상 ② 점검시기 ▪ 건축물 사용승인일이 속하는 달까지 실시 ▪ 신축건축물은 소방시설완공검사필증을 받은 다음연도부터 실시 **작동기능점검** ① 점검횟수 ▪ 연 1회 이상 ▪ 특급소방안전관리대상물은 제외 ② 점검시기 ▪ 종합정밀점검을 받은 달로부터 6개월이 되는 달에 실시 ▪ 그 밖의 대상 : 연중 실시
		① 설치위치	▪ 주음향장치는 수신기의 내부 또는 그 직근에 설치하였는지 확인			
		❖ 지구음향장치				
		① 우선경보방식	▪ 우선경보방식 설치기준 적합여부 확인 ✓ 층수가 5층 이상으로서 연면적이 3,000 m^2를 초과하는 소방대상물 ▪ 발화층 및 우선경보층의 적합여부 확인 : 30층 이하 ✓ 2층 이상의 층에서 발화한 때에는 발화층 및 그 직상층에 경보 ✓ 1층에서 발화한 때에는 발화층·그 직상층 및 지하층에 경보 ✓ 지하층에서 발화한 때에는 발화층·그 직상층 및 기타의 지하층에 경보 ▪ 발화층 및 우선경보층의 적합여부 확인 : 30층 이상 ✓ 2층 이상의 층에서 발화한 때에는 발화층 및 그 직상 4개 층에 경보 ✓ 1층에서 발화한 때에는 발화층·그 직상 4개 층 및 지하층에 경보 ✓ 지하층에서 발화한 때에는 발화층·그 직상층 및 기타의 지하층에 경보			
		② 수평거리	▪ 지구음향장치는 소방대상물의 층마다 설치되어 있는지 확인 ▪ 해당 층의 각 부분에 유효하게 경보를 발할 수 있도록 설치되어 있는지 확인 ▪ 소방대상물의 각 부분으로부터 하나의 음향장치까지의 수평거리는 25 m 이하인지 확인			

점검범위			점검항목 및 결과		기 타	
점검대상	구 조	점검사항	기본점검	적합여부	점검소요시간	점검횟수/주기
			▪ 기둥 또는 벽이 설치되지 아니한 대형공간의 경우 지구음향장치는 설치대상 장소의 가장 가까운 장소의 벽 또는 기둥 등에 설치되어 있는지 확인			
		③ 설치제외	▪ 「비상방송설비의 화재안전기준(NFSC 202)」에 적합한 방송설비를 자동화재탐지설비의 감지기와 연동하여 작동하도록 설치한 경우에는 지구음향장치를 설치제외 여부 확인			
		❖ 음향장치				
		① 저전압(정격전압의 80%)	▪ 음향장치는 정격전압의 80% 전압에서 음향을 발하는지 확인			
		② 음량(dB)	▪ 음량은 부착된 음향장치의 중심으로부터 1.0 m 떨어진 위치에서 90 dB 이상인지 확인			
		③ 감지기 및 발신기와 연동기능	▪ 감지기 및 발신기의 동작과 연동하여 작동하는지 확인			
		❖ 시각경보장치				
	❖ 시각경보장치 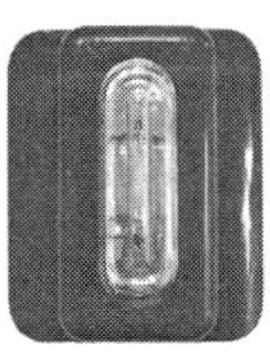 	① 성능	▪ 소방청정이 정하여 고시한 「시각경보장치의 성능인증 및 제품검사의 기술기준」에 적합한 것을 설치하고 있는지 확인 ▪ 시각경보장치의 성능에 이상이 없는지 확인			**종합정밀점검** ① 점검횟수 ▪ 연 1회 이상 ▪ 특급소방안전관리대상물은 반기별로 1회 이상 ② 점검시기 ▪ 건축물 사용승인일이 속하는 달까지 실시 ▪ 신축건축물은 소방시설완공검사필증을 받은 다음연도부터 실시
		② 설치장소(공용으로 사용하는 거실/공연장 등)	▪ 복도·통로·청각장애인용 객실 및 공용으로 사용하는 거실(로비, 회의실, 강의실, 식당, 휴게실, 오락실, 대기실, 체력단련실, 접객실, 안내실, 전시실, 기타 이와 유사한 장소)에 설치되어 있는지 확인 ▪ 공연장·집회장·관람장 또는 이와 유사한 장소에 설치하는 경우에는 시선이 집중되는 무대부 부분 등에 설치되어 있는지 확인 ▪ 각 부분으로부터 유효하게 경보를 발할 수 있는 위치에 설치되어 있는지 확인			
		③ 설치높이	▪ 바닥으로부터 2.0 m 이상~2.5 m 이하의 장소에 설치되어 있는지 확인			

점검범위			점검항목 및 결과		기 타	
점검대상	구 조	점검사항	기본점검	적합여부	점검소요시간	점검횟수/주기
			▪ 천장의 높이가 2.0 m 이하인 경우에는 천장으로부터 0.15 m 이내의 장소에 설치되어 있는지 확인			
		④ 축전지설비	▪ 시각경보장치의 광원은 전용의 축전지설비에 의하여 점등되도록 설치되어 있는지 확인			
		⑤ 작동전원	▪ 시각경보기에 작동전원을 공급할 수 있도록 형식승인을 얻은 수신기를 설치 한 경우에는 축전지설비가 제외되었는지 확인			

2. 점검 시 착안사항

(1) 음향장치 내부구조

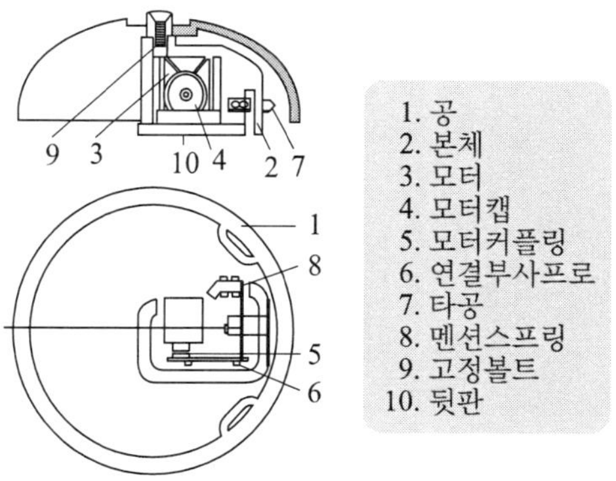

음향장치 내부구조

(2) 경보방식

① 다수동이 연결된 경우 경보방식

"가", "나", "다" 3개 동이 지하층 부분을 통하여 연결된 소방대상물의 경우 지구경종의 경보방식

㈀ 지상층 부분은 직상발화 방식에 의하여 각각 동별로 경보를 발하도록 한다.

(ㄴ) 지하층 부분에서 화재가 발생한 경우에는 3개 동이 지하를 통하여 서로 연결되어 있으므로 전체 지하층부분에 대하여 경보를 발하도록 한다.

(ㄷ) 지하 1층에서 발화한 때에는 전체 지하층과 함께 직상층인 각 동의 지상 1층 부분까지 경보를 발할 수 있도록 한다.

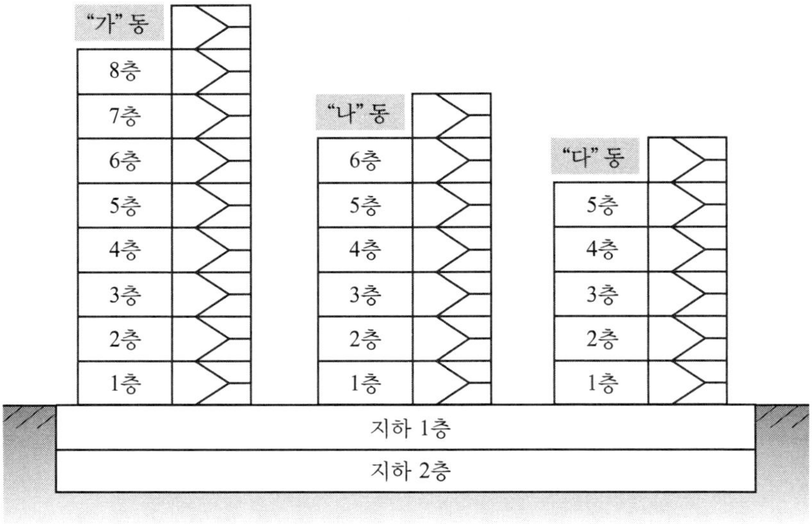

다수동이 지하층 부분을 통하여 연결된 경우 지구경종 경보방식

② 30층 이상의 소방대상물의 경우 경보방식

층수가 30층 이상인 소방대상물의 경보 기준[고층건축물의 화재안전기준 NFSC 604]

(ㄱ) 2층 이상의 층에서 발화한 때에는 발화층 및 그 직상 4개 층에 경보를 발할 것

(ㄴ) 1층에서 발화한 때에는 발화층·그 직상층 4개 층 및 지하층에 경보를 발할 것

(ㄷ) 지하층에서 발화한 때에는 발화층·그 직상층 및 기타의 지하층에 경보를 발할 것

(3) 수평거리

① 터널의 경우 수평거리

(ㄱ) 터널의 경우에는 50 m마다 경종을 설치할 수 있다.

(ㄴ) 그림과 같이 경종의 25 m 반경에 포함되지 않는 구역이 있어도 무방하다.

(ㄷ) 편도 2차선 이상의 양방향 터널이나 4차선 이상의 일방향 터널의 경우에는 양쪽의 측벽에 각각 50 m 이내의 간격으로 엇갈리게 설치해야 한다.

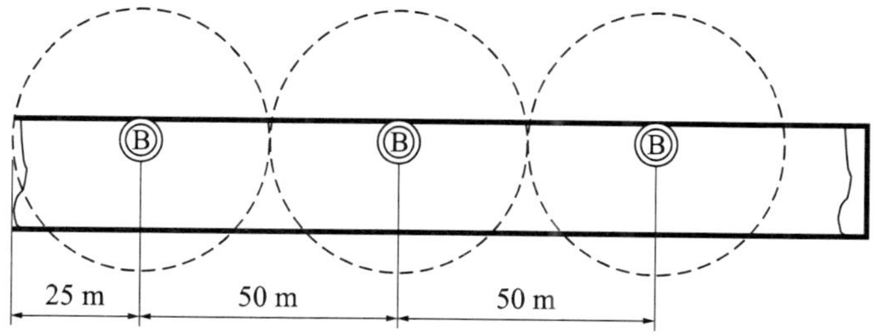

터널의 경우 지구음향장치 수평거리(배치)

4.4.7 발신기의 기본점검항목 및 점검 시 착안사항

1. 기본점검항목

점검범위			점검항목 및 결과		기 타	
점검대상	구 조	점검사항	기본점검	적합여부	점검소요시간	점검횟수/주기
발신기		❖ 설치장소	▪ 조작이 쉬운 장소에 설치여부 확인			
		❖ 설치높이	▪ 바닥으로부터 0.8 m 이상~1.5 m 이하의 높이에 발신기 스위치 설치여부 확인			
		❖ 작동여부	▪ 발신기 스위치의 작동여부 확인			
		❖ 수평거리	▪ 소방대상물의 층마다 설치여부 확인 ▪ 소방대상물의 각 부분으로부터 하나의 발신기까지의 수평거리가 25 m 이하인지 확인 ▪ 복도 또는 별도로 구획된 실로서 보행거리가 40 m 이상일 경우에는 추가 설치여부 확인 ▪ 기둥 또는 벽이 설치되지 아니한 대형공간의 경우 발신기는 설치대상 장소의 가장 가까운 장소의 벽 또는 기둥 등에 설치되어 있는지 확인			**종합정밀점검** ① 점검횟수 ▪ 연 1회 이상 ▪ 특급소방안전관리대상물은 반기별로 1회 이상 ② 점검시기 ▪ 건축물 사용승인일이 속하는 달까지 실시 ▪ 신축건축물은 소방시설완공검사필증을 받은 다음연도부터 실시
		❖ 표시등	▪ 발신기의 위치를 표시하는 표시등은 함의 상부에 설치되어 있는지 확인 ▪ 표시등은 손상·탈락·깨진 전구 등이 없는지 확인			

점검범위			점검항목 및 결과		기 타	
점검 대상	구 조	점검사항	기본점검	적합 여부	점검 소요 시간	점검횟수/주기
			▪ 표시등은 쉽게 식별가능한 적색등으로 설치되어 있는지 확인 ✓ 부착면으로부터 15° 이상의 범위 안에서 부착지점으로부터 10 m 이내의 어느 곳에서도 쉽게 식별 가능			

2. 점검 시 착안사항

(1) 발신기 작동원리

① 스위치 조작에 의하여 표시등 회로와 확인램프 회로가 공통선과 접촉되어 수신기에 화재신호를 발신 → 수신기가 작동하게 되면 발신기의 응답확인램프가 점등

② 전화회로가 있는 경우에는 전화 잭에 휴대용 전화기를 삽입하면 수신기에 있는 전화벨이 명동 → 수신기 측을 호출하여 수신기에 준비된 전화기를 통하여 상호간에 전화통화가 가능

전화회로는 누름스위치의 조작과 관계없이 작동되며 수신기에서는 발신기 측을 호출할 수 없다.

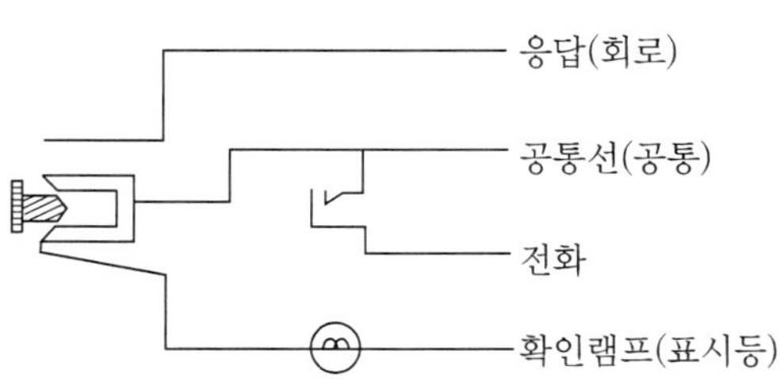

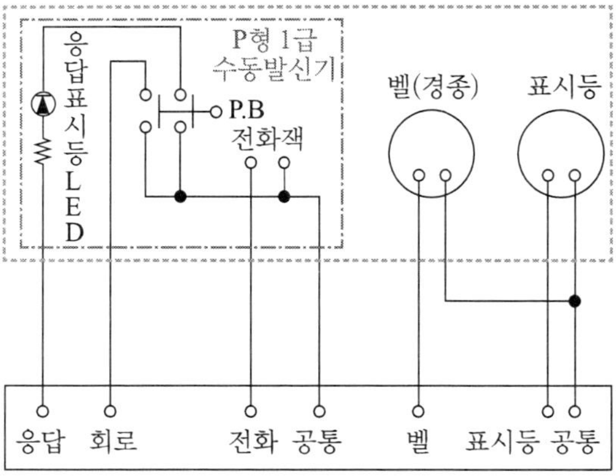

발신기 내부 회로도

4.4.8 전원의 기본점검항목 및 점검 시 착안사항

1. 기본점검항목

점검범위			점검항목 및 결과		기 타	
점검대상	구 조	점검사항	기본점검	적합여부	점검소요시간	점검횟수/주기
전원		❖ 상용전원				종합정밀점검 ① 점검횟수 ▪ 연 1회 이상 ▪ 특급소방안전관리대상물은 반기별로 1회 이상 ② 점검시기 ▪ 건축물 사용승인일이 속하는 달까지 실시 ▪ 신축건축물은 소방시설완공검사필증을 받은 다음연도부터 실시
		① 상용전원 종류(축전지/교류전압 옥내간선)	▪ 자동화재탐지설비의 상용전원은 전기가 정상적으로 공급되는 축전지 또는 교류전압의 옥내간선으로 설치하였는지 확인			
		② 전용배선	▪ 전원까지의 배선은 전용으로 설치하였는지 확인			
		③ 배선의 손상, 이탈 등	▪ 배선은 손상, 이탈 등이 없는지 확인			
		④ 개폐기	▪ 개폐기가 설치되어 있는지 확인 ▪ 적정한 과전류개폐기 및 전선을 사용하였는지 확인 ▪ "자동화재탐지설비용"이라고 표시한 표지를 설치하였는지 확인 ▪ 표지는 변색, 손상, 이탈 등이 없는지 확인			
		❖ 축전지설비				
		① 용량	▪ 자동화재탐지설비에는 그 설비에 대한 감시상태를 60분간 지속한 후 유효하게 10분 이상 경보할 수 있는 축전지설비(수신기에 내장하는 경우 포함)가 설치되어 있는지 확인			
		② 설치 제외	▪ 상용전원이 축전지설비인 경우에는 제외하였는지 확인			

2. 점검 시 착안사항

(1) 소방전원의 종류

① 전원의 종류

상용전원, 비상전원, 예비전원

② 상용전원

교류전압의 옥내간선, 축전지설비

③ 비상전원

비상전원 수전설비, 축전지설비, 자가발전설비, 비상전원으로서 비상전원 수전설비를 설치한 경우에는 상용전원

(2) 비상전원

① 비상전원 수전설비

(ㄱ) 개요

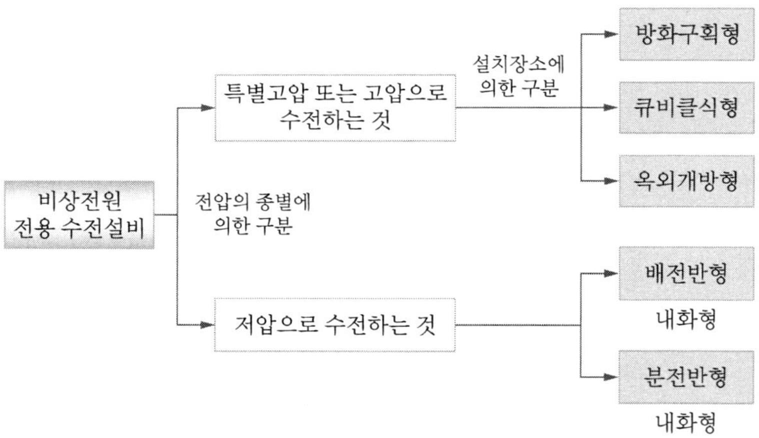

비상전원 수전설비의 분류

- 비상전원 수전설비는 당해 설비 전용의 변압기에 따라 수전하거나 또는 수전설비의 변압기의 2차측에서 직접 전용의 개폐기에 의해 수전하는 설비로 되어 있다.
- 자가발전설비를 설치하기 곤란한 소규모건물의 경우 자가발전설비를 대처할 수 있는 비상전원으로서 화재 시 상용전원이 공급되는 시점까지만 비상전원

으로 적용이 가능한 설비이다.

- 전력회사가 공급하는 상용전원을 이용하는 것으로서 소방대상물의 옥내 화재에 의한 전기회로의 단락, 과부하에 견딜 수 있는 구조를 갖춘 수전설비를 말한다.

(ㄴ) 설치대상

스프링클러설비, 미분무소화설비, 포소화설비, 간이스프링클러설비, 비상콘센트설비 중 어느 하나가 설치대상인 소규모 건물에서 비상발전기나 축전지설비 설치가 곤란한 건물에 설치한다.

비상전원 수전설비 설치대상

대상설비	적용기준
스프링클러설비	차고, 주차장으로 스프링클러설비가 설치된 바닥면적 합계가 1,000 m^2 미만인 경우 : [주1]
간이스프링클러설비	간이스프링클러 대상인 경우(전체)
포소화설비	▪ 호스릴포소화설비 또는 포소화전만 설치된 차고나 주차장 ▪ 포헤드설비 또는 고정포방출구설비가 설치된 부분의 바닥면적합계가 1,000 m^2 미만인 경우 : [주2]
비상콘센트설비	▪ 지상 7층 이상으로서 연면적 2,000 m^2 이상인 경우 ▪ 지하층 바닥면적의 합계가 3,000 m^2 이상인 경우 : [주3]

[주1] : 포헤드나 고정포방출설비가 설치된 차고·주차장의 바닥면적을 포함
[주2] : 스프링클러설비가 설치된 차고·주차장의 바닥면적을 포함
[주3] : 지하층 바닥면적 산정 시 차고·주차장·보일러실·기계실 또는 전기실의 바닥면적은 제외

(ㄷ) 종류

- 특별고압(7000 V 초과) 또는 고압(교류 : 600～7000 V, 직류 : 750 V 이상) 수전
  - 옥내의 불연전용실에 설치하는 것
  - 옥외, 옥상 또는 불연실의 기계실 등에 설치하는 것
  - 옥외형 기기를 사용하여 철책(fence) 등으로 구획한 장소내의 옥외 또는 옥상에 설치하는 것
- 큐비클형

  저압수전방식, 전용 비상전원 전용 수전설비, 공용 비상전원 전용 수전설비

㈃ 저압수전방식

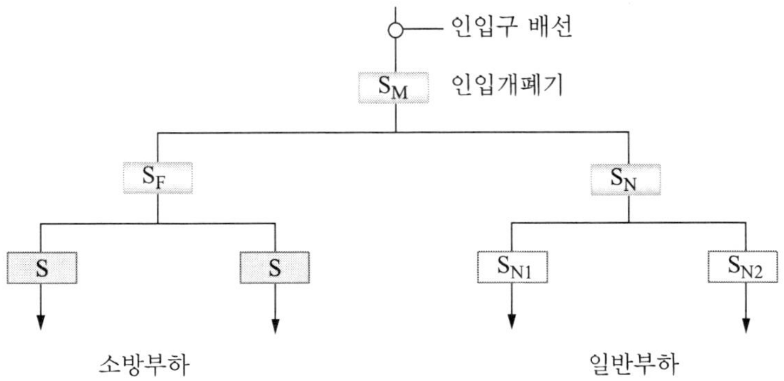

약호 및 명칭
CB[Circuit Break] : 전력차단기
PF[Power Fuse] : 전력퓨즈(고압 또는 특별고압용)
F[Fuse] : 퓨즈(저압용)
Tr : 전력용 변압기
S : 저압용 개폐기 및 과전류차단기

저압수전 회로구성

- 일반회로의 과부하 또는 단락사고 시 S_M이 S_N, S_{N1} 및 S_{N2}보다 먼저 차단되어서는 아니 된다.
- 일반부하 S_{N1}이 가장 먼저 차단되도록 과전류개폐기의 용량이 적어야 하며, S_{N1}이 차단되지 못한 이상 사고가 발생되는 경우 S_N이 2차로 차단되도록 하며, S_N, S_{N1}이 둘 다 차단되지 못하는 이상 사고가 발생되는 경우 최후로 인입개폐기 S_M이 차단되도록 하여야 한다는 규정이다.
- S_M, S_N, 및 S_{N1}의 정격전류 값을 보면 $S_M > S_N > S_{N1}$이 되도록 설치하여야 한다.
- S_F는 S_N과 동등 이상의 차단용량일 것
- 일반부하(S_N)가 용량이 상대적으로 크고, 소방부하(S_F)가 상대적으로 적은 경우가 많이 발생하게 되는데 이때는 일반부하는 그림과 같이 2단계로 수전하는 것이 아니고 일반부하를 전등 1, 2, 3… 부하, 콘센트 1, 2, 3… 부하, 모터 1, 2, 3… 부하, 엘리베이터 1, 2, 3… 부하 등으로 세분화하여 인입개폐기 이후에 소방부하(S_F) 개폐기는 일반부하(S_N) 개폐기의 정격전류 값보다 동등 이상인 정격전류를 가지고 있어야 일반부하보다 어떠한 경우든 최종적으로 차단되는 간선으로 설치하여야 함을 의미한다.

② 축전지설비

(ㄱ) 개요

축전지는 유도등과 같이 법적인 것과 서비스 업무나 보안상 필요한 최저 조도용인 비상용 전원이 될 뿐만 아니라 제어기기의 조작용 릴레이, 감시반, 통신, 방송, 화재 경보장치 등의 전원으로 사용된다.

(ㄴ) 종류

연축전지, 알칼리축전지

연축전지와 알칼리축전지의 비교

구 분	연축전지	알칼리축전지
기전력	2.05～2.08 V	1.32 V
공칭전압	2.0 V	1.2 V
전기적 강도	10시간 방전율	5시간 방전율
기계적 강도	약하다.	강하다.
충전시간	길다.	짧다.
온도특성	뒤떨어진다.	우수하다.
수 명	10～20년	30년 이상
가 격	저가	고가
자가방전	보통	약간 작은 편이다.

(ㄷ) 축전지의 예비전원 용량산출

$$C[\mathrm{Ah}] = \frac{1}{L}\{K_1 I_1 + K_2(I_2 - I_1)\}$$

여기서, L : 보수율(일반적으로 0.8 적용)

K : 방전시간(T)과 축전지의 최저온도 및 허용된 최저전압에 따라 결정되는 용량환산시간 계수[h]

I : 부하특성별 방전전류[A]

(ㄹ) 축전지 충전방식

- **보통충전** : 표준시간율로 소정의 충전을 하는 방식
- **급속충전** : 비교적 짧은 시간에 충전전류의 2～3배의 전류로 충전을 하는 방식
- **부동충전** : 축전지의 자기방전을 보충함과 동시에 사용부하에 대한 전력공급을 충전기가 부담하는 방식으로 가장 많이 사용되고 있다.
- **세류충전** : 축전지의 단속적인 미량의 방전 또는 자체방전을 보유하기 위하

여 8시간율 방전전류의 0.5～2.0% 정도의 일정한 전류로 충전을 계속하는 방식

③ 자가발전설비

㈀ 개요

- 일반 빌딩이나 공장에서 상용전원이 비상정전이 되는 경우 조명, 엘리베이터, 급배수, 공조설비 등의 정지로 인하여 재해사고를 일으킬 염려가 있다. 이러한 사고를 방지하기 위하여 자위상 최소한의 보안전력을 확보하기 위해 예비전원을 설치할 필요가 있다.
- 소규모의 경우에서는 축전지의 설치로 어느 정도의 시간은 지탱할 수 있으나, 오랜 시간 또는 용량이 큰 것에는 비상용 자가발전설비의 설치가 필요하다.

㈁ 발전기 용량산출

- 발전기의 용량 결정은 다음의 2가지 중 값이 큰 쪽을 택한다.
- 발전기에 걸리는 부하의 합계로부터 계산하는 방법

$$\text{발전기의 용량[kVA]} = \text{부하의 입력합계} \times \text{수요율}$$

- 수요율(동력의 경우) : 최대 입력의 것으로, 최소 1대에 대해서 100%, 기타 입력에 대해서 80%
- 수요율(전등의 경우) : 발전기회로에 접속되는 모든 부하 100%

- 가장 큰 유도전동기의 시동용량으로부터 구하는 방법

$$\text{발전기의 용량[kVA]} > \left(\frac{1}{\text{허용전압강하}} - 1\right) \times X_d \times \text{시동용량[kVA]}$$

여기서, X_d : 과도 리액턴스

④ 자동화재탐지설비의 옥내간선

㈀ 개요

- 자동화재탐지설비 전용으로 자동화재탐지설비에서 발생하는 과전류현상을 제어하기 위하여 "과전류개폐기"를 자동화재탐지설비 전용으로 설치하는 방식을 말한다.
- 즉, 자동화재탐지설비 "전용 과전류개폐기" 이후에 자동화재탐지설비에만 전원을 전용으로 공급하는 방식이어야 하며, 기타 전기에너지를 소모하는 콘센

트, 전등, 모터 등의 전력에너지 소비원과 같이 설치하지 않는 방식이다.

㈏ 과전류개폐기 선정

- 자동화재탐지설비의 정격전류의 2.5배 값을 갖는 것으로 선정해야 한다.
- 모터를 사용하는 소화설비의 전원용 과전류개폐기 용량은 각 전동기의 정격 전류 값을 더한 값의 3배 값을 갖는 과전류개폐기를 선정해야 한다.

㈐ 옥내간선의 선정

- 간선에 설치되는 자동화재탐지설비 정격전류는 자동화재탐지설비가 모두 작동하였을 경우의 전류값을 기준으로 전선을 선정한다.
- 이때 부하전류가 50 A를 초과하는 경우는 10%, 50 A를 이하인 경우는 25% 증가한 값에 적용되는 전선을 사용하여야 한다.

(3) 예비전원

① **절환장치** : 상용전원에서 비상전원으로, 비상전원에서 상용전원으로의 자동절환 여부 확인

② **충전장치** : 변형·손상 등이 없고 이상한 발열 등의 유무 확인

③ **결선접촉** : 단선·단자의 풀림·탈락·손상 등의 유무 확인

4.4.9 배선의 기본점검항목 및 점검 시 착안사항

1. 기본점검항목

<table>
<tr><th colspan="3">점검범위</th><th colspan="2">점검항목 및 결과</th><th colspan="2">기 타</th></tr>
<tr><th>점검대상</th><th>구 조</th><th>점검사항</th><th>기본점검</th><th>적합여부</th><th>점검소요시간</th><th>점검횟수/주기</th></tr>
<tr><td rowspan="4">배선</td><td rowspan="4"></td><td>❖ 배선</td><td></td><td></td><td></td><td rowspan="4"></td></tr>
<tr><td>① 전기사업법 기술기준 준용</td><td>▪ 자동화재탐지설비의 배선은 「전기사업법」 제67조에 따른 기술기준에 따라 설치되었는지 확인</td><td></td><td></td></tr>
<tr><td>② 전원회로 배선</td><td>▪ 전원회로의 배선은 「옥내소화전설비의 화재안전기준(NFSC 102)」 [별표 1]에 따른 내화배선에 따라 설치되어 있는지 확인
▪ 내화배선은 손상 등이 없는지 확인</td><td></td><td></td></tr>
<tr><td>③ 그 밖의 배선</td><td>▪ 그 밖의 배선(감지기 상호간 또는 감지기로부터 수신기에 이르는 감</td><td></td><td></td></tr>
</table>

점검범위			점검항목 및 결과		기 타	
점검대상	구 조	점검사항	기본점검	적합여부	점검소요시간	점검횟수/주기
			지기 회로의 배선 제외)은 「옥내소화전설비의 화재안전기준(NFSC 102)」 [별표 1]에 따른 내화배선 또는 내열배선에 따라 설치되어 있는지 확인 ▪ 내화배선 및 내열배선은 손상 등이 없는지 확인			
		④ 내화배선/내열배선(전선 및 설치방법)	▪ 내화배선에 사용되는 전선 및 설치방법은 기준에 적합한지 확인 ▪ 내열배선에 사용되는 전선 및 설치방법은 기준에 적합한지 확인			**종합정밀점검** ① 점검횟수 ▪ 연 1회 이상 ▪ 특급소방안전관리대상물은 반기별로 1회 이상 ② 점검시기 ▪ 건축물 사용승인일이 속하는 달까지 실시 ▪ 신축건축물은 소방시설완공검사필증을 받은 다음연도부터 실시
		⑤ 감지기회로배선	▪ 감지기 상호간 또는 감지기로부터 수신기에 이르는 감지기회로의 배선은 기준에 따라 적합하게 설치되어 있는지 확인 ✓ 감지기 상호간의 배선은 600 V 비닐절연전선으로 설치되어 있는지 확인 ✓ 아날로그식, 다신호식 감지기, R형 수신기용으로 사용되는 것은 전자파 방해를 방지하기 위하여 실드선 등을 사용하였는지 확인 ✓ 실드선 등을 설치하지 않아도 되는 경우 확인(전자파 방해를 받지 아니하는 방식의 경우) ✓ 일반배선을 사용할 때는 「옥내소화전설비의 화재안전기준(NFSC 102)」 [별표 1]에 따른 내화배선 또는 내열배선에 따라 설치되어 있는지 확인 ▪ 내화배선 및 내열배선은 손상 등이 없는지 확인			**작동기능점검** ① 점검횟수 ▪ 연 1회 이상 ▪ 특급소방안전관리대상물은 제외 ② 점검시기 ▪ 종합정밀점검을 받은 달로부터 6개월이 되는 달에 실시 ▪ 그 밖의 대상 : 연중 실시
		❖ 도통시험				
		① 종단저항 설치장소	▪ 감지기회로의 도통시험을 위한 종단저항은 점검 및 관리가 쉬운 장소에 설치하였는지 확인			
		② 전용함 설치높이	▪ 전용함을 설치하는 경우 그 설치높이는 바닥으로부터 1.5 m 이내로 설치하였는지 확인			
		③ 종단감지기 표시	▪ 종단저항은 감지기 회로의 끝부분에 설치하였는지 확인			

점검범위			점검항목 및 결과		기 타	
점검대상	구 조	점검사항	기본점검	적합여부	점검소요시간	점검횟수/주기
			▪ 종단저항을 종단감지기에 설치할 경우에는 구별이 쉽도록 해당감지기의 기판 및 감지기 외부 등에 별도의 표시를 하였는지 확인			
		❖ 송배전방식	▪ 감지기 사이의 회로의 배선은 송배전방식으로 설치되어 있는지 확인			
		❖ 절연저항	▪ 전원회로의 전로와 대지사이 및 배선상호간의 절연저항은 「전기사업법」 제67조에 따른 기술기준에 따라 설치되었는지 확인 ▪ 감지기회로 및 부속회로의 전로와 대지사이 및 배선상호간의 절연저항은 1경계구역마다 직류 250 V의 절연저항측정기를 사용하여 측정한 절연저항이 0.1 MΩ 이상이 되도록 설치되어 있고 성능에 이상이 없는지 확인			
		❖ 다른 전선과 구별하여 설치(관·덕트·몰드·풀박스 등)	▪ 자동화재탐지설비의 배선은 다른 전선과 별도의 관·덕트(절연효력이 있는 것으로 구획한 때에는 그 구획된 부분은 별개의 덕트로 본다.)·몰드 또는 풀박스 등에 설치되어 있는지 확인 ✓ 60 V 미만의 약 전류회로에 사용하는 전선으로서 각각의 전압이 같을 때에는 제외되었는지 확인 ▪ 관·덕트·몰드·풀박스 등은 변형, 손상 등이 없는지 확인			
		❖ 경계구역(P형 수신기/GP형 수신기)	▪ P형 수신기 및 GP형 수신기의 감지기 회로의 배선에 있어서 하나의 공통선에 접속할 수 있는 경계구역은 7개 이하로 설치되어 있는지 확인			
		❖ 감지기 회로 전로저항	▪ 자동화재탐지설비의 감지기회로의 전로저항은 50 Ω 이하가 되도록 설치되어 있고 성능에 이상이 없는지 확인 ✓ 임피던스측정 저항계를 소지하고 있는지 확인			
		❖ 배선의 전압	▪ 수신기의 각 회로별 종단에 설치되는 감지기에 접속되는 배선의 전압은 감지기 정격전압의 80% 이상이 되는지 확인			

2. 점검 시 착안사항

(1) 실드선의 적용 및 특성

① 현재 국내에서 생산되고 있는 실드선은 여러 종류가 있으나 화재안전기준상의 내열배선의 규정에 적합한 것으로는 다음과 같은 것들이 있다.

실드선의 종류

전선의 명칭	영문기호	차폐방식
저독성 난연 폴리올레핀 차폐전선	HF-TSP	알루미늄테이프 차폐
난연성 비닐절연 비닐시스 케이블	FR-CVV-SB	알루미늄테이프 차폐
내열성 비닐절연, 내열성 비닐시스 제어용 케이블	H-CVV-SB	알루미늄테이프 차폐

② 차폐방식에는 테이프 차폐와 동선편조 차폐방식이 있으며 각각의 장단은 다음과 같다.

차폐방식에 따른 특징

차폐방식	구 조	특 징
테이프 차폐(S)	동 또는 알루미늄 테이프 등을 피차폐체 위에 감는 방식	• 가격이 저렴 • 유연성, 굴곡성이 없다 • 접지가 용이
편조 차폐(SB)	가느다란 동선을 여러 가닥 직조한 방식	• 구조적으로 매우 안정 • 굴곡성이 뛰어나다 • 실드효과가 우수

(2) 송배선방식

① 송배선방식의 목적은 도통시험을 확실하게 하기 위한 배선방식으로 일명 보내기 배선이라고도 한다.

② P형 수신기의 경우 일반적으로 감지기 회로 말단 발신기에 설치하고 있는데 발신기내에 종단저항을 설치하여 도통시험이 용이하도록 한다.

㈀ 아날로그 방식 및 디지털식 방식 또는 복합형식 감지기는 모두 주소 부여가 가능하도록 되어 있고 폐회로 루프형 배선으로 감지기를 설치하기에 감지기 종단이 없어 종단저항과 발신기를 설치하지 아니하고, 전용라인으로 발신기(경우에 따라선 전화기능도 없을 수 있음)를 설치하는 경우가 있다.

㈁ 이 경우는 반드시 발신기에 종단저항을 설치하여 발신기전용회로의 도통성능을 확인하게 되며, 이 경우 종단저항은 설치 전용함(박스)에 설치하는 사례가 많다.

③ 아날로그 방식의 감지기를 사용하는 경우에는 송배선식으로 하지 않아도 된다.

㈀ 분리된 각각의 송배선이 트리구조인 경우에는 각각의 배선 끝단에 설치된 감지기에 종단저항을 설치한다.

④ 아날로그 방식의 감지기를 사용하는 경우에는 감지기의 배선을 도중에서 분기하여도 가능하다.

㈀ 분리된 각각의 송배선이 트리구조인 경우에는 각각의 배선 끝단에 설치된 감지기에 종단저항을 설치한다.

⑤ NFPA CODE 72에 의하면 아날로그 감지기의 배선방식에는 CLASS A와 CLASS B의 두 가지가 있다.

㈀ CLASS A

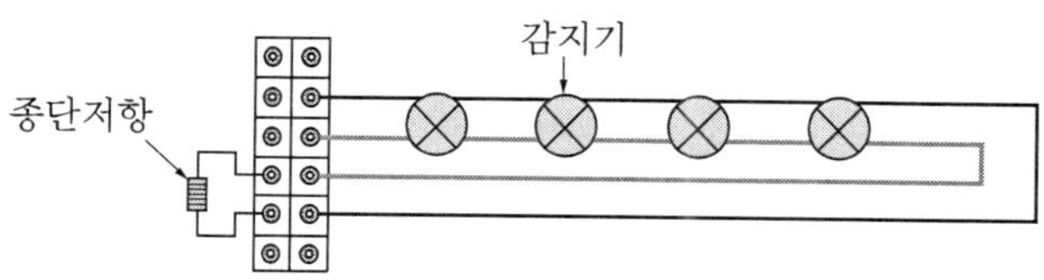

CLASS A 배선

- CLASS A는 감지기의 결선에 4가닥을 사용하는 방식으로서 감지기 배선이 폐 루프를 구성하는 방식을 말한다.
- CLASS A 경우는 폐루프를 구성하여 끝단 감지기가 없으므로 종단저항을 설치하지 아니한다.

㈁ CLASS B

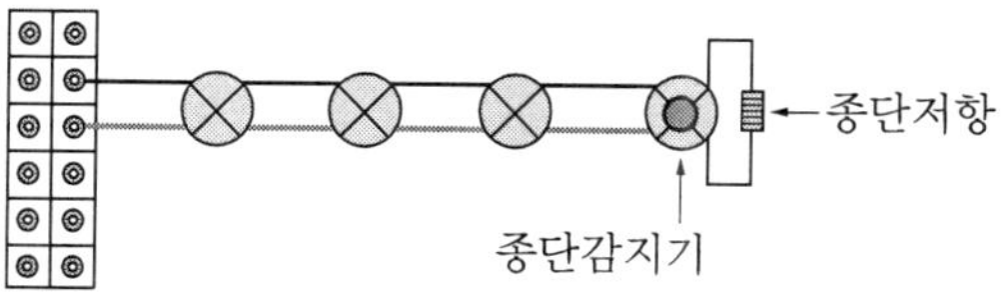

CLASS B 배선

- CLASS B는 감지기의 결선에 2가닥만을 사용하는 방식을 말한다.
- CLASS B 경우는 끝단에 설치된 감지기에 종단저항을 설치한다.

(3) 배선의 종류

① 전원공급 회로 : 소방시설용 전원공급장치의 차단기 2차측으로부터 수신기까지의 회로로서 내화배선에 의한다.
② 중계기 전원공급 회로 : 분산형 중계기가 아닌 집합형 중계기가 각 층에 설치된 경우로서 수신기를 경유하지 않고 중계기에 전원을 각 층의 소방 분전반으로부터 공급하는 경우로서 소방부하용 차단기 2차측으로부터 중계기까지의 회로로서 내화배선에 의한다.
③ 수신기와 발신기 사이 배선 : 내열배선에 의한다.
④ 수신기와 중계기 사이 배선 : 내열배선에 의한다.
⑤ 수신기와 음향 및 시각경보장치 사이 배선 : 내열배선에 의한다.
⑥ 수신기와 감지기 사이 배선 : 내열배선에 의한다.
⑦ 감지기 사이 배선 : 일반배선도 가능하다.

감지기를 설치하는 배선이 루프형 배선인 경우

㈀ 끝단의 감지기가 없는 구조이므로 감지기회로에 종단저항이나 발신기를 설치하지 아니하며, 이 경우에는 중계기에서 발신기까지 전용배선으로 설치하므로 발신기에 종단저항을 설치한다.

감지기회로의 전로저항 측정방법

㈀ 수신기 또는 중계기에서 배선을 분리한 다음, 감지기 공통선과 감지회로 선을 측정하는 것으로 일반 저항측정계로 측정하면 단락상태가 되어 전로저항은 0 Ω을 지시하는 바 이 전로저항은 일반 저항값이 아니다.
㈁ 임피던스 측정계로 측정한 스피커 저항과 같이 임피던스 저항값이다.

4.5 자동화재속보설비

4.5.1 설치목적 및 개요

1. 자동화재화재속보설비란 자동화재탐지설비로부터 화재신호를 받아 통신망을 통하여 음성 등의 방법으로 소방서에 자동적으로 화재발생과 위치를 신속하게 통보해 주는 설비이다.

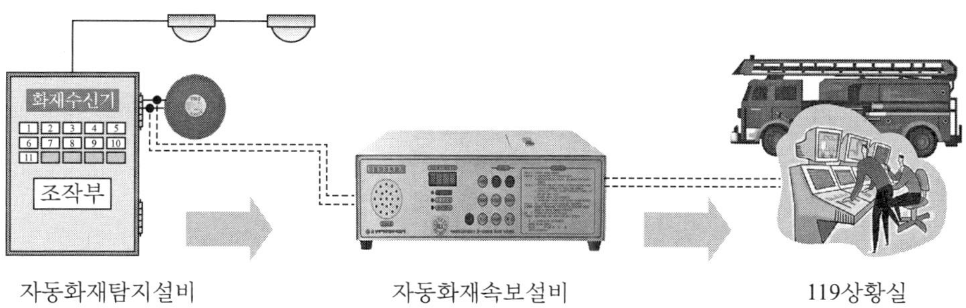

자동화재속보설비 작동과정

2. 속보기의 종류

(1) A형 속보기

① P형, P형 복합식, GP형, GP형 복합식, R형, R형 복합식, GR형, GR형 복합식의 수신기로부터 발하여지는 화재신호를 수신한다.
② 지구등이 없는 구조이다.

(2) B형 속보기

① 수신기와 A형 속보기의 성능을 복합한 것으로 감지기 또는 P형 발신기로부터 발하여지는 신호나 중계기를 통하여 송신된 신호를 수신한다.
② 지구등이 있는 구조이다.
③ 화재표시작동시험장치, 도통시험장치와 이들 장치 조작 중 다른 회선의 화재신호를

수신하는 경우 화재표시 기능이 있어야 한다.

④ 화재신호 수신시 적색화재표시등, 화재음신호 자동표시 및 지구음향장치도 명동되어야 한다.

4.5.2 자동화재속보설비의 기본점검항목 및 점검 시 착안사항

1. 기본점검항목

점검범위			점검항목 및 결과		기 타	
점검대상	구 조	점검사항	기본점검	적합여부	점검소요시간	점검횟수/주기
자동화재속보설비	❖ 자동화재속보설비 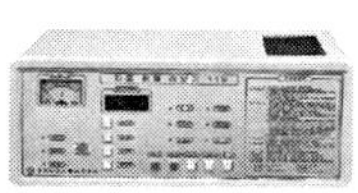 ❖ 표시등스위치 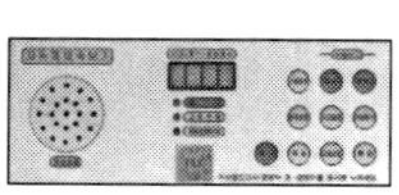	❖ 성능	▪ 자동화재탐지설비와 연동으로 작동하여 자동적으로 화재발생 상황을 소방관서에 전달되는 것으로 그 성능을 발휘하는지 확인			**종합정밀점검** ① 점검횟수 ▪ 연 1회 이상 ▪ 특급소방안전관리대상물은 반기별로 1회 이상 ② 점검시기 ▪ 건축물 사용승인일이 속하는 달까지 실시 ▪ 신축건축물은 소방시설완공검사필증을 받은 다음연도부터 실시
		❖ 스위치				
		① 설치높이	▪ 스위치는 바닥으로부터 0.8 m 이상~1.5 m 이하의 높이에 설치되어 있는지 확인			
		② 표지	▪ 보기 쉬운 곳에 스위치임을 표시한 표지가 설치되어 있는지 확인 ▪ 표지는 변색, 손상, 이탈 등이 없는지 확인			
		❖ 전송방식	▪ 속보기는 소방관서에 통신망으로 통보하도록 설치되어 있는지 확인 ▪ 데이터 및 코드전송방식이 부가적으로 설치되어 있는지 확인 ✓ 데이터 및 코드전송방식의 기준은 국민안전처장관이 정한 기준에 적합한지 확인			
		❖ 문화재	▪ 문화재에 설치하는 자동화재속보설비는 속보기에 감지기를 직접 연결하는 방식(자동화재탐지설비 1개의 경계구역)으로 설치되어 있는지 확인 ▪ 속보기의 성능에 이상이 없는지 확인			
		❖ 형식승인 기준	▪ 속보기는 「소방용 기계·기구의 형식승인 등에 관한 규칙」 제31조 및 [별표 14] 제22호에 적합한 것으로 설치되어 있는지 확인			

2. 점검 시 착안사항

(1) 일반사항

① 먼지, 습기 등 속보기 자체에 위해의 우려가 없는 곳에 설치 여부 확인
② 발신기, 누름스위치 등은 바닥으로부터 0.8 m 이상~1.5 m 이하 높이에 설치 여부 확인
③ 전화선에서 연결 시 옥내 통신기구 1차측에서 연결여부 확인
④ 상용전원은 속보기 전용 전원용으로 시설 여부 확인
⑤ 음성녹음 테이프에 화재 신고 시 빠진 항목이 없도록 하였는지 확인
⑥ 자동화재탐지설비와 연결하여 작동할 수 있도록 설치하였는지 여부 확인
⑦ 테이프의 신고내용이 반드시 3회 이상 반복되어 상대 수신자가 충분히 알 수 있도록 되었는지 여부 확인
⑧ 설비의 배선은 따로 수용하여 시설하였는지 여부 확인

4.6 누전경보기

4.6.1 설치목적 및 개요

1. 개요

(1) 전기에 기인하는 재해로는 누전, 단락(쇼트), 접촉불량, 절연불량 등이 있다.
(2) 누전경보기는 누전재해를 미연에 방지하는 것이다.
① 누전이란 본래 전기가 흘러야 하는 회로 이외의 부분에 전기가 흐르는 것을 말하므로 누전경보기는 모든 누전에 대해서 경보를 발하는 것이 아니고 지락전류(대지로 흐르는 전류)가 흐르는 경우에만 경보를 발하는 것이다.
② 지락전류에 기인하는 전기화재의 거의 대부분은 저압전로에서 발생하고 있으므로 누전경보기는 이것에 초점을 맞추어서 만들어지고 있다.
③ 600 V 이하의 저압전로로 "제2종 접지공사" 또는 "이것과 동등의 접지공사"를 실시하고 있는 전로에 시설하는 것으로 고압전로나 절연변압기를 사용한 2차측 전로에는 특수한 공사방법, 시설방법에 따르지 않으면 유효한 경보를 발하

지 않는다.

2. 구조

(1) 누전경보기는 영상변류기(검출부), 수신기(증폭부, 계전기부), 음향장치, 전원부로 구성되어 있다.
(2) 성능에 따라 모든 장소에 설치 가능한 1급과 경계하는 전로의 정격전류가 60 A 이하의 장소에 설치하는 2급으로 나누어진다.

3. 작동원리

(1) 일반적으로 부하가 소비하는 전류는 입력전류와 출력전류가 동일하게 흐르게 된다.
(2) 그러나 변류기를 관통하여 부하와 연결되는 전로에서 누전이 발생되면 입력전류와 출력전류의 차이가 발생된다.
(3) 이는 변류기의 코일에 유도되어 누전전류에 상응하는 검출전압이 발생된다.

4. 누전경보기(ELD)

(1) 누전경보기(Electronic Leakage Detector)란 일반적으로 지락계전기와 같은 원리로 동작되며 보호목적도 같다고 볼 수 있다.
(2) 지락계전기와 다른 점은 600 V 이하 저압선로에 국한적으로 사용되며 소방법에서 규제 및 관리한다는 점이라고 할 수 있다.
(3) 지락계전기와 같이 누전(지락)사고 시 영상변류기(ZCT)로부터 검출된 누설(지락)전류를 경보기의 입력단자에 인가하여 유입된 전류치가 정정치 이상이 되면 접점이 폐로(Close) 또는 개로(Open) 되어 동작신호(Buzzer 등)를 소방대상물의 관계자에게 출력하는 설비이다.
(4) 누전경보기 종류
   ① 누전경보기는 저압선로에서 사용하기 때문에 비교적 누설(지락)전류가 작다.
   ② 누설(지락)전류를 영상변류기를 통하여 미세한 전류로 검출하므로 고감도가 요구된다.
   ③ 주로 반도체를 사용한 아날로그형이며 사용 회로에 따라 집합형(10회로, 6회로 등), 단독형(1회로) 및 구조에 따라 판넬(Panel) 매입형, 노출형 등으로 구분한다.
(5) 누전경보기의 사용목적
누전경보기는 600 V 이하의 선로에서 선로나 기기에 누전사고가 발생하였을 경우

경보(Alarm)를 하여 사고(화재)의 파급을 방지하기 위하여 사용하며 관계법령에 열거된 장소에서는 의무적으로 사용하게 되어 있다.

(6) 누전경보기의 정정방법

선로의 특성에 따라 지락계전기와 같은 방법으로 정정하면 된다.

4.6.2 누전경보기의 기본점검항목 및 점검 시 착안사항

1. 기본점검항목

<table>
<tr><th colspan="3">점검범위</th><th colspan="2">점검항목 및 결과</th><th colspan="2">기 타</th></tr>
<tr><th>점검대상</th><th>구 조</th><th>점검사항</th><th>기본점검</th><th>적합여부</th><th>점검소요시간</th><th>점검횟수/주기</th></tr>
<tr><td rowspan="4">설치방법 등</td><td rowspan="4"></td><td>❖ 경계전로/정격전류</td><td>▪ 경계전로의 정격전류가 60 A를 초과하는 전로에 있어서는 1급 누전경보기를 설치하였는지 확인
▪ 정격전류가 60 A 이하의 전로에 있어서는 1급 또는 2급 누전경보기를 설치하였는지 확인
▪ 정격전류가 60 A를 초과하는 경계전로가 분기되어 각 분기회로의 정격전류가 60 A 이하가 되는 경우(2급 누전경보기를 설치한 때에는 당해 경계전로에 1급 누전경보기를 설치한 것으로 본다.) 당해 분기회로마다 2급 누전경보기를 설치하였는지 확인</td><td></td><td></td><td rowspan="4">종합정밀점검
① 점검횟수
▪ 연 1회 이상
▪ 특급소방안전관리대상물은 반기별로 1회 이상
② 점검시기
▪ 건축물 사용승인일이 속하는 달까지 실시
▪ 신축건축물은 소방시설완공검사필증을 받은 다음연도부터 실시</td></tr>
<tr><td>❖ 변류기(설치위치)</td><td>▪ 변류기는 특정소방대상물의 형태, 인입선의 시설방법 등에 따라 옥외 인입선의 제1지점의 부하측 또는 제2종 접지선측의 점검이 쉬운 위치에 설치하였는지 확인
▪ 인입선의 형태 또는 특정소방대상물의 구조상 부득이한 경우에는 인입구에 근접한 옥내에 설치하였는지 확인</td><td></td><td></td></tr>
<tr><td>❖ 변류기(옥외형)</td><td>▪ 변류기를 옥외의 전로에 설치하는 경우에는 옥외형으로 설치하였는지 확인</td><td></td><td></td></tr>
<tr><td>❖ 성능</td><td>▪ 변류기의 성능에 이상이 없는지 확인</td><td></td><td></td></tr>
</table>

2. 점검 시 착안사항

(1) 설치구성도

누전경보기는 600 V 이하인 경계전로의 누설전류를 검출하여 당해 소방대상물의 관계자에게 경보를 발하는 설비로서 누설전류를 검출하는 변류기(CT), 변류기로부터 검출된 신호를 수신하여 누전의 발생을 당해 소방대상물의 관계자에게 경보하여 주는 수신기로 구성된다.

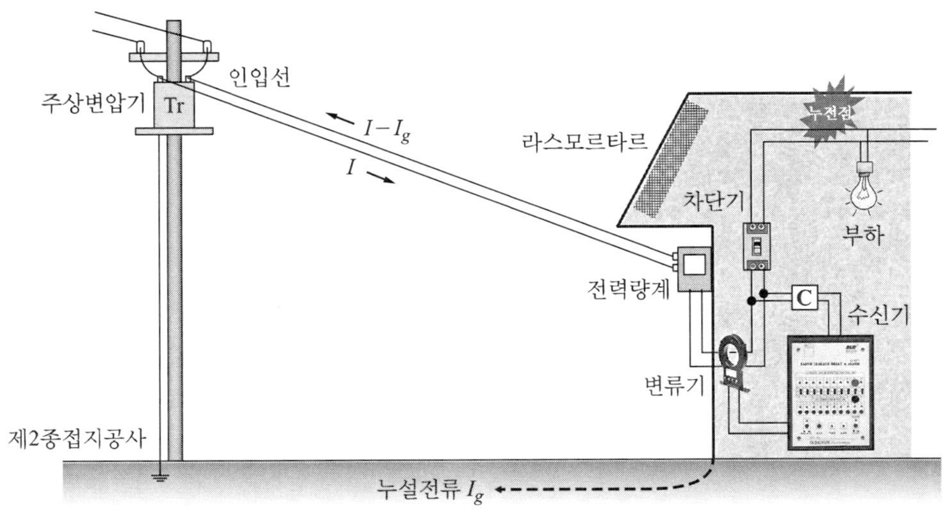

누전경보기 설치구성도

(2) 변류기

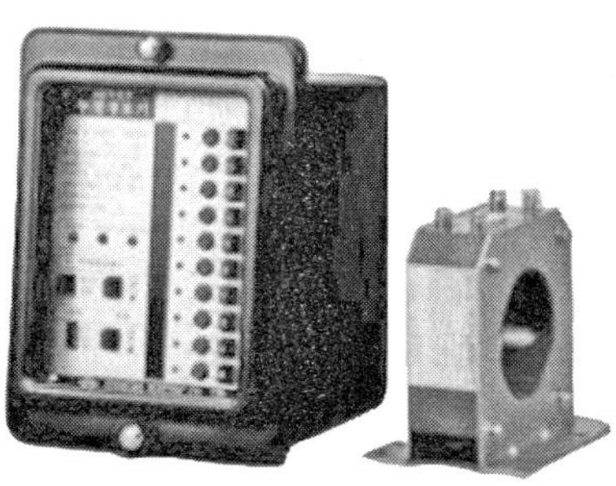

수신기 및 변류기

① 변류기는 누설전류를 검출하는 장치로 환상(環象)의 철심에 검출용 코일을 감은 것이다.

② 내부를 통과하는 전선에 흐르는 전류가 같지 않을 때는 유기전압이 발생된다.
  (ㄱ) 배선의 변경공사 등에 의한 미 경계 전로의 유무 확인
  (ㄴ) 경계전로의 정격전류 이상 전류치 여부 확인 또한 제2접지선에 설치되어 있는 것은 당해 접지선에 흐를 것이 예상되는 전류이상의 전류치의 여부 확인

(3) 기타

① **스위치류** : 개폐기능의 정상여부 확인
② **퓨즈류** : 손상·용단 등이 없고 적정의 종류 및 용량의 사용여부 확인
③ **시험장치** : 기능의 정상여부 확인
④ **표시등** : 정상적인 점등여부 확인
⑤ **결선접속** : 단선·단자의 풀림·탈락·손상 등의 유무 확인
⑥ **접지** : 현저한 부식·단선 등의 손상유무 확인
⑦ **감도조정장치** : 설정치의 적정여부 확인
⑧ **음향장치** : 음량 및 음색이 다른 기계의 소음 등과 구별여부 확인
⑨ **차단기구** : 정격전류전압은 경계전로의 정격전류 이상의 전류치 여부 확인, 작동상황은 시험장치에 의한 기능의 정상여부 확인

3. 수신부의 기본점검항목

점검범위			점검항목 및 결과		기 타	
점검대상	구 조	점검사항	기본점검	적합여부	점검소요시간	점검횟수/주기
수신부		❖ 설치장소(수신부/차단기구)	▪ 누전경보기의 수신부는 옥내의 점검에 편리한 장소에 설치되었는지 확인 ▪ 가연성의 증기·먼지 등이 체류할 우려가 있는 장소의 전기회로에는 해당 부분의 전기회로를 차단할 수 있는 차단기구를 가진 수신부가 설치되어 있는지 확인 ▪ 차단기구는 해당 장소외의 안전한 장소에 설치되어 있는지 확인			**종합정밀점검** ① 점검횟수 ▪ 연 1회 이상 ▪ 특급소방안전관리대상물은 반기별로 1회 이상 ② 점검시기 ▪ 건축물 사용승인일이 속하는 달까지 실시 ▪ 신축건축물은 소방시설완공검사필증을 받은 다음연도부터 실시
		❖ 설치 제외 장소	▪ 누전경보기의 수신부는 다음 장소외의 장소에 설치하여 이상이 없이			

점검범위			점검항목 및 결과		기 타	
점검대상	구 조	점검사항	기본점검	적합여부	점검소요시간	점검횟수/주기
			유지되고 있는지 확인 ✓ 가연성의 증기·먼지·가스 등이나 부식성의 증기·가스 등이 다량으로 체류하는 장소 ✓ 화약류를 제조하거나 저장 또는 취급하는 장소 ✓ 습도가 높은 장소 ✓ 온도의 변화가 급격한 장소 ✓ 대전류 회로·고주파 발생회로 등에 따른 영향을 받을 우려가 있는 장소 ▪ 해당 누전경보기에 대하여 방폭·방식·방습·방온·방진 및 정전기 차폐 등의 방호조치를 한 것은 제외되었는지 확인			
		❖ 음향장치	▪ 음향장치는 수위실 등 상시 사람이 근무하는 장소에 설치되어 있는지 확인 ▪ 음향장치는 그 음량 및 음색이 다른 기기의 소음 등과 명확히 구별될 수 있는 것으로 설치되어 있는지 확인 ▪ 음향장치의 성능에 이상이 없는지 확인			

(1) 점검 시 착안사항

① 수신기

수신기는 변류기로부터 누설전류에 의한 전압을 수신하여 계전기를 작동시켜 음향장치를 작동시켜 주는 기기로서 하나의 변류기를 연결할 수 있는 것과 여러 개를 연결시킬 수 있는 집합형이 있다.

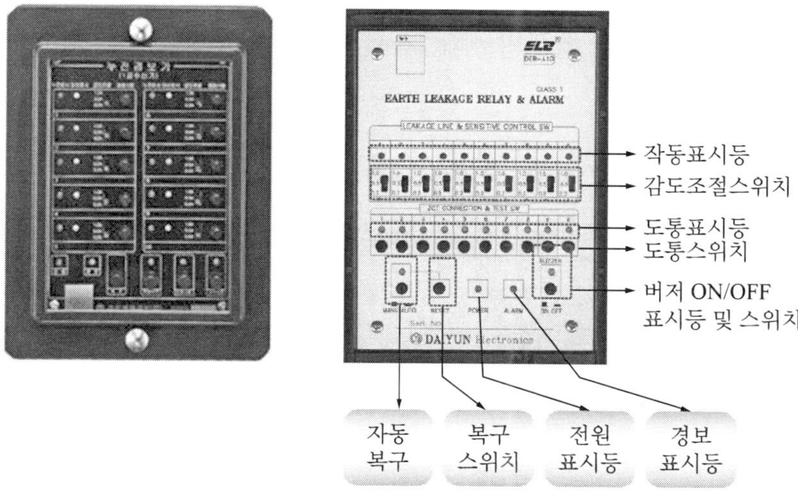

수신기

② 음향장치

음향장치는 사용전압의 80%에서 정상적으로 경보음을 발할 수 있어야 하고 음량은 1 m 떨어진 곳에서 70 dB 이상이어야 한다.

③ 감도조절스위치

수신기가 경보음을 발하여야 하는 누설전류의 양을 조절하는 스위치로 0.2 A, 0.5 A, 1.0 A를 선택할 수 있다.

④ 도통시험스위치

㈀ 수신기와 변류기 사이의 배선에 대한 단선유무 확인과 작동시험을 하는 스위치이다.

㈁ 눌렀을 때 작동표시등, 도통표시등, 경보음이 울려야 한다.

⑤ 복구/자동복구 스위치

자동화재탐지설비 수신기의 복구스위치와 동일한 역할을 한다.

⑥ 기타

㈀ 설치장소의 환경확인

㈁ 증기 등 체류우려 장소인 경우 차단기 설치여부 확인

㈂ 음향장치의 설치장소 및 음색, 음량의 적합여부 확인

4. 전원 기본점검항목

점검범위			점검항목 및 결과		기 타	
점검대상	구 조	점검사항	기본점검	적합여부	점검소요시간	점검횟수/주기
전원		❖ 전기사업법 기술기준 준용	▪ 누전경보기의 전원은 「전기사업법」 제67조에 따른 기술기준에 따라 설치되었는지 확인			**종합정밀점검** ① 점검횟수 ▪ 연 1회 이상 ▪ 특급소방안전관리대상물은 반기별로 1회 이상 ② 점검시기 ▪ 건축물 사용승인일이 속하는 달까지 실시 ▪ 신축건축물은 소방시설완공검사필증을 받은 다음연도부터 실시
		❖ 전용회로	▪ 전원은 분전반으로부터 전용회로로 설치하였는지 확인			
		❖ 개폐기/과전류차단기	▪ 각 극에 개폐기 및 15 A 이하의 과전류차단기(배선용 차단기에 있어서는 20 A 이하의 것으로 각 극을 개폐할 수 있는 것)를 설치하였는지 확인 ▪ 개폐기 및 과전류차단기는 정상작동 하는지 확인 ▪ 적정한 과전류개폐기 및 전선을 사용하였는지 확인			
		❖ 전원 분기 시 전원차단	▪ 전원을 분기할 때에는 다른 차단기에 따라 전원이 차단되지 아니하도록 설치되었는지 확인			
		❖ 표지	▪ 전원의 개폐기에는 누전경보기용임을 표시한 표지가 설치되어 있는지 확인 ▪ 표지는 변색, 손상, 이탈 등이 없는지 확인			

(1) 점검 시 착안사항

① 일반사항

(ㄱ) 전원의 전기설비기술기준에 적합여부 확인

(ㄴ) 분전반에서의 전용회로 여부 확인

(ㄷ) 개폐기 및 과전류차단기 설치 및 적합여부 확인

(ㄹ) 다른 차단기에 의한 전원차단 여부 확인

(ㅁ) 전원 개폐기에 누전경보기용도 표시설치 여부 확인

(ㅂ) 수신부의 성능 및 시험적합여부 확인

(ㅅ) 누전경보의 적합여부 확인

② 누전경보기 사용 시 주의사항

㈀ ZCT 2차와 경보기(수신부) 입력단자의 연결선은 유도에 의한 오동작 방지를 위하여 타 전력선이나 대전류가 흐르는 도체의 근접을 피하고 1.6 mm^2 이상의 Shield선을 사용하는 것이 좋다.

㈁ 누전경보기는 전용 ZCT가 있으므로 반드시 전용 ZCT를 사용해야 된다.
전용 ZCT는 ZE-**TYPE

㈂ 보조전원의 정격을 확인해야 한다.
집합형의 보조전원은 후면에서 절환스위치로 110/220 V를 선택하며 단독형은 단자로 분리되어 있다.

소방시설 도시기호

분류	명칭	도시기호
경보설비 기기류	기동누름버튼	E
	이온화식 감지기 (스포트형)	S I
	광전식 연기감지기 (아날로그)	S A
	광전식연기감지기 (스포트형)	S P
	감지기간선 HIV1.2mm×4(22C)	— F -////-
	감지기간선 HIV1.2mm×8(22C)	— F -////- -////-
	유도등간선 HIV2.0mm×3(22C)	—— EX ——
	경보버저	BZ
	제어반	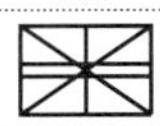
	표시반	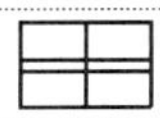
	회로시험기	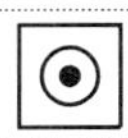
	화재경보벨	B
	시각경보기 (스트로브)	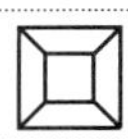
	수신기	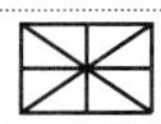
	부수신기	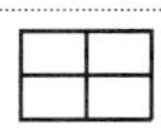
	중계기	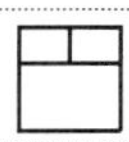
	표시등	
	피난구유도등	
	통로유도등	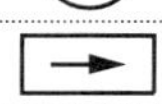
	표시판	
	보조전원	TR

분류	명칭	도시기호
경보설비 기기류	종단저항	
제연설비	수동식 제어	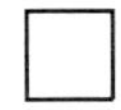
제연설비 (배풍기)	천장용 배풍기	
	벽부착용 배풍기	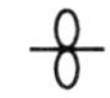
	일반배풍기	
	관로배풍기	
제연설비 (댐퍼)	화재댐퍼	
	연기댐퍼	
	화재/연기 댐퍼	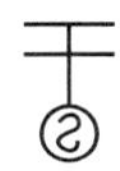
스위치류	압력스위치	PS
	탬퍼스위치	TS
방연·방화문	연기감지기(전용)	S
	열감지기(전용)	
	자동폐쇄장치	ER
	연동제어기	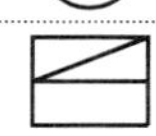
	배연창기동 모터	M
	배연창수동조작함	
피뢰침	피뢰부(평면도)	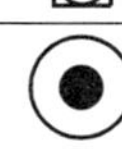
	피뢰부(입면도)	
	피뢰도선 및 지붕 위 도체	

참고문헌

1. 자동화재탐지설비 및 시각경보장치의 화재안전기준(NFSC 203) - 법제처
2. 자동화재탐지설비 및 시각경보장치의 화재안전기준(NFSC 203)해설서 - 소방청
3. 소방전기시설론 “조성현 저” 동화기술
4. 소방전기 설비 및 설계 “송영주 저” 동화기술
5. 예방실무 1, “중앙소방학교”
6. 소방안전관리 학습모듈 05 경보설비 점검 “교육부”

찾아보기

ㅍ

ㅎ

기타

저자 : **백창선**

- 건국대학교 공과대학 기계공학과(공학사)
- 한양대학교 행정대학원 일반행정(행정학석사)
- 강원대학교 방재전문대학원 재해방재(공학박사)
- 현) 강원대학교 소방방재학부 출강
- 소방관계법규총해설집(상, 하권) 공저(도서출판 누리원)
  소방장비(도서출판 동화기술)

소방경보시스템 정가 22,000원

발 행 2021년 3월 10일 초판 1쇄
저 자 백창선
발행인 정우용
발행처 도서출판 동화기술
경기도 파주시 광인사길 201(문발동, 파주출판도시)
Tel (031)955-4211~6 donghwapub@nate.com
Fax (031)955-4217 www.donghwapub.co.kr
(등록) 1977년 12월 19일/9-16호

ISBN 978-89-425-9333-0